中国水产科学发展报告

（2011—2015）

中国水产科学研究院 编

中国农业出版社

图书在版编目（CIP）数据

中国水产科学发展报告.2011～2015/中国水产科
学研究院编.—北京：中国农业出版社，2016.12
ISBN 978-7-109-22287-8

Ⅰ.①中… Ⅱ.①中… Ⅲ.①渔业－科学技术－技术
发展－研究报告－中国－2011～2015 Ⅳ.①F326.43

中国版本图书馆 CIP 数据核字（2016）第 257135 号

中国农业出版社出版
（北京市朝阳区麦子店街 18 号楼）
（邮政编码 100125）
责任编辑 郑　珂

中国农业出版社印刷厂印刷　　新华书店北京发行所发行
2016 年 12 月第 1 版　　2016 年 12 月北京第 1 次印刷

开本：787mm×1092mm 1/16　　印张：25.75
字数：595 千字
定价：180.00 元

ISBN 978-7-109-22287-8

编 辑 委 员 会

主　任：张显良
副主任：唐启升
委　员（按姓名笔画排序）：

王新鸣　包振民　刘英杰　江世贵　麦康森
李钟杰　李家乐　杨红生　邹桂伟　宋林生
张国范　陈　刚　陈雪忠　林　洪　金　星
金显仕　赵法箴　桂建芳　徐　跑　徐　皓
徐瑞永　黄种持　常剑波　崔国辉　雷霁霖

编 写 组 成 员

主　　编：刘英杰
编写人员（按姓名笔画排序）：

王　书　王　群　王玉梅　王立华　王清印
王鲁民　戈贤平　方　辉　孔　杰　孔伟丽
艾庆辉　朱　健　危起伟　庄　平　刘英杰
孙昭宁　孙效文　孙盛明　麦康森　李来好
杨宁生　杨　健　岑剑伟　邹桂伟　沈新强
张文兵　张晓娟　陈　军　陈松林　陈雪忠
岳冬冬　金显仕　周　莉　单秀娟　赵鹏飞
钟汝杰　姜　兰　姚　林　桂建芳　贾智英
徐　皓　黄　健　黄太寿　黄洪亮　傅洪拓
曾令兵　谭志军　翟毓秀　樊　伟

序

改革开放以来，我国渔业快速发展，已成长为农业农村经济的重要产业。2015 年，全国水产品产量 6 699.7 万吨，渔业产值达到 10 923 亿元，渔民人均纯收入达到 15 590 元，水产品出口顺差超过 100 亿美元，分别是 1978 年的 14 倍、496 倍、161 倍和 38 倍。我国渔业持续较快发展，水产品产量大幅增长，市场供应充足，为保障国家食物安全，促进农渔民增收和经济社会发展作出了重要贡献。

渔业取得的巨大成就，科技进步功不可没。2011 年以来，我国渔业科技创新和关键技术的推广应用取得显著成效，水产养殖技术、遗传育种等领域取得重要突破，跻身世界先进行列；渔业新资源、新品种的开发能力显著增强，带动了海参、南极磷虾等新产业的形成，形成了新的经济增长点；渔业水域利用率不断提高，劳动生产率大幅提升，养殖单产水平再创历史新高；传统渔业生产方式加快转变，节能减排、生态养护型可持续发展方式得到广泛重视，高新技术逐步得到推广和应用，渔业信息化、现代化水平显著提升。"十二五"期间渔业领域共获得国家级奖励成果 11 项，通过审定新品种 68 个，渔业科技贡献率由 2010 年的 55% 上升至 2015 年的 58%。

中国水产科学研究院作为我国渔业科技的主力军和"领头雁"，坚持产业导向，突出自主创新，大力开展渔业重大基础研究、应用研究和高新技术产业开发研究，取得了一大批重要科技成果，为推动渔业发展和促进渔民增收提供了有力的科技支撑。由我院组织编写的《中国水产科学发展报告（2011—2015）》，集成学术资源，认真总结了"十二五"期间渔业科技取得的最新进展和重要成果，全面展望了国内外渔业科技发展趋势，探讨了渔业科研的工作重点和主攻方向，对社会各界全面了解渔业科技发展态势和动向，超前规划科技创新战略布局，抢占渔业科技发展制高点，提升渔业科技创新能力，具有重要参考价值。

"十三五"是全面建成小康社会的决胜阶段，也是渔业率先实现现代化的关键阶段，渔业要在高起点上实现新发展，必须牢牢抓住转方式、调结构的主线，依靠科技创新驱动渔业转型升级，加强关键领域和环节的科研攻关，推广新技术、新品种、新模式、新装备，加强渔船、渔港及配套设施建设，强化渔业的物质装备和技术支撑，推进信息化与现代渔业深度融合，用现代技术手段改造传统渔业。

我们将与广大渔业科技工作者一同深入贯彻落实中央的决策部署，牢固树立创新、协调、绿色、开放、共享的发展理念，以提质增效、减量增收、绿色发展、富裕渔民为目标，以提升渔业科技自主创新能力为核心，加快关键技术突破、技术系统集成和科技成果转化，促进渔业发展方式转型升级，为形成生态良好、生产发展、装备先进、产品优质、渔民增收、平安和谐的现代渔业发展新格局提供强有力的技术支撑。

《中国水产科学发展报告（2011—2015）》的编写，凝聚了相关学科多位专家学者的集体智慧，借此机会，谨向付出了艰辛劳动的全体编写人员，以及为此书提供支持的各级领导和兄弟单位表示衷心的感谢。

2016 年 11 月

前　言　FOREWORD

　　《中国水产科学发展报告》由中国水产科学研究院组织编写，自 2006 年开始，每个国家五年规划出版一卷。主要介绍我国渔业科技取得的突出成果，总结我国渔业重点领域的科技进展和发展态势，宣传广大渔业科技工作者努力创新，为推进现代渔业转型升级、全面建成小康社会、建设世界科技强国所取得的成就，为社会各界全面掌握渔业科技发展动向提供参考。

　　《中国水产科学发展报告（2011—2015）》是《中国水产科学发展报告》系列的第二卷，较为系统地总结了"十二五"期间我国渔业科技最新进展和重要成果，比较分析了国内外水产科技发展现状，探讨了水产科学主要领域的发展趋势，汇编了 5 年间获得的国家级渔业科技奖励成果、通过审定的水产新品种、主要渔业科学家代表及其取得的突出科研成绩，并围绕水产动物营养与饲料、水产种业、远洋渔业与南极磷虾开发和水产工业化养殖等渔业科技热点领域撰写了专题报告。

　　本报告编写过程中得到农业部科技教育司和渔业渔政管理局的帮助和指导，中国水产科学研究院学术委员会各学科委员会参与了报告的撰写工作，国内渔业领域相关高校、科研院所的许多专家提供了诸多帮助，在此一并表示感谢。由于时间所限，报告中存在的疏漏和不足在所难免，敬请广大读者批评指正。

编　者

2016 年 10 月

目 录 CONTENTS

专 题 报 告

水产动物营养与饲料学科研究展望

"十二五"时期是我国承上启下的重要历史转折期。在此期间，我国水产动物营养与饲料研究蓬勃发展，这为我国水产饲料产业乃至养殖产业快速平稳地发展提供了助力。在此期间研究经费相对充足，各项工作均有条不紊地进行。分别在水产动物营养需要量数据库的构建、饲料原料生物利用率、蛋白质营养和替代、脂肪营养和替代、糖类营养、维生素营养、矿物质营养、添加剂开发、仔稚鱼与亲本营养、食品安全与水产品品质以及高效环保饲料开发等方面进行了大量研究，取得了一系列重要的研究成果，以上成果为推动我国水产饲料产业以及我国水产养殖业的健康可持续发展做出了巨大贡献。

一、近年来我国水产动物营养与饲料研究进展与科技成果

（一）研究进展

1. 构建主要水产养殖种类营养需要以及饲料原料利用率数据库

营养需要参数是水产养殖动物饲料配方的基础，也是该研究领域的基石。"十二五"期间，集中了全国水产营养饲料研究和开发的主要技术力量，继续研究完善我国主要水产养殖品种营养素的需要量。研究对象广泛，涉及大黄鱼、花鲈、军曹鱼、石斑鱼、黑鲷、皱纹盘鲍、凡纳滨对虾、草鱼、鲫、团头鲂、罗非鱼、黄颡鱼、中华绒螯蟹等。研究内容主要包括蛋白质、脂肪、必需氨基酸、必需脂肪酸、维生素（维生素 A、维生素 D、维生素 E、维生素 C、肌醇、叶酸、生物素、胆碱等）以及主要矿物元素（Ca、P、Fe、Cu、Zn、Se 等）等 38 种营养素。此外，比较研究了我国主要水产养殖品种不同生长阶段的营养素需要量。通过近几年大量的研究工作，基本构建了我国主要养殖品种不同生长阶段 38 种营养素需要量参数的数据库平台，为精准饲料配方设计提供理论基石，为我国水产饲料业乃至水产养殖业健康持续发展奠定坚实的基础。

构建了水产养殖代表种类（大黄鱼、花鲈、军曹鱼、石斑鱼、团头鲂、草鱼、鲫、罗非鱼、凡纳滨对虾和中华绒螯蟹）对常用饲料原料利用率数据库；比较了不同实验方法对消化率结果的影响，使消化率数据更加准确、可靠；根据养殖种类食性差异，对 20 种以上的常规原料（动物性蛋白源：鱼粉、肉粉、肉骨粉、鸡肉粉、血粉、羽毛粉

和虾粉等；植物性蛋白源：大豆及其副产物、菜粕、棉粕、花生粕、酵母、酒糟、玉米蛋白粉等）进行评估，经过多年的努力，我国已经基本构建了水产养殖代表种类对主要饲料原料生物利用率数据库，为开发营养均衡的人工配合饲料提供了参考和依据。

2. 蛋白质营养及蛋白源替代研究

蛋白质是鱼类最重要的营养素之一，是生物体的重要组成部分，也是生命功能实现的重要物质基础。水产动物对蛋白质的需要量受到其种类大小、饲料蛋白源的营养价值以及环境等多方面的影响。蛋白质不仅参与体内组织的构成，是酶和激素的重要组成成分，同时也是饲料成本中花费最大的部分。因此，饲料蛋白质营养及替代研究一直是水产动物营养的研究热点所在。

（1）蛋白质需要量研究

"十二五"期间，我国水产动物营养科研人员研究了多种水产养殖动物的蛋白质需要量，主要包括：长吻鮠幼鱼（45%；陈斌 等，2013）、异育银鲫幼鱼（35.1%～37.2%；何吉祥 等，2013）、岩原鲤幼鱼（38.9%～40.3%；钱前 等，2013）、镜鲤（34%；黄金凤 等，2013）、翘嘴鲌（45%；宋林 等，2013）、尼罗罗非鱼（25%；杨弘，2012）、草鱼（26.5%；李彬 等，2014）、黄河鲇（42.5%；赛清云 等，2012）、团头鲂（30%；蒋阳阳 等，2012）、奥尼罗非鱼（24.8%；乐贻荣 等，2013）、中华鳖（43%；周凡 等，2012）、斑节对虾（39.7%；张加润 等，2012）、刺参（32%；吴永恒 等，2012）和方格星虫稚虫（46.5%；张琴 等，2012）等。这些研究数据的发表，为相关养殖品种高效配合饲料的配制提供了数据支持和理论参考。

（2）氨基酸营养研究

氨基酸是构成蛋白质的基本单位，赋予蛋白质特定的分子结构形态，使蛋白质分子具有生化活性。鱼类在不同生长阶段必需氨基酸组成模式不同，因此，必需氨基酸需要量也不尽相同（Qi et al，2012）。相关研究确定了大鳞鲃的各种氨基酸、吉富罗非鱼亮氨酸和异亮氨酸、鲈幼鱼苏氨酸、胭脂鱼幼鱼赖氨酸和蛋氨酸、团头鲂精氨酸和蛋氨酸的需要量、克氏原螯虾蛋氨酸、凡纳滨对虾幼虾蛋氨酸的需要量（Xie et al，2012；刘福佳 等，2014；朱杰 等，2014；霍雅文 等，2014；许红 等，2013；Ren et al，2013；Ren et al，2014；Liao et al，2014）。

研究越来越多地关注于氨基酸代谢调控以及对机体生长以及免疫的影响及其作用机制。研究表明，饲料中一定含量的谷氨酰胺和牛磺酸能够提高鱼体的免疫力（骆艺文 等，2013；Zhang et al，2013）。

（3）蛋白源替代研究

随着水产养殖业的发展，对鱼粉的需要量越来越大。然而，近些年鱼粉产量逐年下降，因此，植物蛋白替代鱼粉的研究越来越受到重视。与鱼粉等动物蛋白相比，植物蛋白具有产量稳定、可持续和价格低廉等优点。然而，植物蛋白存在氨基酸不平衡、含有抗营养因子和适口性比较差等缺点，限制了其广泛应用。

豆粕、棉粕、玉米蛋白粉以及小麦蛋白粉等植物蛋白源已经广泛应用在水产养殖当中。但由于适口性差、氨基酸不平衡以及含有抗营养因子等原因，仍需不断开发新型蛋白源。"十二五"期间，豆粕等植物蛋白源在鱼类中的替代水平仍在不断探索，研究发现齐口裂腹鱼饲料中豆粕替代鱼粉蛋白的适宜比例应为 $34.25\%\sim45.46\%$（向枭 等，2012）。草鱼摄食菜籽粕替代 32% 鱼粉时，不影响生长和免疫指标（Tan et al，2013）。日本沼虾（胡盼 等，2011）、军曹鱼（周晖 等，2012）和黄颡鱼（朱磊 等，2013）饲料中的玉米蛋白粉可以部分替代鱼粉，但玉米蛋白粉的比例不超过 20%。同时，新型蛋白源（鱼肉水解蛋白、蝇蛆粉以及蚕蛹粉等）、复合蛋白源（植物复合蛋白以及动物复合蛋白）以及新的技术手段（酶解技术以及发酵技术）等也在不断开发，以满足水产养殖业的发展。已有研究表明，蝇蛆粉可以替代不超过 60% 的鱼粉而不影响凡纳滨对虾的生长（严晶 等，2012），然而替代鱼粉比例超过 20% 时会显著影响黄颡鱼幼鱼的生长性能（文远红 等，2013）；蚕蛹替代 50% 鱼粉，可提高吉富罗非鱼的生长性能（王淑雯 等，2015）。类似的是，脱脂蚕蛹可替代建鲤饲料中 50% 以下的鱼粉（张建禄 等，2013）；动物复合蛋白源（肉骨粉、血粉、鸡肉粉以及蛹肽蛋白）可以替代大菱鲆 30% 的鱼粉。植物复合蛋白源（花生粕、玉米蛋白粉、豆粕、谷朊粉）以及 10% 的蚕蛹（蚕粉）蛋白可以替代大菱鲆 40% 的鱼粉，对生长不会产生显著影响（魏艳洁 等，2013）；通过酶解技术所制得的水解鱼蛋白，在高水平植物蛋白的饲料中可以起到与鱼粉相似的生长效果，促进大菱鲆幼鱼的生长（卫育良 等，2014）。此外，采用微生物富集法，通过选择性培养基成功筛选出能同时降低植酸和单宁等抗营养因子的高效菌株，进行了豆粕和菜籽粕等复合发酵，使植物蛋白替代鱼粉比例从 20% 提高到 50%（苗又青 等，2010）。新型复合蛋白源的开发以及复合蛋白源与新技术手段的应用为鱼粉替代提供了新的思路。

此外，"十二五"期间还研究了不同蛋白源对养殖动物蛋白质代谢、氨基酸转运和消化酶活力等相关基因表达的影响，从而提高水产养殖动物对替代蛋白源的利用率，为开发新型蛋白源提供了有力的理论依据。

3. 脂肪营养及脂肪源替代研究

（1）脂肪需要量的研究

脂类对维持鱼体的正常生理功能及生长发育具有重要作用，脂类主要包括脂肪、磷脂、糖脂和胆固醇等物质。脂肪是鱼体重要的能量来源，可以起到节约蛋白质的作用，还能为其提供生长所必需的脂肪酸，参与鱼体生理功能的调节。同时，脂肪还可以作为脂溶性维生素的载体为机体运输必需的维生素。

"十二五"期间我国水产动物研究人员补充完善了主要养殖品种的脂肪需要量，主要包括鳡（7.71%；赵巧娥 等，2012）、梭鱼（$9.30\%\sim9.64\%$；张春暖 等，

2012）、吉富罗非鱼（6.19％，石桂城 等，2012）、尼罗罗非鱼（8.30％～9.75％；涂玮 等，2012）、奥尼罗非鱼（7.6％～10.7％；韩春艳 等，2013）、红鳍东方鲀（8.93％；孙阳 等，2013）、锦鲤（10.52％；梁拥军 等，2012）、黑尾近红鲌（7.57％～8.49％；李伟东 等，2014）等。除了脂肪需要量的单因素研究以外，双因素的实验（蛋白水平和脂肪水平）也展开了相应的研究（Xu et al，2013，2014）。在研究需要量的同时，脂肪水平对养殖对象免疫力以及脂代谢的影响也得到了广泛的关注（Leng et al，2012；Jin et al，2013）。

（2）脂肪酸营养研究

脂肪酸的含量和种类对养殖生物的生长、存活以及免疫力等均有显著的影响。"十二五"期间的研究不仅仅是局限于必需脂肪酸的研究，还针对某些非必需脂肪酸（如共轭亚油酸）。Ma et al（2013）研究发现，饲料中 n-3 长链多不饱和脂肪酸可以显著影响黑鲷的生长以及脂肪酸组成，并发现其最适需要量为 0.94％。Tian et al（2014）发现，花生四烯酸（ARA）可以显著改善饲料摄食率，并对脂肪代谢以及免疫性能产生显著影响。Tan et al（2013）研究发现，共轭亚油酸可以提高鱼体的生长性能、降低脂肪沉积并提高 CPTI 的表达量来促进氧化。

（3）脂肪源替代研究

鱼油替代仍是研究的一个重要方向。植物油由于来源稳定、价格低廉、脂肪酸比例较为得当等原因得到关注，成为替代鱼油的一个重要选择。潘瑜等（2014）发现，以亚麻油替代 25％鱼油时鲤的生长效果最好；而完全替代鱼油会阻碍鲤的生长，并危及肝胰脏的健康。在大菱鲆的研究中发现，大菱鲆饲料中亚麻籽油以及豆油替代水平应低于 66.7％，且大菱鲆饲料中 n-3 长链多不饱和脂肪酸含量需大于 0.8％（彭墨 等，2014；Peng et al，2014）。彭祥和等（2014）则发现，以亚麻籽油替代 50％鱼油时罗非鱼的生长效果最好；而完全替代鱼油会阻碍罗非鱼的生长，但亚麻籽油高水平替代鱼油会促进罗非鱼肌肉中 DHA 的合成能力。半滑舌鳎饵料中棕榈油替代鱼油的水平在 32％～60％的范围内较为适宜（程民杰 等，2014）。现在的研究不仅仅局限于适宜的替代水平的探索，还对替代后脂肪代谢的分子机制进行深入的探究。如在大菱鲆的研究中发现，过高的豆油替代会引发脂肪沉积，这与脂肪合成相关酶（如FAS 等）表达的升高以及脂肪氧化相关酶（CPTI）表达量的降低有关。鱼油替代后对脂代谢机制的研究有助于阐明替代水平低下的原因，进而实现鱼油的高效利用。此外，脂类物质如磷脂和胆固醇等对生长、脂肪沉积以及免疫力的研究也在不断展开（Deng et al，2013；Gao et al，2014）。

4. 糖类营养研究

"十二五"期间我国水产动物糖类营养研究大多关注饲料中糖对于养殖品种生长性能的影响，包括：糖水平〔点篮子鱼：15％～25％（李葳 等，2012）；吉富罗非鱼：29.1%～35%（蒋利和 等，2013）；克氏原螯虾：20.3%（Xiao et al，2014）］、最适糖脂比［瓦氏黄颡鱼：4.06（张世亮 等，2012）；胭脂鱼：4.65（张颂 等，2014）］、最适糖源［吉富罗非鱼：蔗糖糖蜜（吴彬 等，2013）］的数据。另外，研究还对摄入的糖对鱼体免疫、肠道健康等方面的影响进行了一定的论述。对于养殖水产动物的糖代谢机理的研究，目前主要集中在不同糖添加梯度、不同糖源及不同糖脂比对于糖代谢过程中的关键酶的活性及 mRNA 表达含量的影响（张世亮 等，2012；Yuan et al，2013；吴彬 等，2013；张颂 等，2014）。另外，不同环境条件（Qiang et al，2014）对鱼类糖代谢的影响也有相关研究。

5. 维生素营养研究

维生素由于其在鱼类的生长繁殖、免疫、抗氧化和其他应激等方面的有益作用而得到了广泛的研究。目前为止，水产动物对多种维生素（如维生素 A、维生素 C、维生素 D 和维生素 E 等）的需要量及其生理功能已经确定并被广泛研究。研究表明，饲料中添加适量维生素 C 和维生素 E 均能够显著促进鱼虾的生长，提高繁殖、免疫及抗应激、抗氧化能力，并提高相关基因的表达（Ming et al，2012；Tang et al，2013；肖登元 等，2012；Liu et al，2014）。同时，维生素对脂类代谢调控和清除鱼类体内氧自由基也发挥着重要的作用（Zhang et al，2012；牛化欣 等，2014）。维生素与维生素或与其他物质如大黄素、Se 等的交互作用对水产动物的生长繁殖和抗氧化的影响，以及饲料加工工艺对维生素在饲料中的作用的发挥也得到了研究（Ming et al，2012；覃希 等，2013；马飞 等，2014）。

6. 矿物质营养研究

矿物质是构成鱼体组成的重要物质，其主要生物功能包括：参与骨骼形成，参与电子传递，维持鱼体渗透压，调节机体酸碱平衡以及保证机体正常代谢。矿物质无法自身合成，是鱼类的必需营养素，主要包括常量元素 Ca、P、Mg、K、S 和微量元素 Fe、Mn、Cu、Co、Se、I、Al 和 F。研究发现，适宜的矿物元素添加量，可以提高水产养殖动物存活率、增重率、饲料效率、抗氧化水平和免疫能力；而过少、过多或不合适的比例，皆会产生不利影响。

每千克饲料含硫酸铜 11.5～11.9 毫克和蛋氨酸铜 8.2～8.3 毫克最有益于军曹鱼的生长（乔永刚 等，2013），每千克饲料含锌 184.85～190.39 毫克，团头鲂具有最大特定生长率，并可以促进其脊椎骨生长（刘汉超 等，2014）。饲料中适量添加硒，能促进中华绒螯蟹幼蟹的生长，提高饲料蛋白质效率和抗氧化能力（田文静 等，2014），每千克饲料总磷水平为 9～10 克时，吉富罗非鱼饲料中钙磷比的适宜水平为1：（1.1～1.5）（姚鹰飞 等，2012）。

7. 饲料添加剂的开发

集约化和工厂化水产养殖业的发展使得对水产动物饲料添加剂的研究也日益深入，

这其中既包括可提供水产动物营养的营养性添加剂，如中草药、益生菌、酶制剂、维生素、矿物质、氨基酸等，也包括用以促进生长发育、改善饲料结构、保持饲料质量、帮助消化吸收、防病抗病的非营养性添加剂，如黏合剂、促生长剂、诱食剂、着色剂等。

中草药由于具有免疫调节、抑菌、抗病毒、清除自由基等生理功能，在水产养殖中起到增强免疫、抵抗感染、增加产量、促进增殖、提高产量、改善饲料品质等作用。近些年研究发现，地黄可以显著促进鲤生长和提高其抗病力；黄芪多糖添加量为0.15％时，能够极显著地提高鲫的生长性能，降低病死率，增强机体免疫性能。饲料中添加0.5％～1％的茯苓、白芍、鱼腥草及大黄配制的复方药用植物，可以增加施氏鲟摄食量、提高消化率和调控内分泌激素水平，改善施氏鲟的生长性能、降低血脂含量、减缓应激和提高非特异性免疫的作用（王俊丽 等，2014；张银花 等，2013；彭晓珍 等，2014）。

益生菌又称益生素、生菌剂、活菌素等，是根据微生态学原理制成的含有大量有益菌的活菌制剂，它可在动物消化道内竞争性抑制有害菌生长，形成优势菌群优化肠道菌群结构，或者通过增强非特异性免疫功能来预防疾病，从而对动物的生理和健康产生积极的影响。有研究表明，在含有5％鱼粉饲料中添加0.5％～1％酵母免疫多糖，能显著改善草鱼幼鱼的生长性能；在不含鱼粉饲料中添加0.1％～0.5％时，能使草鱼幼鱼达到最佳生长性能。饲料中添加枯草芽孢杆菌，可以改善草鱼肠道菌群，提高草鱼部分免疫功能，进而促进草鱼生长，同时，能减少水体中氨氮的含量。此外，大黄鱼饲料中添加枯草芽孢杆菌，可以显著提高其机体免疫能力（王文娟 等，2014；胡凡光 等，2014）。

诱食剂又称引诱剂、食欲增进剂或适口性添加剂，属非营养性饲料添加剂，具有改善饲料适口性，增强动物食欲，提高动物采食量、摄食速度，促进水产动物对饲料的消化吸收及其生长，提高饲料转化率，减轻水质污染和降低成本的作用。诱食剂种类较多，常见的有诱食剂氨基酸及其混合物、甜菜碱、含硫有机物、动植物及其提取物、中草药和核苷酸。研究发现，添加0.3％的甜菜碱对异育银鲫、奥尼罗非鱼均具有极显著的诱食效果。此外，添加不同中草药对鲫有促进生长的作用。同时，6种中草药诱食剂对黄金鲫进行诱食效果研究发现增重率、特定生长率和饲料效率均有提高（董晓庆 等，2013）。

8. 幼体和亲本营养研究

（1）幼体营养研究和微颗粒饲料开发

"十二五"期间主要研究了淡水仔稚鱼（如匙吻鲟和泥鳅等）与海水仔稚鱼（点带石斑鱼）发育过程中消化酶（胰蛋白酶、酸性蛋白酶、淀粉酶和脂肪酶）及碱性磷酸酶活力的变化（吉红 等，2012；张云龙 等，2013；李鑫炜 等，2012）。在大黄鱼仔稚鱼的研究中发现，脂肪酶基因在仔稚鱼阶段即有表达。有学者研究了不同驯化方式、不同饵料（微颗粒饲料或桡足类）对仔稚鱼生长和存活的影响（贾钟贺 等，2012；于海瑞 等，2012）。相关试验进一步研究了仔稚鱼对不同营养素的需求参数，如磷脂、n-3 长链多不饱和脂肪酸以及花生四烯酸（ARA）（冯硕恒 等，2014；Li et al，2014；Yuan et al，2013）。

有研究比较了大黄鱼仔稚鱼对蛋白质、多肽和氨基酸代谢差异，发现并揭示了氨基酸和小肽类物质引起的肠道小肽转运载体 PepT1 及缩胆囊素 CCK 表达上调，是其比蛋白质更有利于仔稚鱼生长、发育的原因。同时还有研究探究了脂肪水平以及脂肪酸种类（DHA、EPA 以及 ARA）对海水仔稚鱼（斜带石斑鱼和半滑舌鳎等）消化酶活力以及脂肪代谢的影响，发现适宜的脂肪水平以及脂肪酸合理搭配，可以显著提高仔稚鱼的生长性能并促进其消化系统的发育。

（2）亲本营养研究

亲本的营养是影响其繁殖力的重要因素，进而影响到苗种的质量。"十二五"期间的研究包括：营养强化和控光控温对大菱鲆亲鱼性腺发育及卵子质量的影响，结果表明，控光控温和营养强化能在一定程度上缩短性腺发育时间和产卵期；经营养强化后亲鱼产卵量、上浮卵量、上浮率及受精卵活率、孵化率均有显著提高（李庆华 等，2013）；饲料中添加高剂量（0.525%）的维生素 C，更有利于促进半滑舌鳎亲鱼性激素的合成，改善亲鱼的繁殖性能，提高精卵质量，促进受精卵孵化，减少仔鱼畸形的发生。这些研究为深入研究亲本营养，开发高效亲本饲料奠定了坚实基础。

9. 营养、环境因子与水产品品质调控

"十二五"期间，随着生活水平的日益提高，人们逐渐关注水产品的品质。而有关营养、环境因子与水产品品质关系的研究也日益增多。已有的研究表明，饲料中添加虾青素和叶黄素能够显著影响大黄鱼体色（Yi et al，2014a）。饲料脂肪水平不仅影响大黄鱼幼鱼生长，而且能够影响大黄鱼类胡萝卜素以及皮肤色素的沉积，进而影响大黄鱼体色（Yi et al，2014b）。黄颡鱼可以有效利用玉米蛋白粉中的色素，提高鱼体黄色色泽深度；随着玉米蛋白粉使用量的增加，总类胡萝卜素、叶黄素在黄颡鱼皮肤中的沉积量逐渐增大（朱磊 等，2013）。此外，研究发现豆粕替代膨化饲料中 50% 的鱼粉，对建鲤肌肉的组织特性、质构特性、颜色、化学性状均无不良影响。

10. 分子和组学技术为水产动物营养研究提供助力

1900 年至今，营养学的研究已经历了三个发展阶段：第一个阶段研究对象主要是营养素、维生素和矿物元素的代谢途径与作用；第二个阶段主要研究营养素在体内代谢、生理功能及对组织细胞的影响；第三个阶段随着人类基因组草图和基因组序列图的绘制及基因组测序完成，营养科学也由营养素对单个基因表达及作用的分析开始向基因组及表达产物在代谢调节中的作用研究，即营养基因组研究方向发展。目前，水产动物营养研究虽然滞后于人类或哺乳动物营养研究，但随着相关技术的日益成熟、成本的逐年降低，分子手段和组学技术也越来越多地被运用到水产动物营养的研究中来。2012—2014 年，水产动物营养学的研究已深入到营养代谢和基因表达水平。鉴于营养物质在水产动物体内的代谢路径尚未完全弄清楚，有关其转运、中间代谢、代谢途径、基因表达等研究相继开展。

我国水产动物营养研究人员不仅运用分子克隆和基因表达技术对蛋白质、脂肪和糖类等营养元素代谢通路上进行了较为广泛的研究，而且运用转录组学、蛋白质组学和代谢组学进行水产动物营养、代谢与免疫的研究，使代谢和免疫通路更加清晰明了，从整个机体活细胞的水平来阐释营养素的作用机制。如运用转录组技术研究了摄食含不同蛋白/糖类比例饲料，罗非鱼相关代谢基因的变化（Xiong et al，2014）；运用代谢组学技术研究了乙酰葡糖胺对罗非鱼免疫系统的影响（Chen et al，2014）。这些研究为解释饲料营养元素在水产养殖动物中的作用机制提供了理论依据，对后续深入研究提供了参考，极大地促进了水产动物营养研究的系统化和深入化。

11. 高效环保渔用饲料研究开发与水产饲料生产良好操作规范实施

无公害饲料生产的思路和技术成功地引入我国的水产饲料生产，通过对有毒有害物质的研究可以保证产品本身无公害，通过无公害饲料配方的研制，达到养殖对水体低污染、对环境无公害的目的。

采用研究与生产相结合的方法，通过在水产饲料企业的生产实践，全面分析水产饲料生产流程中影响饲料质量安全的各种因素，从而建立了从生产建筑设施、原料采购、生产过程、销售系统和人员管理到终端用户的可追溯信息管理系统等方面的质量保证技术体系。同时，通过良好操作规范（GMP）在企业的示范和对全国几家大的水产饲料企业相关技术品质管理人员对 GMP 的认知及实施的书面调查研究所反映出来的问题，结合中国水产行业现状，加以修改补充，并在全国水产行业加以推广。

（二）科技成果

1. 发表论文

据不完全统计，2012—2014 年间国内外杂志上发表的与水产动物营养相关的论文超过 500 篇，其中国内核心期刊 300 余篇，SCI 收录 200 余篇，SCI 收录的数量及比例相比往年均有较大的提高，表明我国水产动物营养的研究水平得到了提高并成功和国际前沿研究接轨。文章涉及的主要内容有基础营养素（蛋白质、氨基酸、脂肪、脂肪酸、碳水化合物、维生素、矿物质）的需要量，水产饲料蛋白源的选择利用（蛋白源消化率和鱼粉替代），饲料添加剂（微生态制剂、酶制剂、寡糖类免疫增强剂、功能性添加剂等），营养素的代谢机理，营养与免疫及营养素的分子生物学调控机制等。且研究对象主要集中在大黄鱼、牙鲆、对虾等我国主要的养殖品种上，有利于研究成果的转化和推广，对水产行业的发展具有巨大的潜在推动作用。

2. 成果和人才培养

"十二五"期间，水产营养与饲料科技硕果累累。国家鲆鲽类产业技术体系鲆鲽营养与饲料岗位、国家科技支撑计划"养殖新对象健康苗种扩繁关键技术研究"、农业部公益性行业（农业）科研专项"水产养殖动物营养需求与高效配合饲料开发"等项目进展顺利，所取得的科研成果部分已经转化到生产中，并实现产业化。

"十二五"期间，水产动物营养方面的专业培养了硕士 60 名，博士 30 名。获奖以及人才培养情况表明，水产动物的营养研究进入快速发展阶段。"十二五"期间，水产动物营养与饲料方向培养的硕士和博士研究生数量较往年有较大上升，已毕业研究生大量进入高等院校和水产饲料企业，对水产动物营养研究的可持续发展起到重大的推动作用。

3. 水产动物营养研究与饲料开发获国家资助情况

水产动物营养与饲料研究在"十二五"期间主要得到了国家重点基础研究发展计划（"973 计划"）、国家自然科学基金、国家科技支撑项目以及公益性行业科研专项的资助，且资助力度较以往有较大提高。包括国家重点基础研究发展计划"养殖鱼类蛋白质高效利用的调控机制"、农业部公益性行业（农业）科研专项"替代渔用饲料中鱼粉的新蛋白源开发利用技术研究与示范"和"水产养殖动物营养需求与高效配合饲料开发"、国家自然科学基金委员会在 2012 年资助的"大黄鱼仔稚鱼磷脂营养代谢研究"和"鱼类牛磺酸合成能力的调控机制"、2013 年资助的"不同食性热带海洋鱼类葡萄糖耐量及外周糖代谢调控与利用机制研究"和"大黄鱼糖营养代谢调控与利用的生理与分子机制"以及"水产动物蛋白质营养感知机理"、2014 年资助的"基于代谢组学方法研究牛磺酸调控肉食性鱼类生长性能的作用机制"和"大黄鱼脂肪沉积及其调控机制的研究"等课题。

二、国内外水产动物营养与饲料研究比较

"十二五"期间，在国家产业政策正确引导、科研经费的大力支持下，面向产业的巨大需求，我国水产动物营养研究与水产饲料工业高速发展，无论是研究水平还是饲料产品品质，在某些领域都达到了国际领先水平。然而，我国水产养殖模式与发达国家存在差距，且研究起步较晚，基础相对薄弱，我国在该领域研究的系统性、深度、行业运行与监管及观念等方面仍与国外先进水平存在一定差距。

（一）养殖品种繁多、研究的系统性和深度不足

我国水产养殖品种众多，主要养殖品种有 50 余个。养殖对象涉及脊椎动物中的鱼类、两栖类和爬行类，无脊椎动物中的虾类、蟹类和软体动物。主要包括淡水养殖

的草鱼、鲤、鲫、罗非鱼、河蟹、牛蛙、林蛙、中华鳖等，海水养殖的大黄鱼、鲈、大菱鲆、真鲷、军曹鱼、石斑鱼、对虾、牡蛎、扇贝、鲍、东风螺等。而欧美发达国家和地区养殖品种相对单一，如挪威一直以大西洋鲑作为主要养殖品种，养殖产量达到其水产品总产量的80％以上。

欧美国家和地区能够在单一的养殖品种上进行细致而系统的研究，从而确保了在该研究领域的优势地位。尤其是挪威在大西洋鲑及其他欧美国家和地区在虹鳟、鲇上的研究系统而深入，引领世界鱼类营养研究的发展。从大量营养素到微量营养素，再到替代蛋白源、替代脂肪源、营养与品质的关系、营养免疫学、外源酶和促生长添加剂等均有系统的研究。并且针对仔稚鱼、幼鱼、成鱼、亲鱼等不同生长阶段，均有营养学的深入研究。这些研究成果为精确设计饲料配方奠定了理论基础。另外，发达国家还对蛋白、脂肪和糖类等营养素的中间代谢过程进行了深入研究，不仅从生理生化水平，而且从分子水平探明了相关营养素的代谢机制。

在我国，养殖品种的多样化是一把双刃剑：一方面，我国能够针对不同种类水产养殖品种进行广泛的研究；但另一方面，分散了科研实力，阻碍了某一个品种深入而系统的研究开发。"十二五"期间，我国选取主要水产养殖品种，在不同生长阶段进行了主要营养素需要量的评估。但在幼鱼开口饲料、亲鱼高效人工配合饲料方面的研究相对不足，这大大限制了水产养殖效益的提高。"十二五"期间，分子营养学研究也在国内发展迅速，但是该领域的相关研究仍缺乏针对性和系统性，这也是水产动物分子营养学一个普遍存在的问题。因此，选取我国主要水产养殖品种，集中科研力量进行攻关，并进行水产养殖品种的结构调整势在必行。

（二）饲料加工工艺研究有待进一步提高

我国科技人员在消化吸收国外先进技术的基础上，迅速完成了从无到有的水产饲料设备研发，已经建成水产饲料加工成套设备制造的工业体系，不仅能基本满足国内水产饲料生产的需要，而且也外销国际市场，饲料产品品质也得到不断提升。但目前我国水产饲料生产设备的质量和规模较发达国家相对落后，自主创新能力仍有不足。尤其是水产饲料膨化设备生产性能相对国际最高水平仍有差距，许多饲料企业仍然依靠从国外引进相关设备，从而使生产成本显著上升。而一些小型企业则由于资金有限，无法从国外进口相关设备，因此，所生产的产品质量较低，市场竞争力弱，从而逐渐被淘汰。

（三）养殖模式、高效环保配合饲料研发有待升级

"十二五"期间，我国大力推进水产养殖模式升级，但在部分地区水产养殖生产仍较为粗放，单位水体产量低、高效环保配合饲料普及率低。据统计，我国水产养殖

每年直接用于投喂的鲜杂鱼400万～500万吨,另有3 000万吨直接以饲料原料的方式投喂。这种养殖模式不仅是对有限资源的巨大浪费,更是环境污染、病害发生和影响可持续发展的重要因素。此外,目前饲料配方普遍存在蛋白和矿物盐过高的倾向,这也进一步加剧了富营养化水体氮、磷等的产生。从国家层面,水产饲料和养殖水环境的监管和相关法律法规的制定相对滞后,且相关法规并未得到彻底执行。这均导致了水产动物营养研究注重养殖动物生长,而忽视环保的要求,不利于行业的可持续发展。

而欧美等水产养殖水平较为先进的国家和地区,主要以集约化的工厂化养殖为主,配合饲料的普及率相当高,避免了在国内水产业中出现的因直接投喂鲜杂鱼和饲料原料而带来的资源和环境问题,并针对饲料安全、污水处理出台了严苛的法律和法规。如在养殖和饲料生产中执行严格的"危害分析和关键控制点"(hazard analysis and critical control point,HACCP)。每年都根据实际情况修订有关养殖用水、养殖废水中的氨氮、悬浮性固体物质及总磷的排放的立法规定。环保执法部门会根据"排污者付费"(polluter pays)原则对排污量超标的企业进行高额的罚款。因此,这些国家和地区的饲料企业与科研方向不仅关注水产饲料高效性,而且更倾向于环保饲料的研发。

(四) 水产品安全和质量的营养调控研究不足

"十二五"期间,随着我国经济发展进入新常态,水产养殖业也由片面追求养殖产量,转而更关注质量与安全的问题,这也引起越来越多研究者的关注。西方发达国家的水产养殖早在20多年前就开始研究养殖产品的品质调控问题,而在我国相关研究还明显滞后,科研投入明显不足。我国科学家发现用人工饲料饲养的大黄鱼比用野杂鱼饲养的大黄鱼更接近野生大黄鱼,这说明完全可以采用人工配合饲料对养殖产品进行品质调控,但调控机理仍需进一步探明。利用植物蛋白源、脂肪源替代鱼粉和鱼油,是解决我国鱼粉资源短缺的有效方式,但随之而来的水产养殖产品的风味、营养价值的变化这一新问题又摆在科学家面前,我国在此方面的研究还未深入和系统化。

水产品安全受环境污染、污染迁移、食物链(包括饲料原料)富集或是在养殖管理过程中的化学消毒、病害防治等影响。把好原料质量关,实现无公害饲料生产,从饲料安全角度来保证水产品安全是关键。我国大型水产饲料企业已经开始建立从生产建筑设施、原料采购、生产过程、销售系统和人员管理及终端用户的可追溯信息管理系统等方面的GMP体系。但在个别区域仍存在相关法律和规范得不到有效执行、激素和抗生素滥用、药物残留、原料掺假等不良行为。这不但影响了产品出口,束缚了行业发展,而且对资源和环境造成了严重的损害。而欧美等发达国家和地区已经建立了从鱼卵孵化到餐桌的生产全程可追溯系统,在科研上更是大力投入。例如,在欧盟的第六研究框架计划（sixth research framework programme）的优先主题之一，就是投入 7.51 亿欧元的食品质量与安全研究计划，其中专门设置了水产品质量与安全项目（seafood plus），进而保证产品质量和安全。

三、我国水产动物营养与饲料发展趋势与展望

长期以来，我国渔业经济发展过多地依靠扩大规模和增加投入，这种粗放型经济增长方式与资源和环境的矛盾越来越尖锐，已经成为制约水产养殖业健康可持续发展的瓶颈。集约化水产养殖是我国水产养殖业持续发展的出路，因此，水产动物营养与饲料须服务于集约化水产养殖，以集约化水产养殖对水产动物营养与饲料的需要为发展方向。

（一）完善和修订主要水产养殖种类基础营养参数

确定水产动物在各种养殖环境、生理状态和发育阶段对营养素精准的需要量和配比，是集约化水产养殖的基础。经过近 30 年的努力，我国主要养殖代表种类的"营养需要参数与饲料原料生物利用率数据库"已初步构建。我们应在已有研究的基础上，继续对我国代表种的营养需要，尤其是微量营养素的需要量进行系统研究，同时，对不同发育阶段（如亲鱼和仔稚鱼阶段）的营养需要进行研究，以掌握代表种不同发育阶段精准营养需要参数。同时，继续对我国主要代表种配方中常用的饲料原料进行消化率数据的测定，尤其是要进一步完善我国主要原料必需氨基酸消化率数据的测定，以完善我国主要代表种类"营养需要参数与饲料原料生物利用率数据库"公益性平台，为我国水产饲料的配制提供充足的理论依据。此外，我国起步晚，投入少，早年的研究数据比较粗糙，需要进一步重复研究、确认或修订，使配方更加科学合理，以适应现代化水产养殖。

（二）营养代谢及调控机理研究

随着分子技术在水产动物营养研究的广泛应用，为营养素在水产动物体内的吸收、转运和代谢机制的研究提供了便利。我们应该加大投入，把基因组学和生物信息学等现代生物技术应用到水产动物营养学研究中，积极开展营养基因组学研究，研究营养物质对细胞、组织、器官或生物体的转录组、蛋白质组和代谢组的影响，探索并阐明水生动物营养学的重要前沿科学问题。同时，通过营养和分子生物学手段对水产动物生长代谢进行调控，解决当前水产养殖业所面临的问题。例如，水产动物普遍对蛋白质需要量高，而对糖类的利用率则相对低下，有关该方面的研究已有相关的报道，但真正的机制如何，到底受哪些功能基因调控尚未完全弄清楚。水产动物对脂类

的研究相对较为深入，然而不同种类的代谢路径、必需脂肪酸的种类均存在较大差异。如淡水鱼能够通过去饱和酶和碳链延长酶合成 EPA 和 DHA，而海水鱼则缺乏该能力，深入的机制有待进一步研究。一些功能性的营养物质（如牛磺酸、核苷酸等）是通过何种分子途径来发挥其生物学效应的，这些问题还有待进一步探讨。弄清这些问题也是解决目前水产动物营养与饲料行业问题的基础。

今后，我们应利用基因操作、敲除和过表达等现代分子生物学手段，从斑马鱼辐射主要代表种，对营养物质在水产动物机体内的代谢及调控机制进行系统研究，进一步弄清楚营养素在水产动物主要代表种中的吸收、转运和代谢的分子调控机制。为全方位开发精准营养调控技术奠定基础，为我国健康、高效、优质、安全和可持续发展的水产养殖做出应有的贡献，实现我国水产动物营养研究与饲料工业的跨越式发展。

（三）开发新型蛋白源、脂肪源和添加剂

提高非鱼粉蛋白源等廉价蛋白源的利用率，减少鱼粉在配方中的使用量是当务之急。当前，一方面，我们应该集成降低或剔除抗营养因子技术、氨基酸平衡技术、无机盐平衡技术、生长因子（如牛磺酸、核苷酸、胆固醇）平衡技术、促摄食物质开发等各项技术，缩小非鱼粉蛋白源和鱼粉之间营养差异，开发超低鱼粉饲料，减少鱼粉使用量；另一方面，我们也应注重开发新型蛋白源，如低分子水解蛋白、豌豆分离蛋白等，拓宽水产饲料蛋白来源。类似地，要摆脱水产动物饲料对鱼油原料的依赖，首先要深入开展水生动物脂肪代谢与调控机理研究。在弄清楚水产动物脂肪（酸）代谢和调控机制的基础上，一方面，通过转基因等现代生物学技术对水产动物脂肪（酸）代谢进行修饰，促进水产动物必需脂肪酸合成，降低水产动物对鱼油依赖；另一方面，应加大替代性脂肪源研究和开发。非鱼油脂肪源为何无法替代鱼油，其对水产动物代谢的深层次影响及机制目前知之甚少，因此，非鱼油脂肪源对水产动物代谢及机制解析是今后研究的重点。此外，应运用现代生物技术，开发新型脂肪源，如通过转基因技术提高植物油或微藻中必需脂肪酸含量，缩小非鱼油脂肪源和鱼油之间营养差异。最后，投喂策略研究也有助于解决鱼油资源短缺。例如，脂肪源的替代对肌肉脂肪酸组成的影响很大，使其对人体有益的脂肪酸含量减少，但"恢复投喂"的技术能改善肌肉脂肪酸的组成（Fountoulaki et al，2009）。

根据我国饲料添加剂工业的现状，增加薄弱环节的研发投入，加快适用于水产动物的新型专用饲料添加剂的开发与生产，改变长期以来借用畜禽饲料添加剂的局面。如鱼虾诱食剂、专用酶制剂、氨基酸（对水产动物来说，苏氨酸、精氨酸常常是限制性氨基酸）、替代抗生素的微生态制剂和免疫增强剂等，逐步实现主要饲料添加剂国产化，降低饲料生产成本，提升国产饲料添加剂和水产养殖产品的国际竞争力。具体应重点投入以下几个方面：①新型添加剂品种开发、添加剂原料生产技术研究，提高

饲料添加剂质量和产量。②增加添加剂开发投入、规范添加剂行业管理。基于饲料添加剂对于饲料工业的重要作用，发达国家将其作为高科技项目，十分重视其研究与开发工作。我国经济及技术力量相对发达国家明显落后，高技术、高附加值的技术密集型产品，如氨基酸、维生素、抗生素等仍未摆脱成本高、依赖进口的局面。尽管我国目前有饲料添加剂生产厂家千余家，但规模小，大多重复生产，条块分割严重，行业管理不规范。③加强创新。由于缺乏相关的基础研究，我国目前生产的品种主要以仿制为主，极少创新。如我国饲料工业所需蛋氨酸几乎全部依靠进口。国内蛋氨酸生产装置与国外相比存在很大的差距，主要表现在生产规模偏小，且以间歇法为主，自动控制水平也很低。我国蛋氨酸的消费潜力很大，是一个很有前途的产品。我国人口众多因素将促进蛋氨酸消费增长的态势保持 10～15 年，因此，建设蛋氨酸生产装置有良好的市场前景。目前，中国化工集团收购了具有先进技术生产蛋氨酸的法国安迪苏公司，现已投产。因此，今后还需加强相关的基础研究与开发工作。④促摄食物质的开发。由于水产饲料中越来越多地使用植物蛋白源，为了提高饲料的适口性，降低植物蛋白源中抗营养因子的拮抗作用，开发高效的促摄食物质势在必行。一方面，这有助于提高饲料的摄食量，促进养殖动物的生长；另一方面，又能减少饲料损失，减少水体污染。

（四）营养与水产品安全和品质

水产饲料安全是保障水产品质量安全的根本。"十二五"期间，药物残留超标等养殖产品质量安全问题时有发生，质量安全门槛已成为世界各国养殖产品贸易的主要技术壁垒。通过科技攻关，解决饲料产品的安全问题，是从根本上解决养殖产品安全的关键。

研究水产饲料源中的抗营养因子的结构、功能和毒理作用机制，通过有效调控抗营养因子使之失活或使不良影响降低，以保障在扩大水产养殖饲料来源情况下的饲料质量安全；开展水产饲料有毒有害物质（如孔雀石绿、游离棉酚、黄曲霉素、三聚氰胺）以及非营养性饲料添加剂（着色剂）对养殖对象的毒副作用、体内残留及食用安全性研究，对水产养殖产品安全特别敏感的饲料和饲料添加剂进行生物学安全评价，为水产养殖产品生产的危害风险分析和安全管理提供科学依据。

此外，随着人们生活质量的提高，人们对水产品品质要求越来越高。不仅要求水产品具有丰富的营养，而且希望产品具有优良的食用品质和风味，有利于健康的同时给人们以更高的物质享受。随着集约化养殖技术的提高，养殖密度的增加，养殖鱼的生长速度、养殖产量有了大幅度提高。但是与天然鱼比较，存在体色变灰暗、肉质变差、鱼肉的香甜度降低等现象，也造成了养殖鱼与天然鱼价格上的巨大差异；而不合理的投喂方式又对养殖生态环境造成严重污染，使水产品品质进一步下降；这就需要进一步研究饲料的营养平衡和微量营养成分在饲料中的作用。通过营养调控，改善养殖鱼的体色与肉质，是营养学界长期以来努力解决的问题。有关营养调控水产品品质的研究是今后应重点开展的研究领域。主要应在以下几方面开展工作：①研究水产动物体色、风味物质形成的规律和调控机制，弄清楚养殖和野生水产动物品质出现差异的原因；②研究营养素（如蛋白质、脂肪、脂肪酸、维生素 E、维生素 C 等）对水产养殖动物体色、质地和风味的影响；③研究非营养型添加剂（如大蒜素、色素等）对水产养殖动物体色、质地和风味的影响。在此基础上，开发出改善水产养殖动物品质的添加剂，掌握调控水产养殖动物品质的技术，结合科学的饲养方式，生产出优质的水产品。

（五）水产营养免疫学研究

随着水产集约化养殖程度的升高，水生动物受到营养、环境、代谢等各种胁迫，因此容易诱发各种疾病，给养殖业造成巨大经济损失。研究表明，饲料营养水平能影响水生动物的健康状况，而水生动物的健康状况则会影响其营养需要量。因此，通过调控营养，可以提高水产动物的免疫力和抗病力。有关这方面的研究已有相关的报道，这些研究主要集中在两方面：①营养物质（如脂肪酸、维生素 E、维生素 C、微量元素等）对水产动物免疫力和抗病力的影响；②非营养型添加剂（如多糖类、寡糖类、细菌提取物、中草药等）对水产动物免疫力的影响。在此基础上开发出了一定数量的免疫增强剂和微生态制剂，用于实际的饲料工业生产并取得了一定的成效。但是，有关营养免疫的机制尚未完全弄清楚，今后，我们应着重于研究与营养免疫和抗病相关的基因功能及相关的信号通路。在深入了解营养素对免疫功能调控机制的基础上，设计合理的饲料配方，提高水生动物免疫力。

（六）亲鱼和仔稚鱼营养与饲料研究

水产养殖中，饲料成本占第一位，而对许多养殖品种而言，苗种成本居于第二位。亲本的营养是影响其繁殖力的重要因素，进而影响到苗种的质量。为获得大量的优质苗种，亲鱼的培育显得尤为重要，而使亲鱼获得足够的营养物质又是关键所在。因此，研究优质的亲鱼饲料是亟待解决的重要课题。目前，已经明确一定的营养物质，如必需脂肪酸和抗氧化物质对于亲鱼营养特别重要，它们在繁殖期的营养物质需要量大于成长期，但是过量和不平衡对于繁殖反而有害。一些微量营养物质如微量矿物元素、维生素、功能性添加剂对于繁殖的重要性还需要进一步研究。亲鱼营养的研究需要大量的经费支持，所以亲鱼营养的研究需要政府的支持和各方的协作，这对科学配制亲鱼饲料、大规模人工培育优质亲鱼、提高人工育苗效率具有重要的实践意义。

随着集约化养殖业的迅猛发展，苗种的需要量日益增加，这对苗种的培育提出了更高的要求。传统的水产动物苗种培育主要依赖于生物饵料，其缺点主要有：①育苗成本高；②供应不稳定；③易传播疾病；④营养不均衡。因此，开发优质的幼苗微颗粒饲料非常重要。我国在仔稚鱼的摄食行为、消化生理和营养需要的研究相对薄弱，已有的人工微颗粒饲料，其品质与国外知名品牌相比，存在较大差异，主要表现为在水中稳定性低、溶失率高、诱食性差、可消化率低等，因此，加工工艺的改进是亟待解决的重要问题。目前，我国主要养殖鱼类仔稚鱼的人工微颗粒饲料主要从我国台湾、日本等地区或国家进口。因此，大力开展仔稚鱼的营养生理研究，开发高效的人工微颗粒饲料（微黏合、微包膜、微包囊），是目前亟待解决的课题。

（七）安全高效、环境友好型水产配合饲料研发

我国水产饲料工业随着改革开放的兴起、发展、壮大，产量经历了从无到有、从小到大，直到雄踞世界第一的发展历程。人工配合饲料在水产养殖中的广泛推广应用，缩短了其养殖周期，提高了养殖单产水平和养殖效益，水产饲料产业已成为我国饲料工业中发展最快、效益最好、潜力最大的朝阳产业。但随着养殖规模、养殖密度不断扩大，养殖对水环境的污染问题也日益突出，甚至引起疾病暴发，给水产业造成致命的打击，随之使用药物又对水产品安全带来隐患。近年来水产品安全问题不断出现，饲料安全即食品安全的概念在世界范围内已成为共识。

饲料中营养物质搭配合理、品质优良，有利于维持水产动物生理健康，并能减少污染、保护养殖水环境；而饲料营养物质，如维生素 C 及一些免疫增强剂在水产养殖动物免疫机制中发挥着重要作用，通过营养调控从根本上增强养殖动物的免疫能力，预防疾病的暴发是保证水产养殖可持续发展的重要策略之一。因此，具有安全、高效、环境友好等多重功效的新型配合饲料研发成为国内外研究的重点，也是未来水产饲料的发展方向。通过合理设计的饲料配方，不仅可以使鱼类获得均衡的营养，还可以减少饲料浪费，减少饲料和排泄物对水体的污染，减少有毒有害物质在鱼体的积累，生产出安全的水产品。

目前，我国水产养殖正由粗放型养殖向集约化养殖快速转变，研制与之相适应的系列环境友好型饲料配制技术，通过开发新饲料源、饲料添加剂、饲料配方技术和科学投喂技术，达到精准配方、精准投喂、提高养殖动物免疫能力、减少排放、保护环境；同时，国家应尽快立法禁止在水产养殖中使用小杂鱼、饲料原料直接投喂水产动物，才能确保水产养殖业的可持续发展。

（中国海洋大学：麦康森　张文兵）

参 考 文 献

陈斌，彭淇，梁文，等，2013. 长吻鮠幼鱼日粮中常量营养物质适宜需求量的研究 [J]. 大连海洋大学学报，28：179-184.

程民杰，2014. 棕榈油替代鱼油对半滑舌鳎生长，生理生化和肌肉营养品质影响的研究 [D]. 天津：天津农学院.

董晓庆，张东鸣，葛晨霞，2013. 牛磺酸在鱼类营养上的研究进展 [J]. 动物营养与饲料科学，39 (6)：125-127.

冯硕恒，蔡佐楠，2014. 磷脂对仔稚鱼生长发育的影响 [J]. 河北渔业 (8)：51-53.

韩春艳，郑清梅，黄勋和，2013. 饲料脂肪水平对奥尼罗非鱼生长发育、饲料利用及血液指标的影响 [J]. 中国饲料 (8)：36-39.

何吉祥，崔凯，徐晓英，等，2014. 异育银鲫幼鱼对蛋白质，脂肪及碳水化合物需求量的研究 [J]. 安徽农业大学学报，41：30-37.

胡凡光，郭萍萍，麻丹萍，等，2014. 饲料中添加枯草芽孢杆菌对促进大菱鲆生长及养殖水环境的影响 [J]. 渔业现代化 (2)：7-11.

胡盼，黄旭雄，郭腾飞，等，2011. 玉米蛋白粉部分替代鱼粉对日本沼虾生长和肌肉组成的影响 [J]. 上海海洋大学学报 (2)：230-237.

黄金凤，赵志刚，罗亮，等，2013. 水温和饲料蛋白质水平对松浦镜鲤幼鱼肠道消化酶活性的影响 [J]. 动物营养学报，25：651-660.

霍雅文，曾雯娉，金敏，等，2014. 凡纳滨对虾幼虾的蛋氨酸需要量 [J]. 动物营养学报 (12)：3707-3716.

吉红，孙海涛，田晶晶，等，2012. 匙吻鲟仔稚鱼消化酶发育的研究 [J]. 水生生物学报，36 (3)：457-465.

贾钟贺，张永泉，尹家胜，等，2012. 不同驯化方式对哲罗鱼仔，稚鱼生长和存活的影响 [J]. 水产学杂志，25 (4)：42-45.

蒋利和，吴宏玉，黄凯等，2013. 饲料糖水平对吉富罗非鱼幼鱼生长和肝代谢功能的影响 [J]. 水产学报 (2)：245-255.

蒋阳阳，李向飞，刘文斌，等，2012. 不同蛋白质和脂肪水平对 1 龄团头鲂生长性能和体组成的影响 [J]. 水生生物学报，36：826-836.

乐贻荣，杨弘，徐起群，等，2013. 饲料蛋白水平对奥尼罗非鱼 (*Oreochromis niloticus* × *O. aureus*) 生长，免疫功能以及抗病力的影响 [J]. 海洋与湖沼 (2)：493-498.

李彬，梁旭方，刘立维，等，2014. 饲料蛋白水平对大规格草鱼生长，饲料利用和氮代谢相关酶活性的影响 [J]. 水生生物学报，38：233-240.

李庆华，孙建，李仰真，等，2013. 营养强化和控光控温对大菱鲆亲鱼性腺发育及卵子质量的影响 [J]. 南方农业学报 (6)：1030-1036.

李葳，侯俊利，章龙珍，等，2012. 饲料糖水平对点篮子鱼生长性能的影响 [J]. 海洋渔业，34 (1)：64-70.

李伟东，2014. 饲料脂肪水平对黑尾近红鲌生长性能，鱼体成分及消化酶活性的影响 [D]. 武汉：武汉轻工大学.

李鑫炜，骆剑，李伟萍，等，2012. 点带石斑鱼仔稚鱼消化系统黏液细胞的类型与分布 [J]. 渔业科学进展（5）：15-23.

梁拥军，孙砚胜，苏建通，等. 2012. 饲料脂肪水平对锦鲤幼鱼生长和血液生化指标的影响 [J]. 淡水渔业，42（5）：49-53.

刘福佳，李雪菲，刘永坚，等，2014. 低盐度条件下的凡纳滨对虾幼虾亮氨酸营养需求 [J]. 中国水产科学（5）：963-972.

刘汉超，叶元土，蔡春芳，等，2014. 团头鲂对饲料中 Zn 的需求量 [J]. 水产学报，38：1522-1529.

骆艺文，艾庆辉，麦康森，等，2013. 饲料中添加牛磺酸和胆固醇对军曹鱼生长、体组成和血液指标的影响 [J]. 中国海洋大学学报（自然科学版）（8）：31-36.

马飞，李小勤，李百安，等，2014. 饲料加工工艺及维生素添加量对罗非鱼生长性能、营养物质沉积和血清生化指标的影响 [J]. 动物营养学报，26（9）：2892-2901.

苗又青，2010. 一株单宁和植酸降解菌的筛选及其在固态发酵条件下降解菜粕中单宁和植酸的研究 [D]. 青岛：中国海洋大学.

牛化欣，雷霁霖，常杰，等，2014. 维生素 E 对高脂饲料养殖大菱鲆生长、脂类代谢和抗氧化性能的影响 [J]. 中国水产科学，21（2）：291-299.

潘瑜，陈文燕，林仕梅，等，2014. 亚麻油替代鱼油对鲤鱼生长性能，肝胰脏脂质代谢及抗氧化能力的影响 [J]. 动物营养学报，26（2）：420-426.

彭墨，徐玮，麦康森，等，2014. 亚麻籽油替代鱼油对大菱鲆幼鱼生长，脂肪酸组成及脂肪沉积的影响 [J]. 水产学报，38（8）：1131-1139.

彭祥和，任为，李斌斌，等，2014. 不同水平亚麻籽油替代鱼油对罗非鱼生长及体组成的影响 [J]. 饲料工业，35（8）：30-34.

彭晓珍 李，郭威，亓成龙，等，2014. 茯苓、白芍、鱼腥草及大黄复方药用植物添加剂对施氏鲟生长性能及血浆生化指标的影响 [J]. 中国水产科学，21（5）：973-979.

钱前，罗莉，白富瑾，等，2013. 岩原鲤幼鱼的蛋白质需求量 [J]. 动物营养学报，25：2934-2942.

乔永刚，谭北平，麦康森，等，2013. 军曹鱼对饲料中铜需要量的研究 [J]. 中国海洋大学学报（自然科学版）（4）：34-41.

赛清云，王远吉，吴旭东，等，2012. 黄河鲇幼鱼对饲料蛋白和能量需要的初步研究 [J]. 淡水渔业，42：53-58.

石桂城，董晓慧，陈刚，等，2012. 饲料脂肪水平对吉富罗非鱼生长性能及其在低温应激下血清生化指标和肝脏脂肪酸组成的影响 [J]. 动物营养学报，24（11）：2154-2164.

宋林，樊启学，胡培培，等，2013. 饲料蛋能比对翘嘴鲌幼鱼生长性能，肠道和肝胰脏消化酶活性的影响 [J]. 动物营养学报，25：1480-1487.

孙阳，姜志强，李艳秋等，2013. 饲料脂肪水平对红鳍东方鲀幼鱼肝脏抗氧化酶活力及组织结构的影响 [J]. 广东海洋大学学报（3）：27-32.

覃希，黄凯，程远，等，2013. 维生素 E 和硒对吉富罗非鱼生殖激素及免疫功能的影响 [J]. 饲料工业，34（24）：10-15.

田文静，李二超，陈立侨，等，2014. 酵母硒对中华绒螯蟹幼蟹生长，体组成分及抗氧化能力的影响

［J］. 中国水产科学（1）：92-100.

涂玮，田娟，文华，等，2012. 尼罗罗非鱼幼鱼饲料的适宜脂肪需要量［J］. 中国水产科学，19（3）：436-444.

王俊丽，雒燕婷，郝光，等，2014. 地黄和小肽对鲤鱼生长性能及 IL-8 表达的调节［J］. 水产科学，33（9）：556-561.

王淑雯，黄先智，罗莉，等，2015. 蚕蛹替代鱼粉对吉富罗非鱼生长性能，体成分及血清生化指标的影响［J］. 动物营养学报，27：2774-2783.

王文娟，孙冬岩，潘宝海，等，2014. 饲料中添加枯草芽孢杆菌对草鱼生长、免疫和肠道特定微生物菌群的影响［J］. 饲料研究，19：43-44.

卫育良，2014. 水解鱼蛋白对摄食高植物蛋白饲料的大菱鲆幼鱼生长性能的影响及其代谢组学初步分析［D］. 青岛：中国海洋大学.

魏艳洁，何艮，麦康森，等，2013. 复合蛋白源部分替代饲料中的鱼粉对大菱鲆生长的影响［C］//第九届世界华人鱼虾营养学术研讨会论文摘要集.

文远红，曹俊明，黄燕华，等，2013. 蝇蛆粉替代鱼粉对黄颡鱼幼鱼生长性能、体组成和血浆生化指标的影响［J］. 动物营养学报，25：171-181.

吴彬，彭淇，陈斌，等，2013. 日粮中不同糖源对吉富罗非鱼（Oreochromis niloticus）稚鱼养殖效果与机理研究［J］. 海洋与湖沼，44（4）：1050-1055.

吴永恒，王秋月，冯政夫，等，2012. 饲料粗蛋白含量对刺参消化酶及消化道结构的影响［J］. 海洋科学，36：36-41.

向枭，周兴华，陈建，等，2012. 饲料中豆粕蛋白替代鱼粉蛋白对齐口裂腹鱼幼鱼生长性能、体成分及血液生化指标的影响［J］. 水产学报，36：723-731.

肖登元，梁萌青，2012. 维生素在亲鱼营养中的研究进展［J］. 动物营养学报，24（12）：2319-2325.

许红，王常安，徐奇友，等，2013. 大鳞鲃幼鱼氨基酸需要量［J］. 华中农业大学学报（6）：126-131.

严晶，曹俊明，王国霞，等. 家蝇蛆粉替代鱼粉对凡纳滨对虾肌肉营养成分，氨基酸和肌苷酸含量的影响［J］. 中国水产科学，2012，19（2）：265-274.

杨弘，徐起群，乐贻荣，2012. 饲料蛋白质水平对尼罗罗非鱼幼鱼生长性能，体组成，血液学指标和肝脏非特异性免疫指标的影响［J］. 动物营养学报，24：2384-2392.

姚鹰飞，文华，蒋明，等，2012. 吉富罗非鱼饲料钙磷比研究［J］. 西北农林科技大学学报（自然科学版）（4）：38-53.

于海瑞，麦康森，马洪明，等，2012. 微颗粒饲料与冰冻桡足类对大黄鱼稚鱼生长，存活和体成分的影响［J］. 水生生物学报，36（1）：49-56.

张春暖，王爱民，刘文斌，等，2012. 饲料脂肪水平对梭鱼生长，营养物质消化及体组成的影响［J］. 江苏农业学报，28（5）：1088-1095.

张加润，黄忠，林黑着，等，2012. 饲料中不同蛋白含量对斑节对虾幼虾生长及消化酶的影响［J］. 海洋渔业，34：429.

张建禄，余平，黄吉芹，等，2013. 脱脂蚕蛹替代饲料中鱼粉对建鲤生长性能，体成分及健康状况的影响［J］. 动物营养学报，25：1568-1578.

张琴，童万平，董兰芳，等，2012. 饲料蛋白水平对方格星虫稚虫生长和体组成的影响［J］. 渔业科学进展，33：86-92.

张世亮，艾庆辉，徐玮，等，2012. 饲料中糖/脂肪比例对瓦氏黄颡鱼生、饲料利用、血糖水平和肝脏糖酵解酶活力的影响 [J]. 水生生物学报，36（3）：466-473.

张颂，蒋明，文华，等，2014. 饲料碳、脂比例对胭脂鱼幼鱼生长及糖代谢的影响 [J]. 华南农业大学学报，35（3）：1-7.

张银花，刘畅，曹永春，等，2013. 黄芪多糖对鲫鱼生长性能及营养物质沉积的影响 [J]. 饲料研究（6）：65-8.

张云龙，樊启学，彭聪，等，2013. 泥鳅仔稚鱼发育期间消化酶及碱性磷酸酶比活力的变化 [J]. 淡水渔业，43（1）：19-23.

赵巧娥，朱邦科，沈凡，等，2012. 饲料脂肪水平对鳜幼鱼生长、体成分及血清生化指标的影响 [J]. 华中农业大学学报，31（3）：357-363.

周凡，王亚琴，林玲，等，2014. 饲料蛋白水平对中华鳖稚鳖生长和消化酶活性的影响 [J]. 浙江农业学报，26：1442.

周晖，陈刚，林小涛，2012. 三种蛋白源部分替代鱼粉对军曹鱼幼鱼生长和体成分的影响 [J]. 水产科学，31：311-315.

朱杰，徐维娜，张微微，等，2014. 王敏克氏原螯虾的适宜蛋氨酸需求量 [J]. 中国水产科学（2）：300-309.

朱磊，叶元土，蔡春芳，等，2013. 玉米蛋白粉对黄颡鱼体色的影响 [J]. 动物营养学报，25：3041-3048.

Cheng Z X，Ma Y M，Li H，et al，2014. N-acetylglucosamine enhances survival ability of tilapias infected by *Streptococcus iniae* [J]. Fish & Shellfish Immunology，40：524-530.

Deng J，Kang B，Tao L，et al，2013. Effects of dietary cholesterol on antioxidant capacity，non-specific immune response，and resistance to Aeromonas hydrophila in rainbow trout（*Oncorhynchus mykiss*）fed soybean meal-based diets [J]. Fish & Shellfish Immunology，34（1）：324-331.

Fountoulaki E，Vasilaki A，Hurtado R，et al，2009. Fish oil substitution by vegetable oils in commercial diets for gilthead sea bream（*Sparus aurata* L.）；effects on growth performance，flesh quality and fillet fatty acid profile Recovery of fatty acid profiles by a fish oil finishing diet under fluct [J]. Aquaculture，289：317-326.

Gao J，Koshio S，Wang W，et al，2014. Effects of dietary phospholipid levels on growth performance，fatty acid composition and antioxidant responses of Dojo loach *Misgurnus anguillicaudatus* larvae [J]. Aquaculture，426：304-309.

Jin Y，Tian L X，Zeng S L，et al，2013. Dietary lipid requirement on non-specific immune responses in juvenile grass carp（*Ctenopharyngodon idella*）[J]. Fish & Shellfish Immunology，34（5）：1202-1208.

Leng X J，Wu X F，Tian J，et al，2012. Molecular cloning of fatty acid synthase from grass carp（*Ctenopharyngodon idella*）and the regulation of its expression by dietary fat level [J]. Aquaculture Nutrition，18（5）：551-558.

Li S，Mai K，Xu W，et al，2014. Characterization，mRNA expression and regulation of Δ6 fatty acyl desaturase (FADS2) by dietary n-3 long chain polyunsaturated fatty acid (LC-PUFA) levels in grouper larvae (*Epinephelus coioides*) [J]. Aquaculture, 434: 212-219.

Liao Y J, Ren M C, Liu B, et al, 2014. Dietary methionine requirement of juvenile blunt snout bream (*Megalobrama amblycephala*) at a constant dietary cystine level [J]. Aquaculture Nutrition, 20: 741-752.

Liu B, Xu P, Xie J, et al, 2014. Effects of emodin and vitamin E on the growth and crowding stress of Wuchang bream (*Megalobrama amblycephala*) [J]. Fish & Shellfish Immunology, 40: 595-602.

Ma J, Shao Q, Xu Z, Zhou F, 2013. Effect of Dietary n-3 highly unsaturated fatty acids on Growth, Body Composition and Fatty Acid Profiles of Juvenile Black Seabream, *Acanthopagrus schlegeli* (Bleeker) [J]. Journal of the World Aquaculture Society, 44 (3): 311-325.

Ming J H, Xie J, Xu P, et al, 2012. Effects of emodin and vitamin C on growth performance, biochemical parameters and two HSP70s mRNA expression of Wuchang bream (*Megalobrama amblycephala* Yih) under high temperature stress [J]. Fish & Shellfish Immunology, 32: 651-661.

Peng M, Xu W, Mai K, et al, 2014. Growth performance, lipid deposition and hepatic lipid metabolism related gene expression in juvenile turbot (*Scophthalmus maximus* L.) fed diets with various fish oil substitution levels by soybean oil [J]. Aquaculture, 433: 442-449.

Qi G S, Ai Q H, Mai K S, et al, 2012. Effects of dietary taurine supplementation to a casein-based diet on growth performance and taurine distribution in two sizes of juvenile turbot (*Scophthalmus maximus* L.) [J]. Aquaculture, 358-359: 122-128.

Qiang J, He J, Yang H, et al, 2014. Temperature modulates hepatic carbohydrate metabolic enzyme activity and gene expression in juvenile GIFT tilapia (*Oreochromis niloticus*) fed a carbohydrate-enriched diet [J]. Journal of Thermal Biology, 40: 25-31.

Ren M C, Ai Q H, Mai K S, 2014. Dietary arginine requirement of juvenile cobia (*Rachycentron canadum*) [J]. Aquaculture Research, 45: 225-233.

Ren M C, Liao Y J, Xie J, et al, 2013. Dietary arginine requirement of juvenile blunt snout bream, *Megalobrama amblycephala* [J]. Aquaculture, 414-415: 229-234.

Tan Q, Liu Q, Chen X, et al, 2013. Growth performance, biochemical indices and hepatopancreatic function of grass carp, *Ctenopharyngodon idellus*, would be impaired by dietary rapeseed meal [J]. Aquaculture, 414: 119-126.

Tan X Y, Luo Z, Zeng Q, et al, 2013. trans-10, cis-12 Conjugated linoleic acid improved growth performance, reduced lipid deposition and influenced CPT I kinetic constants of juvenile *Synechogobius hasta* [J]. Lipids, 48 (5): 505-512.

Tang X L, Xu M J, Li Z H, et al, 2013. Effects of vitamin E on expressions of eight microRNAs in the liver of Nile tilapia (*Oreochromis niloticus*) [J]. Fish & Shellfish Immunology, 34: 1470-1475.

Tian J, Ji H, Oku H, et al, 2014. Effects of dietary arachidonic acid (ARA) on lipid metabolism and health status of juvenile grass carp, *Ctenopharyngodon idellus* [J]. Aquaculture, 430: 57-65.

Xie F J, Ai Q H, Mai K S, et al, 2012. Dietary lysine requirement of large yellow croaker (*Pseudosciaena crocea*, Richardson 1846) larvae [J]. Aquaculture Research, 43: 917-928.

Xiong Y Y, Huang J F, Li X X, et al, 2014. Deep sequencing of the tilapia (*Oreochromis niloticus*) liver transcriptome response to dietary protein to starch ratio [J]. Aquaculture, 433: 299-306.

Xu G F, Wang Y Y, Han Y, et al, 2014a. Growth, feed utilization and body composition of juvenile Manchurian trout, *Brachymystax lenok* (Pallas) fed different dietary protein and lipid levels [J]. Aquaculture Nutrition. DOI: 10.1111/anu.12165.

Xu H, Wang J, Mai K, et al, 2014. Dietary docosahexaenoic acid to eicosapentaenoic acid (DHA/EPA) ratio influenced growth performance, immune response, stress resistance and tissue fatty acid composition of juvenile Japanese seabass, *Lateolabrax japonicus* (Cuvier) [J]. Aquaculture Research, DOI: 10.1111/are.12532.

Xu W N, Liu W B, Shen M F, et al, 2013. Effect of different dietary protein and lipid levels on growth performance, body composition of juvenile red swamp crayfish (*Procambarus clarkii*) [J]. Aquaculture International, 21: 687-697.

Yi X, Xu W, Zhou, H, et al, 2014a. Effects of dietary astaxanthin and xanthophylls on the growth and skin pigmentation of large yellow croaker *Larimichthys croceus* [J]. Aquaculture. 433, 377-383.

Yi X, Zhang F, Xu W, et al, 2014b. Effects of dietary lipid content on growth, body composition and pigmentation of large yellow croaker *Larimichthys croceus* [J]. Aquaculture, 434: 355-361.

Yuan X C, Zhou Y, Liang X F, et al, 2013. Molecular cloning, expression and activity of pyruvate kinase in grass carp Ctenopharyngodon idella: Effects of dietary carbohydratelevel [J]. Aquaculture, 410-411: 32-40.

Zhang K K, Ai Q H, Mai K S, et al, 2013. Effects of dietary hydroxyproline on growth performance, body composition, hydroxyproline and collagen concentrations in tissues in relation to prolyl 4-hydroxylase α (I) gene expression of juvenile turbot, *Scophthalmus maximus* L. fed high plant protein diets [J]. Aquaculture, 404-405: 77-84.

Zhang Q, Niu J, Xu W J, 2012. Effect of Dietary Vitamin C on the Antioxidant Defense System of Hibernating Juvenile Three-keeled Pond Turtles (*Chinemys reevesii*) [J]. Asian Herpetological Research, 3 (2): 151-156.

水产遗传育种与水产种业发展回顾与展望

过去 50 年来，食用水产品供应量已超过世界人口增长率，作为较为安全的蛋白来源，水产品在满足日益增长的全球人口的粮食需求方面起了重要作用。2012 年，联合国可持续发展大会（又称"里约＋20"峰会）肯定了渔业和水产养殖对全球粮食安全及经济增长所做的重要贡献。水产养殖在全球水产品总供应量中的发展趋势越来越重要。据联合国粮食及农业组织（FAO）统计，1990 年养殖的水产品仅占总产量的 13.4%，2000 年则为 25.7%，2012 年达到 42.2%，水产养殖特别是鱼类养殖在世界水产品供应中的作用越来越明显。作为世界第一的水产养殖大国，中国水产养殖业的发展功不可没，特别是鱼类生物学和生物技术的进步为水产养殖的快速发展提供了坚实的科技支撑（桂建芳，2014，2015）。这里，我们将重点回顾"十二五"以来我国在水产遗传育种和水产种业领域取得的突破性进展和成就，并由此展望未来的发展前景。

一、水产遗传育种的基础研究

在国家"973 计划"和"863 计划"支持下，20 多年来，中国水产遗传育种基础研究为水产养殖及其产业的形成和快速发展做出了重大贡献，包括鱼类、虾类、贝类、藻类、两栖类等在品种培育和苗种繁育方面都取得比较大的进展，主要的养殖种类基本上都有从事水产育种的团队。总的来说，中国水产养殖遗传育种呈现非常好的发展态势。

（一）种质资源保存与利用

我国拥有丰富的水生生物资源，是世界上 12 个生物多样性特别丰富的国家之一，这为开展水产养殖提供了便利条件，开发潜力巨大。在水产种质资源调查方面，20 世纪 80 年代我国开始对淡水鱼类种质资源进行研究。"十二五"期间，借助国家基础条件平台项目，依托以国家级、省级水产原种和良种场为核心的原种和良种生产服务体系，保存了一批重要的水产种质资源，初步搭建了国家性的水产种质资源保护和共享利用平台。在水产种质资源评价方面，已建立了大量用于种质评价和辅助育种的多态性 DNA 分子标记，如 RFLP、RAPD、AFLP、SSR、STS 标记、SNP 标记等；对一些重要的养殖品种，已经建立了从形态学、细胞生物学、生物化学和分子生物学等的一整套种质鉴定技术，有些品种甚至可以定位到其相应的经济性状。

种质资源是水产养殖业的基础。我国开展养殖的水产生物种类超过 300 种，但绝大多数种类没有经过系统的遗传改良，目前实现规模化养殖的超过 100 种，经过市场竞争和选择，主导养殖品种已经形成。然而对于一些品种来说，尽管已形成了较大的产业规模，如南美白对虾位居我国对虾养殖规模的第 1 位，占对虾类养殖总产量的近 80%，但其种源依赖于进口，构成了较高的产业风险。在今后的研究中，收集、筛选品种及野生近缘种等育种材料，构建核心品种种质资源库，进行规模化种质资源评价，鉴定和挖掘具有重大商业潜力优良性状和基因，创制新的种质资源，仍是进行水产养殖新品种培育的首要环节。

（二）基因挖掘和水产动物重要经济性状分子机理的解析

针对生长、生殖、抗逆（病）、性控等重要经济性状的遗传改良，依然是当前及未来世界水产养殖业发展的主要推动力。2014 年底，"973 计划"项目"重要养殖鱼类功能基因组和分子设计育种的基础研究"结题，该项目针对水产养殖业发展现状和可持续发展需求，通过开展重要养殖鱼类生殖、生长和抗性等主要经济性状的功能基因研究，初步解析了鱼类生殖、生长、抗病和抗寒的基因调控网络，鉴定出 7 个可用于区分黄颡鱼 X 染色体或 Y 染色体的分子标记，由此建立了分子标记辅助的全雄黄颡鱼培育路线，培育出新品种黄颡鱼"全雄 1 号"（Wang et al，2009；Liu et al，2013；Dan et al，2013）；鉴定出 5 个可用于区分银鲫不同克隆系的转铁蛋白等位基因，结合核基因组、微卫星、AFLP、和线粒体 DNA 序列等遗传标记，揭示出新品种异育银鲫"中科 3 号"培育形成的机制（Wang et al，2011）；筛选得到与斜带石斑鱼体重、体高等 11 个表型性状极显著关联的 116 个 SNPs；发现生长性状相关基因 *IGF-1* 和 *IGFBP-2* 与斜带石斑鱼的生长性状具有显著的相关性，可以作为指导育种的首选基因（Chen et al，2010；Chen et al，2012）；筛选得到与牙鲆抗鳗弧菌病相关的微卫星标记 1 个、EST-SSR 标记 3 个、MHC 等位基因 3 个，筛选得到 2 个鳗弧菌易感相关的 MHC 等位基因（Wang et al，2010；Xu et al，2010；Du et al，2011）；从南极鱼中筛选出可以显著提高斑马鱼抗寒性能的基因（Deng et al，2010）；揭示了鱼类性别决定与分化、卵母细胞成熟和卵—胚转换的分子机制（Li et al，2014；Sun et al，2010；Zhang et al，2015）；阐明了鱼类干扰素系统关键基因和重要抗菌基因的抗病功能及其作用机理（Sun et al，2010；Sun et al，2011；Sun et al，2014；Zhu et al，2011；Ke et al，2011；Gao et al，2011；Lei et al，2012）；阐明了鱼类抗寒和生长激素分泌关键信号通路及其作用机理（Lou et al，2012；Li et al，2014；Zhai et al，2014）；建立了基于亲本遗传距离的鲤分子选育技术；提出了 QTL 优势基因座杂合/纯合平衡理论，建立了基于 QTL 分子标记基因型的选育技术，并在多个鲤家系获得验证（Zhu et al，2012；Sun et al，2012；Zhang et al，2013）；创建了基于蛋白分子设计和遗传安全的稳定高效的基因操作技术（Xiong et al，2013）；建立了主要经济性状功能基因组研究和分子设计育种中间的有机联系，创制了一批在生殖、生长或抗性等目标经济性状上表现优质的育种材料。这些成果昭示着我国在调控水产动物特别是鱼类生殖、性别、生长、抗病、抗逆等重要性状的主要功能基因鉴定和调控网络解析方面取得了长足的进步（桂建芳和朱作言，2012）。

此外，"十二五"期间，各水产遗传育种研究团队还构建了一批重要养殖种类的 cDNA 文库或 BAC 文库和高密度遗传连锁图谱；发掘鉴定了一批具有重要育种价值的功能基因、QTL 位点和分子标记；在水产动物分子生物学基础研究方面已经取得了重要突破或进展（桂建芳，2015）。

（三）基因组解析揭示出水产动物生物学性状形成的遗传基础

我国目前已经破译了太平洋牡蛎（Zhang et al，2012）、半滑舌鳎（Chen et al，2014）、鲤（Xu et al，2014）、草鱼（Wang et al，2015）、大黄鱼（Wu et al，2014；Ao et al，2015）、团头鲂、橙点石斑鱼、牙鲆、虾夷扇贝、栉孔扇贝、红鲫（Liu et al，2016）等的全基因组序列，也启动了银鲫、鲢、鳙、凡纳滨对虾、中国对虾等的全基因组测序计划。已发表的结果成效显著，揭示了重要水产动物生物学性状形成的遗传基础，如牡蛎基因组的解析揭示了其通过防御相关基因大量扩张而逆境求生抗逆适应的遗传机理（Zhang et al，2012）；半滑舌鳎基因组解析为其性染色体起源演化和底栖适应的分子机制提供了见解（Chen et al，2014）；鲤全基因组序列的装配结果与物理图谱和高密度连锁图谱实现整合，初步形成了鲤基因组精细图谱，使经济性状的遗传图谱定位跨越到基因组图谱和功能基因的精确定位；草鱼基因组及其功能基因信号通路分析诠释了其草食性适应的分子基础（Wang et al，2015）；大黄鱼基因组解析显示其不仅具有发达的先天性免疫系统，还具有相对完整的获得性免疫系统（Wu et al，2014；Ao et al，2015）。这些全基因组信息的解析将为水产动物重要经济性状相关基因的发掘和养殖品种的遗传改良提供关键技术支撑，也将对水产种业的科技进展产生巨大而深远的影响（桂建芳，2015）。

许多在产业中发挥重大作用的水产养殖品种的培育离不开水产养殖基础研究的发展，对原种生物学特性进行深入研究，充分了解其遗传背景，在此基础上，针对其特性确定具体的选育技术路线，筛选与经济性状相关的遗传标记，进而选育出复合目标性状的新品系（种）。

二、水产遗传育种技术的发展及其培育的水产新品种

（一）水产遗传育种技术的发展现状

世界主要养殖国家的育种模式以选择育种和杂交优势利用为主。我国在良种选育、杂交育种、分子设计育种、转基因育种、性控育种、细胞工程育种等技术方面取得了一系列进展，随着水产动物基因组的逐渐破译，全基因组育种方面也进行了一定探索。

1. 选择育种

选育是所有育种技术的基础，也是我国研究最早、使用最广泛的技术之一，一般针对目标性状进行 4 代以上的选择和培育，目前辅助遗传分子标记和多性状复合评价（BLUP）方法，已在银鲫、鲤、中国对虾、罗氏沼虾、大菱鲆、牙鲆、斑点叉尾鮰、罗非鱼、鲍、扇贝、牡蛎、珍珠贝和文蛤等养殖种类成功运用（Tang，2014）。在鱼类新品种选育方面，一个典型的例子是异育银鲫的遗传选育。通过发现和利用银鲫特殊的单性和有性双重生殖方式以及遗传标记的持续研发，经过 30 多年的不断努力，已连续培育出三代异育银鲫新品种，即异育银鲫，高体型异育银鲫和异育银鲫"中科3号"（Mei and Gui，2015）。

2. 性控育种

性别异形在整个动物界普遍存在，在鱼类中，迄今已报道的雌雄个体间存在大小异形的就有 20 多种（Mei and Gui，2015）。因此，性控育种就是针对水产养殖物种雌雄个体间生长速度和大小的不同，培育全雌或全雄的养殖群体，以此提高水产养殖的效益或品质。

在发现黄颡鱼雄性比雌性生长快、大小相差 2 倍左右的基础上，利用筛选得到黄颡鱼 X 和 Y 染色体连锁的 DNA 标记，开拓出一条 X 和 Y 染色体连锁分子标记辅助的全雄黄颡鱼培育技术路线，建立了 YY 型超雄鱼规模化制种技术及其与普通 XX 雌鱼交配规模化生产全雄鱼苗技术体系，进而培育出黄颡鱼"全雄1号"新品种。利用雌性牙鲆比雄性牙鲆长得快的特性，通过人工雌核生殖的手段培育出全雌牙鲆（Mei and Gui，2015）。

3. 杂交育种

杂交育种分为种内杂交和种间杂交，是利用种群间的杂交优势生产后代，应用范围比较广，在鱼类、虾类、蟹类、贝类中都有报道。近年来鱼类中比较成功的杂交育种例子有：利用雄性改良四倍体鲫鲤与雌性二倍体高背型红鲫杂交，得到了不育三倍体"湘云鲫2号"；以丹麦选育系♀与法国选育系♂杂交制种，获得大菱鲆杂交新品种"丹法鲆"；以经选育的丹江口水库翘嘴红鲌为母本，以经选育的长江上游黑尾近

红鲌为父本，通过鱼类远缘杂交技术及分子辅助育种技术，培育出了鲌新品种杂交鲌"先锋1号"等。

4. 细胞工程育种

细胞工程育种技术是在细胞和染色体水平上进行遗传操作从而改良品种的育种技术，目前采用的技术主要有多倍体诱导、人工雌核生殖、人工雄核生殖、细胞融合及细胞核移植等。鱼类的人工多倍体可采用人工诱导或者种内杂交的方法获得，目前已在鲤、鲫、草鱼、鳙、鲢、罗非鱼、胡子鲇、黄颡鱼、虹鳟、大黄鱼、真鲷、牙鲆等20多种鱼类中成功诱导出三倍体和四倍体试验鱼（Tang，2014）。人工雌核生殖已近100种鱼类，如鲫、鲤、草鱼、团头鲂、大黄鱼、罗非鱼、虹鳟、鲽、鲆等（Komen and Thorgaard，2007；Mei and Gui，2015）。

5. 基因工程育种

早在30年前，我国便培育出世界上第一批快速生长的转基因鱼（Zhu et al，1985），2000年，中国科学院水生生物研究所率先完成了转全鱼生长激素基因鲤的中试，并进一步选育出养殖性状优良、遗传性状稳定的转全鱼生长激素基因鲤家系，成为世界上5种快速生长的转生长激素基因鱼之一。其他还包括美国和加拿大的转基因大西洋鲑和银大麻哈鱼，英国和古巴的转基因罗非鱼以及韩国的转基因泥鳅。2015年11月19日，美国FDA批准转基因三文鱼上市，是世界上首例被批准产业化的食用转基因鱼，引起了各国科学家特别是转基因育种家的关注。我国已建立了成熟的转基因技术，其中转全鱼生长激素基因鲤已进行食品安全和生态安全评价；中国科学院水生生物研究所还与湖南师范大学合作，通过转基因鲤与四倍体鲤鲫杂交，培育出100%不育的三倍体转基因鲤。

此外，在基因工程育种其他方面，伴随着ZFN、TALENs和Crispr/Cas9等基因编辑技术发展，其巨大的基因改造潜力，势必对遗传学研究方法产生根本性的革新（Ding et al，2013）。原始生殖细胞操作、精原细胞移植和代孕技术可大大缩短育种周期，也是极为有效的水产育种技术。

6. 分子标记辅助选择育种

分子标记辅助选择育种是将分子标记或者具体的数量性状与生物体遗传信息相匹配和整合，与其他选育技术相辅相成，从而筛选出具有目标性状的家系。伴随DNA测序技术和基因组测序技术发展，水产育种团队已开发了数量众多的SSR、VNTR、RAPD、RFLP、SCAR、DAF、SNP、SSCP等多态性DNA分子标记（白俊杰，2011；Liu，2011a，2011b；Tong and Sun，2015；Xu et al，2015）。部分遗传标记在水产新品种如异育银鲫"中科3号"、杂交鲌"先锋1号"、奥利亚罗非鱼"夏奥1号"、黄颡鱼"全雄1号"、尼罗罗非鱼"鹭雄1号"和马氏珠母贝"海优1号"等中均有应用。

7. 前沿性分子育种技术

荷兰科学家 Peleman 和 Vander Voort 于 2003 年提出的分子设计育种技术，近年来由全基因测序技术带来的全基因组选择育种和基因组关联分析育种等，是目前研究比较前沿的分子育种技术，是在解析物种遗传信息的基础上，有目的有导向地培育新品种，也是未来育种发展的方向。这些技术有的已经在动物品种快速选育中应用，有的才刚刚开始，我国水产育种团队已进行了一些尝试，如在海洋贝类中，研发了成套的基于全基因组的低成本、高通量遗传标记分型技术，建立了贝类全基因组选择育种分析评估系统（Jiao et al，2014）。

（二）"十一五"和"十二五"培育的水产新品种

截至 2016 年，我国原种和良种审定委员会审定通过的水产养殖新品种共计 168 种，涵盖了鱼、虾、贝、蟹、藻等主要养殖种类，其中由我国育种家自己培育的新品种共 138 个。2006—2015 年这 10 年中间，共审定新品种 107 个，其中选育种 69 个，杂交种 35 个，引进种 3 个，占总审定品种的 63.69%。10 年来，我国水产新品种培育速度增快，成果显著。

在国家"973 计划""863 计划"等的支持下，我国常规良种培育技术相对成熟，然而传统选育技术育种周期长，对改良性状的针对性不强。在当前科技浪潮下，有目的、有导向地培育重大突破性新品种，就需要突破诸如全基因组选择育种技术、干细胞及异种移植技术、分子设计育种技术、基因编辑技术等一些重大育种技术，研发先进的基因型筛选鉴定和信息化表型测试系统，搭建大规模、高通量、专业化、流水线的育种平台，进行全产业链的现代化水产育种技术攻关。

三、水产种业体系的构建和发展

（一）水产种业体系的形成和基本构架

发展养殖，种业先行（雷霁霖，2013）。在水产生物产业生产链中，种业占有十分重要的战略地位，在养殖业中处于引领地位。我国政府高度重视水产养殖动物种业的发展，先后出台了《国家中长期科学和技术发展规划纲要（2006—2020）》《关于加快推进农业科技创新，持续增强农产品供给保障能力的若干意见》等一系列文件，明确要求大力发展畜牧水产育种，要求"着力抓好种业科技创新""加强种质资源收集、保护、鉴定，创新育种理论方法和技术，创制改良育种材料，加快培育一批突破性新品种""推进种养业良种工程，加快农作物制种基地和新品种引进示范场建设""继续实施种业发展重点科技专项"等。在一系列政策支持下，农业部以"保护区－原种场－良种场－苗种场""遗传育种中心－引种中心－良种场－苗种场"等思路开

展了全国水产原良种体系布局，成立了全国水产原、良种审定委员会。

自 2007 年以来，农业部提出了加强品种创新能力建设的新思路，构建了新时期水产原、良种体系建设蓝图。截至 2014 年，全国共建有水产遗传育种中心 25 个，水产原种场 90 个，水产良种场 423 个，水产种苗繁育场 1.5 万家。在新的建设蓝图中，2020 年预计建设 50 家水产遗传育种中心，其功能集中在建立育种技术体系，构建核心群体和培育新品种，与国家级良种场（良种扩繁场）和苗种场等相辅相成，搭建从水产遗传育种、良种扩繁到苗种生产供应的三级种苗生产保障体系。国家水产良种与种业体系建设将会有效地推进我国水产良种化进程。

（二）水产种业发展态势

现代水产种业是以现代设施装备为基础，以现代科学与育种技术为支撑，采用现代生产管理、经营管理和示范推广模式，实现"产学研—育繁推"一体化的水产种苗生产产业（魏宝振 等，2012）。我国水产种业起步较晚，目前，水产遗传育种多是由高等院校、科研院所等研制开发新品种，依托遗传育种中心或原良种场进行良种保种、亲本扩繁、技术指导等，主导开始阶段的示范推广；各级水产技术推广站配合进行示范点选择、苗种繁育、数据收集等；当推广达到较大规模后，以省级水产技术推广站为主导进行进一步推广，研究单位配合提供亲本和技术支持，如异育银鲫"中科3号"的规模化繁殖和推广，就是这种模式。纯粹商业化成果转化项目较少，从国际水产种业发展实践看，企业能够面对市场，应是国家种业发展的主要载体和技术创新主体。一些大的水产企业开始尝试建立从育种研发、繁育制种、营销管理到推广服务一整套功能完整、衔接紧密、运转高效的产业链条，如黄颡鱼"全雄1号"商业化推广中，已经开拓了"种源可控、分级生产、加盟商管理"的市场推广模式，使产业上能够得到真正优质的黄颡鱼"全雄1号"苗种。然而，我国以企业为主体的商业化育种体系尚未形成，大多数水产企业规模小，整体自主创新能力薄弱，缺乏国际竞争力。从目前形势来看，我国水产种业必须走规模化、产业化的发展道路，即坚持政府引导与市场导向相结合，强化产学研，扶持重点龙头企业，以品种为突破口，协调科研、生产、加工、经营、管理等各环节，搭建育、繁、推一体化产业体系，提升我国水产种业在国际上的竞争力。

我国水产种业养殖种类多，发展程度不一，不同种之间特点也不尽相同，应探讨不同的种业发展模式：对于直接关系到水产品的保障供给能力，关系国计民生的，且育种周期长，保种程度高，相对经济效益又低的品种，需要政府长期扶持，科研院所和高等院校参与新品种研发，企业参与推广；对于经济效益较高的部分名特优鱼类，保种和育种成本较低，适合在政府引导扶持下，以市场为导向，强化产学研紧密结合，以重点企业为龙头。总之，通过把研究单位的科学家跟企业、公司、产业部门建

立直接联系，把从事病害研究的、养殖模式的、遗传育种的科研专家和公司结合起来，直接抵达养殖户，做到产、学、研结合，才能真正意义上带动产业的发展。

四、前景与展望

部分水产养殖生物性成熟时间长，育种周期漫长，常规育种从开发新品种到中试推广，时间一般都长达 10 年，要加快育种步伐，需要研制出缩短育种周期的新技术。此外，获得大量的变异体是育种的第一步，从自然群体中筛选突变体耗时长，且效率低下，如何运用新技术创制新的遗传育种材料，提升水产遗传育种人员的科技创新能力，是水产种业当前面临的机遇和挑战。

水产遗传育种技术的发展和水产新品种的培育是养殖产量可持续提升的首要因素之一。水产遗传育种有很深远的科学价值和经济意义，随着生产模式与养殖模式的不断发展，良种的需求总是摆在产业发展的第一位，从事遗传育种的科研队伍的责任非常重大。在当前形势下，实现现有水产种业关键技术的升级和整合，突破重要育种基础理论与前沿关键技术，仍是我国育种家面临的首要科技创新问题。此外，目前虽基本实现了全国水产养殖业良种体系从无到有的阶段跨越，也在种业平台搭建方面做了诸多工作，然而无论是科技创新水平还是种业体系构建的完善程度，与我国当前及未来水产养殖业发展的实际需求还存在着较大差距。今后一段时间，仍需继续完善水产种业科技创新链条，打造企业创新平台，构建新型的国家水产种业创新体系，进而提升我国水产种业的国际竞争力，实现水产种业强国战略。

（中国科学院水生生物研究所：桂建芳 周 莉 张晓娟）

参 考 文 献

白俊杰，等，2011. 鱼类种质分子鉴定技术 [M]. 北京：海洋出版社.

桂建芳，2014. 鱼类生物学和生物技术是水产养殖可持续发展的源泉 [J]. 中国科学：生命科学，44：1195-1197.

桂建芳，2015. 水生生物学科学前沿及热点问题 [J]. 科学通报，60：2051-2057.

桂建芳，朱作言，2012. 水产动物重要经济性状的分子基础及其遗传改良 [J]. 科学通报，57：1719-1729.

雷霁霖，2013. 水产种业未来之路 [J]. 海洋与渔业（1）：55-57.

唐启升，2014. 中国水产种业创新驱动发展战略研究报告 [M]. 北京：科学出版社.

魏宝振，黄太寿，李巍，等，2012. 中国现代水产业的培养 [J]. 海洋与渔业（11）：65-67.

Ao J，Mu Y，Xiang L X，et al，2015. Genome sequencing of the perciform fish *Larimichthys crocea*

provides insights into molecular and genetic mechanisms of stress adaptation [J]. PLoS Genet, 11: e1005118.

Chen S, Zhang G, Shao C, et al, 2014. Whole-genome sequence of a flatfish provides insights into ZW sex chromosome evolution and adaptation to a benthic lifestyle [J]. Nat Genet, 46: 253-260.

Chen W, Lin H, Li W, 2012. Molecular characterization and expression pattern of insulin-like 1 growth factor binding protein-3 (IGFBP-3) in common carp, *Cyprinus carpio* [J]. Fish Physiol Biochem, 38: 1843-1854.

Chen W, Wang Y, Li W, et al, 2010. Insulin-like growth factor binding protein-2 (IGFBP-2) in orange-spotted grouper, *Epinephelus coioides*: Molecular characterization, expression profiles and regulation by 17β-estradiol in ovary [J]. Comp Biochem Physiol B, 157: 336-342.

Dan C, Mei J, Wang D, et al, 2013. Genetic differentiation and efficient sex-specific marker development of a pair of Y- and X-linked markers in yellow catfish [J]. Int J Biol Sci, 9: 1043-1049.

Deng C, Cheng C H, Ye H, et al, 2010. Evolution of an antifreeze protein by neofunctionalization under escape from adaptive conflict [J]. Proc Natl Acad Sci USA, 107 (50): 21593-21598.

Ding Q, Lee Y K, Schaefer E A, et al, 2013. A TALEN genome-editing system for generating human stem cell-based disease models [J]. Cell Stem Cell, 12 (2): 238-251.

Du M, Chen S L, Liu Y H, et al, 2011. MHC polymorphism and disease resistance to vibrio anguillarum in 8 families of half-smooth tongue sole (*Cynoglossus semilaevis*) [J]. BMC Genet, 12: 78-88.

Food and Agriculture Organization of the United Nations, 2014. The State of World Fisheries and Aquacuture 2014 [M]. Rome: Food and Agriculture Organization of the United Nations.

Gao E B, Gui J F, Zhang Q Y, 2012. A novel cyanophage with cyanobacterial non-bleaching protein a gene in the genome [J]. J Virol. 86 (1): 236-245.

Jiao W, Fu X, Dou J, et al, 2014. High-resolution linkage and quantitative trait locus mapping aided by genome survey sequencing: Building upan integrative genomic framework for a bivalve mollusk [J]. DNA Res, 21: 85-101.

Ke F, He L B, Pei C, et al, 2011. Turbot reovirus (SMReV) genome encoding a FAST protein with a non-AUG start site [J]. BMC genomics, 12 (1): 323-335.

Komen H, Thorgaard G H, 2007. Androgenesis, gynogenesis and the production of clones in fishes: a review [J]. Aquaculture, 269: 150-173.

Lei X Y, Chen Z Y, He LB, et al, 2012. Characterization and virus susceptibility of a skin cell line from red-spotted grouper (*Epinephelus akaara*) [J]. Fish Physiol Biochem, 38 (4): 1175-1182.

Li D, Lou Q, Zhai G, et al, 2014. Hyperplasia and cellularity changes in IGF-1-overexpressing skeletal muscle of crucian carp [J]. Endocrinology, 155 (6): 2199-2212.

Li X Y, Zhang X J, Li Z, et al, 2014. Evolutionary history of two divergent Dmrt1 genes reveals two rounds of polyploidy origins in gibel carp [J]. Mol Phylogenetics Evol, 78: 96-104.

Liu H Q, Guan B, Xu J, et al, 2013. Genetic manipulation of sex ratio for the large-scale breeding of YY super-male and XY all-male yellow catfish [*Pelteobagrus fulvidraco* (Richardson)] [J]. Mar Biotechnol, 15: 321-328.

Liu S J, Luo J, Chai J, et al, 2016. Genomic incompatibilities in the diploid and tetraploid offspring of the goldfish x common carp cross [J]. Proc Natl Acad Sci USA, 113 (5): 1327-1332.

Liu Z J, 2011a. Development of genomic resources in support of sequencing, assembly, and annotation of the catfish genome [J]. Comparative Biochemistry and Physiology, 6 (1): 11-17.

Liu Z J. 2011b. Next Generation Sequencing and Whole Genome Selection in Aquaculture [M]. New York: Wiley-Blackwell.

Lou Q, He J, Hu L, et al, 2012. Role of lbx2 in the noncanonical Wnt signaling pathway for convergence and extension movements and hypaxial myogenesis in zebrafish [J]. Biochim Biophys Acta, 1823 (5): 1024-1032.

Mei J, Gui J F, 2015. Genetic basis and biotechnological manipulation of sexual dimorphism and sex determination in fish [J]. Sci China Life Sci, 58 (2): 124-136.

Sun F, Zhang Y B, Jiang J, et al, 2014. Gig1, a novel antiviral effector involved in fish interferon response [J]. Virology, 448: 322-332.

Sun F, Zhang Y B, Liu T K, et al, 2010. Characterization of fish IRF3 as an IFN-inducible protein reveals evolving regulation of IFN response in vertebrates [J]. J Immunol, 185: 7573-7582.

Sun F, Zhang Y B, Liu T K, et al, 2011. Fish MITA activation serves as a mediator for distinct fish IFN gene activation dependent on IRF3 or IRF7 [J]. J Immunol, 187 (5): 2531-2539.

Sun M, Li Z, Gui J F, 2010. Dynamic distribution of spindlin in nucleoli, nucleoplasm and spindle from primary oocytes to mature eggs and its critical function for oocyte-to-embryo transition in gibel carp [J]. J Exp Zool, 313A: 461-473.

Sun Y H, Yu X, Tong J G, 2012. Polymorphisms in myostatin gene and associations with growth traits in common carp [J]. Intl J Mol Sci, 13: 14956-14961.

Tong J G, Sun X W, 2015. Genetic and genomic analyses for economically important traits and their applications in molecular breeding of cultured fish [J]. Sci China Life Sci, 58 (2): 178-186.

Wang D, Mao H L, Chen H X, et al, 2009. Isolation of Y- and X-linked SCAR markers in yellow catfish and application in the production of all-male populations [J]. Anim Genet, 40: 978-981.

Wang L, Fan C, Liu Y, et al, 2010. A Genome Scan for Quantitative Trait Loci Associated with Vibrio anguillarum Infection Resistance in Japanese Flounder (*Paralichthys olivaceus*) by Bulked Segregant Analysis [J]. Mar Biotechnol, 16 (5): 513-521.

Wang Y P, Lu Y, Zhang Y, et al, 2015. The draft genome of the grass carp (*Ctenopharyngodon idellus*) provides insights into its evolution and vegetarian adaptation [J]. Nat Genet, 47 (8): 962-962.

Wang Z W, Zhu H P, Wang D, et al, 2011. A novel nucleo-cytoplasmic hybrid clone formed via androgenesis in polyploid gibel carp [J]. BMC Res Notes, 4: 82: 1-13.

Wu C W, Zhang D, Kan M Y, et al, 2014. The draft genome of the large yellow croaker reveals well-developed innate immunity [J]. Nat Commun, 5: 5227-5234.

Xiong F, Wei Z Q, Zhu Z Y, et al, 2013. Targeted expression in zebrafish primordial germ cells by Cre/loxP and Gal4/UAS systems [J]. Mar Biotechnol, 15 (5): 526-539.

Xu K，Duan W，Xiao J，et al，2015. Development and application of biological technologies in fish genetic breeding [J]. Sci China Life Sci，58（2）：187-201.

Xu P，Zhang X，Wang X，et al，2014. Genome sequence and genetic diversity of common carp，*Cyprinus carpio* [J]. Nat Genet，46：1212-1219.

Xu T J，Chen S L，Zhang Y X，2010. MHC class Ⅱ α gene polymorphism and its association with resistance/susceptibility to Vibrio anguillarum in Japanese flounder（*Paralichthys olivaceus*）[J]. Devel Comparat Immunol，34：1042-1050.

Zhai G，Gu Q，He J，et al，2014. Sept6 is required for ciliogenesis in Kupffer's vesicle，the pronephros，and the neural tube during early embryonic development [J]. Mol Cell Biol，34（7）：1310-1321.

Zhang G，Fang X，Guo X，et al，2012. The oyster genome reveals stress adaptation and complexity of shell formation [J]. Nature，490：49-54.

Zhang J，Sun M，Zhou L，et al，2015. Meiosis completion and various sperm responses lead to unisexual and sexual reproduction modes in one clone of polyploid *Carassius gibelio* [J]. Sci Rep，5：10898.

Zhang X，Zhang Y，Zheng X，et al，2013. A consensus linkage map provides insights on genome character and evolution in common carp（*Cyprinus carpio* L.）[J]. Mar Biotechnol，15（3）：275-312.

Zhu C，Cheng L，Tong J，et al，2012. Development and characterization of new single nucleotide polymorphism markers from expressed sequence tags in common carp（*Cyprinus carpio*）[J]. Intl J Mol Sci，13：7343-7353.

Zhu R L，Lei X Y，Ke F，et al，2011. Genome of turbot rhabdovirus exhibits unusual non-coding regions and an additional ORF that could be expressed in fish cell [J]. Virus Res，155（2）：495-505.

Zhu Y P，Xue W，Wang J T，et al，2012. Identification of common carp（*Cyprinus carpio*）microRNA and microRNA-related SNPs [J]. BMC Genomics，13：413-424.

Zhu Z Y，Li G，He L，et al，1985. Novel gene transfer into the fertilized eggs of gold fish（*Carassius auratus* L.1758）[J]. Z Angew Ichthyol，1：31-34.

远洋渔业与南极磷虾开发

    远洋渔业是指在公海或他国专属经济区水域内的渔业活动。通常将在公海的渔业活动称为大洋性渔业，而在他国专属经济区水域内的渔业活动称为过洋性渔业。据联合国粮农组织统计，全球公海大洋性渔业产量约占世界海洋渔业产量的11%，并呈持续增加趋势（联合国粮食及农业组织，2016）。而20世纪80年代以来，近海渔业资源量的持续下降，更进一步促进了远洋渔业的蓬勃发展。南极磷虾是世界各国广泛关注的远洋渔业新资源，产自尚无明确权属的南极海洋，其可捕量达0.6亿～1亿吨（陈雪忠和徐兆礼，2009），而目前产量仅30万吨左右（岳冬冬 等，2015a），开发潜力巨大。远洋渔业资源开发，特别是南极磷虾资源开发，已成为发达国家提高海洋竞争力和话语权的重要主题。

    我国远洋渔业在"十二五"期间，取得了飞速的发展。2015年产量达205万吨，产值达190亿元，全国作业远洋渔船2 500艘，总功率220万千瓦，与"十一五"末的2010年相比，产量增长80%、产值增长60%、船数增长60%、总功率增长50%（农业部渔业渔政管理局，2016）。目前，我国远洋渔业产量与船队规模均已居世界前列，同时整体装备水平显著提高，现代化、专业化、标准化的远洋渔船船队初具规模。作业海域现扩展到40个国家和地区的专属经济区以及太平洋、印度洋、大西洋公海和南极海域，公海渔业产量所占比重达到了65%以上。捕捞方式发展到拖网、围网、刺网、钓具等多种作业类型。经营内容开始向捕捞、加工、贸易综合经营转变，成立了100多家驻外代表处和合资企业，建设了30多个海外基地，在国内建立了多个加工物流基地和交易市场，产业链建设取得重要进展（岳冬冬 等，2016）。在南极磷虾资源开发方面，2009年起我国正式立项开展南极磷虾探捕开发，目前入渔船只数达5艘，2015年产量达3.2万吨，已跃居世界第二，虾粉、虾油、虾肉等后端加工产业链发展也已初见成效。

    在"蓝色圈地"和资源抢占日益激烈的国际大环境下，加快发展远洋渔业与南极磷虾资源开发，对推动我国远洋渔业新一轮发展、培育海洋新兴战略产业、保障粮食安全、维护海洋开发权益、实施海洋强国和"一带一路"战略具有重大意义。党的十八大报告提出了"海洋强国"发展战略，远洋渔业是其中不可或缺的重要一环。2013年《国务院关于促进海洋渔业持续健康发展的若干意见》（国发〔2013〕11号）发布，明确指出了今后一定时期我国海洋渔业"控制近海、拓展外海、发展远洋"的战略方针，更为下一步产业发展指明了方向。

我国远洋渔业的发展与科技创新密不可分，科研人员与企业密切配合，在渔场和资源探查、捕捞装备技术研发、渔情预报系统建设、人才教育培养等方面提供了有力支撑。但我国远洋渔业的发展仍存在一系列技术瓶颈问题，发展规模与经济效益还大幅落后于发达国家，主要体现在渔业资源和渔场掌握不足、捕捞装备与助渔设备依赖进口、中长期渔情预报能力较弱、信息化与自动化水平低、捕捞效率不高、船载加工与精深加工能力弱、科技成果应用滞后等（张衡 等，2015），这些问题将是今后一段时间内我国远洋渔业科技攻关的重点。

一、"十二五"我国本领域的研究进展

（一）渔场资源研究

"十二五"期间，在农业部远洋渔业资源探捕和南极海洋生物资源开发利用项目的支持下，有关渔场资源调查主要集中在南大洋南极磷虾、西北太平洋公海秋刀鱼、东南太平洋公海西部竹筴鱼、太平洋长鳍金枪鱼、西北太平洋公海鱿鱼、东太平洋公海鱿鱼、北太平洋西经海域大型柔鱼、北太平洋公海中上层鱼类、西南大西洋公海变水层拖网、中西太平洋公海中上层渔业资源（灯光围网）、东南太平洋公海鲯鳅、中白令公海狭鳕、毛里塔尼亚海域竹筴鱼、莫桑比克虾类、摩洛哥海域沙丁鱼、加蓬外海中上层鱼类、库克群岛海域金枪鱼、阿根廷专属经济区金枪鱼、缅甸外海中上层鱼类、印度尼西亚纳土纳群岛海等区域和种类。通过这些探捕调查工作，掌握了目标海域和目标鱼种的渔业资源状况、开发潜力、中心渔场形成机制及适合的渔具渔法，形成了一批可规模化开发的新渔场和后备渔场。

依托探捕项目和有关科研项目，"十二五"期间，在远洋渔业基础生物学研究方面，利用硬组织开展了远洋头足类的年龄和生长的研究，通过耳石日龄鉴定开展了头足类洄游活动变化研究，探索了阿根廷滑柔鱼性腺指数等繁殖生物学特征，分析了渔场环境与资源的关系（陆化杰 等，2015）。采用微卫星标记技术推断西北太平洋柔鱼存在 1 个理论群，柔鱼个体具有极强的游泳能力，在海流的作用下，群体之间存在较强的基因交流（刘连为 等，2014）。西北太平洋柔鱼资源丰度及分布极易受到海洋环境变化的影响，根据信息增益结果显示，水温因子是影响其资源丰度变动及分布的最关键因子，叶绿素次之，海表面高度和盐度影响最小（余为 等，2013）。在金枪鱼方面，主要开展了产卵期、性腺指数、初熟叉长等繁殖生物学研究，借助卫星标志技术与捕捞数据分析了黄鳍金枪鱼等的洄游规律，基于一系列模型评估了多种金枪鱼的自然死亡率等，探索了东太平洋黄鳍金枪鱼渔场，多分布在 SST 为 24～29℃、SSH 为 0.3～0.7 米的海域，与实际生产情况比较，作业渔场预报准确性达 66% 以上，初步验证了栖息地指数模型可为金枪鱼延绳钓渔船寻找中心渔场提供参考（赵海龙 等，2016）。此外，还开展了一系列远洋渔获分子分类研究，初步建立了 DNA 条形码数据库。

在南极磷虾基础生物学研究方面，过去主要集中于种群结构、生殖生物学、负增长、年龄鉴定、生长等方面。"十二五"期间，依托农业部、国家海洋局公益性行业科研专项，对南极磷虾种群环南极分布的年际变化和区域差异以及生长状况的时空差异进行了调查；同时在普里兹湾对南极磷虾的摄食生态学、营养动力学进行了研究，发现南极磷虾在浮游植物饵料供应不足的海域可主动性摄食动物性饵料，其脂肪酸组成的物种特异性显示南极磷虾可采取不同的营养动力学机制来应对环境变化（李灵智 等，2015）；在农业部公益性行业（农业）科研专项"南极海洋生物资源开发利用"项目支持下，利用渔船对磷虾资源分布进行了探索性评估，初步了解了作业区域渔场基本环境情况，初步掌握了不同作业季节南极磷虾资源分布和丰度以及资源密度与映像特征，总结了分布规律以及集群特征（齐广瑞 等，2015）；分析了作业水域不同季节南极磷虾体长分布的时空特征、雌雄性比、种群年龄组成等（周斌 等，2015），取得了有关捕捞群体的磷虾生物学基础资料。

（二）渔具渔法

"十二五"期间，我国在远洋捕捞装备技术进步方面取得了明显的进展，金枪鱼延绳钓机、拖网起网机、围网起网机（双滚筒绞车、动力滑车起网机、多滚筒起网机、理网机、吸鱼泵、鱼水分离及分级机等）、舷提网起网机（灯诱系统、浮棒绞车、舷边动力滚筒、吸鱼系统等）、中型拖网捕捞成套装备（曳纲绞车、卷网机、辅助绞车等）等技术逐步成熟，已推广应用并形成系列产品。成套捕捞装备实现电液集成控制，提高了远洋捕捞国产化装备的自动化水平。在远洋捕捞机械研发方面，围绕远洋渔船船型配套的捕捞装备研究，完全实现了远洋金枪鱼延绳钓、秋刀鱼舷提网、过洋性拖网和欧洲型围网捕捞成套装备的国产化；开展了金枪鱼围网和大型拖网捕捞系统设备的研究，构建了大型金枪鱼围网和拖网电液控制系统方案，部分实现了捕捞装备的国产化，研发了金枪鱼围网大拉力动力滑车起网机和三滚筒绞车，研发了 59 米的中型拖网渔船成套捕捞装备，研究了大型拖网曳纲张力平衡控制技术，研制了张力平衡控制系统，提高了拖网捕捞效率；利用液压负载敏感控制技术研发了远洋渔船捕捞系统装备液压传动与控制系统，提高捕捞装备协调性与自动化水平。助渔仪器以渔用声呐技术研究为重点，进行样机开发；开展以南海鸢乌贼、南极磷虾为对象的水声探测与评估技术研究，形成了商用探鱼仪南极磷虾声学图像数值化处理技术；集成渔用声呐与电子浮标技术，研发嵌入式防盗技术，以区别渔船挂机螺旋桨启动与海洋噪声频率，可在 100 米距离内产生防盗警示；开展了 360 度电子扫描声呐关键技术研究，

形成了整体技术路线与设计方案和试验验证方法，完成了发射与接收模块的系统测试，有望在近期完成整体开发工作（中国水产科学研究院东海水产研究所，2015）。

开展了自主南极磷虾专用拖网网具的优化设计与研制，全面分析和研究国外南极磷虾拖网渔具性能，开展了拖网渔具的自主创新设计、水模型试验、海上中尺度试验、网材料选配与创制、哺乳动物释放技术与装置研制、实物网扎制工艺创新与制造、网具船载装配、海上拖曳试验与调整、南极磷虾捕捞生产试验等工作，实现了自主研发高性能南极磷虾拖网：分别研发了四片式结构 DH-256 型、六片式结构 BAD13B00-TN01、02 型南极磷虾专用拖网与扩张装置（岳冬冬 等，2015b），经海上生产应用，捕捞效果明显改善，日间平均单位时间（每小时）产量达 45 吨，夜间达 21 吨，网次产量在同渔区渔船中处于领先水平，但与挪威等国先进的吸虾泵连续捕捞技术仍有一定差距；围绕连续式自动化捕捞技术研发吸虾泵，利用潜水离心泵原理研制吸虾泵，通过 CAD/CAE/CAM 一体化软件进行三维建模，利用有限元软件对潜水式吸虾泵叶轮和流道进行 CFD 分析，建立了吸虾泵流场压力分布模型，并对结构进行优化设计，研制了 25.4 厘米吸虾泵原理样机，并进行扬程与流量的试验，为南极磷虾连续式捕捞关键装备吸虾泵的研制提供了基础数据（中国水产科学研究院东海水产研究所，2015）。

在渔用材料方面，“十二五”期间开展了一系列渔具材料的改性研究，研发了高分子量聚乙烯（MHMWPE）、聚烯烃耐磨材料、高强度 PE 撕裂膜材料等，开发了一系列绳索、网片、网线等新产品，并实现了产业化应用；研究活性 nano-CaCO$_3$/POE 复配体系对聚乙烯基体的增韧改性研究，以及改性聚乙烯的微观相态结构与力学性能。用等长原理把 HMPE 每根纤维断裂强力集中到一个绳索中，克服绳索系、股加捻造成的不等长的缺陷；提高纤维强力利用率，获得强力高而经济的高性能绳索；并研究出不同张力下的伸长率和周长变化。探索了可降解渔用材料的研发，通过纳米 MMT 的有机化改性，采用熔融纺丝的方法制备了渔用性能优良且在海水中可降解的 PLA/MMT 纳米复合单丝（闵明华 等，2015）。

（三）遥感信息技术

“十二五”期间，随着我国远洋渔业的发展，信息技术在远洋渔业与南极磷虾中的应用不断得到深化。在“863 计划”、国家科技支撑计划等课题的支持下，初步构建了业务化运行的我国远洋渔场渔情信息服务系统。系统实现方式主要有基于互联网即时下载更新的客户端访问和基于 Web Service 数据架构的 Web 网站访问方式。在海洋渔场环境遥感监测与信息获取方面，我国发射了自主的海洋 2 号（HY-2）动力卫星，实现了海流、海面高度和风场信息的自主接收获取，远洋渔场遥感环境信息初步实现了全球海域的无缝覆盖。在渔场渔情预报模型方面，研发了栖息地指数、神经网

络、朴素贝叶斯网络等预报模型，实现了主要远洋捕捞种类和渔场的渔情预报信息服务。服务方式也从电子邮件发送扩展到自主网络服务、移动端自动推送服务等。信息服务内容从海表温度、叶绿素扩展到海流、海面高度、风场等多元信息。依据全球ARGO浮标数据，开展了渔场次表层环境信息的计算与分析，为渔场选择和捕捞作业提供了基础信息。为了加强远洋渔业管理，在远洋渔船监测信息系统方面，在中国远洋渔业协会的支持下，我国 2 000 余艘远洋渔船已全部安装了船载海事卫星、ARGO 卫星或北斗卫星通信终端，实现了远洋渔船的船位监控管理以及船岸间的双向通信，并将远洋渔船船位数据与我国渔船燃油补贴发放有机结合，促进了远洋渔业的健康发展。此外，远洋渔场监控系统也可同时提供海表温度、海流、台风等海洋环境气象信息和航迹线、作业预警等服务。在渔船安全方面，新建造渔船均安装了船舶自动识别系统（AIS）设备，有效保障了渔船航行与作业安全。在渔船物联网应用方面，上海海洋大学依托上海开创渔业公司示范渔船，构建了渔船捕捞作业工况信息实时采集与传输的渔船物联网技术平台，实现了对远洋捕捞状态的监控和示范应用。在南极磷虾渔情信息服务方面，针对我国南极磷虾探捕海域和极地特点，东海水产研究所开发了基于极地投影的南极磷虾专题图制图系统，实现了海表温度、叶绿素浓度、海冰密集度数据自动完成下载、解压缩、裁剪、投影、数据值计算、图层叠加、制图与发布等。同时研发了南极天气预报模式，可实现南极磷虾渔场区 72 小时内的天气预报服务。此外，针对南海外海渔业开发，广东海洋大学、中国水产科学研究院南海水产研究所等也开展了南海渔场渔情预报和基于北斗短报文的渔船信息获取研究（樊伟，2013；张胜茂 等，2014；中国水产科学研究院东海水产研究所，2015）。

（四）渔船装备

我国是世界远洋渔船大国，但"十二五"以前我国远洋渔船以中小型渔船为主，大洋性公海大型作业渔船主要来自进口的二手船舶，渔船存在船型及捕捞装备技术落后、自动化水平低、船型杂乱、能耗高、安全性差、综合效率和国际竞争力与发达国家相比差距明显等问题。"十二五"期间，在国家壮大远洋渔业产业政策引导和支持下，针对远洋渔船升级改造，开展了系统研究，在一些领域具备了自主设计和建造能力，推进了大洋性渔业跨越式发展。围绕远洋渔船船型优化及系统技术集成，建立了渔船数字化研发平台。通过专业化软件进行船型综合性能研究，构建了基于渔船模型拖曳阻力试验与船型 CFD 综合分析的渔船船型优化方法；建立了基于 EEDI 的拖网渔船和金枪鱼延绳钓渔船的能效评价方法；建立了基于 CFD 的渔船螺旋桨效率评价分析以及拖网渔船导管桨水动力性能分析模型；建立了基于广义回归神经网络的"船型要素－船体阻力"数学模型；基于 HHT 方法分析对不同波浪条件下船舶非线性横摇运动的模拟计算，预测渔船横摇状态，分析其安全性，建立了基于知识工程的船体

结构快速设计方法；研究基于 PMS 能量综合管理系统的渔船电力推进节能控制技术；利用回归分析方法研究制定了《远洋渔船推荐性标准化船型主要参数类别评选办法》。综合运用船型优化与船机桨匹配、节能技术系统集成，研究设计了过洋性拖网、围网电力系列船型及推进船型，按欧盟标准研发设计了双甲板拖网和欧洲型高效围网渔船，并应用于过洋性渔船升级改造，推动了远洋渔船安全性、节能性、适航性和适渔性等综合性能的大幅度提高（刘飞 等，2012；徐皓 等，2012；李纳 等，2015；中国水产科学研究院东海水产研究所，2015）。

在过洋性渔船船型研发方面实现了自主研发，重点科研成果是综合渔船船型优化技术，采用 PTI 和 PTO 传动以及电力推进节能技术，研发了 30～40 米级系列双甲板冷冻拖网和围网以及中小型超低温金枪鱼延绳钓渔船系列船型，卫生条件满足欧盟标准要求，系统配置了先进冷冻冷藏设备以及助渔通导仪器和高效捕捞装备，综合效率和国际竞争力有了一定提高，但目前我国过洋性老旧渔船占比还是比较大，综合能力仍有待进一步提高。

在变水层拖网渔船和大型远洋拖网加工船、金枪鱼围网、鱿鱼钓和秋刀鱼舷提网等大洋性渔船船型研发方面部分实现了自主研发。其中，鱿鱼钓和秋刀鱼舷提网完全实现了自主研发，按照《远洋渔船推荐性标准化船型主要参数类别评选办法》研究制定了 50～70 米级鱿鱼钓和秋刀鱼舷提网标准化系列船型，大幅度提高了我国利用公海鱿鱼和秋刀鱼资源的能力，船型综合性能接近发达国家水平；大型变水层拖网和金枪鱼围网渔船通过国际合作部分实现了自主研发。大型变水层拖网渔船与西班牙公司开展联合设计，完成了 80 米级大型变水层拖网渔船国外设计图纸的 ZY 规范国标化处理及其详细设计，通过消化吸收，初步具备了大型拖网渔船设计的能力，建造技术还有待通过示范船加以验证；在此基础上，自主研发建造了 3 400 千瓦/总吨位 1 617/船长 59 米的中型拖网渔船，该型渔船的设计建造为我国大型拖网渔船国产化积累了工程经验。大型金枪鱼围网渔船通过与我国台湾合作建造，为我国自主研发设计提供了机会，并通过"863 计划"研发了 2 944 千瓦/总吨位 1 500/船长 75.47 米大型金枪鱼围网渔船，示范建造了 2 艘，在船型设计方面积累了经验，但动力系统与助渔设备等主要配套装备基本依赖进口，其国产化率还有待提高（石永闯 等，2016）。

在南极磷虾捕捞渔船船型研发方面，研究基础薄弱，目前我国参与南极磷虾捕捞作业渔船，除"福荣海"是引进日本的近 40 年船龄的磷虾专业捕捞渔船外，其余都是在南太渔场进行竹筴鱼拖网加工的渔船经简单适航和虾粉加工系统改造后进入南极捕捞磷虾，捕捞与加工技术离挪威、韩国、日本等国的渔船有相当大的差距，捕捞与加工效率低。围绕南极磷虾资源高效开发与利用，国内已开始重视南极磷虾拖网渔船与装备的系统技术的研发，并通过国际合作开展了船型研发以及连续式捕捞与船载加

工技术的研究，目前已完成 100 米级专业化南极磷虾拖网加工船型总体技术方案设计，并计划"十三五"期间实现南极磷虾专业化拖网加工渔船的国产化。

二、"十二五"国外本领域的研究进展

（一）渔场资源研究

主要渔业国家高度重视远洋渔业资源的监测调查。日本定期对三大洋金枪鱼、柔鱼类、狭鳕、深海鱼类、南极磷虾等重要渔业资源进行科学调查，为其远洋渔业资源开发提供科学依据，如专门派渔业调查船分别进入印度洋中部、中西太平洋、西南太平洋、哥斯达黎加等海域进行金枪鱼围网渔场、金枪鱼延绳钓渔场、鱿鱼钓渔场的调查试捕，同时还与秘鲁、阿根廷等国合作在南美水域进行渔业调查；日本渔业研究机构根据调查评估结果，每年发布一本《国际渔业资源现状》的评价报告，包括金枪鱼类、柔鱼类、鲨鱼类、鲸类、南极磷虾等 67 个重要远洋渔业种类。这些研究成果为其外海渔场的拓展和稳定发展提供了技术保障。北大西洋沿海国家，如挪威、英国、法国、加拿大、荷兰和比利时等，通过海洋开发理事会（ICES）长期开展渔业合作，协调渔业科学研究，对主要捕捞品种，如大西洋鳕、鲱、绿线鳕、鲆鲽类等进行系统的渔业资源联合调查，了解和掌握主要捕捞对象的资源分布和洄游路线、种群数量、重要栖息地和生命史过程等，为科学地制定渔业政策提供依据（中国水产科学研究院东海水产研究所，2015）。

南极磷虾是南大洋生态系统的重要组成部分，如何在维持南极生态系统稳定的基础上科学合理地开发南极磷虾资源一直是国际关注的重点课题。国际上围绕南极磷虾生物生态学和资源评估进行了大量的基础工作，在南极磷虾负增长及年龄鉴定、资源量以及年际变化、种群结构、时空分布及其与环境因子的关系、在南极食物网中的作用、越冬期间的生理生态等方面取得了一定的认识。南极磷虾资源由南极海洋生物资源养护委员会（CCAMLR）负责管理，美国、英国、德国以及挪威等国家经过连续多年的资源调查和商业性开发，基本确定南极磷虾呈环南极分布，密集区常出现于陆架边缘、冰边缘及岛屿周围，绝大多数生活在 200 米以内的浅水层；有关国家通过联合调查，评估南大西洋 48.1 至 48.4 四个统计亚区磷虾资源量为 6 000 万吨，设定预防性捕捞限额为 561 万吨；对南印度洋 58.4 亚区设定的预防性捕捞限额为 308.5 万吨（CCAMLR，2015）。

（二）渔具渔法

发达国家注重采用新技术、新材料改进传统的渔具渔法，以提高捕捞效率。大型化远洋渔船的捕捞装备技术呈现自动化、信息化、数字化和专业化的特点，产品配套

齐全，系统配套完善。远洋捕捞装备自动化主要体现在传动与控制技术方面，如大型变水层拖网、金枪鱼围网、大型欧洲围网、金枪鱼延绳钓和鱿鱼钓以及秋刀鱼舷提网等作业的捕捞装备。欧美研发的大型变水层拖网、金枪鱼围网、大型欧洲围网、金枪鱼延绳钓等专业化、自动化捕捞成套装备技术先进，配套齐全；如大型变水层拖网除起放网实现电液控制自动化外，在拖网过程中也实现了曳纲平衡和网形优化控制，同时结合助渔仪器探测信号实现作业水层的自动调整，捕捞效率同比提高 30% 以上；日本古野电气公司研制的机器人钓机 FF-50Tunaman 取代传统的鲣和金枪鱼竿钓，由计算机控制投饵钩的频率、位置和角度、放起钓的速度、脱钩位置以及花费的时间；利用自动监视系统对远洋渔船的捕捞努力量、捕捞产量等进行监控，显著提高了生产管理水平；针对渔船节能需求，开展了 LED 集鱼灯、节能船型、重油装置研究等；冰岛、挪威等国使用新型中层拖网、自动扩张底拖网、方形网目和绳索网，这些网具具有有效捕捞空间大、阻力小、拖速快的特点，既节约燃料，又提高了渔获量。挪威还研制多波束声呐和高频率的网位声呐，用于渔业资源评估和鱼种识别。荷兰 DSM 公司研制的 Dyneema 超强聚乙烯纤维，应用于远洋大型拖网、围网和延绳钓的制作，大大减少网线的直径和材料用量，降低了阻力，大幅提高了捕捞效率，减少了生产能耗，实现了高效、节能、生态的目标。各种类型的选择性捕捞装置，如海龟释放装置和拖网选择性装置（TED）、渔获物分离装置（CSD）、副渔获物减少装置（BRD）、渔获物分选装置及选择性捕虾装置等已成为渔业管理的标配装备，对保护和合理利用渔业资源起到了积极的作用（张新峰 等，2015）。

在助渔仪器探测技术方面，美国、加拿大、挪威和日本等国家利用现代化的通讯和声学技术开发探鱼仪、网位仪、无线电和集成 GPS 的示位标等渔船捕捞信息化系统。先进信息化装备包括：360 度远距离电子扫描声呐高分辨探鱼仪以及深水垂直探鱼仪，拖网无线网位仪，金枪鱼围网海鸟雷达、流木和延绳钓无线电跟踪示位标。

在南极磷虾渔具渔法方面，主要有 3 种代表性捕捞方式，分别为传统的网板拖网捕捞方式、传统拖网与泵吸结合捕捞方式、不间断连续捕捞方式。以挪威为代表的不间断连续捕捞方式，是通过拖网网囊与吸泵连接，由软管将南极磷虾直接从网囊输送到加工舱，实现不起网作业，避免了传统拖网起网过程中虾体相互挤压造成的液体流失，提高了虾体质量，确保了磷虾产品的高品质，是目前最先进的高效捕捞技术（黄洪亮 等，2015）；在该技术推动下，南极磷虾渔业在 10 万吨规模上徘徊了近 20 年后迅速回升，2010 年即超 20 万吨，2014 年达 30 万吨。

（三）遥感信息技术

在渔场环生态境监测方面，2009 年发射的土壤湿度和海洋盐度（SMOS）遥感卫星，使得渔场海水表面盐度数据分析不再依赖于现场调查，初步的研究和应用已经展现出盐度卫星在渔场生态环境研究中的应用潜力。与此同时，随着国际渔业管理加强和对资源保护的日益重视，遥感渔场渔情分析预报逐步从只为渔船提供渔情信息发展到应用于渔场生态环境监测与研究中，如把遥感环境监测信息与卫星标志放流信息相结合，研究鱼类的洄游运动、生活习性、生物学特征以及栖息地状况，从而更好地了解鱼类最适合生存的栖息地和生活习性。此外，海洋遥感环境信息还与海洋生态系统动力学模型等相结合，用于海洋生物区系划分、海洋生态系统承载力研究等，促进了对远洋生物资源的认知（陈雪忠 等，2014）。在渔情信息服务技术方面，随着信息与通信技术的发展，渔情信息的获取方式更为快捷高效，船岸间的双向通信更为普遍。如渔船可以把渔获数据等自动发送到岸台信息中心，渔船可以通过电脑客户端、平板移动端、Web 页面等多种方式获取多源的气象和渔情信息服务。在渔船监控应用方面，渔船监测除了应用 GPS 技术外，还应用了卫星 AIS 技术获取远洋渔船船位数据，如世界自然基金会（WWF）将船舶自动识别系统（AIS）技术与其他渔船监测系统相结合，开发了一种渔船跟踪工具，可以向消费者证明其为合法且负责任捕捞，将实现任何人均可通过计算机和互联网，就能监测某艘渔船在何处作业；从早期单纯的渔船监控系统（VMS）建设，逐步开展了渔船船位监测大数据分析，在精细化估算捕捞强度、拖网对底质环境影响、作业类型识别等方面开展了诸多研究。在渔获追溯系统方面，2013 年的全球经济论坛呼吁建立全球水产品追溯系统，以使消费者、从业者及政府能完全取得永续捕捞的相关信息。早在 2011 年，大西洋金枪鱼管理委员会（ICCAT）研讨了建立金枪鱼追溯系统的方案，日本于 2013 年构建了金枪鱼追溯系统应用示范（夏翠凤，2013）。有关南极磷虾渔场海域，主要是国外相关机构发布的南极海域环境和冰情信息，缺少针对渔场开发服务的专题信息。如德国不来梅大学发布了基于 AMSR 遥感卫星数据的南极海冰冰情信息（张胜茂 等，2014；中国水产科学研究院东海水产研究所，2015）。

（四）渔船装备

海洋渔业发达国家都特别注重发展大洋性渔业，凭借其先进的工业技术和船舶技术，推进了远洋渔船大型化、专业化和自动化，新材料、新技术与新工艺不断应用于远洋渔船，绿色渔船已成为发达国家渔船的重要发展方向。欧美发达国家已建立了 MDO 研发平台，开展渔船船型优化，为打造绿色渔船提供了基础平台。国外发达国家 300 总吨以下渔船大量使用 FRP 材料，澳大利亚中小型渔船也大量使用铝合金材料；大洋性拖网渔船大型化，其总长达到 100 多米，吨位近 1 万吨；大洋性围网渔船也近 100 米；专业化和自动化是国外大洋性渔船的共有特性，装备了先进的鱼群探测仪器以及高效捕捞装备，通过信息化的技术，实现精准捕捞。金枪鱼围网渔船通过专业化设计以适应高速游泳类鱼群的围捕，金枪鱼围网要求渔船速度快、操纵灵活、起

放网速度快，故要求系统装备自动化水平高。挪威南极磷虾船最具专业化、自动化和大型化特点，挪威建造的 SAGA Sea 船型：总长 92 米/型宽 16.5 米/总吨位 4 860，是目前世界上专业化程度最高、技术最先进的大型磷虾捕捞加工船，利用变水层臂架式拖网技术，采用泵吸连续式捕捞生产方式，配置高效捕捞和精深加工设备，全系统设备自动化运行集中监控，起放网实现电液自动化控制，在拖网过程中实现了曳纲张力平衡网形优化控制，同时结合助渔仪器探测信号实现精准捕捞作业的自动水深调整，捕捞效率同比高 50%；SAGA Sea 磷虾船最大日捕捞加工能力达到 700 吨，产品主要是虾颗粒精饲料和虾油；另一艘挪威专业磷虾捕捞船"ThorshΦvdi"号，船型更大，总长 133 米/总吨位 9 623，同样配置了专业化的鱼群探测仪器、高效捕捞装备和虾粉、虾油精深加工成套设备以及基于卫星通讯的信息化管理系统。远洋捕捞面向深远海发展是趋势，渔船大型化、专业化和自动化是高效利用公海渔业资源的必然选择（夏敬敦 等，2014）。

三、"十三五"本领域展望与建议

（一）科技发展差距

1. 基础研究薄弱，生态高效渔具研发滞后

我国渔具技术在 20 世纪 60—70 年代经历过一段高速发展期后，由于资源衰退、国营渔业企业萎缩等影响，渔具技术在相当长一段时期内没有得到足够的重视，因而造成我国在渔具技术方面，特别是高效远洋捕捞渔具渔法方面，与国外的差距越来越明显，在目前全球渔业竞争日益激烈的局面下，这严重制约了我国渔业的进一步发展。差距主要表现在以下几方面。

（1）渔具基础研究方面

渔具技术基础主要包括渔具力学以及鱼类行为学等。早在 20 世纪 30 年代，国外一些主要渔业国家的学者就开始注意到渔具设计、制作与生产中所涉及的物理学问题，并开始应用理论计算分析与实际测试来研究渔具力学，其中代表性的有前苏联学者巴拉诺夫，先后编著《渔具理论与计算》和《工业捕鱼技术》。而日本学者田内森三郎，应用力学模拟法来解决网衣在水中形状和力学性能，探索并提出了渔具的模型试验准则。此后，狄克逊、弗里德曼、克列斯登生等也先后对渔具模型试验做出了探索和贡献，分别提出了各自的渔具模式试验准则。而我国与国外的差距主要表现在我国尚未提出过自己的渔具模型试验准则等，目前一直沿用"田内准则"，在网具网目大型化的当今，"田内准则"的局限性越来越明显，国内虽有针对大网目拖网发展发明应用了"减少渔具模型试验误差的方法"、编写了《渔具模型试验理论与方法》等专著，但是在渔具试验准则等理论的系统性研究等方面仍存在差距（岳冬冬 等，2013）。

（2）渔具相关鱼类行为学研究方面

挪威、苏格兰、美国等欧美国家和地区对鲆鲽类、鳕、鲱、虾等开展了相当长时间的连续行为观测，分析鱼类在受到网具等外界因素影响时的行为反应，并分析渔获产量与拖曳时间、拖曳方法、水文变化等因素之间的关系，得出了不同的结论：拖网捕捞分两种形式，一种为"疲劳捕捞（鱼类耗尽体力入网）"，另一种为"受惊捕捞（惊吓入网）"，并将研究结果应用于渔具设计和捕捞活动中。而我国几乎没有开展过系统的鱼类行为研究，对于鱼类行为的认知概念仍停留在20世纪60—70年代的水平（汤一平 等，2015；中国动物学会行为学分会水生动物行为专业工作组，2016）。

（3）渔具装备技术创新方面

由于缺乏国家对海洋捕捞渔具的高度关注与长期科技投入，我国渔具创新能力较为薄弱，目前我国大型、新型渔具几乎全部自国外引进。例如20世纪80年代中期开始的中层拖网、鱿鱼钓、金枪鱼钓、金枪鱼围网等，几乎无一例外引进自发达渔业国家，至今仍未全面、准确掌握其核心技术（包括渔具设计、捕捞方法等）实现完全国产化。究其原因，一方面，我国当时在渔船设备等方面本就落后，无法在国内渔船开展相关研发；另一方面，主要是基础研究薄弱，导致创新能力严重不足，造成目前虽然我国远洋渔业在进一步发展，但核心技术仍依赖于国外，无论是渔获产量还是质量仍无法与国外相比，竞争力较低，使我国远洋渔业仍在走粗放经营的老路（贾敬敦 等，2014）。

（4）渔具性能研究方面

随着渔具技术研究的边缘化，专业渔具技术研究单位也越来越少，研究工作时断时续，缺乏连贯性，并且多数属于局部性能研究，没有系统性。而国外的研究工作比较系统全面，且注重于相互合作。例如，法国曾开发出渔具设计软件，而挪威注重于渔具模型试验与渔具性能模拟，两者结合，目前欧盟国家通过渔具设计软件可以达到自动化设计，并能即时模拟设计的网具各项性能。与之相比，我国渔具设计仍主要依靠设计人员的经验积累，所发明应用的以拖网效能参数为依据的拖网优化设计方法、阻力估算、网线规格匹配等相关设计基础研究，以及所设计制造拖网渔具的效能指标等方面已达国际先进水平，但是在渔具的系统化数字模拟、专业设计软件开发以及数字模拟与模型试验集成应用等方面仍存在差距（贾敬敦 等，2014；中国水产科学研究院东海水产研究所，2015）。

2. 系列化研发不足，高性能渔用新材料应用有待普及

随着渔船动力化、大型化，助航、助渔仪器和甲板机械的现代化，渔具材料的更新换代以及物理性能、渔用适应性能的不断提高，为捕捞渔具尤其是远洋捕捞网具的大型化和高效化提供了有利条件。渔业发达国家率先将超强纤维材料应用于渔业，在保持网具强力需求的条件下，减小网具线、绳直径，提高其滤水性能，成为提高网具性能的重要途径。我国近几年虽然也相继开发出一系列高强度、高性能渔用新材料，但是与国外相比，在新材料的应用范围等方面仍有差距。

国外先进渔业早在 20 世纪 50 年代就已经开始使用合成纤维制造渔具。随着化纤领域超强纤维材料的研发与工业化，80 年代后期，丹麦、荷兰、冰岛等国家在渔具的制造中使用了超强 PPTA 纤维、超强聚乙烯纤维等替代聚乙烯网线，使同等强力网线的直径减少约 50%，并逐步应用于中层拖网、浮拖网、底拖网和桁拖网，上纲、下纲、浮子纲等围网网具等；对于仍普遍采用的普通材料渔具，国外多数渔具逐步淘汰三股捻线结构的网片，开始使用不同材料混溶纺丝制作的编织线网片，其材料强度可以达到 7～9 厘牛/分特，最高可达到 11 厘牛/分特。我国渔用纤维材料的应用研究起始于 20 世纪 60 年代，并逐步成功开发出渔用聚乙烯、锦纶等合成纤维，随后，由于国内渔具生产厂商多数都是小规模企业，对于渔具材料的研发能力较弱，渔具材料基本沿用聚乙烯及锦纶作为主体材料以及三股捻制的线、绳主体结构形式。近年来，国内在渔用材料方面创新较多，包括高强度渔用聚乙烯材料、超高分子量聚乙烯材料以及不同材料的混溶、混纺以及不同线结构的网线、网片等，强度性能从普遍应用的聚乙烯 4 厘牛/分特提升至高强度渔用聚乙烯材料 9 厘牛/分特以及超高分子量聚乙烯材料 25 厘牛/分特。然而，受捕捞渔业组织化程度低、渔民意识薄弱等方面的影响，我国在高性能材料的系列化研发、渔具适配应用研究、效能评价以及应用范围包括所用渔具种类、应用量、应用区域等方面仍存在一定差距（贾敬敦 等，2014）。

3. 信息化与自动化水平较低，精准高效捕捞技术亟待提升

在渔业生产活动中，素有"三分渔具七分技术"的说法。由此可见捕捞技术的重要性。捕捞技术的高低依赖于从业人员的经验以及助渔仪器的使用。

（1）信息支持技术

捕捞技术的提高一是依赖于自身的积累，二是依赖于外界的信息支持。受限于国内助渔仪器相对落后以及支持信息的欠缺，国内捕捞技术主要依赖于人员自身的经验积累。而国外对人员技术培训以及提供信息方面远比国内重视程度高。如高度重视渔场、资源的调查与探捕，渔业生产企业自行组成行业联盟或协会，通过集体的物力与人力，开展各项调查工作，并将成果与会员共享，提高了作业区域准确度，同时，会在生产中将作业信息进行实时共享，减少了生产盲目性，提高了生产效率。例如，日本可以达到渔场信息每日更新，而欧盟国家也可通过卫星即时传送渔场水文等环境数据。我国目前仍处于起步阶段，信息覆盖范围仅限于太平洋和中大西洋，信息每周更新一次。

（2）助渔仪器装备技术

为了提高自动化程度，国外相当注重助渔仪器的研发与使用，配备的助渔仪器比较齐全，包括渔具监测仪器（围网监测仪、拖网三维监测仪等）、水平声呐（探鱼仪）、绞机自动控制仪（可根据作业不同情况自动调节纲索程度等）、雷达（搜索海鸟、发现鱼群）等。由于我国目前尚未有国产产品，受价格、操作等方面的影响，我国绝大多数渔船仅配备垂直鱼探仪，在实际作业中，盲目性、随意性较大。而欧洲已实现拖网作业自动控制，根据拖网作业实际受力变化情况，自动调节曳纲长度，保证网具的正常展开，并结合渔获传感器，调整拖网作业时间（中国水产科学研究院东海水产研究所，2015）。

（3）捕捞效率

我国渔业主要依靠小型渔船起步，机械化程度较低，主要依靠人力操作。随着渔船、渔具的大型化，我国渔船作业与国外相比，差距较大。目前国外大型渔具捕捞已基本实现精准捕捞，不但提高了效率，而且降低了作业能耗。根据联合国有关资料显示，目前发达国家，如加拿大的渔业油耗仅为每吨鱼 0.47 吨，挪威更低至每吨鱼 0.28 吨，而我国海洋捕捞能耗高达每吨鱼 0.63 吨（其中包含资源量的因素），是国外的 1.3～2.3 倍。从捕捞单位产量来看，亚洲地区（包含我国）每人年捕捞能力仅为 2.1 吨，而欧洲高达 25.7 吨，北美洲为 18 吨，拉丁美洲为 6.9 吨。由此可见我国与国外的差距（刘健 等，2013a，2013b；贾敬敦 等，2014；刘平 等，2016）。

（二）发展建议

1. 增加远洋渔业投入，拓展资源和渔场开发空间

（1）开发大洋及过洋性渔业后备渔场和资源

建议国家安排专项资金，用于新渔场和新资源的开发和常规性调查，一方面，为我国远洋渔业的发展寻找更多的可利用资源和后备渔场；另一方面，为我国远洋渔业发展提供技术支撑和保障。大洋性远洋渔业是资源依赖型产业，要大力加强资源探捕工作，增加政府扶持力度，逐步优化和完善传统、落后的资源和渔场确定方法，融入和利用更多的现代科技手段，建设一支专业的大洋性远洋渔业资源调查船队，推进渔业资源常规化调查监测，改善过洋性渔业资源调查薄弱、新品种特别是优质品种数量少、渔场开发严重不足的现状，逐步走出数十年来集中的入渔国沿岸浅水区域，开发外海深水渔场和新资源。

（2）发展极地渔业，重点关注南极磷虾战略资源

极地渔业是关系国家发展战略的产业。亟须树立"资源优先"的理念，加强与环极地国家和极地开发大国的合作，确保我国利用极地海洋渔业资源的应有权益。极地渔业资源开发面临远离港口、远离补给、远离市场和长途航行等问题，与其他渔业相比，具有较高的成本压力。化解这些成本压力，就企业而言需要不断提高产品的附加值，形成产品的综合开发；政府层面上则需整合多方资源，加大扶持力度和宣传力

度，建立企业主导、政府扶持的共同开发模式，以实现我国南极渔业产业的可持续发展。

2. 加强高效、履约型远洋捕捞技术创新

（1）建造大型拖网渔船和加工船

重点开展系统控制研究，使液压传动技术与电子自动化技术有效结合，实现拖网作业高效、安全、自动化。发展大中型围网渔船，特别应尽早开发满足金枪鱼作业需要的围网渔船及捕捞装备。由于金枪鱼围网作业要求高速起网，捕捞设备控制协调性尤为重要，应通过计算机控制技术使多卷筒括纲绞机、支索绞机、吊杆绞机、变幅回转吊杆、动力滑车、理网机等液压传动设备的运行控制协调化，完成围网作业的自动化，重点开展多卷筒绞纲机、动力滑车、理网机及控制系统研究。钓捕渔船主要发展专业化的金枪鱼延绳钓以及鱿鱼钓船。金枪鱼延绳钓船以中小型钢质或玻璃钢渔船为主，鱿鱼钓船以大中型渔船为主。在延绳钓机成套设备的开发过程中，要优先考虑设备的可靠性，提高控制系统的自动化程度。

（2）发展作业结构合理及质量效益型的过洋渔业支撑技术

过洋性渔业是在他国 200 海里专属经济区内的渔业活动，其发展不但受渔业资源的影响，更受当地社会、人文环境的影响。围绕过洋性渔业由数量型向质量效益型的转变需求，在强化资源探查、开拓渔场空间的前提下，支持发展适应外海深水区作业的深水拖网及其配套的高效属具与网材料技术研究，推进过洋性渔业由单一拖网作业向适应多种作业环境的结构调整，完善过洋性渔业产业链相关支持技术体系，延伸产业链、拓展利润空间，促进过洋性渔业稳定发展。

（3）发展南极磷虾产业化支撑技术

南极水域远离补给等地理位置特征，造成南极磷虾捕捞成本较高。传统粗放式的捕捞不仅效率低，同时拖曳、起捕方式等都会导致虾体破损率提高，进而影响产品质量。近年来，挪威采用不起网的泵吸技术，使南极磷虾的单船捕捞产量大幅度提高，大大降低了传统捕捞过程中南极磷虾的破损率，也提高了捕捞效率。因此研发高效、优质南极磷虾捕捞技术，是南极磷虾商业化开发的关键环节之一。同时，应树立产品开发优先的原则，重视高附加值产品生产技术以及船载加工技术与装备的研发，开拓、培育南极磷虾衍生产品市场，在政府的支持下逐步实现南极磷虾这一全球战略性资源的商业化开发（赵宪勇，2016）。

3. 完善远洋渔业产业发展支撑体系

（1）完善渔业科技推广机制，提高远洋渔业科技成果转化率

积极推进"官、产、学、研"四结合体制，促进科技成果的转化。进一步发挥高等水产院校学科综合的优势和水产研究机构科学技术水平的优势，以解决渔业生产的问题为重点，建立紧密型渔业科技推广机制，不断提高渔业科技成果在远洋渔业产业

中的转化利用效率，实现科技兴渔的发展目标。

（2）实施国家"人才强国"战略，加快远洋渔业科技人才建设

努力培养捕捞、加工、经营管理等方面的专业技术人才。要在政策上鼓励有专业知识的人才从事远洋渔业，同时要定期对从事远洋渔业的各类人才进行培训，从整体上提高远洋渔业专业人才的技术水平和管理素质，为我国远洋渔业发展提供技术支撑和人才保障。

（3）提高远洋渔业的组织化程度

依托中国渔业协会和远洋渔业协会，发挥各种所有制企业的体制和区位优势。依托骨干企业，集中优势力量，加强远洋渔业船舶装备升级改造和综合基地建设。强化捕捞渔船和远洋渔船的分类管理，对不能保证安全和不符合环保要求的渔船实行强制淘汰政策，逐步壮大我国远洋渔业实力，维护我国的全球海洋资源开发权益。

（中国水产科学研究院东海水产研究所：陈雪忠　王鲁民　黄洪亮

谌志新　樊　伟　郑汉丰　岳冬冬）

参　考　文　献

陈雪忠，樊伟，周为峰，2014. 卫星遥感的大洋渔业生态环境监测及管理应用［Z］. 上海：2014 中国水产科技论坛.

陈雪忠，徐兆礼，2009. 黄洪亮南极磷虾资源利用现状与中国的开发策略分析［J］. 中国水产科学，16（3）：451-458.

樊伟，崔雪森，伍玉梅，等，2013. 渔场渔情分析预报业务化应用中的关键技术探讨［J］. 中国水产科学（1）：234-241.

黄洪亮，陈雪忠，刘健，等，2015. 南极磷虾渔业近况与趋势分析［J］. 极地研究，27（1）：25-30.

贾敬敦，蒋丹平，杨红生，2014. 现代海洋农业科技创新战略研究［M］. 北京：中国农业科学技术出版社.

李灵智，黄洪亮，屈泰春，等，2015. 南极普里兹湾南极大磷虾资源时空分布与海洋环境要素的相关性［J］. 中国水产科学，22（3）：488-500.

李纳，王靖，梁建生，等，2015. 渔船船型参数数据库管理系统构建及应用［J］. 船舶标准化工程师，48（3）：46-49.

联合国粮食及农业组织，2016.2016 年世界渔业和水产养殖状况［M］. 罗马：联合国粮食及农业组织.

刘飞，林焰，李纳，等，2012. 拖网渔船能效设计指数（EEDI）研究［J］. 渔业现代化，39（1）：64-67.

刘健，黄洪亮，李灵智，等，2013a. 南极磷虾连续捕捞技术发展状况［J］. 渔业现代化，40（4）：51-54.

刘健，钱晨荣，黄洪亮，等，2013b. 国内外吸鱼泵研究进展 [J]. 渔业现代化 (1)：57-62.

刘连为，陈新军，许强华，等，2014. 北太平洋柔鱼微卫星标记的筛选及遗传多样性 [J]. 生态学报 (23)：6847-6854.

刘平，徐志强，徐中伟，2016. 离心式吸鱼泵叶轮的设计 [J]. 流体机械 (3)：50-54.

陆化杰，陈新军，方舟，2015. 西南大西洋阿根廷滑柔鱼耳石元素组成分析 [J]. 生态学报，35 (2)：297-305.

闵明华，黄洪亮，刘永利，等，2015. 拉伸工艺对渔用聚乙烯纤维结构与性能的影响 [J]. 水产学报，39 (10)：1587-1592.

农业部渔业渔政管理局，2016. 中国渔业统计年鉴 [M]. 北京：中国农业出版社.

齐广瑞，黄洪亮，吴越，等，2015.2013/14 渔季南设得兰群岛海域南极磷虾渔场时空变动及 CPUE 影响因素分析 [J]. 渔业信息与战略，30 (3)：192-199.

石永闯，朱清澄，张衍栋，等，2016. 基于模型试验的秋刀鱼舷提网纲索张力性能研究 [J]. 中国水产科学，23 (3)：704-712.

汤一平，刘森森，石兴民，等，2015. 基于 3D 计算机视觉的鱼类行为分析研究 [J]. 高技术通讯，25 (3)：249-256.

夏翠凤，2013. 日本及大陆试行鲔渔获追踪系统 [J]. 国际渔业资讯，248 (7)：56-59.

徐皓，赵新颖，刘晃，等，2012. 我国海洋渔船发展策略研究 [J]. 渔业现代化，39 (1)：1-5.

余为，陈新军，易倩，等，2013. 西北太平洋柔鱼传统作业渔场资源丰度年间差异及其影响因子 [J]. 海洋渔业，35 (4)：373-381.

岳冬冬，王鲁民，黄洪亮，等，2015a. 中国南极磷虾产业专利技术布局与趋势分析 [J]. 极地研究，27 (1)：38-46.

岳冬冬，王鲁民，黄洪亮，等，2015b. 我国南极磷虾资源开发利用技术发展现状与对策 [J]. 中国农业科技导报，17 (3)：159-166.

岳冬冬，王鲁民，黄洪亮，等，2016. 我国远洋渔业发展对策研究 [J]. 中国农业科技导报，18 (2)：156-164.

岳冬冬，王鲁民，张勋，等，2013. 我国海洋捕捞装备与技术发展趋势研究 [J]. 中国农业科技导报 (6)：20-26.

张衡，唐峰华，程家骅，等，2015. 我国远洋渔业现状与发展思考 [J]. 中国渔业经济 (5)：16-22.

张胜茂，杨胜龙，2014. Argo 剖面数据在远洋金枪鱼渔业中的应用 [M]. 北京：海洋出版社.

张新峰，胡夫祥，许柳雄，等，2015. 网渔具计算机数值模拟的研究进展 [J]. 海洋渔业，37 (3)：277-287.

赵海龙，陈新军，方学燕，2016. 基于栖息地指数的东太平洋黄鳍金枪鱼渔场预报 [J]. 生态学报，36 (3)：778-785.

赵宪勇，左涛，冷凯良，等，2016. 南极磷虾渔业发展的工程科技需求 [J]. 中国工程科学，18 (2)：85-90.

中国动物学会行为学分会水生动物行为专业工作组，2016. 第三届水生动物行为学学术研讨会论文集 [Z].

中国水产科学研究院东海水产研究所，2015. 远洋捕捞技术与渔业新资源开发研究进展报告 [Z]. 中国

水产科学研究院东海水产研究所内部资料.

周斌，黄洪亮，吴越，等. 南设得兰群岛周边水域南极大磷虾的生物学特征及资源分布 ［J］. 江苏农业科学，2015，43（11）：314-319.

CCAMLR，2016. Schedule of conservation measures in Force 2015/16 ［EB/OL］. https：//www. ccamlr. org/en/conservation-and-management/browse-conservation-measures. （2015-12-04）［2016-03-08］.

水产工业化养殖发展研究

一、水产工业化养殖内涵与发展要求

（一）内涵

工业化是人类社会的发展进程，通常被定义为工业产值在 GDP 中、工业就业人数在总就业人数中比例不断上升的过程（张培刚，2013）。对农业而言，工业化是传统农业社会向现代化社会转变的过程，也是与农业现代化相辅相成的过程，体现在农业以劳动力、生产资源对工业的支持和工业以科技、装备、管理、金融等要素对农业的反哺上。随着社会工业化程度的提高，工业要素与农业的融合度增强，工业化的农业生产方式愈加显现，代表着现代农业的发展方向。

农业现代化就是用现代工业装备农业，用现代科技改造农业，用现代管理方法管理农业，用现代社会化服务体系服务农业，和用现代科学文化知识提高农民素养的过程；在生产方式上，是使动植物生长发育摆脱对自然条件依赖，转而由工业方式加以调节和控制的农业工业化过程（李云才 等，2004）。

对应农业工业化理论，水产养殖的工业化应具有以下内涵：①生产人员由以体力劳动为主转向以智力为主。表现在对品种及生产周期的安排、养殖条件的构建、设备的选择与应用、饲料等投喂品的运用等，其结果直接决定了养殖生产的成败。②生产决策由以经验为主转向以信息为主。表现在通过现代信息化平台所获得的市场与行业信息成为选择养殖品种、投入品、收获时间等生产决策的主要依据。③生产工具由以人工劳动为主转向以机械化为主。表现在挖塘清淤、进排水、增氧、自动投喂、水质调控、收获等装备在养殖过程中发挥主要作用。④生产经营由分散经营为主转向以规模化经营为主。表现在养殖生产企业、合作社、"公司＋农户"等组织形式成为行业的生产主体。⑤产品销售以初级产品为主转向以加工产品为主。表现在养殖产品的高值化与产业链延伸上。⑥组织管理以粗放式管理为主转向以标准化管理为主。表现在技术标准、操作规范等工艺化养殖技术在稳定产出、保障品质、控制成本等方面起到主导作用。

对应上述内涵，在社会工业化的推动下，不同生产领域的发展进程是不同的。工业化是现代渔业发展的进程，其对生产人员、生产决策、生产工具、生产经营、产品销售、组织管理等方面的渗入，从初始的萌芽状态，到成为主体，最终形成工业化的

现代渔业。

工业化的农业生产方式并不等同于以机器大工业为代表的工业生产方式，必须符合农业动植物生长的规律与要求及社会可持续发展要求。可持续发展是现代社会新型工业化道路的前提与内涵，发达国家现行的农业工业化道路，以传统的工业化模式，依靠石化能源与物质，造就了单一物种的规模化、集约化生产模式，湮灭了传统农业的生态效能，带来了生态与环境等方面一系列难以破解的问题。符合现代社会新型工业化进程要求的水产工业化养殖，应该具备的条件包括：①符合养殖生物有效生长要求的隔离的养殖环境，以使养殖生产过程具有相当的稳定性；②对投入的营养物资实施有效转化和循环利用的物种多样性，以提高饲料营养的利用效率；③最大程度利用自然能、辅以石化能源的耗能结构，以提高能量投入与产出比；④提高占用资源的单位产出率，以减少用水与用地；⑤以生态工程学理论为核心，应用工业科技与装备对上述目标的有效构建；⑥智力、信息、机械化以及规模化经营、高值化加工和标准化管理等要素在整个生产过程中的充分体现。

（二）构建要素分析

1. 系统有效隔离

通过对养殖系统有限空间实施隔离，是实现为养殖生物提供适宜生长环境、敌对生物隔离、生长周期控制、生产品种多样性、产品品质控制、物质循环利用、防范自然灾害、节水减排等目标的基础，也是工业化养殖系统构建的首要前提。不同养殖生产方式，系统的隔离程度不同，工业化养殖系统具有较高的隔离程度。

2. 水质精准调控

保持养殖生物生长所需的适宜水质是养殖系统优质、稳产的基本保障，水质劣化会产生生物应激，危害健康，水质恶化会危害生物生命。创造最优的水质条件需要增强系统负荷，保持产生应激边界条件以内最低的水质条件是最为经济的。养殖系统受环境条件、生物饲养规律等的影响，水质是波动的，需要通过系统的协同进行及时的调控，而调控的精准程度决定了系统的产能效率。

3. 生态工程化

养殖系统是以特定生物生产为目的、非自然的生物生产系统，需要持续地输入饲料，但只有20%～30%的氮磷等营养物质转移到饲喂的养殖生物，剩余的可能会造成水体富营养化，直接影响水质（张玉珍 等，2003；辛玉婷 等，2007；黄欢 等，2007；Brooks and Mahnken，2003）。为有效转换和充分利用这些物质，需要应用工程化手段，构建功能强化的生物群落，如强化微生物群落以提高有机质、氨氮、亚硝态氮的转换效率；强化光合作用以提升水体初级生产力，使更多的氮磷转换为浮游生物，被养殖生物再利用；强化植物群落使营养物质脱离水体等（吴伟和范立民，

2014；蔡继晗 等，2010；王建平 等，2008）。

养殖系统生态工程化构建是建立在物质与能量转换模型与设施装备功能设计基础上的系统工程，用以提高单位水体稳定的载鱼量，实现循环用水，提升集约化、规模化水平；用以充分利用自然能，减少石化能源消耗。

4. 养殖集约化

集约化是在同一面积投入更多的生产资料以进行精耕细作的农业生产过程，是实现工业化的重要前提。水产工业化养殖系统的集约化，表现在单位水体的养殖容量、单位土地面积的产出量及其为系统标准化、机械化、信息化构建所创造的有利条件。

5. 生产标准化

标准化是工业化的重要组成部分。通过标准化可以简化生产系统构成，统一生产管理，稳定产品品质。水产工业化养殖系统的标准化，主要体现在生产模式、养殖条件、养殖工艺、操作规程以及设施设备配置等方面。

6. 操作机械化

机械化是提高劳动生产率、减轻劳动强度、实现高效生产的重要途径。水产工业化养殖系统的机械化，主要表现在：鱼种、饲料等投入品的运输与计量，养殖过程的饲料投喂、水质管理，收获过程的起获、分级与输送，以及养殖环境的清洁、维护等方面。

7. 管理信息化

对生产系统而言，信息化是计算机、通讯和网络技术的现代化应用，表现为社会工业化条件下的养殖生产。主要包括：投入品的市场信息获取与质量可追溯，生产过程的在线监测、智能化控制与数字化管理，养殖产品的可追溯系统与市场信息获取等。

（三）基本模式

筏式养殖、网箱养殖、流水养殖、池塘养殖和工厂化养殖是我国水产养殖的主要生产方式，随着现代工业要素不同程度的融入，促进着各自的工业化进程，并由于生产条件和方式的差异，其工业化水平有些尚处于萌芽期，有些则颇具雏形（徐皓 等，2007）。下表所列为国内外不同养殖生产方式工业化水平的比较分析。

养殖方式		系统隔离	水质调控	生态工程	集约化	标准化	机械化	信息化	总值
浅海筏式养殖	国际	0	0	0	1	5	5	3	14
	国内	0	0	0	1	2	1	1	5
深水网箱养殖	国际	0	0	0	3	5	5	5	18
	国内	0	0	0	3	2	2	1	8

（续）

养殖方式		系统隔离	水质调控	生态工程	集约化	标准化	机械化	信息化	总值
（冷水鱼）	国际	3	0	0	4	2	2	3	14
流水养殖	国内	3	0	0	4	1	1	1	10
生态工程化	国际	4	4	4	3	2	5	4	26
池塘养殖	国内	4	4	4	2	3	3	4	24
工厂化循环	国际	5	5	3	5	5	5	5	33
养殖	国内	5	5	3	5	2	3	3	26

注：表中的评价值以 0~5 计，表示不同养殖方式在各个相关环节的应用程度，其水平代表着该类养殖方式在最新科技支撑下已经应用的最高水平。

从上表中的数值评价可以看出，筏式养殖主要依靠水域的自然条件，需占有一定范围的水面，集约化程度相对最低；发达国家在设施标准化、作业机械化以及生产信息化方面明显领先，而我国则处于粗放的、传统的农业生产阶段。网箱养殖的工业化要素要好于筏式养殖，集约化程度明显。以冷水鱼为对象的流水养殖，具有一定程度的隔离设施，创造了相当高的集约化养殖条件，但对水质和水量的自然条件依赖程度高。生态工程化池塘养殖的构建要素更为均衡，通过养殖环境生态工程化构建，能有效地提升初级生产力和营养利用效率，不足之处是对气候条件的隔离能力较弱，影响到养殖品种的选择和生产周期的控制。工厂化循环水养殖似乎是工业化要素最高的养殖模式，但其存在主要依靠化石能源和单一品种养殖的弱点，在资源消耗和物质循环利用方面有潜在的规模局限性。总体看，我国水产养殖工业化进程与发展国家相比，在机械化、标准化和信息化方面的差距明显，生产方式粗放的问题可见一斑。通过对不同养殖方式中工业化要素的比较，可以得出其工业化进程水平由高到低依次为：工厂化循环水养殖、生态工程化池塘养殖、深水网箱养殖、流水养殖、筏式养殖，从社会可持续发展的要求看，工厂化循环水养殖、池塘循环水养殖和深水网箱养殖是水产养殖工业化建设的基本形式。

（四）发展要求

农业工业化进程既需要社会工业化的推动，又必须符合社会现代化的要求。其对水产养殖工业化的社会性要求，主要体现在：

1. 渔业对社会水产品供给保障的责任愈加依靠水产养殖业

世界性的渔业资源衰退、渔获物小型化与食物链低端化，使捕捞生产愈来愈难以满足保障供给的要求，"以养为主、养捕结合"是我国现代渔业建设的基本方略，水产养殖在渔业生产中的比重不断上升，其在饲养过程中对鱼粉的利用效率需要提高，对饵料鱼的依赖问题需要克服。因此，需要发展工业化养殖，以保障与提升产量，提高鱼粉及配合饲料利用率。

2. 水产品供给将从"数量保障"向"安全与品质保障"转变

食品安全与品质是现代消费者关心的首要问题。传统粗放的生产方式是养殖水产品安全问题突出、品质无法保证的根源，造成了社会性的水产品信任危机，影响了水产养殖业的健康发展。需要发展工业化养殖，通过对养殖环境与生产过程的有效控制，达到养殖生物营养科学、健康生长、用药规范、品质稳定的商品化生产效果。

3. 需要资源节约、循环利用、环境友好的养殖生产方式

社会可持续发展及生态文明建设对传统粗放的生产方式提出了更高的要求，水产工业化养殖模式的构建必须正确对应，以获得不被制约的发展空间。一是水资源，国务院 2006 年发布的《取水许可和水资源费征收管理条例》明确了水资源费的收取与管理，尽管各地对水产养殖用水的收费未尽实施，但 2015 年国务院印发《水污染防治行动计划》（简称"水十条"）后，形势日趋紧迫，养殖生产面临着水资源成本的问题，如下表所示，循环水养殖将成为主要的发展途径。二是土地资源，许多养殖池塘属于可耕农田，湖泊水库已容不得规模化养殖生产，集约化是发展之必然，拓展养殖新空间则成为重要途径。三是饲料资源，包括谷物原料与鱼粉的有效利用，需要发展基于营养与商业模式的精准投喂。四是循环利用，要提高养殖过程投入营养物质的利用效率，需要发展基于工程化构建的多营养层次的养殖与"渔—农"复合的综合农业生产模式。五是减少排放，现有的养殖模式都没有尽到控制排放的责任，在养殖主产区社会经济迅速发展的趋势下，排放成本必将由社会负担转为水产养殖业承担，发展途径是：通过集约化，使面源污染点源化，进而为排放控制创造条件。

不同养殖模式用水成本分析

养殖主产区	地表水 （元/米³）	地下水 （元/米³）	每千克鱼用水量 （米³）	每千克鱼增加水成本 （元）
珠三角池塘养殖	0.2	0.5	10～20	0.2×10=2
长江中下游池塘养殖	0.1～0.2	0.2～0.5	10～20	0.2×15=3
北方沿黄池塘养殖	0.3～0.4	0.7～1.5	10～20	0.4×20=8
华北池塘养殖	1.6	4	10～20	1.6×20=32
东北池塘养殖	0.3	0.7	10～20	0.3×20=6
西南冷水鱼养殖	0.1～0.2	0.2～0.5	180～270	0.2×200=40
工厂化循环水养殖			0.2	<0.8（以 4 元/米³计）

注：表中所列地表水和地下水来自国家发展和改革委员会 2013 年 1 月 14 日公布《"十二五"末各地区水资源费最低收费标准》。

二、水产工业化养殖模式产业现状

(一) 工厂化循环水养殖

1. 国内现状

我国工厂化循环水养殖方式是建立在"车间设施＋换水"的工厂化养殖产业基础上，为实现节能、节水的目标逐步发展起来的（陈军 等，2009）。在水产养殖总量中，工厂化养殖的规模并不大，养殖产量只有 36 万吨，循环水养殖只占很小部分，以鲆鲽类养殖、石斑鱼养殖、规模化苗种繁育为主要形式。

循环水净化系统以固液分离、生物膜吸收转化、消毒杀菌、控温增氧等为主要环节（刘晃，2005；胡伯成 等，2003；张明华 等，2002）。经过多年的科技发展，我国循环水养殖系统，其固液分离以粪便、残饵快速脱离鱼池及水体系统，减少破碎为目的，主要采用旋流集污、分流排污、旋流沉淀、旋筛过滤等技术装备；生物膜吸收转化以高效净化、功能稳定、结构紧凑为目的，主要采用浸没式生物滤池、浮粒反冲式生物滤池，以及移动床生物滤池等技术装备；消毒杀菌以安全、高效、节能为目标，主要采用紫外、紫外-臭氧等强氧化杀菌技术装备；增氧环节以高效节能为目的，主要采用中低密度养殖充气增氧、中高密度养殖纯氧增氧等技术装备（刘晃 等，2009；张宇雷 等，2009）。上述技术装备的集成构建，形成了我国工厂化循环水净化系统装备。

在技术进步的推动下，我国工厂化循环水养殖系统模式，对应渔业生产力和能源水平，围绕主养品种及主产区地域特点，形成了一些典型生产模式，包括：密度为 20～30 千克/米³ 的鲆鲽类养殖模式；密度为 20～30 千克/米³ 的鲟养殖模式；50～60 千克/米³ 的罗非鱼养殖模式以及名优品种苗种工厂化循环水繁育模式（徐皓 等，2013；倪琦 等，2012；张宇雷 等，2012）。国外的先进技术及系统装备正在进入我国水产养殖业，如大西洋鲑循环水养殖系统、鲆鲽类养殖系统等。

2. 问题与需求

(1) 对应传统工厂化养殖模式升级，需要发展经济适用的系统装备

在节水减排的要求下，大量的换水型工厂化养殖模式迫切需要实施升级改造，需要发展结构紧凑、配置标准的循环水净化装备，以降低改造工程，便于补贴政策的有效实施。针对升级改造需求的关键，围绕养殖密度，建立节水、循环标准，并以此研发高效筛过滤设备和生物滤器，减小设备空间，构建模块化、组合式配套装备。

(2) 循环水养殖系统生产粗放，需要提高系统的精准化程度

我国循环水养殖系统构建以水质理化指标控制为目的，按照预定的最大养殖密度，构建水体循环净化工艺及系统装备，对养殖环境的调整度很低，养殖过程及品质

可控程度低，养殖系统产能利用率不高。需要针对主养品种发展精准化养殖模式，建立可控条件下养殖生物生长与营养操纵模型，加强品种管控与水质控制，针对不同养殖容量调控系统循环量，以降低能耗；针对不同养殖周期与时段，调控养殖密度、饲喂方式、水体温度、盐度以及鱼池流场，更好地控制生长过程与产品品质。

（3）循环水养殖系统排放无控制，需要构建污水净化与再利用配套工程

由于社会对养殖系统的排放无制约，我国循环水养殖工厂水处理过程中，夹带大量粪便等固形物的高浓度反冲水并没有得到有效处理就排入了自然水域，对环境造成污染。循环水处理系统只是在节水上发挥了作用。相对池塘养殖的面源排放而言，工厂化循环水养殖系统做到了排放物质的集中，但没有后续处理，是一种点源污染。需要发展基于物质循环与氮转化的排放水净化技术与设施装备工程，将反硝化技术、湿地技术、池塘养殖技术、渔农复合技术等有机结合，实现工厂化养殖小区的物质循环再利用。

（4）需要构建专业化养殖工厂，以示范未来工业化水平的养殖生产方式

摆脱自然条件限制，按照产品品质要求，实施生产过程标准化管控，实现订单式高效生产，是农业工业化的发展标志。需要积极探索，构建示范模式，带动产业发展。循环水养殖是养殖工厂建设的基本条件，精准调控是养殖工厂实现有效管控的基本手段，在此基础上，还需构建功能化鱼池设施、机械化操作装备、智能化投饲系统、数字化专家系统，建立序批式养殖工艺，实现订单式养殖生产（吴凡 等，2008）。

3. 国内外科技发展水平比较

（1）整体而言，我国工厂化循环水养殖技术体系基本建立

我国工厂化循环水养殖装备研究开始于 20 世纪 70 年代，经过 30 余年的发展，建立了以鱼池排污、物理过滤、生物过滤、消毒杀菌、给排水系统为主的设备技术体系，形成了针对主养品种的海、淡水养殖与名优水产苗种繁育系统模式，建立了一批生产示范基地。在学科发展上，围绕高密度循环水养殖形成了重点研究领域，构建了实验室体系与中试基地，形成了多个科研团队。在技术应用层面，跟上了国际发展水平（牛化欣 等，2014）。

（2）在基础研究方面，我国对工厂化高密度养殖品质的生理、生长机制研究不多，对水净化系统生物膜形成与干预机制缺乏研究积累

围绕鱼池流场条件、温度和盐度变化机制、养殖密度、应激条件等因素以及营养操纵等干预手段，对养殖生物生理、生长机制影响及其品质的研究还处于起步阶段，一定程度上限制了工厂化养殖技术的提升。对生物滤器生物膜形成机制，以及特定条件下快速培养方法的研究不够，制约了高盐、低温、高碱等特殊水质条件下生物滤器的有效启动与稳定运行。国外的研究针对的品种数量不多，对大西洋鲑、大菱鲆、虹

鳟等主养品种养殖环境及生长机制的研究更为系统，建立了生长预测模型及专家系统，推进着循环水养殖系统的技术水平不断提高。

（3）在技术研发方面，我国对工厂化养殖装备的研发以跟踪为主，创新性成果少

与国际先进水平相比，我国工厂化养殖装备的研发一直处于消化吸收与借鉴状态，主要的装备形式大都起源于国外，如各种形式的过滤筛、生物滤器、气水混合装置等，对养殖循环水处理新技术、新材料、新方法的创新性应用研发较少。发达国家在养殖系统的自动化控制、机械化操作以及排放物再利用等方面的研究具有超前优势。

（4）在模式构建方面，我国工厂化养殖系统技术集成性差，工业化水平不高

工厂化循环水养殖系统的构建仍然以设施装备为主，养殖技术主要来自经验，高投入的装备系统并未产生其应有的产能与效率。基础研究的不足和技术研究粗放，致使系统模式构建时，养殖技术与设施、装备的关联度不够，特定的模式及其对应的养殖工艺、操作规范尚未有效建立，工程学研究水平较低。国际先进的循环水养殖系统，可以根据市场订单的要求，设定养殖规程，控制生长规格，进行自动控制，形成工业意义上的养殖工厂（王峰 等，2013a；2013b；黄滨 等，2013）。

（二）生态工程化池塘养殖

1. 国内现状

池塘养殖是我国水产养殖的主要生产方式，2012 年养殖总产量 2 079 万吨，占水产养殖总产量的 48%，其中淡水池塘养殖产量占 90%，是池塘养殖的主体。我国池塘养殖主产区具有较为显著的地域性特点。淡水养殖池塘主要分布在长江中下游地区、珠江三角洲和黄河沿岸地区。因气候条件、生产力水平等因素的影响，不同地域的单产水平呈显著差异，平均产量南方高、北方低。分布于沿海的海水养殖池塘，北方地区以海参养殖为主，南方地区以对虾养殖为主，除土池外，海南和广东等地区还发展了池塘底部高于海面、可有效排污和彻底排水的高位池塘。

我国池塘养殖设施系统的特点是："鱼池＋进排水沟渠"，设施系统构造简易，主要配套设备为增氧机、水泵、投饲机等（黄一心，2016）。淡水池塘以养殖鱼类为主，海水池塘以对虾、海参等为主。一些南方高位池海水养殖池塘及部分北方地区的淡水养殖池塘，为防渗漏，整池铺设地膜。养殖池塘系统大多建于 20 世纪 80—90 年代，经过了长期集约化养殖生产，普遍存在设施陈旧、塘埂坍塌、池底淤积、设备技术落后、水体自净能力差、养殖环境恶化等问题（徐皓 等，2009）。

养殖环境劣化是池塘养殖面临的主要问题。随着现代社会的发展，社会工业化进程对水域环境造成污染日趋严重，已大大超出健康养殖的水质标准。对水产养殖发展而言，土地资源日趋紧张，而水产品需求日益增加，因此提高养殖单位产出率愈显重

要，这使得池塘养殖密度越来越高，受养殖水体自净能力限制，池塘水质趋于富营养化，水生态系统极为脆弱。大量的氮磷等营养物质沉积于池底，造成池塘老化，养殖环境劣化，严重危害健康养殖生产。

基础设施改造工程正逐步改善池塘养殖的基本生产条件。我国养殖池塘设施改造工程关系到渔业生产、渔民增收和区域生态环境等各方面。养殖池塘改造工程的基本方式是首先根据养殖产品的市场价值、工程所在地的环境条件、现有的生产力水平等定位建设水准，再根据区域发展规划和生产需求确定养殖小区基本功能与建设规模，并根据水源条件确定水量和进排水系统，进而按照池塘设施建设规范构建池型、塘埂、进排水沟渠、护坡等设施（徐皓 等，2011）。生态工程化技术在池塘设施改造中得以广泛应用，一些池塘养殖改造工程集成了人工湿地、生态沟渠、生物浮床等净化设施及调控设备，形成了池塘循环水养殖系统，构建了渔农复合型养殖小区（刘兴国等，2014；刘晃和徐皓，2010）。

农业部将池塘规范化改造工程列为"十二五"期间推进我国水产业发展的重点任务，对进一步开展全国性的池塘标准化改造进行了战略部署，组织编制了改造工程技术手册，规范了设施建设与设备配备标准，全国各主产区的渔业管理部门根据各自区域发展水平，设立了养殖池塘标准化改造专项工程，着力推广了微孔增氧机、涌浪机、水质监控与信息化管理系统等新型装备，初步建立了水产养殖物联网。从实施效果看，改造工程显著改善了养殖环境，提高了单产水平和生产效益，建立了一批设施规整、环境优美、功能多元的现代化池塘养殖小区（黄一心 等，2015）。

2. 问题与需求

（1）生态调控技术简单应用，未能稳定提升池塘生态功能

我国池塘生态调控技术以人工湿地、生物浮床、水层交换等为标志，在促进养殖水体营养物质微生物转化、植物吸收和初级生产力提升等方面有明显的效果，但在应用层面，还基本处于单一技术的总体净化效果上，其时效性不确定，对池塘生态系统构建的促进效果不明显。由于缺乏池塘生态工程学基础研究，对池塘生态的形成与变化机制研究不深，对关键因子的影响机制与操纵模型把握不够，相关技术还未能围绕池塘生态系统构建与功能强化，按照生态工程学模型融入其中，形成集成效应。

（2）控制技术方式简单，精准化程度不够，覆盖面有限

应用自动化、数字化技术对池塘养殖实施监测与控制的对象主要是水质参数与增氧机、投饲机等，目前的应用水平还处于物理性的传感器监测与控制输出上，对于多变的池塘生态系统及生产过程，手段过于单一。传感器维护不易，造价高，难以实现所有池塘的全覆盖。提升精准化监控水平的关键在于：基于养殖模式、池塘生态变化机制及关键因子关联模型的关键因子感知、水质预判与控制输出；基于养殖品种营养模型、饲喂策略、环境因子与摄食行为的投喂控制等。

（3）机械化装备技术发展滞后，劳动强度与效率问题日渐突出

社会劳动力成本不断升高对池塘养殖业带来的影响是从业人员的短缺与老龄化，降低劳动强度、提高生产效率、培养高素质生产人员成为发展之需。我国池塘养殖机械化装备应用很少，需要加强研发在规模化生产条件下提高饲料搬运、设备管控、起捕分级、分塘清塘等环节劳动效率的先进装备。

（4）对应"生态、低耗"要求的新型设施装备模式亟待构建

推进传统粗放池塘养殖生产方式转变，需要构建符合"健康养殖，资源节约，环境友好，高效生产"要求的新型生产模式，设施装备及其与养殖技术的系统性融合是关键。在社会生态文明建设与食品安全的基本要求下，池塘养殖设施装备将围绕"生态、高效"的基本要求，构建生态功能稳定、生产过程可控、水土资源高效利用、排放物质再循环的集约化、设施化、智能化、信息化系统模式，以实现有效引领池塘养殖生产方式的现代化转变。

3. 国内外科技发展水平比较

（1）整体而言，我国池塘养殖装备科技处于世界先进水平

池塘养殖主要存在于亚洲第三世界国家，我国是主要生产国。自 20 世纪 70 年代开始规模化发展以来，形成了以池塘设施和增氧机械为代表的装备模式，所具备的池塘设施规范化技术体系、各类增氧机系列、各种投饲设备等，为养殖生产提供了可靠的装备保障。在学科发展上，形成了设施规范化构建、生态工程化调控、机械化装备、精准化控制为主的几个研究领域，并建设了实验室体系和中试基地，形成了多支各具特色的创新团队。在技术研发层面，其系统性最为全面，应用面最为广泛。

（2）基础研究方面，我国在池塘生态机制研究方面积累不足

我国池塘生态机制的研究开始于 20 世纪 80 年代，由于生产方式、气候环境、地域条件的不同，池塘生态机制具有明显的地域性差别，而在生态工程学层面的研究则开始于"十一五"，至"十二五"才形成以池塘生态影响机制与调控模型构建为核心的研究体系，研究积累还处于局部分散状态，整体而言，对技术创新的推动作用尚未显现。养殖池塘生态系统的构成与变化机制的研究是国外农业工程学研究者所关注的重点，如美国的奥本大学（Auburn University）围绕池塘水质、底质生态机制及其影响因子，建立了研究体系，其研究成果对我国池塘生态工程学研究产生了较大影响（彭树锋，2013）。

（3）在技术研发方面，我国养殖装备的机械化水平不高

养殖装备的研发主要以增氧机和投饲机为主，前者起着池塘高效增氧和维持生态系统稳定的重要作用，后者解决了定时、定点、定量机械化投喂的问题，而对于池塘养殖过程其他环节替代劳力的机械化技术研发还未有明显成效。国外的技术研发以替代劳动力、提高工效的机械化设备为主，包括疫苗注射机械、拉网机械、起鱼机械、

分级机械等，装备的机械化、自动化水平较高。我国池塘养殖装备的研发已经不能满足因劳动力成本不断上升对生产过程机械化的产业需求。

（4）在模式构建方面，池塘养殖系统设施化、生态功能化构建方面还显不足

"十二五"以来，以池塘设施构建和生态工程为核心的学科发展，围绕着高效养殖及健康养殖小区的构建，在我国大规模的池塘改造工程中发挥了重要作用，但与国外先进水平相比，在模式构建方面，其系统性、功能性乃至健康、高效养殖效果方面还有一些的差距。如美国克莱姆森大学（Clemson University）的分区循环水养殖池塘，通过设施与设备构建，强化了养殖池塘的光合作用及生态效应，达到了高效生产的目的。在保护生态环境的要求下，发达国家构建的池塘养殖系统将养殖池塘与环境生态系统相结合，强调养殖场区域内生态功能的作用，注重养殖过程营养物质的循环利用，研究构建了多种形式的池塘循环水养殖系统。

（三）深水网箱养殖

1. 国内现状

我国深水网箱养殖水体面积达 438 万米^3，产量 7 万余吨，主要分布在沿海海湾水域，形成了以卵形鲳鲹、军曹鱼养殖为主的海南岛、雷州半岛主产区，以大黄鱼养殖为主的福建、浙江、广东沿海主产区，以鲆鲽类养殖为主的山东、辽宁沿黄海主产区，网箱总量在 8 000 只以上。高密度聚乙烯（HDPE）管材圆形重力式网箱是我国深水网箱的主要形式，其他形式的还有浮绳式网箱、方形 HDPE 重力式网箱、方形钢质框架式网箱。HDPE 圆形重力式网箱一般成组设置，通过组合的锚绳、锚碇系统连片构成。网箱周长一般为 40 米，深度 6～8 米，最大周长 80 米，养殖密度 20 千克/米^3。

我国深水网箱设施技术源自挪威，从 1998 年海南引进挪威 Refa 公司 HDPE 深水网箱开始，开始了设施装备国产化的发展之路。为应对我国沿海台风引起的波浪流恶劣海况，经过十几年的努力，进行了设施结构再创新，网箱设施的抗风浪能力进一步提升，最大安全水流达 1 米/秒，台风安全指数达 12 级。在地方政府引导政策和配套资金的支持下，深水网箱养殖产业规模迅速扩大。在此过程中，还开展了浮式网箱、方形 HDPE 网箱的研发，探索了蝶形网箱、HDPE 圆形沉浮式网箱、钢质框架沉式网箱、钢质框架顺流式网箱的应用。

面对走向深水、减少环境影响和健康养殖的发展要求，我国深水网箱设施的安全性问题依然有待进一步突破。目前的深水网箱养殖水域，主要在水深 20 米以浅的背风海湾，最多至湾口水域，安全风险依然存在，一旦遇到超强台风的正面袭击，损毁概率很大。灾害气候造成的过大水流，还会造成网箱变形，容量减少，危害养殖品种。我国历次超强台风袭击沿海地区，都会有深水网箱养殖设施遭受破坏、养殖生产

受损失的报道。设置在较浅水域的深水网箱养殖，依然没有从根本上摆脱环境的影响，养殖时间一长，病害问题随之而来，如石斑鱼养殖，在新开发的水域，养殖效果很好，2～3年以后，病害问题便会越来越突出（徐皓和江涛，2012；徐皓 等，2016）。

从社会生态文明建设与可持续发展要求看，网箱养殖生产的富营养物质排放加剧了沿海水域的富营养化，需要转变生产方式，控制排放，发展能够适应深水、开放性水域的网箱设施。

2. 问题与需求

（1）设施安全性依然是主要问题，限制了网箱养殖向深水发展

我国以 HDPE 圆形重力式网箱为代表的深水网箱，经过十几年的发展，抵御风浪的性能比原型网箱有了很大的提高，养殖水域比传统网箱离岸的距离远了许多，但安全性问题依然存在，要走向深水、开放性海域，实现可靠的安全生产，任重道远。提升深水网箱设施安全性的重点在于：基于养殖区域海况与地质条件的网箱设施锚泊技术标准与工程规范；发展安全性能更为可靠的大型钢结构网箱。

（2）海上工程化装备配备不足，制约了网箱养殖生产效率提高

我国深水网箱养殖正在走向专业化生产、企业化经营的产业化之路，一些龙头企业的养殖规模达数百上千的深水网箱，而养殖过程依然依靠人力完成，人力成本越来越高，企业效益和规模难以提升，需要高效工程装备的支持。深水网箱专业化工程装备研发的重点主要包括：具有饲料投送、活鱼运输、起捕作业、设施维护等功能的养殖工船；具有远程投喂、养殖监测和生活保障功能的浮式平台等。

（3）健康养殖环境难以保障，养殖区域生态修复与集约化养殖需要结合发展

我国沿海水域富营养化问题日益突出，水域环境的生态容纳量越来越小，养殖排放更加剧了养殖水域富营养化。一些新设置的网箱养殖水域使用不久，病害的问题随之而来，一些优良品种，如石斑鱼的养殖受到限制。需要发展基于水域生态系统水平的网箱养殖，其重点在于：基于养殖水域海洋生态动力学机制的网箱养殖容纳量；基于水域生态工程学构建的"网箱—人工鱼礁—藻场"复合生产系统。

3. 国内外科技发展水平比较

（1）整体而言，我国深水网箱装备研发还处于起步阶段

现有的深水网箱技术源自于挪威大西洋鲑养殖的高密度聚乙烯（HDPE）圆形重力式网箱，对应我国沿海特殊的台风影响及其风浪流进行了技术改造，可以应用于20米以浅的养殖水域。在学科发展上，形成了以网箱设施与配套装备为重点的研究领域和数个专业的研究团队。

（2）在基础性研究方面，研究对象较为单一

我国在网箱设施领域的基础性研究，主要围绕 HDPE 网箱设施的水动力特性开

展。为解决 HDPE 网箱设施安全性问题、保持网箱箱形，开展了一系列水动力学研究，包括水槽模型试验、数值模拟和海上测试，为提升网箱性能、开发系列化产品打下了基础，但研究对象局限于一种网箱。国外针对网箱设施的水动力学研究，结构形式更为多样，研究基础较为扎实，研究出了多种形式的设施结构，对推进深远海大型网箱乃至养殖平台的开发意义重大。

（3）在技术研发方面，我国深水网箱配套装备和新型养殖设施等的研发滞后

我国对网箱养殖配套装备的研发主要在集中投饲系统、网衣清洗装置和提网装置等方面，有关的技术研究缺乏持续性，投入实际使用的设备很少。在挪威，有持续的装备研发体系，包括吸鱼泵、智能化投喂系统、水下监控系统、养殖工作平台（或船）以及信息化、自动化控制系统等，不断提升网箱养殖产业的装备化水平。发达国家为利用深远海水域发展水产养殖，研发了多种形式的大型养殖设施及配套装备，如蝶形网箱、张力腿网箱、球形网箱、半潜式养殖平台、养殖工船等，有效推进了深远海绿色、生态养殖产业的发展（刘晃和徐皓，2015）。

三、我国水产工业化养殖战略目标与创新重点

（一）发展思路

按照水产品保障供给及安全与品质提升的基本定位，对应社会可持续发展要求，依托社会工业化进程，结合产业生产力发展水平，积极引入现代科技与工业生产要素，不断强化水产养殖工业化要素，以可控环境保障健康养殖，以规范过程保证品质稳定，以集约化设施形成规模效应，以生态工程化构建提升资源利用效率，以现代工程装备形成高效生产，以信息化、智能化推进产业发展。重点构建工厂化循环水养殖、生态工程化池塘养殖与规模化深水设施养殖，通过科技进步提升工业化水平，建立示范平台；通过产业政策，引导现有生产方式转变，逐步形成以工业化养殖为主体的现代水产养殖产业。

（二）发展模式

1. 工厂化循环水养殖——构建工业化养殖工厂

对工厂化循环水养殖中标准化、机械化、信息化等要素进行重点提升与系统性构建，建立针对产品类型的专业化养殖车间，提高生产效率与系统产能，构建全面的生产规程与质量管理体系；建立"繁育－养殖－加工"生产工序，实现订单式生产与均衡上市；配套综合利用与污染物处理工程，构建水产养殖工业园。

2. 生态工程化池塘养殖——构建循环高效养殖小区

以多营养层次生态工程构建为核心，建立池塘循环养殖模式，通过工程设施，提

高集约化水平，强化生态群落功能，促进物质循环利用；发展机械化装备，提高生产效率；开发智能化模型，实现水质与投喂精准调控，构建基于物联网平台的监控与可追溯系统；建立"渔－农"复合、循环高效的现代水产养殖小区，构建完善的生产规程与质量管理体系。

3. 深水网箱（设施）养殖——构建深远海养殖平台

以离岸 3 千米以上、50 米以深水域设施养殖为重点，发展工业化海上养殖平台，通过研发大型深水网箱、浮式养殖平台，提升规模化程度；发展机械化装备，提高海上安全、高效生产能力；研发"养－捕－加"一体化移动式工船平台，带动深远海"深蓝渔业"发展；提升标准化生产水平，构建全面的生产规程与质量管理体系。

4. 探索新型工业化养殖模式——构建生态工程化养殖工厂

集生态池塘养殖多营养层次高效利用与工厂化循环水养殖节水、节地、集约化高效调控之优势，构建以自然能及循环利用为主，以石化能源以及机械化、信息化干预为辅的新型水产工业化养殖模式。

（三）重点研发任务

1. 循环水养殖高效装备研发与工业化养殖工厂构建

顺应世界工业化养殖发展趋势，充分发挥工厂化循环水养殖节水、节地与集约化的优势，以主养品种商品化为目标。在产前，建立工厂化养殖能效评价方法与经济学模型，支撑产业整体性规划；构建养殖良种工业化繁育模式，以稳定苗种性状与阶段性供给。在产中，开展工厂化循环水养殖环境控制模型、高效设施与装备、排放物质综合利用等关键技术研究，以提高系统运行能效；建立全过程饲喂与生产控制工艺，构建针对商品化养殖品种的专业化系统模式。在产后，开展流通保活与高值化加工关键技术研究，延长产业链，形成稳定的商品渠道。

2. 生态循环型高效养殖小区构建

对应池塘健康高效养殖环境构建与区域生态文明建设要求，针对池塘养殖主要品种，以主产区规模化养殖模式为对象：在产前，建立池塘养殖环境评估模型，以确定养殖小区生态效应与经济价值。在产中，发展设施化池塘以提高水土资源利用效率；研发高效装备以提升集约化生产管控能力；构建循环利用型生态化池塘以提高营养利用效率，实现节水减排。在产后，以"互联网＋"为核心，构建产前环境评估、产中过程控制、产后加工物流等池塘养殖全产业链质量安全与市场信息互联网。

3. 深远海养殖重大装备研发与大型平台构建

以远海海域生产条件与适养品种为重点：在产前，建立养殖水域海洋物理相关因子变化预测与环境评价模型，为平台设置提供理论依据；在产中，开展专业化平台构建研究，研发设计大型养殖工船基础船型与深海网箱设施结构；开展船载舱养关键技术装备研发，构建海上工业化养殖与苗种繁育系统。在产后，集成构建海上渔获物物流加工技术装备，建立深远海渔业生产保障系统。

（中国水产科学研究院渔业机械仪器研究所：徐　皓）

参 考 文 献

蔡继晗，沈奇宇，郑向勇，等，2010. 氨氮污染对水产养殖的危害及处理技术研究进展 [J]. 浙江海洋学院学报（自然科学版）(2): 167-172.

陈军，徐皓，倪琦，等，2009. 我国工厂化循环水养殖发展研究报告 [J]. 渔业现代化，36 (4): 1-7.

关长涛，王清印，2005. 我国海水网箱技术的发展与展望 [J]. 渔业现代化 (3): 5-7.

郭根喜，2005. 我国深水网箱养殖产业化发展存在的问题与基本对策 [J]. 水产科技 (3): 6-11.

郭根喜，陶启友，黄小华，等，2011. 深水网箱养殖装备技术前沿进展 [J]. 中国农业科技导报 (5): 44-49.

胡伯成，陈军，倪琦，2003. 工厂化养鱼水循环处理工艺技术及设备 [J]. 渔业现代化 (6): 6-8.

黄滨，刘滨，雷霁霖，等，2013. 工业化循环水福利养殖关键技术与智能装备的研究 [J]. 水产学报 (11): 1750-1760.

黄欢，汪小泉，韦肖杭，等，2007. 杭嘉湖地区淡水水产养殖污染物排放总量的研究 [J]. 中国环境监测，23 (02): 94-97.

黄一心，徐皓，丁建乐，2016. 我国陆上水产养殖工程化装备现状及发展建议 [J]. 贵州农业科学 (7): 87-91.

黄一心，徐皓，刘晃，2015. 我国渔业装备科技发展研究 [J]. 渔业现代化 (4): 68-74.

江涛，徐皓，谭文先，等，2011. 养鱼池塘机械拖网捕鱼系统的设计与试验 [J]. 农业工程学报 (10): 68-72.

李云才，刘卫平，陈许华，2004. 中国农村现代化研究 [M]. 长沙：湖南人民出版社.

刘晃，2005. 循环水养殖系统的水处理技术 [J]. 渔业现代化 (1): 30-32.

刘晃，徐皓，2010. 池塘养殖设施及装备改造研究 [J]. 海洋与渔业 (1): 37-39.

刘晃，徐皓，2015. 深远海规模化养殖产业培育与发展 [M] //唐启升. 海洋产业培育与发展研究报告. 北京：科学出版社.

刘晃，张宇雷，吴凡，等，2009. 美国工厂化循环水养殖系统研究 [J]. 农业开发与装备 (5): 10-13.

刘晋，郭根喜，2006. 国内外深水网箱养殖的现状 [J]. 渔业现代化 (2): 8-9.

刘兴国，刘兆普，徐皓，等，2010. 生态工程化循环水池塘养殖系统 [J]. 农业工程学报，26 (11): 237-244.

刘兴国，徐皓，顾兆俊，等，2014. 生物滤床净化池塘养殖排放水系统研究 [J]. 应用基础与工程科学学报 (5): 1000-1009.

倪琦，宋奔奔，吴凡，2012. 鲆鲽类工厂化养殖模式发展现状 [J]. 海洋与渔业 (6): 55-59.

牛化欣，常杰，雷霁霖，等，2014. 构建设施型精准化循环水养殖系统的技术研究 [J]. 中国工程科学

（9）：106-112.

彭树锋，2013. 美国水产考察报告 [J]. 海洋与渔业 （8）：23-28.

王峰，雷霁霖，高淳仁，等，2013a. 国内外工厂化循环水养殖模式水质处理研究进展 [J]. 中国工程科学，15（10）：16-23.

王峰，雷霁霖，高淳仁，等，2013b. 国内外工厂化循环水养殖研究进展 [J]. 中国水产科学，20（5）：1100-1111.

王建平，陈吉刚，斯烈钢，等，2008. 水产养殖自身污染及其防治的探讨 [J]. 浙江海洋学院学报（自然科学版）（2）：192-196.

吴凡，刘晃，宿墨，2008. 工厂化循环水养殖的发展现状与趋势 [J]. 科学养鱼（9）：72-74.

吴伟，范立民，2014. 水产养殖环境的污染及其控制对策 [J]. 中国农业科技导报（2）：26-34.

辛玉婷，陈卫，孙敏，等，2007. 淡水养殖污染负荷估算方法刍议 [J]. 水资源保护，23（6）：19-22，74.

徐皓，谌志新，蔡计强，等，2016. 我国深远海养殖工程装备发展研究 [J]. 渔业现代化（3）：1-6.

徐皓，江涛，2012. 我国离岸养殖工程发展策略 [J]. 渔业现代化，39（4）：1-7.

徐皓，刘兴国，吴凡，2009. 池塘养殖系统模式构建主要技术与改造模式 [J]. 中国水产（8）：7-9.

徐皓，刘兴国，吴凡，2011. 淡水养殖池塘规范化改造建设技术（一）[J]. 科学养鱼（1）：14-15.

徐皓，刘忠松，吴凡，等，2013. 工业化水产苗种繁育设施系统的构建 [J]. 渔业现代化（4）：1-7.

徐皓，倪琦，刘晃，2007. 我国水产养殖设施模式发展研究 [J]. 渔业现代化，34（6）：1-6.

张明华，丁永良，杨菁，等，2002. 工业化养殖系统的装备技术及应用研究 [J]. 渔业现代化（5）：3-5.

张培刚，2013. 农业与工业化 [M]. 武汉：武汉大学出版社.

张宇雷，刘晃，吴凡，等，2009. 美国工厂化循环水养殖中生物滤器的研究与应用 [J]. 渔业现代化，36（4）：17-22.

张宇雷，吴凡，王振华，等，2012. 超高密度全封闭循环水养殖系统设计及运行效果分析 [J]. 农业工程学报（15）：151-156.

张玉珍，洪华生，陈能汪，等，2003. 水产养殖氮磷污染负荷估算初探 [J]. 厦门大学学报（自然科学版），42（2）：223-227.

Brooks K M, Mahnken C V W, 2003. Interactions of Atlantic salmon in the Pacific northwest environment: II. Organic wastes [J]. Fisheries Research, 62 (3): 255-293.

Stuart K R, Eversole A G, Brune D E, 2001. Filtration of Green Algae and Cyanobacteria by Freshwater Mussels in the Partitioned Aquaculture System [J]. Journal of the World Aquaculture Society, 32 (1): 105-111.

第二部分
重点领域研究进展

渔业资源保护与利用领域研究进展

一、前　　言

　　渔业资源作为水域生态系统的生物主体，是我国渔业持续快速发展的基础，在保障我国优质蛋白供给、繁荣农村经济、增加农民收入、维持水域生态平衡等方面发挥了重要作用，同时，渔业资源又是我国拓展外交、参与国际资源配置与管理、处理国际关系的重要领域。目前，我国内陆和近海渔业资源持续衰退，水域生态环境不断恶化，严重影响了渔业生态系统的可持续发展。为保证渔业生态系统服务功能的可持续性，我国颁布了《中国水生生物资源养护行动纲要》，明确了"养护和修复内陆及近海渔业资源、合理开发和利用远洋渔业新资源"是当前渔业发展的重点，渔业产业由"产量型"向"质量效益型"和"负责任型"的战略转移。2013 年出台的《国务院关于促进海洋渔业持续健康发展的若干意见》，明确提出"加强海洋生态环境保护和不断提升海洋渔业可持续发展能力"是今后一段时期渔业发展的主要任务，同时强调"积极稳妥发展外海和远洋渔业"。党的十八大也把"生态文明建设"放在突出地位。2015 年发布的《中共中央　国务院关于加快推进生态文明建设的意见》和《中共中央　国务院关于印发〈生态文明体制改革总体方案〉的通知》，提出了经济社会发展必须与生态文明建设相协调的战略需求。因此，加强现代渔业建设，实现渔业资源可持续利用是保障优质蛋白质供应、建设生态文明及维护国家海洋权益、促进社会经济和谐发展的必然需求，也是本学科研究的战略任务。

二、国内研究进展

　　"十二五"期间，渔业资源保护与利用学科以生态文明建设的国家需求为导向，密切关注产业发展动态，着力解决产业发展中的科学问题，不断为行业发展提供科技支撑和技术保障。依托于中国工程院"中国海洋工程与科技发展战略研究"重大咨询项目，将《关于呈报把海洋渔业提升为战略产业和加快推进渔业装备升级更新的建议的报告》和《加快南极磷虾资源规模化开发步伐，保障我南极磷虾资源开发利用长远利益》两个报告以"中国工程院院士建议"的方式于 2012 年呈报国务院，对"十二五"期间乃至今后一段时间我国渔业的发展都有一定的导向和引领作用（唐启升 等，2014）。本领域"十二五"期间国内研究情况如下。

（一）海洋生态系统动力学研究向系统整体效应和适应性管理推进

我国海洋生态系统动力学研究经过 20 余年的发展，建立了具有显著陆架特色的我国近海生态系统动力学理论体系，并对我国近海生态系统食物产出的支持功能、调节功能和产出功能等关键科学问题有了进一步的诠释，在新生产模式发展等国家重大需求方面取得了重大突破，构建了多营养层次综合养殖新生产模式，实现海水养殖的生态系统水平管理（EBM），在世界海洋生态系统动力学研究中进入学科发展的国际前沿。

"十二五"期间，从水母暴发的过程与机制解析和多重压力下渔业可持续发展的管理策略入手，进一步阐明了近海生态系统的服务与产出功能、近海生态系统的生态容量及动态变化，科学评估了近海生态系统的承载能力和易损性，开展了近海生态系统可持续产出与适应性管理基础的研究。同时，对典型河口水域生态系统的演变过程及影响因素进行了分析，预测了不同气候情境下河口生态系统的演变趋势，从生态系统整体效应和适应性管理层面上进一步推进了我国海洋生态系统动力学研究。针对近海环境变化产生的资源效应问题，2014 年获得"973 计划"项目立项，深入开展近海环境变化对渔业种群补充过程的影响及其资源效应的研究，将为近海渔业持续健康发展做出重要贡献。另外，由中国工程院院士唐启升带领的致力于海洋生态系统动力学研究的"海洋渔业资源与生态环境"团队分别于 2013 年、2014 年获"中华农业科技奖优秀创新团队""全国专业技术先进集体"称号。

（二）渔业资源调查与评估向常规化和数字化方向发展

渔业资源调查与评估是开展渔业资源分布、数量变动、种群动态变化等研究的重要手段，而渔业资源调查与评估的结果对科学预测渔业资源发展趋势、制定合理捕捞限额、维持资源可持续利用及争取远洋资源国际捕捞配额是不可或缺的。2013 年出台的《国务院关于促进海洋渔业持续健康发展的若干意见》中明确提出每 5 年开展一次渔业资源全面调查，常年开展监测和评估，重点调查濒危物种、水产种质等重要渔业资源和经济生物产卵场、江河入海口、南海等重要渔业水域。2014 年，为期 5 年的全国近海渔业资源调查和产卵场调查项目正式启动，这是继"我国专属经济区和大陆架勘测专项"（"126"专项）之后，首次大规模的全国渔业资源和产卵场调查，将为摸清近海渔业资源状况及产卵场补充功能提供基础资料，为渔业资源可捕量和渔业资源利用规划的科学制定提供依据；同时，为远洋和极地渔业资源的开发、争取更多的捕捞配额奠定基础。

1. 内陆渔业

"十二五"期间，我国内陆水域渔业资源调查与评估工作取得了显著进展。基于2014年农业部启动的内陆水域主要经济鱼类产卵场的调查项目，对长江中游、长江下游及长江口鱼类早期资源的种类组成及分布，重要经济物种产卵规模及范围和产卵场生态环境进行了调查（陈大庆，2014）。珠江产卵场监测基本覆盖整个珠江主要水系，黑龙江流域、雅鲁藏布江等也开展了相关的调查和评估。同时在各类资金的资助下，长江中下游流域附属的大、中型湖泊也开展了渔业资源综合调查，调查力度和广度与"十一五"期间相比均有提高，为湖泊渔业的可持续发展提供了第一手资料。

针对长江水生生物资源急剧衰退，不少特有种类濒临灭绝，长江渔业资源面临全面枯竭的威胁，多家单位联合发起并提出了"长江水生生物资源养护及可持续利用"专项建议，对长江水生生物保护和资源合理利用的科技问题进行系统规划和部署，提出了阐明若干核心机理、研发系列关键技术、构建信息化决策管理支撑平台等建议。

另外，以珠江最大的鱼类产卵场——桂平东塔产卵场为对象，通过长序列仔鱼与水文变化数据的分析，以鳡为例，分析了该研究水域鳡的繁殖生态水文需求，包括仔鱼出现的时间分布特征和早期资源周年变化规律、径流量与鳡仔鱼丰度的关系等。研究发现珠江水系鳡资源量有所恢复，但整个繁殖期有缩减的趋势，这会对鳡种群的更新产生不利影响，研究结果对受梯级水坝控制的鳡产卵场的繁殖生态水文保障具有指导意义（帅方敏 等，2016）。

2. 近海渔业

"十二五"期间，开展了多项近海渔业资源调查工作，依托"中韩、中日、中越协定水域渔业资源调查""蓬莱溢油生物资源养护与渔业生态修复项目——渤海渔业资源与生态环境调查、监测与评估"等项目的开展，提升了对主要渔场生态系统结构功能的认知水平，掌握了重要渔业资源变化规律，促进了渔业资源调查与评估新技术的研发和开展，如声学评估技术的改进、生态区划的标准化、环境监测实现了数字化等。研发了渔业资源利用能力和渔场环境数字化监测评估系统，为制定积极稳妥的利用政策、科学合理的养护政策以及涉外海域的渔业谈判等提供了重要科学依据。其中，"东海区重要渔业资源可持续利用关键技术研究与示范"获得2014年度国家科学技术进步奖二等奖；"黄海渔业资源长期变化与评价技术"获得2011年度山东省科学技术进步奖一等奖。另外，完成了《海洋渔业资源调查规范》《渔业资源声学评估技术规范》及《岛礁水域生物资源调查评估技术规范》的编写。

捕捞动态信息采集对我国近海的捕捞作业类型涉及双拖、单拖、拖虾、灯光围网、流刺网、帆式张网、定置张网、钓、笼捕等信息船进行了调查采集；实现了全国海洋捕捞信息动态采集网络稳定和业务化运行；定期发布了《海洋捕捞渔情信息》，为全国海洋渔业的统计工作提供了基础资料。在渔业调查数据采集方法方面，分别就近海调查和远洋调查数据采集提出了相应的基于 Pocket PC 平台的信息化数据采集解决方案（李阳东 等，2013）；开发了适合东海和南海渔业资源调查的手持式渔捞日志采集系统。随着基于生态系统的管理日益成为渔业管理的方向，掌握种间关系，理解环境、气候变化及人类活动对渔业生态系统的影响，是今后渔业资源评估模型研究的重要内容（官文江 等，2013）。回顾性问题是当今渔业资源评估研究中的热点和难点之一。渔业资源生物经济模型已由简单的生物模型发展成为目前集生态效益、经济效益、社会效益以及环境和气候变化等因素为一体的综合动态模型，结合各种因子的不确定性，模拟不同渔业管理措施及其可控因子的变化对渔业资源优化配置的影响，为渔业管理者优化管理策略提供依据，这将是今后的发展重点和趋势（陈新军 等，2014）。

在科技基础条件方面，"北斗"号和"南锋"号科学调查船能够同时进行物理、化学、生态环境和渔业资源研究；"黄海星"和"天使"号能对近岸渔业资源与环境进行调查，极大提高了我国渔业资源调查与评估方面的科研能力，为我国近海渔业资源的调查与评估提供了坚实的保障。另外，国家重点野外科学观测试验站的建设也为我国渔业资源研究的发展提供了良好的平台。

3. 外海渔业

在农业部重大财政专项和国家科技支撑计划等课题的支持下，南海外海渔业资源调查评估取得新进展。初步摸清了外海主要大宗渔业资源的"家底"。外海主要经济种类主要有鸢乌贼、金枪鱼类、鲣类和鲹类 4 大类群，这些研究初步评估了这 4 大类群的资源量，并在鸢乌贼研究方面取得突破性进展。通过大面积渔业水声学调查、结合现场实验和数据分析，建立了外海主要渔业种类鸢乌贼的回声信号识别方法，确定了不同频率下的最适探测脉冲宽度，特别是目标强度及其与个体大小的关系，并进行了数量分布和渔业潜力的评估。评估结果表明，南海外海鸢乌贼现存资源量约 346 万吨，可捕量约400 万吨/年。通过外海生产监测，估算我国大陆省份鸢乌贼的渔获量为 3 万～4 万吨。调查评估结果确认了外海鸢乌贼资源的巨大开发潜力，为发展外海渔业提供了依据。除了春季是主渔汛期外，调查发现秋季南海外海依然有着丰富的鸢乌贼及黄鳍、大目、鲣、圆舵鲣、扁舵鲣等金枪鱼类资源，并且探明其中心渔场主要位于南沙群岛北部海域。目前，南海近海渔业资源因过度利用已明显衰退，而外海大洋性渔业资源却没有充分利用。调查和研究结果初步表明，南海外海大洋性资源，尤其是鸢乌贼资源的开发将成为转移近海捕捞压力，实现近海渔业资源恢复性增长的重要途径。

在"973 计划"项目和农业部财政专项的持续资助下，南海深海中层渔业资源开发利用技术研究取得新的重大突破，首次发现并验证了南海蕴藏着体量巨大的中层鱼资源。在南海北部陆坡和深海区发现了蕴藏量巨大的中层鱼资源。这些中层鱼主要由小型灯笼鱼类组成，白天主要分布在 200~800 米水层，夜间主要分在在 20~100 米和 350~550 米水层。根据声学模型和近年来南海外海调查数据初步评估，南海中层鱼的现存生物量达到 0.73 亿~1.72 亿吨，是南海外海渔业资源的主要基础饵料，同时也是未来可以利用的大宗饲料蛋白资源，是我国当前乃至未来可以利用的大宗战略海洋生物资源。该发现引起了社会的广泛关注，标志着我国渔业资源研究从浅海走向陆坡深海，拓展了渔业资源学科研究的战略空间。

4. 远洋渔业

经过 30 年的发展，我国远洋渔业实现了从无到有、从小到大的目标，经历了远洋渔业起步、发展与壮大的三个阶段；作业方式从发展初期单一的单船拖网发展到现在的底层拖网、变水层拖网、延绳钓、鱿钓、围网、灯光敷网、张网等多种作业方式；捕捞对象从过洋性近海底层鱼类和公海海域的狭鳕发展到鱿鱼、金枪鱼、秋刀鱼、竹筴鱼和南极磷虾等过洋性底层、大洋和深海性水生动物种类。目前，我国远洋渔业由过洋性渔业和大洋性渔业两部分组成，其中以大洋性渔业为主体，大洋性鱿钓渔业、金枪鱼渔业、竹筴鱼渔业、南极磷虾渔业和秋刀鱼渔业的作业渔船累计数量和产量均占我国总量的 85% 以上。据统计，2014 年全国远洋渔业总产量达 203 万吨，远洋作业渔船达 2 460 多艘，船队总体规模和远洋渔业产量均居世界前列，作业海域分布在 40 个国家和地区的专属经济区以及太平洋、印度洋、大西洋公海和南极海域，加入了 8 个政府间国际渔业组织。

我国台湾省远洋渔业主要包括金枪鱼延绳钓渔业、拖网渔业、金枪鱼围网渔业、鱿钓渔业、秋刀鱼渔业等。其目标是建立一支符合海洋法公约规范的现代化渔船船队。目前，台湾省远洋渔业科技研究水平处在国际先进水平，个别领域领先于日本。未来我国台湾省远洋渔业科技将主要开展远洋渔业资源评估、渔业资源与渔船环境调查、渔业卫星遥感等研究。

世界远洋渔业科学与技术发展趋势可归纳为：①高效和生态型捕捞技术开发，以最大限度地降低捕捞作业对濒危种类、栖息地生物与环境的影响，减少非目标鱼的兼捕；②节能型渔具渔法的开发，以实现精准和高效捕捞；③基于生态系统的渔业资源可持续利用和管理，以实现海洋生态系统的和谐和稳定；④加强大洋和极地渔业资源渔场的开发和常规调查，结合 RS、GIS、GPS、船舶监控系统（VMS）的高新技术，开发渔业遥感 GIS 技术，加深对渔业资源数量波动和渔场变动的理解，增强对渔业资源的掌控能力；⑤加强渔获物保鲜与品质控制技术研究，实现水产品全过程的质量控制与溯源体系，确保优质水产品的供应。

"十二五"期间，在远洋渔业新资源开发、捕捞技术、加工技术研发等方面取得了显著进展。查明了目标海域和目标鱼种的渔业资源状况、开发潜力、中心渔场形成机制及适合的渔具渔法，为我国远洋渔业寻求可规模化开发的后备渔场及可持续开发利用奠定了基础，同时，对改变我国远洋渔业生产与管理的落后状况、增强我国的公海权益竞争力、提高国际威望等都具有深远意义。

5. 极地渔业

（1）北极渔业

我国的北极渔业始于 1985 年白令海狭鳕大型拖网渔业，这也是我国第一个真正意义的大洋公海远洋渔业。1985 年时只有 3 艘渔船，捕获狭鳕 0.2 万吨；1989 年船队规模达到 7 艘，渔业产量达到 3.1 万吨；其后白令海公海区狭鳕资源出现衰退，1991 年我国的船队规模达到最大的 16 艘时，产量则只有 1.7 万吨；1993 年白令海公海渔场关闭至今，我国从此退出白令海公海狭鳕渔业。"十二五"期间，我国通过购买配额方式进入俄罗斯水域从事狭鳕捕捞，每年配额为 1.8 万吨，分配至 3 家渔业公司，配额明显不足，经济效益并不理想。为配合渔业的发展，我国曾于 1993 年夏季对白令海公海和阿留申海盆的狭鳕资源进行过专业性科学调查，发现当年生狭鳕幼鱼分布的证据。此后再未进行过类似的科学调查，白令海公海是否对狭鳕渔业开放完全取决于美国在波哥斯洛夫海域狭鳕产卵场的调查结果。

（2）南极渔业

目前，我国仅有的南极渔业为南极磷虾渔业，始于 2009 年年末。2009—2010 年渔季，我国有 2 艘渔船开展了南极磷虾探捕性开发，捕获了南极磷虾 1 946 吨；2010—2011 年渔季先后派出 5 艘渔船，捕获磷虾 1.6 万吨；2013—2014 年渔季的产量则达到 5.4 万吨，我国的磷虾渔业正在朝规模化方向发展。

在农业部财政项目的支持下，开展了南极磷虾资源探捕，完成了规定的站位海洋环境、海洋生物、海洋气候等调查以及走航航段海洋生物声学映像资料的收集，为进一步分析判断南极磷虾资源状况和渔场形成机制积累了基础数据；在南极磷虾渔场研究方面，通过图像处理软件对磷虾群声学映像进行图像数字化处理，计算磷虾群所处水层，虾群的厚度和磷虾群映像的面积。自主研发的南极磷虾专用拖网网具和浅表层低速磷虾拖网水平扩张网板，捕捞效率明显提高，单位时间捕捞产量平均为 22.29吨/时，略低于"富荣海"轮的 23.14 吨/时，已接近同期日本船捕捞水平。

（三）渔业资源增殖和养护技术研发水平显著提升

1. 渔业资源增殖放流

为贯彻落实国务院《中国水生生物资源养护行动纲要》，实现农业部《中长期渔业科技发展规划（2006—2020 年）》的发展目标，减缓和扭转渔业资源严重衰退的趋势，"十二五"期间，编写完成了《全国渔业生态修复工程建设规划》，并加大了对渔业资源增殖与养护研究的支持力度。如农业部相继启动了近海、河口、流域等典型水域渔业资源增殖与养护的行业科研专项 10 余项；科技部也启动了相关的国家科技

支撑计划、国际合作项目，系统开展了渔业资源增殖与养护的生态学基础、栖息地的修复关键技术、增殖容量评估和生态系统评价等研究，产生了一批资源增殖和养护的新观点、新理论、新方法、新技术和新成果，有力地支撑了行业的发展。

在黄海、渤海、东海和南海水域分别筛选了资源增殖关键种，如中国对虾、大黄鱼、半滑舌鳎、海蜇、黑鲷、黄姑鱼、石斑鱼等，每年放流水生生物苗种的数量达200亿尾以上，并建立了基于饵料生物种群动态和生态系统营养平衡的增殖承载力评估模型，对这些增殖关键种的增殖容量进行了评估；建立了资源增殖关键种的种质快速检测技术，从源头规避了增殖放流的遗传风险；研发了适宜不同增殖种类的批量快速标志技术、标志—回捕技术，提高了增殖效果评估的准确性，为渔业资源增殖放流的科学管理提供了科学依据和技术支撑。

在内陆流域的长江、黄河、珠江和黑龙江流域全面开展了增殖放流及效果评估工作，在长江、珠江和黑龙江流域全面先后开展了青鱼、草鱼、鲢、鳙等重要经济鱼类，中华鲟、达氏鲟、胭脂鱼等珍稀濒危鱼类和中华绒螯蟹等水生生物的增殖放流及效果评估工作。围绕增殖放流相关技术问题，建立了增殖放流苗种繁育和质量评价技术体系，解决了放流苗种科学繁育及品质检验等渔业管理难题。研发了主要经济鱼类、珍稀濒危鱼类和甲壳类的规模化标志技术，筛选了标志留存率高、死亡率低和识别度高的标志技术，为大规模标志放流研究提供了技术支撑。评估了放流种类的增殖放流效果及资源增殖放流对水域生态系统服务功能的影响，为科学评价水生生物的增殖放流及生态修复提供了技术支持；建立了增殖放流数据管理平台，发布了重要经济鱼类二维（2D）实物影像，完成了放流物种三维（3D）建模，实现了放流物种数字化模型及相关信息的共享和科学管理。引导我国渔业资源增殖从"生产性放流"向"生态型放流"发展，取得了显著的社会效益、经济效益和生态效益，促进了渔业经济可持续发展。

2. 人工鱼礁和海洋牧场

我国在20世纪70年代末提出了建设海洋牧场的设想，但是到20世纪末我国的海洋牧场开发还仅限于投放人工鱼礁，并且由于投放的规模小，形成的人工鱼礁渔场对沿岸渔业的影响甚微。进入21世纪，随着对海洋渔业资源开发利用与养护的日益重视，海洋牧场的开发逐渐受到瞩目。截至2015年年底，全国沿海通过人工鱼礁建设、底播增殖和增殖放流等途径建设的海洋牧场共有223处、共投放人工鱼礁6 094万米^3、面积619.8千米^2。海洋牧场研究在不断深入，保障了我国海洋牧场产业的健康发展，促进了生态的修复、资源的增殖、渔民的转产和增收。

在人工鱼礁关键技术研究与示范方面取得重要成果，针对近海渔业资源衰退和生境退化的现状，系统研发了人工鱼礁和海洋牧场关键技术，推动了我国人工鱼礁和海洋牧场技术的发展，在我国沿海得到了普遍推广应用，如仅在广东省，2006—2012

年就建成人工鱼礁 50 处、覆盖海域面积 290 千米^2，产出投入比达 2.7～14.9 倍，取得了巨大的生态效益、经济效益和社会效益。在人工鱼礁的基础研究方面，构建了人工鱼礁工程技术研发平台，建立了人工鱼礁水动力特性数学模型，系统阐明了基础礁体结构的流场特征、环境造成功能与生态调控功能；建立了附着生物生态特征综合评估方法，创建了"鱼礁模型趋附效应概率判别"评估方法和诱集效果 5 级评价标准，提出了礁体结构与组合的优化方案。研发"现场网捕—声学评估—卫星遥感评估"的综合评价技术和生态系统服务价值模型，定量评估了礁区的增殖效果和生态系统服务价值，编制了人工鱼礁建设规划、技术标准、技术规范和管理规定。

在海洋牧场方面建立了生物适用性和环境适用性兼备的海洋牧场生物栖息地修复材料优选和构件工程创新设计系统技术，筛选出腐蚀率低、析出物影响小、使用寿命大于 30 年的人工鱼礁适用材料，优化设计出新构件、新组合群 22 种和新布局模式，使海洋牧场生境的有效流场强度提高了 23%；创新了增殖品种筛选和驯化应用技术，形成了基于资源配置优化的现代海洋牧场构建模式，研发增殖新装置、新模式，优化配置了海洋牧场功能区，建立了生态增殖、聚鱼增殖和海珍品增殖三类海洋牧场示范区，资源密度提高 3.56～7.57 倍，牧场区渔民年均增收提高 24%，指导全国新建海洋牧场 17 处 7.882 万公顷、年均海洋生态服务效益增值 128 亿元。

3. 生态友好型捕捞技术

在科技部和农业部财政项目的支持下，完成了近海渔具渔法调查，完善了渔具渔法数据库。推进了渔具准入制度建设，重点对主要渔具进行了调查和规范命名。经过近 3 年的不断补充和完善，目前我国沿海已查明的渔具共 85 种，按渔具类型分别统计，其中刺网类 8 种，围网类 5 种，拖网类 7 种，张网类 23 种，钓具类 7 种，耙刺类 12 种，陷阱类 5 种，笼壶类 5 种，敷网类、抄网类、大拉网类、掩罩类共计 13 种。经专家审定准用渔具为 30 种，过渡渔具为 42 种，禁用渔具为 13 种，并分别提出了过渡和准用渔具使用的限制条件和要求，为我国负责任捕捞渔业规范管理提供了决策依据。另外，农业部发布了《农业部关于实施海洋捕捞准用渔具和过渡渔具最小网目尺寸制度的通告》，分别针对我国四大海区，提出了海洋捕捞准用渔具和过渡渔具最小网目尺寸标准。

在渔具结构与性能优化方面，分析了大网目底拖网网身长度设计参数对网具阻力、网口垂直扩张和能耗系数的影响。在渔具捕捞性能研究方面，开展了不同渔具的渔获物结构和组成分析。在渔具网目选择性研究方面，主要集中在拖网的逃逸率研究和蓝点马鲛刺网网目尺寸选择性试验。试验结果表明，放大网目尺寸可提高副渔获物的释放数量，且不减少虾类的产量。小黄鱼双拖网的选择曲线随着网目增大，选择曲线也逐渐右移，意味着选择捕获的体长越来越大，与实际观测结果相吻合。蓝点马鲛刺网网目尺寸选择性试验表明，蓝点马鲛最小网目尺寸为 121.5 毫米较适宜。通过对刺网选择性与鱼类表型性状的影响研究，当刺网最适体长与初始种群优势体长重合

时，会造成种群体长分布的分化，否则会导致种群结构体长组成向小型化或大型化方向偏移，而且这种影响可能伴随有关遗传因素，具有不可逆性。自主研发的南极磷虾专用拖网网具和浅表层低速磷虾拖网水平扩张网板，经上海开创远洋渔业有限公司"开利"轮使用，网具起放网操作速度提高 40%，网目水平扩张提高 50%，拖网作业性能明显提高，浅表层拖网作业网具扩张充分，捕捞效率明显提高。

在渔具材料改性技术研发方面，我国学者主要从事渔具材料的改性研究较多，系统研究 nano-CaCO$_3$ 的粒径大小及其分布、钛酸酯偶联剂的用量对 nano-CaCO$_3$ 表面处理的效果以及活性 nano-CaCO$_3$ 的微观形态结构；活性 nano-CaCO$_3$/POE 复配体系对聚乙烯基体的增韧改性研究；研究增韧改性聚乙烯的微观相态结构及其力学性能。通过纳米 MMT 的有机化改性，采用熔融纺丝的方法制备了渔用性能优良的在海水中可降解 PLA/MMT 纳米复合单丝。研究了光照、温度、生物等因素对 PLA/MMT 渔用单丝在海水中降解性能的影响关系。

应用北斗卫星构建了渔船监控系统，可获取高精度的渔船时空船位数据，基于船位监控系统的渔船船位数据计算捕捞努力量方法，具有实时、范围广、快速等特点，可对渔船捕捞努力量进行实时、高精度的准确估算，为科学地进行渔业管理提供了重要的技术支撑。

4. 过鱼设施

我国过鱼设施建设尚处于摸索阶段，目前共有 80 座过鱼设施在规划建设中，已经建成并运行的有广西长洲水利枢纽、广东连江西牛航运枢纽、吉林老龙口水利枢纽、青海沙柳河鱼道、曹娥江大闸、北京上庄水库、长洲水利枢纽等 30 多个。2014 年西藏首个鱼道（藏木水电站）建成并运行。"十二五"期间初步开展了部分鱼道过鱼效果分析研究，如连江西牛过鱼通道于 2011 年 4 月建成，首年运行的周年监测发现属于 3 个目 8 个科 32 个属的 40 种鱼类、占目前该水域总鱼类种类数的 51.95% 鱼类能通过鱼道，说明西牛过鱼通道能较好地发挥过鱼功能，可为其他低水头水坝加建过鱼通道、恢复渔业资源提供了参考依据；对崔家营航电枢纽工程鱼道的通过鱼道鱼类的种类、规格、数量和生物学性状进行了调查，调查表明，鱼道为大坝上下游鱼类的交流和完成生活史提供了渠道，对保护汉江的渔业资源具有重要意义（王珂 等，2013）。

（四）珍稀濒危水生动物保护方面取得重要突破

珍稀水生动物保护基本策略是就地保护、迁地保护以及资源增殖养护。"十二五"期间对珍稀濒危鱼类繁育、增殖放流和生态修复技术的研究取得了重要进展。国家一级保护水生野生动物中华鲟、达氏鲟的全人工繁殖相继获得了突破，意味着在人工环境中实现物种延续已基本得到保障，为其资源增殖养护奠定了基础。国家二级保护动

物川陕哲罗鲑在陕西太白河再次被发现，并成功突破了人工繁殖技术，解决了人工育苗的难题，为该物种的资源恢复提供了可能。国家二级保护动物秦岭细鳞鲑人工繁殖技术也取得了突破，并实现了规模化繁育，首次实施了增殖放流，缓解了自然资源衰退的压力。青海湖裸鲤自 2003 年实施了封湖育鱼计划，禁止任何单位、集体和个人到青海湖及湖区主要河流及支流在湟鱼主要产卵场捕捞，并在流通领域禁止销售青海湖裸鲤及其制品。通过加大青海湖裸鲤人工孵化技术攻关、产卵场地的建设、人工增殖放流、渔政管理设施等保护措施，使青海湖裸鲤资源量得到有效的恢复（陈大庆，2011）。一些特有鱼类如厚颌鲂、四川裂腹鱼、中华倒刺鲃及资源明显衰减的鱼类如圆口铜鱼、刀鲚等人工繁殖技术获得了突破，繁育规模明显增加。另外，在迁地保护方面，达氏鲟、胭脂鱼、大鲵等珍稀鱼类的繁育群体的家系（遗传）管理取得了较好的进展。珍稀水生动物资源养护技术也进一步科学化、规范化，如达氏鲟、胭脂鱼、厚颌鲂、中华倒刺鲃、刀鲚等珍稀濒危鱼类的规模化标志技术得到熟化。开展了达氏鲟等保护养殖研究并开展了一系列增殖放流野化驯养工作。一些新的分子生物学技术（如"借腹怀胎"等生殖细胞移植技术）也引入到了珍稀鱼类保护措施中。

"十二五"期间，江豚、中华鲟、中华白海豚等旗舰濒危物种的自然种群动态、栖息地监测等就地保护研究得到了进一步加强。中华鲟的自然繁殖需求模型进一步得到补充完善（英晓明 等，2013）。采用广域长期有效的生物遥测技术，对中华鲟的洄游迁移规律以及海洋中的迁移规律进行系统研究，阐明了中华鲟成体生殖洄游周期的直接证据，研究评估了长江中下游中华鲟的潜在栖息地及其生境质量。监测结果表明，随着长江上游梯级电站生态环境影响效应的积累，2013—2015 年中华鲟在葛洲坝下自然产卵场的繁殖活动出现了连续中断，这是葛洲坝截流以来的首次繁殖中断现象，对中华鲟自然种群延续构成了严重威胁。用卫星信标等高科技手段，对放流中华鲟在海洋中的分布、迁移规律进行了研究，为了解中华鲟海洋生活史特性提供了科学基础。针对中华鲟保护的严峻形势，农业部编制发布了《中华鲟拯救行动计划》，从就地保护、迁地保护、物种资源保护及支撑保障行动等多方面提出了今后开展中华鲟物种拯救的行动纲领，为中华鲟的保护指明了方向。

长江江豚的就地保护工作得到进一步加强，迁地保护也取得了显著成效。迁地保护区数量逐渐增加，迁地种群规模不断扩大，目前正在向构建迁地保护区群的方向发展。中华白海豚保护在 2012—2013 年珠江东部河口（伶仃洋）开展研究的基础上，2014 年继续拓展研究的覆盖范围，分析了珠江西部河口区栖息地使用率，划定了栖息地重要等级及关键栖息地的筛选等，解析了海豚分布迁移与近岸鱼类季节性洄游的相关性。

在珍稀濒危水生动物资源动态和栖息地生境需求方面的研究成果提升了水生生物自然保护区的管理和决策水平。如"长江上游珍稀特有鱼类国家级自然保护区"已经

建立了常规的监测机制，相关研究为金沙江一期工程建设与环境保护、保护区生态环境及生物多样性保护、长江渔业的可持续发展提供了技术支撑（危起伟，2013；危起伟和杜浩，2014；危起伟和吴金明，2015）。"十二五"期间，相关研究为湖北宜昌中华鲟自然保护区、上海长江口中华鲟自然保护区的监测和涉水工程生态环境影响评估提供了重要的科技支撑。资源调查等相关研究为湖北长江天鹅洲白鱀豚国家级自然保护区的江豚种群管理提供了决策支撑。中华白海豚的调查研究为整个种群重要栖息地和迁徙廊道的保护规划提供科学依据。目前，《中华鲟拯救行动计划》《江豚保护行动计划》《中华白海豚的物种保护计划》已经编制完成，为未来的保护指明了方向。

"十二五"期间，农业部启动了首个针对内陆珍稀水生动物的行业专项"珍稀水生动物繁育与物种保护技术研究"，项目取得了一系列重大的突破，如中华鲟、达氏鲟和鳇的全人工繁殖及迁地保护技术取得重大突破；西藏裂腹鱼获得规模化繁育成功；江豚种群管理取得重要进展；圆口铜鱼繁殖获得突破；大鲵和胭脂鱼健康繁育技术进一步熟化等。"973计划"项目"可控水体中华鲟养殖关键生物学问题研究"获得立项，将为中华鲟的人工种群建设和资源养护提供科技支撑。

（五）休闲渔业发展潜力巨大

近年来，随着我国社会经济的快速发展，人民生活水平的提高，休闲渔业已在我国悄然兴起，并作为促进消费、拉动经济发展的重要措施。2011年农业部印发《全国渔业发展第十二个五年规划》，将休闲渔业正式列为现代渔业五大产业之一，标志着休闲渔业由一种渔业衍生活动正式发展壮大成为现代渔业的新兴产业。《农业部关于促进休闲渔业持续健康发展的意见》（农渔发〔2012〕35号）指出，"休闲渔业是以渔业生产为载体，通过资源优化配置，将休闲娱乐、观赏旅游、生态建设、文化传承、科学普及以及餐饮美食等与渔业有机结合，实现第一、第二、第三产业融合的一种新型渔业产业形态，主要包括休闲垂钓、渔家乐、观赏鱼、渔事体验和渔文化节庆等类型"。"十二五"期间，全国休闲渔业呈现出蓬勃发展态势，越来越得到各级政府部门的重视和广大人民群众的欢迎，支持力度不断加大，产业链条不断延长，活动形式不断丰富，成为现代渔业经济发展的新亮点。2014年，全国休闲渔业产值达到432亿元，比2010年翻了一番，2010—2014年实现年均增长19.6%，比同期渔业经济总产值年均增速高出8个百分点，呈现出强劲的增长势头，是渔业各产业中增速最快的产业，成为加快渔业转方式调结构的重要推手。

在当前我国渔业生产总体产能过剩的形势下，农业部提出渔业转方式调结构的发展方向，生态渔业和休闲渔业都是新时期提倡的发展方向。然而，由于我国的休闲渔业和海洋生态渔业均起步较晚，产业基础和研究基础均很薄弱，集此二者于一体的海洋生态游钓业符合我国渔业发展方向，具有广阔的发展前景，但目前研究基础和产业实体均基本空白。为此，建议政府对该产业加大政策和资金的支持，尽快提高产业技术水平，扩大产业总体规模，为有效实现渔业转方式调结构迈出重要的一步（陈学洲和刘聪，2012）。

三、国际研究进展

（一）多学科整合研究是海洋生态系统动力学的发展方向

全球海洋生态系统动力学（GLOBEC）是全球变化和海洋可持续科学研究领域的重要内容，是当今海洋科学最为活跃的国际前沿研究领域之一。2010 年全球环境基金（GEF）和联合国环境规划署（UNEP）发布的《海洋生态系统恢复战略》将海洋渔业、热带珊瑚礁和沿海大陆架海洋生态系统作为海洋渔业修复领域的研究重点。2010 年美国国家海洋和大气管理局（NOAA）发布的《NOAA 未来十年战略规划》将"改善对生态系统的认识，为资源管理决策提供支持；海洋生物资源的恢复、重建和可持续发展；健康生境将维护海洋资源及社区的恢复力和繁荣；为人类提供安全、可持续的海洋食物"等作为未来涉及生态系统研究方面的重点。2010 年英国政府发布的《英国海洋科学战略（2010—2025）》将"理解海洋生态系统的过程和机制；对气候变化及与海洋环境之间的相互作用做出响应；维持和提高海洋生态系统的经济利益"等作为海洋生态系统的重点研究领域。因此，全球气候变化和人类活动影响下，多尺度的物理环境过程对大尺度的海洋生态系统的影响过程与机制、生态系统的结构演变与功能产出机制、生态系统食物网结构与营养动力学、全球变化对群体动态的影响、海洋生态系统的变化对地球系统的影响等仍然是未来研究的方向。

（二）渔业资源调查与评估实现常态化和现代化

1. 内陆和近海渔业

世界发达国家历来重视对渔业资源的监测与评估，许多国家都有针对不同水域以及重点种类的常规性科学调查，并且注重新技术的发展与应用。如挪威在资源监测与评估方面，除不断发展与完善原有传统技术方法外，还采用载有科学探鱼仪的锚系观测系统，在办公室里即可对鲱的洄游与资源变动进行常年监测，从而对鲱渔业资源的变动做出准确的评估；又如许多国家和国际组织已要求辖区的所有渔船安装卫星链接式船位监控系统，在陆地上即可监控渔船的生产行为并同时接收渔获数据，为确保渔船依法生产以及限配额的管控提供了有力支撑。

2. 外海渔业

近年来，大洋性中上层渔业资源日益引起周边国家和地区的关注，并已展开多次专业调查和评估（Irigoien et al，2014）。发达国家广泛利用 4S［遥感技术（RS）、地理信息系统（GIS）、专家系统（ES）、全球定位系统（GPS）］技术建立渔场渔情分析速、预报和渔业生产管理信息服务系统，及时快速地获取大范围高精度的渔场信息，提高远洋渔业生产效率。其中美国、日本、法国等国代表着最高的应用水平。此外，关键物种在外海中上层生态系统中的作用日益引起全球科学家的广泛关注，尤其是中层鱼或灯笼鱼在外海生态系统食物网中能量传递和物质输送中的关键作用及其对碳通量的影响（Irigoien et al，2014）。例如，2010 年起欧盟开展了北大西洋外海——海盆整体的物理、生化、生物和种群过程研究。美国基金会委员会正在建设的海洋观测系统中的可移动海洋观测网将首先设在新英格兰陆坡外海，并将外海中上层物理、生物地球化学过程研究作为其主要科学目标。法国正在发展的地中海近海观测系统，重点研究陆架通过陆坡向外海的物质输送。这些研究为欧美发达国家的近海生态环境修复和保护提供了科学基础，同时也为他们抢先开发外海生物资源提供了现场资料、科学技术支撑及渔业经济效益评估。

3. 远洋渔业

（1）日本

日本远洋渔业主要由狭鳕渔业、底层鱼渔业、金枪鱼渔业、鱿钓渔业、南极磷虾渔业以及南极捕鲸业等组成，是世界远洋渔业最为发达的国家之一。日本远洋渔业的发展主要得益于其科技的支撑。日本渔情预报中心每年定期对三大洋海域发布海况及其渔业信息；日本水产厅每年定期发布《全球主要渔业资源现状》报告；重点围绕节能型渔船、生态型和高效型捕捞技术，以及资源与渔场预测技术开展科技攻关；定期对三大洋重要渔业资源进行科学调查；加强与各沿海国的渔业资源调查，开发新渔场和新渔业资源。

（2）欧盟

进入 21 世纪，欧盟海洋渔业发展战略重点是"继续以渔业科学先进和科技创新为后盾，加强管理，实现可持续发展渔业，保障欧盟的水产品基本供应"。欧盟为了提高和保证在他国专属经济区内或公海海域渔业资源的利用份额，纷纷投入巨资提高技术优势，建造设备先进的渔船，配备高科技仪器和性能优良的渔具。尤其是渔船趋向大型化、机械化、自动化。例如，荷兰最近建造的在西非沿海作业的渔船，船长 140.8 米、宽 18.6 米，配置大容量冷冻船舱；挪威南极磷虾"泵吸式"拖网加工船可实现年 10 万吨的目标，是目前我国捕捞渔船能力的 4~6 倍。

（3）韩国

韩国远洋渔业主要作业方式有金枪鱼延绳钓、金枪鱼围网、鱿鱼钓、秋刀鱼、北太平洋拖网以及其他作业。近几年来，韩国政府累计投资 2 655 亿韩元（约合 2.76 亿美元），用于远洋捕捞、海产品加工和销售，执行为期 10 年的振兴远洋渔业的中长期计划，加强韩国远洋渔业的竞争力。重点开展调整远洋渔业结构、远洋渔场渔业资源调查、国际渔业合作和建立渔场环境信息管理系统等方面的研究。

4. 极地渔业

（1）北极渔业

北极地区的公海渔业主要为白令海公海的狭鳕渔业。除白令海公海外，狭鳕渔场还广泛分布于东白令海、西白令海、阿拉斯加湾、鄂霍次克海等海域。为保护白令海公海狭鳕资源，由在该海域捕捞狭鳕的日本、韩国、波兰、中国和白令海沿岸国的美国及俄罗斯六国联合决定，1993 年和 1994 年禁止在白令海公海捕捞狭鳕。1995 年基于资源养护目的的《中白令海狭鳕资源养护和管理公约》生效。按照公约规定，只有经科学调查评估显示阿留申盆地的狭鳕资源量达到 167 万吨的开捕水平后（1988 年阿留申海盆的狭鳕资源量为 200 万吨），各国才可以进入白令海进行商业捕捞，而在达到开捕水平之前各国只能在公约严格限制下进行资源探捕。对阿留申盆地的狭鳕资源调查评估目前主要由美国进行。然而 1995 年之后，阿留申海盆的狭鳕资源一直未恢复至 167 万吨，公海渔场从 1993 年开始禁止狭鳕捕捞至今已有 20 多年。从 1993—2007 年，曾陆续有波兰、俄罗斯、中国及韩国的渔船进入中白令公海开展狭鳕探捕，但狭鳕的资源状况始终不佳。近几年来，美国和俄罗斯是狭鳕的主要捕捞国家，其中美国主要捕自东白令海，俄罗斯主要捕自鄂霍次克海及西白令海。近几年的捕捞量显示白令海狭鳕资源量呈现了一定的增长，2011 年阿拉斯加的全年配额为 125 万吨，比 2010 提高了 54%；2014 年阿留申群岛和阿拉斯加的捕捞配额为 126.7 万吨，比 2013 年增长 1.6%。值得一提的是，最近 10 年来以白令海峡为中心的阿拉斯加狭鳕年平均产量一直维持在 280 万吨左右，仅次于秘鲁鳀，成为全球产量排名第二的渔业品种。

除白令海公海狭鳕外，北极地区的其他渔业主要为环北极八国专属经济区内的渔业。环北极八国中，除了瑞典和芬兰外，其余都是全球重要的渔业国家，其中环北极海域的格陵兰和法罗群岛虽隶属于丹麦，但由于其特殊的地理位置和渔业特色，国际和地区渔业组织在进行统计时通常将这两个地区的渔业数据单独列出。2011 年，环北极八国以及格陵兰和法罗群岛地区的海洋渔业捕捞产量占全球渔业捕捞总产量的17% 左右，在全球海洋捕捞总产量中占有重要地位。

（2）南极渔业

南极渔业的规模化发展始于 20 世纪 70 年代，是继海豹、鲸甚至企鹅之后人类对南极生物资源的又一次大规模开发利用。南极鱼类约有 200 种，其中有记录的渔业种类约 60 种。南极的渔业资源开发在早期处于无序状态，从南极海洋生物资源养护委员会（CCAMLR）成立之后才逐渐开始严格管理，许多资源衰退的种类已停止商业化开发。目前开发利用种类主要包括南极犬齿鱼类、南极冰鱼类和南极磷虾。

南极磷虾被认为是目前已认知的最大单种可捕资源，资源储量达几亿吨级的水平，是人类潜在的、巨大的蛋白质储库。南极磷虾资源的开发利用始于20世纪60年代初期苏联以及其后日本的勘察试捕，20世纪70年代中期即进入大规模商业开发。根据CCAMLR 2014年的渔捞统计，南极磷虾产量于1982年达到历史最高，为52.8万吨，其中93%由苏联捕获。1991年之后随着苏联的解体，磷虾产量急剧下降，年产量波动在10万吨左右。近年来，各国对南极磷虾的兴趣不断增加，尤其是韩国、挪威等新兴磷虾捕捞国的进入，渔业又呈缓慢但持续的上升趋势，2010年达到21万吨，2014年的产量接近30万吨，新一轮磷虾开发高潮已然升起。近年来磷虾捕捞国主要有挪威、韩国、中国、乌克兰、波兰、智利等。

南极犬齿鱼渔业中小鳞犬齿南极鱼渔业始于20世纪70年代后期，历史最高产量出现于2000年，近1.7万吨，之后略有下降，2012—2013年渔季的产量为10 705吨。莫氏犬齿南极鱼渔业是1998年才兴起的新渔业，2005年之后基本稳定在4 000余吨的水平。2012—2013年渔季的产量为4 064吨。近十几年来，南极犬齿鱼类的渔业总产量相对稳定，小幅波动在1.5万吨左右；这主要是捕捞限额管理的结果。南极犬齿鱼渔业要求入渔者对捕获的样品进行标志放流，从而根据回捕率进行资源评估，进而确定各区的捕捞限额。

南极冰鱼渔业有过较为辉煌的历史，20世纪80年代前后的年产量曾达10万吨以上，其中1982—1983年渔季产量逾20万吨。1982年CCAMLR成立之后，南极渔业引入了严格的管理体系，冰鱼渔业迅速萎缩，1992年以来的年产量一直徘徊在2 000~4 000吨的低水平上，近年甚至更低。这主要是目前在南极公海水域禁止底层拖网作业和捕捞限额过低的缘故。

CCAMLR对南极渔业资源的管理采用生态系统水平上的、谨慎性（预防性）捕捞限额管理。生态系统水平上的管理体现在设定捕捞限额时，既要考虑捕捞对象的资源状况，又要考虑生态系统中其他依赖性种群（如依赖捕捞对象为食的其他物种种群）和相关性种群（如与捕捞对象共栖、可能成为兼捕对象或部分以捕捞对象为食的其他物种种群）。谨慎性（预防性）管理体现在设定捕捞限额时须以科学数据为依据。因此目前南极渔业产量的状况并非渔业对象资源状况的真实反映。另外还有很多区域或因距离遥远，或因冰情海况原因尚待开发。

（三）渔业资源增殖和养护水平实现科学化提升

1. 渔业资源增殖放流

增殖放流作为恢复渔业资源和优化资源结构的有效手段被广泛采用，目前世界上有94个国家开展了增殖放流活动，其中开展海洋增殖放流活动的国家有64个，增殖放流水产种类达180种，并建立了良好的增殖放流管理机制。日本、美国、挪威等渔业发达国家都先后开展了增殖放流及其效果评价技术等工作，把增殖放流作为今后资源养护和生态修复的发展方向。这些国家放流鱼类的回捕率有的达到20%以上，一些种类更是高达80%，取得了很大的成功。然而，增殖放流不但要恢复所放流物种的种群数量，还必须保证放流水域生态系统结构和功能不受到破坏、物种自然种质遗传特征不受到干扰等，这是一项非常复杂的系统工程。在国外，对内陆水域水生生物群落结构和种间关系进行了广泛的研究，有较多的研究集中在水生生物群落改变对水体饵料生物和水环境的直接或间接影响评估，如以关键种捕食者为中心的食物网研究。因此，渔业资源增殖的生态学基础、基于生态系统营养动力学的增殖容量、增殖群体标记判别新技术、渔业资源增殖的风险评估等日益受到关注。

2. 人工鱼礁和海洋牧场

海洋牧场已经成为世界发达国家发展渔业、保护资源的主攻方向之一，各国均把海洋牧场作为振兴海洋渔业经济的战略对策，投入了大量资金，并取得了显著成效。

日本于20世纪60年代将人工鱼礁建设列入其国家计划，1970年提出海洋牧场的构想，1976年开始进行大规模海洋牧场建设，至2001年的26年间，共投入人工鱼礁建设总经费17 000亿日元（约1 275亿元人民币），每年增殖放流资金约48亿日元（约3.6亿元人民币）。目前，日本已建成海洋牧场7 000多处，沿岸20%的海床已建成人工鱼礁区，保护和增殖了渔业资源，产量增加几倍至几十倍；日本海洋牧场的核心内容，是研发和应用现代生物工程技术、电子学技术等先进技术，以实现鱼群在海洋中随时处于可管理状态。

韩国于1973年开始大规模建设人工鱼礁，政府已投资了4 253亿韩元（约合30亿人民币），地方也投资了1 063亿韩元（约合7.5亿人民币）；2001年政府又增加投资29亿韩元（约合2亿多人民币），地方又投资0.5亿韩元（约合5 000万人民币）；2007年投资240亿韩元（约人民币1.9亿元）。韩国已建海洋牧场14万公顷，海洋牧场有滨海滩涂型、群岛型、观光型和游钓型等，渔业资源量增长8倍、当地渔民收入增长率26%；已制定了2000—2050年在沿海全部建成海洋牧场的50年计划。韩国海洋牧场核心技术体系，包括海岸工程及人工鱼礁、鱼类选种和繁殖及培育、环境改善和生境修复、海洋牧场管理经营四个方面的技术，突出了基于海洋生态系统管理的技术研究方向。

美国于20世纪30年代开始了人工鱼礁建设，第二次世界大战后投入船只50万艘，至今已建设人工鱼礁超过2 400处。沿岸鱼类资源量增加了42倍，年游钓人数达1亿，综合经济效益达300亿美元。计划今后逐渐将整个大陆架建成海洋牧场。美国海洋牧场核心技术体系，通过投放鱼礁、藻礁和藻场修复等技术，以实现生境改造、资源增殖和休闲渔业产业化。

　　根据国际海洋牧场建设的经验及相关研究，海洋牧场建设内容可以归纳为五个主要环节与过程：一是生境建设，包括对环境的调控与改造工程以及对生境的修复与改善工程；二是目标生物的培育和驯化等行为控制，实现规模繁殖、优化选择、习性驯化和计划放养；三是监测能力建设，包括对生态环境质量、生物资源的监测；四是管理能力建设，包括海洋牧场管理体系建设和管理政策研究等；五是配套技术建设，包括工程技术、放流品种选种培育技术、环境改善修复技术和渔业资源管理技术等。成熟的技术体系支撑了海洋牧场产业的健康发展。

3. 生态友好型捕捞技术

　　在渔具渔法方面，欧盟为了在分享他国专属经济区内或公海海域渔业资源中保持优势地位，不断投入巨资，以提高技术优势、建造设备先进的渔船、配备高科技仪器和性能优良的渔具。尤其是渔船趋向专门化、大型化、机械化、自动化发展。冰岛、挪威等国使用新型中层拖网、自动扩张底拖网，方形网目和绳索网等，具有有效捕捞空间大、阻力小、拖速快的特点，既节约燃料，又提高了渔获量。各种类型的选择性捕捞装置，如海龟释放装置和拖网选择性装置（TED）、渔获物分离装置（CSD）、副渔获物减少装置（BRD）、渔获物分选装置及选择性捕虾装置等已成为渔业管理的标配装备，对保护和合理利用渔业资源起到了积极的作用。我国在本领域的研究还处于初级阶段，表现在：对渔具性能及其对资源环境的影响等缺乏系统的基础研究；渔具的准入条件、各种节能、生态型渔具的研发及其标准制定等研究不足；对海洋生态系统和资源状况的研究不够系统；对气候环境变化对资源渔场的影响等研究开展甚少。

　　渔具材料改性是目前世界各国研究的重点。目前主要是围绕以二氧化硅（SiO_2）、碳酸钙（$CaCO_3$）、六面体倍半硅氧烷（POSS）、纳米层状双金属氢氧化物（LDH）等非金属纳米材料为填料的体系展开。我国渔用材料的研究缺乏专业化研究团队和设备，研究成果的转化和应用率较低。还没有开展基于渔具适配性能的功能性材料开发与应用的研究。

4. 过鱼设施

　　为了弥补水利工程对洄游性鱼类的阻隔作用，国外在过鱼设施建设方面一直走在前列。据不完全统计，至 20 世纪 60 年代初期，美国和加拿大有过鱼设施 200 座以上，西欧各国 100 座以上，苏联 18 座以上，这些过鱼设施主要为鱼道。至 21 世纪末，鱼道数量明显上升，在北美有近 400 座，日本有 1 400 余座。这些过鱼设施取得了较好的过鱼效果，如美国大西洋鲑鳟、法国西鲱和日本香鱼等。美国和俄罗斯等发达国家对于一些高坝过鱼技术已有相对成熟的研究和实践，包括鱼闸、升鱼机、集运鱼系统等。随着对生态环境保护重视程度及其认识的不断提高，鱼道不应仅仅局限于作为鱼类洄游通道，更应成为实现上下游物质、能量与基因交流的重要通道，充分发挥河流生态廊道的功能，最大限度解决由于大坝修建带来的生境破碎问题。目前发达国家采用适宜性管理理念不断地加强鱼道及过鱼设施的修建，同时通过技术调整，增强鱼道的过鱼能力，从技术与管理层面综合提高鱼道过鱼的有效性。美国鱼类和野生动植物管理局（USFWS）建立了鱼类通道决策支持系统，包括水生生态系统相关的多种类型数据，利用地理信息系统（GIS）极大地提高了鱼道设计和决策的成功性，去除了 1 345 条鱼道障碍，给 32 555 千米的河流重新开道，连接了 6 万公顷的湿地。目前，为修复生态环境和打通鱼类洄游通道，一些河流的大坝也实施了拆除。

（四）保护生物学的研究方法和理论体系逐步完善

为保护水生野生动物，世界上许多国家先后制定和颁布了保护野生动物的综合性法规，例如，澳大利亚的《国家公园和野生动物保护法》《鲸类保护法》，泰国的《野生动物保存保护法》，美国的《濒危物种法》《海洋哺乳动物保护法》《海豹保护法》《鲸类保护法》等。自然保护区占国土面积的百分比已成为衡量一个国家自然保护事业发展水平、科学文化水平的重要标志。各国对自然保护区的法律保护及管理制度也日趋完善。尤其是美国野生动物保护方面的法律制度建设相当完善，在世界野生动物保护制度中一直处于重要地位。美国在对待野生动物保护方面的问题时更多地采取了制定法律法规的方式，甚至针对一些野生动物物种还专门制定单行法予以保护，包括《濒危物种名录制度》《栖息地保护制度》《野生动物保护税费制度》和《野生动物保护志愿者制度》等。这些法律的颁布，对野生动物的保护起到了极大的推动作用，为其他国家的野生动物保护提供了借鉴。

国际上对濒危物种的保护，除在法律法规框架之下建立自然保护区外，还进行了以下两项工作：①生境的保护和改良。经多年调查和研究，建立了濒危物种的最适生境模型，以此模型对生境进行评价，确定该物种的最适数量和分布密度，从而不断地改良生境以达到保护和恢复的目的。②对濒危物种的生态学及生物学的研究。研究濒危物种种群变动、迁徙以及制约其种群增长的内外因素，寻找扩大种群的措施和途径。国外多采用遥感技术和卫星监测技术以及无线电追踪技术。

（五）休闲渔业发展成熟，具备完善的管理和决策机制

早在 20 世纪 60 年代，休闲渔业就在加勒比海地区兴起，以后逐步扩展到欧美和亚太地区。从国外休闲渔业发展过程看，都经历了从"分散、无序、对资源破坏性强"到"集中、有序、规模化、对资源养护性强"的阶段。随着人们生活水平的提高、收入的增加，各国都开始重视休闲渔业的发展，纷纷加大人力、物力、财力的投入（徐奕 等，2015）。从目前发展规模来看，休闲渔业是各国现代渔业的重要组成部分。发达国家（如美国、澳大利亚、加拿大、日本等）休闲渔业发展较早，且休闲渔

业法规和政策趋于成熟，在渔业经济上，休闲垂钓的产值已超过了水产养殖业（平瑛等，2014）。

1. 美国

（1）有效的公众参与机制

美国渔业部门针对不同的目标群体举办精彩纷呈的捕鱼活动，每年设有全国钓鱼和划船周，以提升休闲渔业的传播和普及力度。另外，针对残疾人群体，政府部门也制订了专门的垂钓和划船计划，确保全民参与。

（2）完善的管理体制

美国根据不同地区制定了不同的管理政策，如哥伦比亚下游鲟鱼管理政策，竹蛏管理政策、太平洋大比目鱼管理政策等。对于不同地区的渔业资源具有不同的管理标准，推行适应性管理政策；同时，又充分考虑每个地区的独特性，确保休闲渔业和商业渔业在日程、位置和渔具方面结构化的分配，提高渔业的整体经济福利和稳定性。

（3）渔业资源的科学评估体系

在美国，鼓励垂钓者自愿捐出渔获物作为科学家们研究的对象，来科学评估这些渔获物的生态学特征及这些鱼类种群的健康状态，为基于科学的决策提供依据。同时，针对重点以及特异性的物种进行重点研究，以可持续的方式管理休闲渔业。对外来入侵的亚洲鲤，有专门的垂钓计划和相关的活动，以达到休闲和控制外来物种的双重目的。

2. 澳大利亚

（1）完善的规章制度

澳大利业通过各州标准化捕捞限额和总量限制使休闲渔民对休闲渔业的管理更容易理解和掌握；对不同的休闲渔业活动提供不同的许可证，渔业部门建立了许可证数据库，获得捕捞量、捕捞地点等数据，以更好地追踪和管理休闲渔业。另外，在澳大利亚各州都有《休闲渔业指南》可以提供相关的休闲渔业信息。

（2）支持休闲渔业创新发展

澳大利亚在休闲渔业的科学研究中投入较大，支持休闲渔业的创新和发展。如投资了238万美元用于澳大利亚的第一个人工鱼礁试验项目。另外，将每年休闲钓鱼许可证费收入的100万～150万美元预留为休闲渔业创新项目研究提供经费，极大地促进了休闲渔业关键技术和模式的发展。

（3）以科学数据为依据的发展决策

澳大利亚通过开展渔业活动调查，收集相关数据，从而为国家和地方政策制定者对渔业管理的决策做出科学调整。

（4）以资源为基础的管理体系

澳大利亚休闲渔业的管理以资源为基础，在各州对每一区域内的渔业资源使用一致的管理方法，从而对资源内整个体系的物种提供广泛的保护。

3. 加拿大

（1）以保护为目标，加强各方合作

加拿大的休闲渔业一直面临着污染、外来物种入侵以及栖息地的丧失和退化等威胁，因此，加拿大把修复和重建休闲渔业栖息地作为休闲渔业的主要目标。加拿大海洋与渔业局与各省和地方相关部门合作，利用建立和加强共享管辖区的合作机制，推广保护理念，同时，也鼓励休闲渔业者参与决策过程。加拿大海洋与渔业局制定的《休闲渔业保护合作计划》促进了政府、休闲渔业从业者和其他渔业保护部门的合作，改善了加拿大的休闲渔业。

（2）先进的监测和控制机制

加拿大是拥有世界上最先进的渔业监测、控制计划的国家之一，每年用于监测、控制和执法费用约 1.3 亿美元。各种先进的仪器设备均被用于执行海洋与渔业部门的法规。并且加拿大也通过渔业监测、发展新工具来严格评估渔业的模型和参数，来改进渔业管理模式和技术等。

4. 日本

（1）完善的管理制度

日本休闲渔业起步于游钓渔业，1975 年以后，日本经济高速发展，游钓者也快速增加，严重影响渔业资源的开发利用。为保证休闲渔业的持续健康发展，日本建立了休闲渔业组织，强化休闲渔业管理，进行了国家立法，实行游钓准入制度。

（2）科学的发展决策

日本休闲渔业的发展是以科学研究为基础和依据的。日本政府加大了在污染监测和治理技术方面的科技投入，使得渔业水域环境质量得到有效改善。目前，日本休闲渔业的相关科技研究，如人工鱼礁研究领域处于世界前沿，为休闲渔业的稳定健康发展提供了基础。

四、 国内外科技水平对比

（一）我国海洋生态系统动力学研究已经达到国际先进水平，数量变动机制机理的解析和模拟尚需进一步深入

我国在 90 年代后发展的"简化食物网"及"生态系统动力学"研究方面已经达到国际先进水平，并且在种群层次的研究方面也取得显著的研究成果，但是部分研究成果具有一定的局域性限制。而国际上对种群数量变动规律与机制解析、较大尺度的海洋资源变动与预测等研究较为深入，并且侧重于机制机理的阐明与模拟。

（二）我国部分资源调查与评估技术达到国际先进水平，总体监测技术研发及常态化监测需要进一步加强

1. 内陆和近海渔业

渔业资源监测与评估技术在发达国家如美国、挪威、日本等国家都已经常态化，并且相关的新技术也取得长足发展。我国渔业监测研究时断时续，调查范围有限，20世纪末期开展的国家海洋勘测专项调查是我国近海相对全面的渔业资源及其栖息环境监测，至今也已经有10多年之久，并且监测技术研究开展的也很少，尤其一些重要技术环节方面与国际先进水平尚有较大差距。在鱼卵仔鱼调查方面，虽然我国在渔业资源和环境调查中会采集鱼卵仔鱼样品，但由于既缺少必要的仪器或设备、又缺少相关的专业人员，至今尚未开展专业性的、旨在监测生殖群体生物量的鱼卵仔鱼调查。另外，由于捕捞生产统计资料缺乏，因此难以准确地进行资源状况及其发展趋势分析，并为渔业资源管理提供有效的科学依据。

另外，我国目前缺乏对河口生态系统的物理过程和生物过程尤其是两者间的相互作用的深入和全面的认识，且研究区域局限于河口水域，未涵盖河口区域邻近陆地生态系统以及毗邻海洋生态系统，完整性不够，有关河口生态系统健康的定义和内涵尚未形成统一的认识，缺乏健康河口的评价标准和参照体系。

2. 外海渔业

我国对大洋性中上层鱼类，尤其是中层鱼声学调查及评估研究仍处在发展初期，还存在着一定的技术问题，特别是在种类映象识别和目标强度测定等方面，与挪威、美国和澳大利亚相比还有较大的差距。有关外海渔场渔情预测、预报及服务系统研究较少，急需开发具有自主知识产权的外海渔场环境信息的综合处理系统。

3. 远洋渔业

我国远洋渔业起步较晚，发展较快，但总体技术水平相对落后，远洋渔业企业的总体实力不强，难以适应现代远洋渔业的国际竞争，与发达远洋渔业国家和地区相比仍存在明显差距。在科技方面，主要表现在三个方面的能力不足。

（1）远洋渔业资源认知能力不足

对我国远洋捕捞种类（如鱿鱼、金枪鱼、南极磷虾、秋刀鱼等）的渔业生物学特性、栖息环境、可捕量及渔场形成机制掌握不足。

（2）远洋渔业资源开发能力不足

我国大陆远洋渔船的单产总体上比日本和我国台湾省等同类渔船低，如金枪鱼延绳钓产量为日本和我国台湾省同类渔船的60%～70%；西非过洋性拖网网具仍停留在20世纪80年代的水平，难以与欧洲国家船队的捕捞能力进行比较；大型中层拖网网具仍依赖进口，存在渔船与网具匹配不好、主机功率与网具性能难以充分发挥等问题；寻找中心渔场时存在盲目性，导致寻找渔场的时间增加、生产成本增大；渔获物船上保鲜能力低，导致渔获物品质下降等问题。

（3）远洋渔业资源掌控能力不足

在区域性国际渔业组织中的话语权不强，渔获配额设定及分配由日本等国家所主导；提交的渔业资源评估报告因渔业生产数据支撑有差距不能被大会和国际组织所采纳；各种远洋渔业资源调查、生态环境、生产统计等渔业数据分散孤立。

4. 极地渔业

我国的极地渔业尚处起步阶段，渔业规模小、所占份额低；对捕捞对象的研究投入很少，对其资源状况、渔场分布及变动规律了解不足，既缺少渔业管理磋商谈判的话语权和主动权、又缺少对渔业生产安排的支撑能力。

我国开展极地渔业的劣势主要体现在：一是对资源、渔场情况了解不够，资源掌控能力差，对渔业高效生产的指导能力和安全生产保障能力不足；二是对国际渔业管理法规研究和了解程度不够，外交投入也不足，渔业准入和配额争取能力较弱；三是渔业装备技术、尤其是南极特殊渔业装备技术与加工设备工艺落后，渔业生产的核心竞争力低；四是从业人员整体素质相对较低，安全生产意识、遵守法规意识和环保意识不够，在越来越严的渔业管理制度和环境保护形势下，容易受渔业发展的政治环境约束。

（三）我国在渔业资源增殖放流与养护方面取得显著效果，系统的技术和理论体系尚需进一步完善

1. 渔业资源增殖放流

国际上增殖放流工作将在更加注重生态效益、社会效益和经济效益评价的基础上，开展"生态性放流"，达到资源增殖和修复的目的，恢复已衰退的自然资源，将增殖放流作为基于生态系统的渔业管理措施之一，推动增殖渔业向可持续方向发展。如美国在规定水域放流大麻哈鱼，引导渔民捕捞放流群体以降低对自然种群的捕捞压力，从而达到恢复和保护自然资源的目的，而且每年用线码标记放流苗种 80 多万尾，建立了一套完善的增殖效果评估体系，及时掌握放流增殖效果和指导生产与管理。我国的增殖放流缺乏科学、系统的规划、管理明显滞后，很多种类在放流前缺乏针对放流水域敌害、饵料、容量的科学评估以及对放流时间、地点、规格等必要的合理论证，具有一定的盲目性。增殖放流效果评价体系严重缺失，优良品质的苗种供应不足，种质资源保护亟待加强，人工苗种种质检验缺乏规范的标准。另外，仅将增殖放流当成生产手段而不是用于恢复生态资源的目的。目前我国的增殖放流，基本上都是"生产性放流"，并且增殖放流缺乏有力的科技支撑，渔业资源衰退的局面没有从根本上得到改变，并且增殖放流缺乏有力的科技支撑。

2. 人工鱼礁和海洋牧场

以日本、韩国等为代表的国家已经建成多功能的综合性海洋牧场，实现资源的生态增殖。而我国目前主要是以人工鱼礁建设为主的海洋牧场，其中，北方海域是以增殖海珍品为主的人工鱼礁；南方海域是以鱼类养护为主的人工鱼礁。沿海省份"十二五"期间虽然兴建起了一批海洋牧场，并充分利用了人工鱼礁和增殖放流叠加的增殖效应，但尚未形成集现代工业、工程、电子与信息技术，在育苗、放流、鱼群控制、音响驯化、采收与回捕、环境质量的日常监测及生物资源的动态监测于一体的现代化的海洋牧场。另外，技术体系与平台建设不完善。由于海洋牧场依赖于增养殖业、人工鱼礁构建、增殖放流等技术体系，所以其独立性不强，不能根据海洋牧场产业链环节的要求加以调整。在产业平台建设方面，尚未出现国家层面的专门研发机构。我国海洋牧场是以行业部门的政府行为建设起来的，形式以非盈利性工程建设项目为主，往往带有一次性投资的性质，海洋牧场建设和管理机制急需完善。

3. 生态友好型捕捞技术

世界发达国家大力开发并应用负责任捕捞和生态保护技术，最大限度地降低捕捞作业对濒危种类、栖息地生物与环境的影响，减少非目标生物的兼捕；并积极开发并应用环境友好、节能型渔具、渔法进行捕捞，以满足低碳社会发展的要求。相对渔业发达国家，我国虽在负责任捕捞技术方面开展了相关基础研究，但大多局限于实用性很强的渔具，缺乏基础性的理论研究。选择性渔具、渔法、渔具捕捞能力评估等研究方面，缺乏水下遥控观察设备、生物遥测仪等必要的实验仪器设备和技术力量，研究手段相对落后；无专业鱼类行为研究的机构和实验室，缺乏专用的研究手段、实验仪器设备，对鱼群行为控制方法的研究至今仍是空白；在高强度、低能耗、高性能渔用材料和绿色环保型渔用材料的研究方面还很落后。

4. 过鱼设施

我国鱼道建设起步较晚，多数鱼道还处于建设期，仅有少数几个鱼道已处于初步运行期。由于水电工程用途、高度以及鱼类动力学等各方面的差异，国外过鱼设施的建设经验不能完全适用于我国的水电工程设施，相关工程设计和效果分析研究需要根据国内工程建设的需求和洄游鱼类的特点方面开展，因此对过鱼设施的长期监测以及洄游鱼类总量变化的研究有待于加强。

(四) 我国需广泛开展保护生物学研究工作，对基础研究、保护监管需要进一步跟进

西方发达国家对水生野生动物保护和研究起步较早，研究较我国深入。相比国外对濒危野生水生动物的保护和管理工作，我国主要存在以下问题。

1. 自然保护区的监督和管理水平有待提高

适合我国国情的自然保护区分类经营管理体系亟待制定和完善。在国际上，世界自然保护联盟提出的保护区分类体系将保护区分为严格的保护区、国家公园、自然纪念物、物种/生境管理保护区、景观保护区和资源管理保护区六类，这个分类系统主要是依据保护区管理目标的差异进行划分，每一类型保护区还提出了具体的管理目标和选择指南。美国、英国、加拿大、俄罗斯、日本等代表性国家对保护区的分类主要是从保护对象和管理措施的差异这两个方面进行考虑的，即使是相同的保护对象，如果其管理措施的不同也会划分为不同的保护区。我国目前保护区是按保护对象划分的，划分为自然生态系统类、野生生物类和自然遗迹类三种类别，具体又分为森林生态系统类型、野生动物类型、地质遗迹类型等九种类型，在保护措施上各类型、各级别保护区都是一致的。而对各类型的保护区在管理上并无差异。多数保护区缺乏专门的管理机构，缺乏稳定的资金支持，保护区管理人员管护水平有待提高。对保护物种资源动态的长期监测，保护物种的基础生物学、生态学、生活史研究，濒危机制，濒危物种种群恢复技术等方面的研究还需加强。

2. 濒危水生野生保护动物的基础性研究薄弱

濒危水生野生动物保护是一项技术性强的工作，要对它实行科学、有效的管理，就必须对水生野生动物进行全面的考查，包括其生活习性、生态习性、资源分布以及受环境条件变迁影响的程度等。由于水生野生动物保护经费投入有限，许多地方没有把此项资金纳入地方财政预算，使得水生野生动物保护研究工作难以开展。因此，对于水生野生保护动物的基础性研究工作还不够深入。

3. 珍稀濒危水生野生动物养护工作不规范

我国目前对珍稀濒危水生野生动物增殖放流重视不够，缺乏科学的资源养护对策研究，如放流品种不符合要求，大部分种类或地区没有制定中长期增殖放流规划，对放流的重要意义宣传力度不够，资金支持不足，缺乏资源养护的跟踪监测和科学评估，缺乏统一的养护规范和科学指导。

（五）我国休闲渔业发展迅速，整体规划和科学决策亟须提高

"十二五"期间，我国各地的休闲渔业快速发展，从南到北、从沿海到内陆各具特色，已经形成了一定的产业规模，一批发展潜力大、带动能力强、品牌优势明显的都市休闲渔业实体迅速壮大，显示出强大的生命力。但与发达国家相对成熟的休闲渔业相比，仍存在一些不足。

1. 缺乏整体规划和科学决策

国内休闲渔业基本上以企业或个人自主开发为主，缺乏合理规划和政府指导，导致布局结构不尽合理。同时也缺乏相应的规范标准和法律保障。另外，一些导向性的

决策不是建立在科学评估和科学数据基础上的，这在一定程度上制约了休闲渔业的健康发展。

2. 缺乏休闲鱼类的主打品牌和专业队伍

对休闲渔业中主要垂钓品种、规格、方法等缺少相应的研究，未建立主打的品种和品牌。没有专业性的竞技比赛和专业性的教练，未建立起较好的发展平台和专业人才队伍。

3. 政府投入不足，政策扶持滞后

国内休闲渔业的相关研究及休闲渔业建设经费投入不足，这影响了休闲渔业的科学化和规模化发展。

4. 管理水平不高，公众参与机制缺失

目前，国内休闲渔业的管理不到位，缺乏专门的管理机制，并且宣传力度不够，公众参与缺失，难以实现休闲渔业向"支柱性"产业发展。

（六）我国需加强对外来水生生物生态安全的关注

生物入侵是当前全球面临的最严重的生态和经济问题之一，在世界大部分地区，外来种已成为水生生态系统主要的威胁之一（Arthur et al，2010；Kornis，2013）。在美国、欧洲等国家和地区对外来种的引种和养殖有着严格的规定和养殖规范，对已形成入侵的外来种也有着系统的监测和防控计划（Henriksson，2016）。

与国外相比，我国的外来水生生物入侵的问题更加严峻。首先我国是世界上最大的水产养殖国，养殖品种中很大一部分都是外来物种，据不完全统计，自 1957 年起，我国已引进外来水生生物约 150 种，其中水生动物约 130 种（其中鱼类 84 种），许多物种在带来经济利益的同时，由于养殖逃逸等原因进入到自然水体中，推广定居和扩散成为入侵种，加剧了外来种在我国的扩散（胡隐昌 等，2015）。另外，民众对外来水生生物的认识较少，随意放生的情况在我国非常普遍，同样促进了外来种的入侵。鱼类入侵的防治有很多困难，主要原因如下：一是生态学家和渔业管理者之间在水生动物入侵的问题上尚存在分歧，特别是对于一些渔业支柱性产业，如罗非鱼、革胡子鲇、克氏原螯虾等认识上分歧较大；二是对外来水生动物的具体分布和数量缺乏系统的调查和评估，对其危害也没有明确的界定。这些因素导致我国目前已成为外来水生生物影响最严重的国家之一，因此从保护本土鱼类生物多样性和渔业资源的角度来说，需要对外来水生生物开展系统的研究，对其生态风险进行评估，建立相应的预警和防控体系，减少和降低外来水生生物对渔业资源的影响，促进渔业资源和水生生物多样性的保护（Xiang et al，2015）。

五、"十三五"展望与建议

深入贯彻落实党的十八大精神，按照《中共中央　国务院关于加快推进生态文明建设的意见》和《国务院关于促进海洋渔业持续健康发展的若干意见》要求以及农业部韩长赋部长、于康震副部长在全国渔业渔政工作会议上的指示，加快转方式、调结构，促进渔业转型升级，加强渔业资源科学开发和生态环境保护，科学养护渔业资源，以坚持生态优先、养捕结合和优化内陆、控制近海、拓展外海、发展远洋渔业的方针，全面落实《中国水生生物资源养护行动纲要》对水生生物资源养护工作的全面部署，通过产学研结合，开展基础研究、前沿技术、共性关键技术、示范应用推广等全产业链科技创新，为不断提升渔业可持续发展能力，加快建设现代渔业产业体系，不断提高渔业综合生产能力、抗风险能力和国际竞争力，切实保障和改善民生提供科技支撑。

在"十三五"期间应充分考虑本研究领域的国内外差距，重点启动相关的研发专项，加强内陆和近海水域渔业资源的养护和修复工作，加强长江珍稀濒危物种抢救性保护工作；以南沙和岛礁海域为重点，拓展外海渔业，基本摸清外海战略渔场的中心位置，确定主要水域渔具容纳量和捕捞承载力，优化外海捕捞作业结构和布局；积极发展远洋和极地渔业，全面增强对远洋和极地渔业资源的认知、开发、掌控能力，推动我国远洋和极地渔业产业有序发展；做好休闲渔业的大文章，提升技术水平；严格防控外来物种，达到资源保护与产业和谐发展。因此，"十三五"期间本领域的重点研究方向如下。

（一）推进海洋生态系统动力学研究

掌握海洋生态系统动力学国际研究前沿，了解其最新国际研究动向和研究热点，制定我国海洋生态系统动力学研究的长远规划，广泛参与国际研究计划，发挥区域优势，加强多重压力胁迫下近海生态适应性管理对策研究，进一步阐释种群数量变动的机理机制，争取获得突破。

（二）提升渔业资源调查与评估技术水平

渔业资源调查与评估工作是渔业资源可持续利用和生态系统水平渔业管理的基础，应继续推进渔业资源调查与评估工作向常态化和现代化方向发展，调查时间具有一定的序列性，调查范围涉及内陆、近海及外海水域；同时，继续开展资源调查与评估技术的深入研发，包括预测模型的研发，使我国渔业资源调查数据具有时间序列性，并在资源调查和评估技术研发上达到国际先进水平。

（三）加强渔业资源增殖与养护技术研发

我国渔业资源衰退和生态环境恶化的局面仍未根本扭转，"十三五"期间，应立足于渔业资源可持续发展中的关键科学问题，从新理论、新方法、新技术的研发与应用着手，开展增殖放流种类选择、增殖容量评估、增殖效果评价体系构建、养护型渔业管理制度等研究；另外，需从海洋牧场选址优化、生态工程建设、资源环境修复、绿色产业开发、数字化管控等方面，研发和推广高效、高产、低碳的海洋牧场建设技术，促进渔业资源的修复和生态系统的健康发展。

(四) 提升远洋渔业的核心竞争力和话语权

可持续利用和生态系统水平的渔业管理概念越来越深入，海洋渔业已进入全面管理时代，有关公海渔业管理措施目前趋向于强制执行，远洋渔业的外部发展环境将日趋严峻。今后我国的研究重点是系统开展各大洋和极地渔业资源调查和生态系统的调查，逐步掌握各大洋和极地渔业资源状况和变动规律，提升远洋渔业的核心竞争力和话语权。

(五) 加强珍稀水生动物保护生物学基础研究和技术应用

加强衰退渔业种群和珍稀濒危水生动物的基础生物学研究，围绕人类活动、环境变迁对珍稀鱼类的生物学影响效应和机理研究，揭示种群衰退和濒危、致危机制；加强保护生物学实用技术的研发和应用，充实和发展保护生物学的研究方法和理论体系，为衰退渔业种群及珍稀濒危水生生物的修复和保护提供科学基础和技术支撑。

(六) 提升休闲渔业科技水平

强化对休闲渔业的管理规范，区分自然水域和人工水域休闲渔业的管理。对自然水域垂钓种类、规格应有管理规定，以保护珍稀和濒危物种；人工水域应该有针对性的优化和筛选适合垂钓的品种；应构建国家到地方的各级钓鱼比赛，构建相关技术和竞技平台，调动公众对休闲渔业的热情；根据区域条件开展垂钓品种优选开发及资源养护研究；建立对人工改造水产生物的遗传和生态安全的评估与控制技术；建立观赏、垂钓等鱼类的人工培育技术；建立相应的技术规范和标准，形成名、优、特色品种的苗种产业化开发平台，推动科技成果的产业化发展。

(七) 加强外来水生生物安全生态学研究

通过调查和监测，摸清现阶段我国主要水系的外来鱼类的种类及分布现状，建立水产外来种的基础数据库；解析外来水生生物种群动态及其与环境因子的关系，研究外来水生生物种群发展的遗传适应性机制，构建外来水生物种生态风险预测评估模

型；建立以生态学手段控制入侵水生生物种群发展的理论和方法，开发对主要外来种的综合防控技术，对风险较高的外来种进行控制，以提高对外来种的监测预警能力和综合防控能力。

（金显仕 危起伟 单秀娟 杨文波 杜 浩 执笔）

（致谢：中国水产科学研究院资源学科各位学科委员、科技英才为本报告提供了有关材料和建议，王晓梅博士对本报告全篇文字进行了修改，在此一并致谢！）

参 考 文 献

陈大庆，2011. 青海湖裸鲤研究与保护［M］. 北京：科学出版社.

陈大庆，2013. 长江鱼类监测手册［M］. 北京：科学出版社.

陈大庆，2014. 河流水生生物调查指南［M］. 北京：科学出版社.

陈新军，刘金立，官文江，等，2014. 渔业资源生物经济模型研究及应用进展［J］. 上海海洋大学学报，23（4）：608-617.

陈学洲，刘聪，2012. 促进我国休闲渔业健康发展的对策研究［J］. 中国水产（2）：32-36.

官文江，陈新军，高峰，等，2013. 东海南部海洋净初级生产力与鲐鱼资源量变动关系的研究［J］. 海洋学报，35（5）：121-127.

官文江，田思泉，朱江峰，等，2013. 渔业资源评估模型的研究现状与展望［J］. 中国水产科学，20（5）. 1112-1120.

胡隐昌，顾党恩，牟希东，2015. 我国常见外来水生生物识别手册［M］. 北京：科学出版社.

李捷，李新辉，潘峰，等，2013. 连江西牛鱼道运行效果的初步研究［J］. 水生态学杂志，34（4）：53-57.

李阳东，陈新军，朱国平，等，2013. 基于 Pocket PC 的海洋渔业调查数据采集［J］. 海洋科学，37（4）：65-69.

平瑛，徐洁，王鹏，2014. 发达国家休闲渔业发展的基本经验［J］. 世界渔业（4）：25-28.

帅方敏，李新辉，李跃飞，等，2016. 珠江东塔产卵场鳙繁殖的生态水文需求［J］. 生态学报，36（19）：1-8.

唐启升，等，2014. 中国海洋工程与科技发展战略研究：海洋生物卷［M］. 北京：海洋出版社.

王珂，刘绍平，段辛斌，等，2013. 崔家营航电枢纽工程鱼道过鱼效果［J］. 农业工程学报（3）：184-189.

危起伟，2013. 长江上游珍稀特有鱼类国家级自然保护区科学考察报告［M］. 北京：科学出版社.

危起伟，杜浩，2014. 长江珍稀鱼类增殖放流技术手册［M］. 北京：科学出版社.

危起伟，吴金明，2015. 长江上游珍稀特有鱼类国家级自然保护区鱼类图集［M］. 北京：科学出版社.

徐奕，狄瑜，李姗敏，2015. 从文化渔业的角度谈休闲渔业发展的新路径［J］. 安徽农业科学，43（15）：388-389.

英晓明，杨宇，贾后磊，等 . 2013. 中华鲟产卵栖息地与流量关系的数值模拟研究 ［J］. 人民长江，44
（13）：84-89.

Arthur R I，Lorenzen K，Homekingkeo P，2010. Assessing impacts of introduced aquaculture species on
native fish communities：Nile tilapia and major carps in SE Asian freshwaters ［J］. Aquaculture，299：
81-88.

Gu D E，Ma G M，Zhu Y J，et al，2015. The impacts of invasive Nile tilapia (*Oreochromis niloticus*) on
the fisheries in the main rivers of Guangdong Province，China ［J］. Biochem Syst Ecol，59：1-7.

Henriksson A，Wardle D A，Trygg J，et al，2016. Strong invaders are strong defenders- implications for
the resistance of invaded communities ［J］. Ecology Letters，19：487-494.

Irigoien X，Klevjer T，Røstad A，et al，2014. Large mesopelagic fish biomass and trophic efficiency in
the open ocean ［J］. Nature Communications Nat Commun，5：3271 doi：10. 1038/ncomms4271.

Kornis M S，Sharma S，Vander Zanden M J，2013. Invasion success and impact of an invasive fish，round
goby，in Great Lakes tributaries ［J］. Diversity Distrib，19：184-198.

Xiong W，Sui X Y，Liang S H，et al，2015. Non-native fresh water fish species in China ［J］. Rev Fish
Biol Fisheries，25（4）：651-687.

渔业生态环境领域研究进展

一、前　　言

当前，我国渔业的持续发展面临着两大环境问题。一是水域污染致使渔业水域生态环境不断恶化。2014 年近海受污染面积达 21.8 万千米^2，水质劣于Ⅳ类海水水质标准的海域面积为 5.7 万千米^2，81％实施监测的河口、海湾等典型海洋生态系统处于亚健康和不健康状态（《2014 年中国海洋环境状况公报》）。长江、黄河、淮河等10 大流域中劣Ⅳ类水质比例占 13.8％，富营养化状态的湖泊（水库）占 24.6％（《2014 年中国环境状况公报》）。赤潮、浒苔、水华已成为常态性自然生态灾害，渔业水域污染事故特别是重特大污染事故频发。二是大量的涉水工程建设导致渔业重要栖息地持续丧失，拦河筑坝、围湖造田、交通航运和海洋海岸工程等人类活动的增多，大量挤占渔业水域和滩涂资源，几乎所有的重要水生生物产卵场、索饵场、越冬场和洄游通道均受到不同程度的污染和破坏，鱼类生存环境不断恶化。研究表明天然渔业资源量的急剧下降、养殖生物病害频发、水产品质量下降与渔业水域环境污染、生境退化密切相关。

"十二五"期间，渔业生态环境学科按照《国家"十二五"科学技术发展规划》《国家中长期科学和技术发展规划纲要（2006—2020）》《中国水生生物资源养护行动纲要》和党的十八大提出的推进生态文明建设等国家战略需求和渔业发展战略需求，围绕生态与环境演变、环境污染的机理与控制，从渔业水域生态环境监测、评价与预警，环境污染与生物效应的评估，渔业生态环境调控与修复和渔业生态环境质量管理四个方面开展了一系列的研究。通过研究，在渔业水域环境监测与评价、污染物的生物地球化学过程、污染物的生态毒理学、污染对生态环境影响的评估、溢油应急响应系统、有机污染物的生物降解、生境及生态变异等方面的研究取得较大的进展；在渔业水域环境保护与生态环境修复技术领域，通过各相关学科和技术方法的应用和转化，形成了若干具有标志性的技术成果，在服务于经济建设的同时，进一步推动了本学科研究领域的发展。

二、国内研究进展

(一) 生态环境的监测、评价与预警

全国渔业生态环境监测网对渤海、黄海、东海、南海、黑龙江流域、黄河流域、长江流域和珠江流域及其他重点区域的 160 多个重要渔业水域的水质、沉积物、生物等 18 项指标进行了监测，监测总面积 1 000 万余公顷。通过监测，掌握了我国重要渔业水域生态环境的现状，为每年发布《中国渔业生态环境状况公报》提供了科学数据。监测结果表明，我国渔业生态环境状况总体保持稳定，局部渔业水域污染仍比较严重，主要污染物为氮、磷和石油类。其中，海洋重要渔业水域水体主要污染指标为无机氮和活性磷酸盐。海洋重要渔业水域沉积物环境质量总体保持良好，主要污染指标为石油类和铜，石油类超标以南海部分水域相对较重，铜超标以东海部分水域相对较重。淡水重要渔业水域水体主要污染指标为总氮、总磷、非离子氨、高锰酸盐指数和铜，其中江河重要渔业水域中总磷、非离子氨、高锰酸盐指数和铜的超标范围趋于增加，总氮超标范围趋于减小；湖泊、水库重要渔业水域中石油类、铜、高锰酸盐指数的超标范围趋于减小〔《中国渔业生态环境状况公报（2011—2014）》〕。

通过"南海北部近海渔业资源及其生态系统水平管理策略"项目研究，全面摸清了近 20 年我国南海北部近海 12 个重要河口和海湾渔业资源的环境现状，估算和预测了主要渔业经济种类的利用程度及变化趋势，系统阐明了重要海湾渔业资源及其栖息环境的演变趋势，丰富和深化了对近海生态系统和生物资源的理论认知。从种群、群落和生态系统三个层次系统地揭示了近海渔业资源数量变动规律及机理，量化解析了南海北部近海渔业资源变动规律，系统分析了从河口、近海至大陆架外缘海域鱼类群落格局及其与水文环境的关系，解析了鱼类群落的水深成带分布规律。首次提出陆地径流、季风环流和热带气旋活动是影响近海渔业资源产出能力的主要因素，阐明了人类活动、气候变动和生态系统三者间的耦合关系，揭示了渔业资源对人类活动和气候变化的响应机制，创新和发展了近海渔业资源理论体系。构建了南海典型海湾渔业生态系统能量流动模型，解析了近海渔业生态系统食物网的基本结构、服务与产出功能、主要营养通道能量流动/转换途径和定量关系，阐明了近海渔业生态系统对人类活动和环境胁迫的响应机制。首次采用生态建模和动态模拟分析技术，构建了南海北部近海 Ecopath & Ecosim 动态分析模型，量化诊断了南海近海生态系统对捕捞和环境胁迫的响应机制。应用情景模拟技术，系统分析了 6 种渔业管理情境下生态系统的响应，提出了优化管理策略。突破增殖模式和增殖放流效果评价等关键技术，集成了增殖放流、人工鱼礁和海洋牧场一体化的渔业资源养护技术体系。该项目荣获 2012 年度广东省科技进步奖二等奖。

通过南海中部"西中沙—黄岩岛海域业资源栖息地的调查与评价"项目研究，初步掌握了南沙—西中沙海域渔场理化环境主要特征，揭示了新发现的"高产渔场"形成与生态环境因子间的关系，阐述了春季南海中沙群岛北部海域的低温高盐水及其形成机制和夏季南海中部越南近海"强上升流区"生态环境特征及其渔场形成的关系，探讨和建立了基于脂肪酸的浮游植物种类组成生物标志物，分析了南海南部海域不同粒径浮游动物的春季和夏季的生物量和稳定同位素特征。该研究填补了该区域资源栖息地生态环境的研究空白，为深入分析南沙渔业资源状况和合理开发利用、系统开展南沙海域生态环境保护与生态系统提供了基础资料。

在"基于耳石环境元素指纹的重要经济鱼类洄游生态学研究"项目中，利用独特的 X-射线衍射电子探针分析 (EPMA) 技术，探索了我国刀鲚、凤鲚、棘头梅童鱼、青海湖裸鲤、太湖新银鱼等重要经济鱼类耳石的环境元素微化学"指纹"特征和类型，建立了江海、盐湖与淡水河流间洄游性鱼类耳石中对应于不同生境的锶钙比 (Sr/Ca) 或镁钙比 (Mg/Ca) 比值判别标准，以直观而可视的线、面图像方式，突破了传统技术的局限，有效地把握了上述鱼类的基本生境需求规律、生活史特征、洄游履历及其可能的生物学原因。通过研究，掌握了长江刀鲚和黄海刀鲚的关联性，发现长江刀鲚幼鱼在近 1 龄时入海；刀鲚可上溯长江近 800 千米进入鄱阳湖繁殖；钱塘江和瓯江刀鲚为相对独立的地理群等许多新现象。发现凤鲚在淡水中孵化，其产卵、发育和生长等生活史过程中生境变化非常复杂，显示出洄游模式的多样性，长江口繁殖群体是由具有生境间复杂洄游"履历"的个体混群所构成。长江口鲻存在多样化的洄游活动，孵化和早期发育需要盐度适中的生境，其生长和发育可以灵活地利用长江口淡水、河口半咸水和海水环境的生存策略。发现耳石 Sr/Ca 比不适于作为研究洄游性鱼类青海湖裸鲤生境变化的标记元素；但耳石中 Mg 的含量变化与血浆中该离子的浓度密切相关，可作为裸鲤早期发育和环境转换的标记元素；棘头梅童鱼耳石核心高浓度的 Sr 与大潮期间环境盐度的突然增高有关。耳石元素微化学特征显示出太湖新银鱼不同群体的地理差异明显，反映出耳石锶钙比 (Sr/Ca) 特征具有区别不同水域太湖新银鱼资源群体的潜力 （Yang et al，2011；Jiang et al，2012，2014；Liu et al，2012，2015；姜涛 等，2013；周昕期 等，2013；孙超 等，2013）。该项目荣获 2013年度中国水产科学研究院科技进步奖二等奖。

国家自然科学基金重大项目"全球变暖对东海浮游生物影响机制的研究"，通过对东海黄海长周期和大范围海洋调查数据资料的综合分析，利用曲线拟合等数理统计原理和方法，建立了反映温度敏感性的参数体系，揭示了气候变暖对浮游动物影响的特征与机理；首次发现了浮游动物温度敏感指示种，当水温上升 1～2℃时，指示种种群丰度会减少 95% 以上，甚至消失，阐明了不同生态类群浮游动物指示种对全球变暖响应的生物学机制；阐释了全球变暖引发的浮游生物变化对近海生态安全的影响，建立了估算浮游植物体积/表面积—碳模型国际标准方法及 3 级别摄食模型，发现气候变暖导致以中华哲水蚤为代表的暖温种浮游动物数量迅速减少，使浮游动物对浮游植物的摄食压力下降，是东海春夏之交大规模赤潮频发的诱因之一；揭示并阐明了全球变暖后，紫外辐射强度升高抑制浮游植物生长和光合作用的机理，发现强阳光辐射引起浮游植物藻丝体断裂，原因是过量的光电子传递给细胞内氧原子后会形成活性氧自由基，这些自由基会使细胞壁和其他结构中脂类的氧化，使细胞破裂，进一步形成藻丝体并在破裂细胞处的断裂，而浮游动物可以通过水平或垂直的迁移策略，减轻强光辐射造成的损伤。该项目荣获上海市 2013 年度自然科学三等奖。

通过实施国家"973 计划"课题"河口生境条件变动对重要生物资源的影响"研究，继 20 世纪 80 年代以来，首次对长江河口生物资源及生境开展连续 3 年的大面积调查，为了解三峡工程正式运行后河口生物资源现状积累了重要的科学资料；通过研究河口重要生物资源的时空格局现状及对河口生境的利用情况，阐明了在盐度、水温、饵料和底质环境因子变化影响时重要生物资源在河口的空间分布和季节变动的规律，为了解河口生态系统功能演变过程及对重大水利工程的响应规律和机理打下了坚实基础；通过不同的代表性生物与环境的关系分析，结合重要影响因子对河口生物幼体资源的影响试验，获取了影响河口重要生物资源的关键水沙条件和污染物浓度阈值，提出河口径流条件改变下盐水入侵风险和污染风险对不同类型生物资源的潜在风险影响分析，证实了长江水文调控对春季鱼类繁殖和育幼期的风险管理中有关键作用，提出通过生态调度可减少对河口渔业资源影响的重要论点；阐明了沉积物性质对不同底栖生物类群分布的作用，为掌握重大水利工程影响下河口地貌冲淤变化对底栖生物群落的影响和驱动机制提供了基础支撑（Chao et al，2012，2014；Shi et al，2014；Jiang et al，2014）。

国家"973 计划"项目"我国近海藻华灾害演变机制与生态安全"的研究中，针对我国重要藻华——东海原甲藻大规模赤潮、鱼毒的米氏凯伦藻赤潮等不同类型藻华，阐释其对海洋生态系统结构和功能的不同危害效应、途径和机制。分析了东海重要经济鱼类渔场位置的时空变化，同时收集了大量数据，通过重要经济鱼类产量的月相移动影像，判别东海重要经济鱼类渔场属性；重点识别产卵场和索饵场等对赤潮敏感的区域及对应时期。探讨赤潮发生的时空变化及其与渔业敏感区域的时空对应性，最终进行了赤潮对主要渔业资源渔场安全影响的评估。项目的实施为藻华灾害的社会影响和经济影响的科学评价提供了理论依据，为阐明富营养化海域藻华灾害对生态安全的危害机制、保护人类健康、维护近海生物资源的可持续利用提供了科学依据（Luo et al，2012；Zhang et al，2014；Xu et al，2013，2014）。

通过对珠江下游浮游植物种群生态学的跟踪研究，并运用生态统计模型技术对浮游植物的时空特征与环境因子的关系进行了分析预测。研究结果显示，浮游植物种群的自组织模型（SOM）呈现出显著的季节性差异，线性判别模型（LDA）的预测结果表明水温和径流量是影响浮游植物种群季节变动的关键因子，磷酸盐是偶然扰动因子；下游珠三角河网水域浮游植物种群的非度量多维测度模型（NMDS）呈现出显著的空间差异，而季节性差异较小，线性判别模型（LDA）的预测结果表明水体营养质量的差异是关键因素，人类活动所导致的区域性富营养化已经削弱了珠三角河网水域浮游植物种群的季节性差异。该项研究补充了珠江中下游浮游植物种群生态学的研究空白，并首次引入模型预测分析技术，为该水域水生生物的长期跟踪监测及预测奠定了较好的基础。

针对莱州湾、海州湾等海洋牧场特点，合理布放浮标、潜标、船载传感器、气象站以及垂直监测链等多种监测平台。开展温度、盐度、溶解氧、pH、叶绿素、浊度等参数的定点、长期、实时监测。具备远程监控、实时通信联络、数据采集与分析、数据管理等功能。可远程设置浮标、浮筏、气象站、无人机、地波雷达以及船舶监控设备的工作模式，并监控其运行情况。能够生成基于时间和地点变化的环境数据曲线，实现对监测数据进行较全面的大范围、长时间分析。基于遥感监测指标数据集，构建了基于 WEBGIS 的监测及预警平台。可实现监测数据显现、检索、环境评价及预警功能。通过在不同地点布设远程网络摄像头，将其互联互通，实现远程操控、咨询，为专家决策系统的建立奠定基础。组建并形成了海洋气象信息预报系统、环境资源实时监控系统、遥感监测平台、多点互联互通、车船 GPS 与对讲系统、船舶运行与管理系统；运用网络信息化技术将多个平台进行统一整合，初步构建了集科研、生产于一体的海洋牧场安全监测管理平台。

（二）环境污染与生物效应评估

针对近年来海上溢油事故频繁发生的情况，农业部立项开展了溢油污染对海洋生物的毒性效应及致毒机制研究。研究包括：对不同的原油、燃料油和溢油分散剂与不同鱼、虾、贝类开展个体水平、分子水平和细胞水平的毒性效应及致毒机制研究，不同原油和燃料油在食物链中积累和放大的迁移机制研究，不同油类在生物体内富集规律研究，水产品质量安全环境风险评估和水产品中石油类污染物食用安全风险评估等。通过 3 年的研究，获得了不同油品对不同生物的急性毒性效应数据、分子水平的毒性效应数据、血细胞的病理损伤实验数据、在不同生物体内的富集、释放特征数据及藻—贝类在食物链上的传递实验数据。初步阐明了溢油污染对海洋生物的毒性效应及致毒机制、在海洋食物链中富集和放大的迁移机制，给出了溢油对水产品质量安全影响与风险评估方法等（Shen et al，2012；李磊 等，2014；许高鹏 等，2014）。该研究丰富了生态毒理学的内容，为评价溢油污染对海洋生物的影响提供了科学支持。

通过对代表性污染物和农渔药对重要水产增养殖品种影响效应的研究，建立了 5 种新的农渔药分析方法，优化了"贻贝观察"技术体系、增养殖海域新污染源判别法、生物质量和卫生安全风险评估模型，形成了潜在生物标志物综合评判方法，构建了基于个体水平、细胞水平和分子水平的综合性毒性效应研究指标体系。从空间和时间层面系统解析了近岸增养殖海域贝类体中 14 种代表性污染物的时空变化特征和趋势，判断和识别了华南沿海有机氯污染物的新污染源，系统评价和揭示了生物质量水平和食用安全风险的变化趋势，确定了热点污染物和典型海域。系统阐明了代表性污染物和农渔药对重要水产增养殖生物的毒性毒理影响效应。系统获得了对水产增养殖及相关海洋生物的急性毒性基础数据，解析了单一和混合暴露胁迫下污染物和农渔药的积累、释放与代谢的动力学特征、生物标志物的响应关系以及对生物体的组织形态、组织损伤和相关基因表达的影响效应。该研究首次应用生物标志物整合响应法、秩相关分析法等评判方法，系统筛选和推荐适用于重金属、环境激素类、有机污染物和农渔药的潜在生物标志物 26 种。

通过对珠江三角洲河网特征污染物甄别及其对鱼类资源的影响研究，掌握了珠三角河网水体和沉积物中重金属、多氯联苯、拟除虫菊酯等污染状况的影响、分布特征及其时空变化规律，以及浮游植物、浮游动物、幼鱼群落分布特征及其与环境因子的关系；检测代表性鱼类组织中各类特征污染物的残留情况，筛选出各类特征污染物累积的敏感种类，并列入候选监测生物；研究了铜、镉对代表性鱼类早期阶段的急性毒性、抗氧化应激效应，筛选出相关生物标记物，为完善珠三角渔业水域污染的监测指标及预警系统提供了基础数据。

以松花江水体典型雌激素为研究对象，开展了水体中雌激素的运移规律及生态毒理效应的研究。通过采用固相萃取富集—气质联机、超声提取—硅胶净化—气质联机等定量检测技术，分析了水体中 8 种雌激素类物质（雌酮、雌二醇、雌三醇、乙炔基雌二醇、己烯雌酚、壬基酚、辛基酚以及双酚 A）的浓度水平及赋存状态，考察其污染特征及生态效应，解析其来源和归趋状况，分析其时空变化规律，筛选出典型的雌激素类物质。通过雌激素复合污染的吸附解析实验，研究其在水—沉积物上的微界面迁移过程、聚集行为、沉降特性及有害性效应，并探求其吸附解析的机理；通过微生物对复合污染物的生物富集特性探讨雌激素复合污染对微生物细胞的冲击效应及影响机制；通过与单一污染物微生物转化进行对比，解析多种雌激素复合污染微生物迁移转化的作用机制。通过复合雌激素在鱼体内的迁移过程与组织分布，与生物靶器官、细胞、细胞器直至生物分子的结合及对鱼体功能的影响来研究其毒理学效应，采用分子生物学、基因组学等先进的研究手段，从基因表达层面确定其作用机制，给出潜在的生态效应评价。

以南海北部典型底栖双壳贝类作为研究对象，通过传统的生态毒理学与分子毒理学相结合的手段，系统研究了典型污染物对贝类不同生物学水平（分子、细胞、个体）的毒性效应，基于生物标记物的响应水平建立了典型环境污染物的生物监测技术方法。通过研究获得了壬基酚、多溴联苯醚、三唑磷、铜和镉等典型污染物对翡翠贻贝、波纹巴非蛤和菲律宾蛤仔等海洋底栖贝类的急性毒性数据及其安全阈值；通过组织细胞学手段发现有机污染物可以诱导贝类鳃绒毛融合现象发生，揭示贝类鳃组织可能是有机污染物作用的靶器官之一；研究发现有机污染物对贝类 SOD、CAT 等抗氧化酶活力和 MDA 含量影响呈现明显的时间和剂量效应；基因毒理学研究发现有机污染物对贝类 *CYP1A* 基因表达具有显著影响，提示有机污染物的毒性机制可能与芳香烃受体通路有关。筛选出以抗氧化酶、细胞色素 P450 酶系以及 *CYP1A* 基因表达等为敏感生物标记物的生物监测指标，可为海洋环境中典型污染物的监控与风险评价提供有效的早期预警手段。

以建立综合性"淡水贝类观察"监测体系为目标，开展了太湖渔业生态环境重金属污染的"背角无齿蚌移殖观察"研究。通过研究，掌握了背角无齿蚌从受精卵至性成熟的全生活史过程的生境条件、发育机制和生长规律；突破了背角无齿蚌幼蚌（特别是壳长＜1 厘米）死亡率高的瓶颈难题，成功实现了背角无齿蚌的全人工繁殖，初步建成了"标准化"的背角无齿蚌"活体库"、实验贝类种群及监测用组织的"标本银行"；研究结果显示背角无齿蚌体内重金属的背景与生境污染背景密切相关，显示出通过控制养殖环境来控制"标准化"背角无齿蚌的重金属背景具有很强的可行性；相关的移殖监测结果表明，野外实验组蚌体中的含量高于养殖对照组蚌体中的含量，重金属污染指数也较高，体现出近、远距离移殖"标准化"背角无齿蚌开展水域生态环境监测具有很强的实用性；"标准化"背角无齿蚌早期生活史阶段的个体对重金属的耐受性很低，对其毒性作用非常敏感，且非常脆弱；利用自主繁育的"标准化"背角无齿蚌种群的个体，在实验室微型生态系统下对大宗淡水鱼（团头鲂）人工投饵富营养化池塘水体进行的净化研究表明，蚌对金属 Al、Cr、Fe、Ni、Zn 和 Mo 具有明显的去除作用。提示出"标准化"背角无齿蚌富集对富营养化养殖水体中重金属具有净化作用（陈修报 等，2013，2014；Chen et al，2012；孙磊 等，2014；苏彦平 等，2014）。

"十二五"期间，国家对涉水环境污染物毒理学的研究加大了支持的力度，如国家自然科学基金重点项目"抗生素水环境光化学转化/光致毒机理与计算模型"（2012—2016 年）、"人工纳米材料对水环境中有机污染物界面过程的影响机制研究"（2013—2017 年）、"水环境纳米材料形态的分析新方法、转化机制和生物效应"（2014—2018 年）、"水环境中有机磷阻燃剂的环境暴露、生态风险和毒理机制"（2015—2019 年）等一系列项目。这些项目的研究成果为渔业生态环境的相关研究提供了重要的借鉴和参考。

（三）渔业水域生态环境调控与修复

针对我国近海渔业资源严重衰退和环境日趋恶化的现状，从国家科技兴海和渔业可持续发展战略出发，系统研发了人工鱼礁海洋牧场关键技术体系，引领和推动了我国人工鱼礁海洋牧场技术的发展，该技术在我国沿海已普遍推广应用，取得了巨大的生态效益、经济和社会效益。通过对人工鱼礁海洋牧场关键技术进行研究，构建了人工鱼礁工程技术研发平台，建立了人工鱼礁水动力特性的数学模型，系统阐明了基础礁体结构的流场特征与生态调控功能；优化和确定了 12 种礁体、3 种礁群和礁区布局的配置结构；建立了附着生物的生态特征综合评估方法，系统解析了 6 种基本鱼礁材料的生物附着效应及其生态综合效益，阐明了 7 种环境因子和季节变化对附着生物的影响机制，阐明了提升礁区饵料效应的优化条件；创建了"鱼礁模型趋附效应概率判别"评估方法和诱集效果 5 级评价标准，系统阐明了 118 组单礁、双礁和多礁组合对 9 种重要增殖种类的诱集效果，解析了 3 种光照下礁体的阴影诱集效应，提出了礁体结构与组合的优化方案；研发了人工鱼礁海洋牧场资源增殖新模式、"现场网捕－声学评估－卫星遥感评估"综合评价技术和生态系统服务价值模型，定量评估了礁区的增殖效果和生态系统服务价值。编制了人工鱼礁建设规划、技术标准、技术规范和管理规定；系统集成 6 项共性技术，形成了我国人工鱼礁技术体系，构建了我国首个大型现代人工鱼礁示范区（贾晓平 等，2011）。该项目荣获 2013 年度广东省科学技术奖一等奖。

针对每年数百项涉海工程建设致使沿海生物资源损害加剧的态势，开展了"涉海工程生物资源影响及修复技术"研究。该研究在国家"973 计划"、科技部和农业部专项、中国水产科学研究院基金等的资助下，历经 13 年，基于覆盖东海、黄海、渤海 11 个纬度海域、150 多万网次捕捞资料、20 多万组环境调查数据，综合多学科技术方法，系统开展了涉海工程生物和渔业资源损害和修复关键技术研究，取得了多项创新性成果：①识别渔业敏感目标，明确保护区域和敏感时段。揭示了我国重要经济鱼类产卵场、索饵场、越冬场、洄游路线和种群时空分布特征，建立了渔业敏感目标识别技术；获得了黄东海 471 种浮游动物（约占基础饵料 75%）的生长最适温、盐度；查明了沿海、河口、海湾等短距离洄游鱼类产卵敏感时段，科学定位了渔业敏感保护目标、保护区域与敏感时段。②构建了定量化和标准化的生物资源损失评估体系。首次阐释了幼体资源潜在增长价值损失是沿海渔业资源损失主体的原理；结合工程影响因子识别和毒理学参数研究，建立了幼体资源损失量化评估方法——"个体长成法"，替代以往定性或半定量评估的重量密度法；在此基础上，构建了生物资源损失评估技术体系，制定了我国海洋环境影响评价领域首部量化评估生物资源损失的国家和行业技术标准，成为我国各级海洋、环保和渔业管理部门审核、审查涉海工程环境影响、海域使用论证、渔业污染事故鉴定等报告的重要技术依据，实现了涉海工程生态补偿费征收的标准化和业务化运作。③建立了适宜不同环境特征的生态修复和资源增殖技术。结合浮游动物环境适应性等成果，建立增殖放流品种、地点、季节、规格等优化技术，开发出适宜滩涂、浅海、岛礁、港湾海域的鱼、虾、蟹、贝类增殖技术，构建了增殖放流和资源增殖效果评估技术。经回捕验证，增殖放流投入产出的资源倍增效益可达5倍。④研建了生态环保设计技术。依据核电、LNG等工程案例和余氯水动力特征分析，结合游泳生物在低浓度余氯水中的自主趋避规律，建立了基于余氯生物屏障原理的工程生态环保设计优化方法，经验证，可减少渔业资源损失50%以上（徐汉祥 等，2006；徐兆礼 等，2006，2008，2009，2011）。该项目荣获2012年度上海市科学技术奖一等奖。

针对海湾大然藻场遭到严重破坏的现状，在大亚湾马尾藻场的生态学调查和马尾藻繁殖生态学的基础上，就地取材，采用简便经济的"网袋捆苗投石法"，在大亚湾受损岩相岸线和人工抛石岸线开展半叶马尾藻移植实验，并对移植半叶马尾藻的生长发育进行跟踪调查。初步研究结果表明，移植4个月后，半叶马尾藻存活率为36.7%，其中有66.7%存活的半叶马尾藻是通过假根的多次萌发成功再附着在网袋上；移植5个月后，存活的半叶马尾藻的成熟率达81.8%，与野生藻体的成活率（91.5%）无显著性差异；移植6个月后，半叶马尾藻茎和主枝腐烂脱落，只留下固着器，并在固着器上萌发出新芽。该项研究初步探讨了马尾藻场修复与重建技术，为恢复大亚湾马尾藻资源和藻场生态功能，构建藻场人工生态岸线提供了科学依据。根据象山港海域的特点，筛选了铜藻和马尾藻作为夏季生物修复工具种，并开展了两种藻类的生理生态学研究。研究了营养盐在藻体内的代谢动力学特征，研究了藻类生长、光合作用的影响因子，现场测定了上述藻类的生长特性，通过测定密闭容器中溶解氧和无机碳浓度的变化，从产氧和固碳两个方面研究了它们的光合固碳能力。针对海水人工湿地中氮迁移、转化的各种物理、化学和生物过程，尤其是氮的硝化、反硝化与厌氧氨氧化过程，开展了人工湿地中的植物、基质和微生物在去除海水养殖外排水中氮的贡献与作用的研究。通过分析海水人工湿地系统中不同时间、空间微生物群落的分布、组成和数量，酶的组成和活性及其与氮净化效果的关系，探讨了不同盐度、氧化-还原环境对系统内微生物群落结构与功能的影响，识别了人工湿地除氮的关键生物过程及其控制因素。

从牡蛎礁具有的生态功能出发，实施开展了江苏海门蛎岈山国家级海洋公园牡蛎礁生态建设工程。通过对蛎岈山牡蛎礁的生态现状调查，阐明了本地牡蛎种群的生物学特征、牡蛎礁定居性动物的群落结构和生物多样性，分析了海门蛎岈山牡蛎礁的生态功能和目前面临的主要环境胁迫因子。首次利用无人机航空遥感技术对江苏海门蛎岈山国家级海洋公园潮间带自然牡蛎礁斑块进行测绘，摸清了蛎岈山牡蛎礁体的空间

分布特征。完成了牡蛎礁生态建设工程方案设计，制定了组合施工工艺，采用了多种礁体组合方式，建设了 17 个单层礁体、7 个间隔礁体、14 个单层-双层组合礁、12 个多层礁体、3 个散礁，累计 53 个人工牡蛎礁体。跟踪监测结果显示，该工程有效扩增了活体牡蛎礁面积，多层人工礁体的恢复效果明显优于单层人工礁体，人工牡蛎礁区大型底栖动物的平均总密度和总生物量显著高于对照区（未恢复区），其中礁体区大型底栖动物的密度是对照区的 6.1 倍、生物量比对照区高出 3.1 倍。人工牡蛎礁建设显著提高了大型底栖动物的丰度和生物多样性，具有良好的生态修复效果，为今后的生态建设工程实施提供了成功案例（Quan et al，2012，2013）。

针对贝类养殖滩涂老化的问题开展了滩涂底质修复研究。通过对养殖文蛤老化滩涂进行物理修复和生物修复两种方式，探讨两种方式对老化滩涂修复的效果。研究结果表明，物理修复实验中，翻耕 20 厘米组对底质硫化物、总氮（TN）、总有机碳（TOC）的修复效果及翻耕 30 厘米和翻耕加压沙组对底质总氮、总磷（TP）、总有机碳的修复效果均达到了显著水平（$P < 0.05$），且不同修复组对 3 种指标的去除率大小顺序一致，均表现为翻耕加压沙组最佳，表明翻耕加压沙综合了压沙和翻耕的优点，是一种操作性较强的物理修复方式，可广泛应用于沿海老化滩涂的修复实践中。生物修复实验结果表明，投放双齿围沙蚕对底质修复效果明显，0.14 千克/米²、0.21 千克/米² 和 0.28 千克/米² 密度组对总氮、总磷、总有机碳和硫化物的去除效果优于对照组（$P < 0.05$），其中 0.21 千克/米² 密度组的修复效果最佳。两种修复方法的比较表明，生物修复效果总体优于物理修复（牛俊翔 等，2013，2014）。

在"浮游植物群落对池塘水质指示与调控作用"研究中，通过对珠三角地区的四种密养淡水鱼塘水体主要理化参数监测与分析，阐明了池塘水体叶绿素 a 含量和水环境因子动态状况，分析了不同养殖品种间的池塘水体环境因子差异，探索池塘水体浮游植物群落结构特征及演变状况与水环境因素的相互关系。同时研究了不同浓度水平高铁酸盐与水体理化特征及浮游植物群落结构参数的相互关系。研究结果为探明池塘水体环境对浮游植物群落结构的影响效应、池塘水体的水质评价及生态修复提供了科学依据。

江苏蠡湖从 2002 年起停止湖泊养鱼和实施 4 年的环境整治，包括截污、清淤、退渔还湖、建设动力换水和实施生态重建，蠡湖外源性污染已经基本消除，但蠡湖水质中氮、磷含量一直居高不下，监测结果显示总磷Ⅳ类、氨氮Ⅴ类、总氮劣Ⅴ类。针对湖泊严重富营养化与蓝藻暴发的现状，选择江苏的蠡湖实施"湖泊净水渔业研究与示范"研究。该研究提出了"净水渔业"理念，通过放养滤食性鱼贝类，有效控制水中浮游生物、抑制蓝藻，让水中的氮、磷通过水生生物营养级的转化，最终以渔产量的形式得到固定，当鱼体被捕捞出水就移出了水中的氮和磷。"净水渔业"技术是多项技术的集成和组装，研究提出有效放流 2 龄鱼种、回捕 4 龄以上的成鱼、湖中留有

一定的鲢、鳙群体及其运作方法，是削减湖泊中氮、磷的关键。以江苏蠡湖 4 年多同步实测水质和水生生物动态变化阐明了投放滤食性生物与降氮、磷、去蓝藻的内在关系，采用标志放流鲢、鳙与回捕获得控藻与降氮磷能力；指出在天然型湖泊中放流滤食性鱼类后，保障了鱼类生物的多样性和丰富度，既不破坏鱼类的群落结构又改善了水质。自 2007 年起实施了"净水渔业"技术后，成效显著：到 2010 年蠡湖中总氮下降了 80％、总磷下降了 88％，水质由 V 类上升为 Ⅲ 类；综合营养状态指数下降 11.3％，呈中营养状态；未破坏鱼类群落结构又改善了水质，生物多样性指数提高 1 级；生态修复的同时，新增渔业产值 179.72 万元。在"净水渔业"理念和技术应用的实践中，通过密集型同步水质与水生生物监测，综合采用多种指数和指示种的综合水质评价方法，建立了湖泊水质污染、生态修复效果的评价体系（Song et al，2013；范立民 等，2013；吴伟 等，2014；Meng，2013）。"湖泊净水渔业研究与示范"项目荣获 2014 年度中国水产科学研究院科技进步奖一等奖。

以大亚湾为研究区域，研究人类活动对大亚湾水体、底质和生物群落的影响以及环境和生物群落对生态系统退化的响应，预测大亚湾生态系统发展趋势。通过研究初步建立大亚湾生态系统中水环境、沉积环境和生物体对人类活动影响响应基础数据库，建立了大亚湾生态系统能量流动模型；构建了较为适用的海湾生态系统健康状况评价指标体系和评估技术体系；构建了建立人类活动对大亚湾生态系统中长期影响预测模式；以网箱养殖区、石化工业区和人工鱼礁建设区为实例，通过连续现场监测的方式，研究大亚湾生态系统对水产养殖、污水排放以及生态调控影响的响应，并提出了海湾生态系统健康发展的对策。

从贝类筏式养殖对浅海碳循环的影响出发，研究了亚热带海湾养殖的葡萄牙牡蛎、华贵栉孔扇贝和翡翠贻贝 3 种贝类和附着滤食生物皱瘤海鞘的生物沉积速率及其时空变化特征，并分析了生物沉积中有机质和碳、氮元素含量；模拟现场环境测定了贝类筏式养殖区和非养殖对照区的沉积物耗氧速率和海水—沉积物界面元素流通；测定了贝类耗氧速率，根据呼吸熵测定了贝类呼吸作用排出的碳。研究结果初步揭示了贝类生物沉积作用在水环境和沉积环境间起到的生物耦联作用，为进一步揭示贝类大规模筏式养殖对浅海物质循环的影响奠定了基础。

通过开展海水异养硝化-好氧反硝化菌株 X_3 的生产、应用技术研究，重点研究异养硝化-好氧反硝化细菌 X_3 的降氮的效果，分析了各种形态氮的降解和转化途径。研究结果表明，在 72 小时的实验过程中，降解液中总氮含量呈降低趋势，氨氮也表现为连续降低的趋势，亚硝酸氮为先升高后降低的趋势，硝酸氮为先降低后升高的趋势，有机氮则一直保持升高的趋势，且实验结束后有机氮所占比例由初始时的 39.3％升高到 94.3％。通过提取基因组 DNA，并以此为模板，获得细菌 X_3 的荧光定量 PCR 检测曲线，建立了水体中异养硝化-好氧反硝化细菌 X_3 的实时荧光定量

PCR 检测方法。为了解异养硝化—好氧反硝化细菌使用过程中各种形态氮的转化提供了理论依据。

依托国家科技支撑计划、中国科学院 STS-network 网络体系，联合 18 家海洋农业龙头企业联合组建了中国现代海水养殖产业技术创新、中国对虾产业技术创新等 10 个产业战略联盟，建立了各类技术研发示范平台 6 个，实施了重要海产品良种生态养殖与高值化产业链示范项目，辐射整个山东半岛沿海。以山东黄海站为主体建成了中国近海海洋观测研究网，在开展科研的同时可兼顾服务周边海域养殖企业。如在莱州湾、荣成湾建立了海洋观测站、陆基支撑数据接收站，初步实现环境与资源实时变动的有效追踪；成立海洋数据中心，为地方经济防灾减灾做出了贡献。针对海湾生境受损现状率先开展系统评价，"因湾制宜"突破海草床修复技术瓶颈，创建了大型藻类周年修复新模式，使莱州湾海洋牧场示范区游泳经济动物生物量增加 75.0%，实现了从局部修复到系统修复的跨越；针对海湾生物资源严重衰退现状，"因种而异"构建了刺参、中国对虾、三疣梭子蟹、许氏平鲉资源生态高效修复技术，实现从经济型修复到生态型修复的跨越，该成果获山东省科技进步奖一等奖。

围绕渔业生态环境质量管理的技术需求，在科技部、农业部等国家部委的支持下，相继完成了"海水滩涂贝类养殖环境特征污染物甄别及安全性评价标准研究""突发性海洋溢油污染事故对渔业损害评估的关键技术集成与示范""建设项目对国家级水产种质资源保护区影响评估研究与示范""渔业污染事故调查处理"等方面的研究。

通过实施海水滩涂贝类养殖环境特征污染物甄别及安全性评价标准研究，提出了我国海水滩涂贝类养殖环境特征污染物甄别和环境类型划分技术体系，并从产地环境管理角度，提出了相关的技术规范草案，为解决海水滩涂贝类养殖产地环境类型的划分标准、方法和程序及国家和地方实施海水滩涂贝类养殖产地环境类型划分和管理提供了核心技术支撑。该研究首次针对滩涂贝类建立了模拟实际养殖水域环境的水体沉积物—贝类三相体系的生态毒理学实验方法，构建了水体—沉积物和贝类的富集动力学双箱模型，在此基础上从贝类质量安全角度，推导出养殖水体、沉积物中特征污染物铜、铅和镉的限量值，提出了泥蚶和文蛤的镉安全限量建议值；首次建立了我国滩涂贝类养殖产地环境特征污染物筛选和环境类型划分技术方法，分析提出了以重金属为划分指标的分级管理框架。通过研究，提出了《海水滩涂贝类增养殖环境特征污染物筛选技术规范》和《海水滩涂贝类养殖环境类型划分技术规范》，对进一步规范贝类养殖，降低贝类的食用风险，促进我国贝类养殖生产活动的安全和可持续发展具有重要意义（张聪 等，2012；李磊 等，2013）。

针对突发性海洋溢油污染事故，特别是渤海蓬莱 19-3 油田发生严重溢油事故，开展"突发性海洋溢油污染事故对渔业损害评估的关键技术集成与示范"研究。通过一系列的调查和监测工作，取得了溢油对天然渔业资源和养殖业影响的第一手资料。

结合我国海上溢油对渔业的影响以及事故处理情况，对突发性海洋溢油污染事故造成的天然资源损失进行全面、细致的分析，建立了不同的损失评估方法，并成功地在多次突发性海洋溢油污染事故对渔业损害评估中得到示范应用，为溢油污染事故对渔业的损害赔偿提供科学高效的技术支撑。该项目 2012 年获中国水产科学研究院科技进步奖一等奖。

针对建设项目日益增多对国家级水产种质资源保护区造成严重损害问题，开展了"建设项目对国家级水产种质资源保护区影响评估研究与示范"研究。通过专访调研、历史资料对比、现场监测、综合评价等方法，构建了建设项目对水产种质资源保护区影响评估的技术和方法。通过研究，创新了渔业生物早期生命阶段损害的定量评估技术，优化了持续性损害渔业生物受损量的评估技术，建立了建设项目对水产种质资源保护区主要功能影响的评价技术。构建的评估指标体系和模式，在辽东湾渤海湾莱州湾国家级水产种质资源保护区 20 余项建设项目中成功地进行了应用、示范，共评估了渔业补偿金额 10 余亿元，有力地支撑了水产种质资源保护区的生态环境保护和渔业资源养护工作，社会效益、经济效益和生态效益十分显著。项目成果为建设项目对水产种质资源保护区影响损害的定量评估提供了科学依据，为渔业部门进行项目管理提供了技术支撑。该项目获 2013 年度中国水产科学研究院科技进步奖二等奖和中华农业科技奖三等奖。

随着经济建设蓬勃发展，在航道、港口、桥梁、堤坝等各类工程建设项目中，涉及的水下爆破工程越来越多，为规范各类水下工程爆破作业对水生生物资源及生态环境损害影响评估，发布了《水下工程爆破作业对水生生物资源及生态环境损害评估方法》（SC/T 9404—2012）的水产行业标准。《水下爆破作业对水生生物资源损害评估方法》结合水生生物资源的特性，依据水下爆破对水生生物产生危害的主要来源是水下冲击波这一特点，规定了水下冲击波峰压值的计算方法；规定了水生生物的安全距离（致死半径）估算方法，通过建立水下冲击波峰压值与生物致死率的关系，给出了定量估算在安全距离范围内水生生物资源的损失量的方法（沈新强 等，2013）。该评估方法为有效保护水生生物资源及生态环境提供技术支持。

根据海水滩涂贝类养殖区域规划和监测管理的需求，编制完成了《海水滩涂贝类养殖环境特征污染物筛选技术规范》的水产行业标准。《海水滩涂贝类养殖环境特征污染物筛选技术规范》规定了特征污染物和潜在特征污染物筛选流程、实地监测要求、特征污染物和潜在特征污染物筛选，规定了特征污染物和潜在特征污染物筛选的后续管理要求。此规范为海水滩涂贝类养殖区域规划和监测管理提供了技术支持。

在渔业污染事故调查处理技术培训方面，为不断提高渔业污染事故调查鉴定人员的业务素质和调查处理能力，"十二五"农业部渔业生态环境监测中心共举办了 14 期渔业污染事故调查鉴定技术培训班，培训渔业污染事故处理人员 3 000 多人次。截至

2015 年年底，全国共有 3 000 多名专业技术人员取得渔业水域污染事故技术审定委员会颁发的《渔业污染事故调查鉴定个人合格证书》。通过人员培训考核，稳定并扩大了渔业污染事故调查鉴定技术人员队伍，调查人员的专业能力与素养和对渔业污染事故调查鉴定的能力得到了进一步的提升，为应对渔业水域污染事故、提高渔业行政主管部门处理渔业污染事故的快速反应能力、有效控制渔业污染事故的危害、维护渔业合法权益等方面均起到积极作用。针对新形势下渔业污染事故调查处理工作，"十二五"期间，不断地对原有的处理程序和相关处理技术进行了修改和完善，建立了大面积溢油对重要渔业生物种群早期补充影响的定量评估技术，成功地应用于蓬莱 19-3 油田溢油天然渔业资源损失评估中，为政府协调解决溢油事故提供了强有力的技术支撑。根据不同环境特点的渔业资源种类组成和群落结构特征，并结合当前的增殖技术，提出了采用"种类替代增殖法"定量评估渔业资源恢复至污染前原有水平所需的幼体种类和数量，优化了以往的计算方法，实现了渔业损害中长期效应的定量评估，使污染事故对渔业资源中长期效应的评估更为科学合理。

三、国际研究进展

随着海洋、河流流域的开发、陆源污染物的增加和全球气候变化的影响，渔业生态环境的监测、影响评价、修复与保护越来越引起各国的重视，相关的技术发展迅速。综观国际生态环境监测与保护研究，主要的研究进展与发展趋势有以下几方面。

（一）发展快速监测技术、浮标监测技术、船载监测技术和传感器监测技术

目前，各沿海国家都在发展现代海洋监测高新技术，从空间、水面、水下对海洋环境进行立体监测。美国、加拿大、日本、欧盟、俄罗斯等海洋强国和地区不断更新、强化本国管辖海域的海洋环境监测和信息服务系统。发展快速监测技术系统成为获取环境和污染物信息的主要手段，尤其是在线监测系统正逐渐成为环境污染物快速筛查和在线监测的首选技术。浮标监测技术是集传感器技术，尤其是化学、光学和生物传感器技术、现场自动采样分析技术、电脑数据采集处理技术、数据通讯和定位技术、浮标设计和制造技术及防生物附着技术等高新技术为一体的综合性高新技术集成，是当前环境监测技术的主要发展方向之一。船载监测技术的发展特点是向多功能发展，包括提高船时利用率，配备多种调查监测仪器，提高现场调查监测的自动化程度和实时数据处理能力。传感器监测技术是环境污染自动监测技术的进步，主要涉及电化学传感器和生物传感器。如美国国家海洋与大气局（NOAA）下设五大渔业科研中心，每个中心下设 2～8 个研究所，形成了一个海洋渔业科研网络。备有各类调查船，每年冬季、春季、秋季实施水文、鱼虾类、藻类的群体调查，同时利用卫星来

测定海洋生物资源品种及数量的分布，此项活动几十年从未间断。日本的监测内容十分全面，可分为物理学监测、化学监测、生物学监测和生物监测四大类。韩国海洋水产部根据《沿海管理法》的相关规定，每 5 年开展一次定期沿海基本情况调查并定期发布沿海基本情况调查结果。新近发布的第三次沿海基本情况调查报告（2008—2012年）的内容包括沿海社会和经济、沿海开发和利用、沿海灾害预防、沿海地形和生态、沿海环境等领域（陈建军 等，2009；蔡树群 等，2007；李慧青 等，2011）。

（二）重点而系统地关注有害化学物质的影响

有害化学物质，包括持久性有机污染物（POPs），由于其在环境介质中的持久性、生物富集性、长距离迁移能力、对区域和全球环境的不利影响以及毒性作用成为优先研究方向。在毒理学领域，发达国家对慢性毒性试验如生物繁殖能力、摄食能力和行为试验正逐步增加，开始成为关注的焦点，越来越多的研究关注于阶段性污染，如研究在不同的脉冲频率和间歇时间条件下，进行的毒理试验（Naddy and Klaine，2001）。美国从 20 世纪 60 年代开始至今，不间断地开展着基于双壳贝类的沿海水域污染"贝类观察"的监测与评价（目前该项目被称为"美国国家状况和趋势贝类观察计划"）。目前相关研究已进行到了第二阶段（与美国环境保护署正在五大湖水域开展的"关注区域评价"的项目相结合），在监测和评价环境污染的同时，对化学污染物的致污机制和毒理学特征等进行研究，以期得到有效诊断（Kimbrough et al，2014；Edwards et al，2016）。日本国立水产综合研究中心 2015 年发展规划中明确列出重点推进沿岸渔场环境的保护和修复、内陆渔业资源和环境保护及可持续利用、把握渔业生态系统有害化学物质动态机制及开发高水平的影响评价和清除技术等研究。深入研究病毒对有害藻华的影响、赤潮分解机制，寄生藻类的多样性及其病毒、微藻病毒、病毒基因染色体组型分析，蓝藻水华终结机制，孢囊形成的抑制，有害藻种群的产生。挪威海洋研究所集中研究沿海地区的植物和动物资源，监测海洋环境中有机环境毒素，评价其对海洋生物的影响，研究开发海洋环境放射性污染物的监测工具，研究化学污染物对海洋环境和海洋生物资源的影响，为政府部门提供咨询。

（三）生物修复技术

国际上，从 20 世纪 90 年代起生物修复技术（包括微生物修复技术、植物修复法、生态浮岛、人工湿地等）发展迅速。如美国 AM 公司生产的 Clear Flo 微生物菌剂成功修复了美国中央公园水体及法国穆林维尔运河（张琨玲，1996）。植物修复法利用高等水生植物与其根际微生物的共同作用，达到吸收、去除、降解水环境中的污染物的目标，并通过工程方法和植物重建，恢复了退化的生态系统（Sorrei and Armsirong，1994）。日本在霞浦隔离水域设置了人工生态岛，使该水域水质明显改善（丁则平，2007）。Kichuth 提出了高等水生植物为根区周围的微生物提供富氧微环境，提高人工湿地的水力传导性能的根区理论，有力地推动了近年来人工湿地的污水处理技术的发展（王世和，2007）。目前国际上，生态修复的发展趋势在地域上趋向跨边界，在理论上趋向学科交叉，大尺度的生态修复成为新的研究热点。

（四）强化环境监测预警及风险评价技术

以保护水产品质量安全、人体健康为主要目标，强化环境监测预警及风险评价技术，建立国家重大环境基础数据库、水质基准体系，建立环境预警及风险评价模型，已成为当前一些先进国家的发展策略。韩国国立水产研究院致力于发展化学污染物快速监测技术、海洋生物毒素的分析和控制技术、沿海地区毒性化学物质的传输和最终归宿，建立海洋毒理学评估系统。德国联邦渔业研究中心评估环境对渔业和生态系统的影响，研究和监测水生生态系统的状况，特别关注人为因素对鱼类、对被鱼类消耗掉的生物群落的影响。荷兰瓦格宁根海洋资源与生态系统研究所拥有经 ISO 认证从事化学与生态毒理学研究用的先进设施，建立了评估与预测主要环境污染物对淡水和海洋生态系统及生物多样性影响的模型。英国环境、渔业与水产养殖科学中心采用生物测定法、鱼类疾病调查和底质状况调查等技术，对养殖场进行环境影响评估，包括对来自水产养殖排放废物进行污染评价；营养状况和水体质量监测；底栖生物特性和生态毒理学评估；有毒藻类暴发的探测、监测和毒素鉴别等内容。

四、国内外科技水平对比

（一）监测与评价

目前国内在渔业生态环境监测与评价方面，主要针对所辖渔业水域生态环境以及重要渔业品种生境动态及需求等进行监测，重点是水产养殖区与重要鱼、虾、蟹类的产卵场、索饵场和水生野生动植物自然保护区等功能水域。主要监测指标为水质、底质、生物及生物质量方面的常规项目，拥有先进的分析仪器。与国外先进国家相比，分析与评价方法处于相同水平。但在快速监测和长期定点在线监测方面有较大差距，对优先污染物监测（Bricker et al，2014；Lonnstedt and Eklov，2016）和全球气候变化对渔业环境影响（Cheung et al，2013）分析水平也弱于发达国家。

（二）污染生态学研究

国内主要开展单个污染物质或综合性废水对渔业生物急性、亚急性毒性效应的研究，尚未对多介质多界面复杂环境和复合污染物行为机制、污染生态系统毒理学诊断开展研究。整体研究水平与国际先进水平差距较大。

（三）生态环境保护与修复

在水域生态环境保护与修复方面，国内处于起步与探索阶段，主要在降解菌种的筛选、养殖池塘、网箱养殖区、底栖生态环境方面开始进行了一些试验性修复研究，尚未在生态系统水平开展栖息地修复研究，无成熟的理论及相关技术、标准和规范。整体研究水平与国际先进水平差距较大。

五、"十三五"展望与建议

目前，渔业生态环境监测与保护学科的研究已从一般性生态环境监测与评价逐步发展为对规律性、机理性的探索，从污染机理研究朝预测、预警、污染防治方向发展；研究方式也由以现场监测为主转变为现场和实验研究相结合，微观与宏观调查相结合；研究手段也越来越体现出专业交叉和综合化的特点。根据产业与学科发展的需求，以《农业部关于加快推进渔业转方式调结构的指导意见》（农渔发〔2016〕1号文件）中"加快形成产出高效、产品安全、资源节约、环境友好的现代渔业发展新格局"理念为目标，针对渔业生态环境的突出问题，按照推进渔业转型升级总体要求，围绕"加强渔业资源环境保护，养护水生生物资源，改善渔业生态环境"的发展思路，有选择地开展适应现代渔业发展的重大基础研究、前沿技术自主创新、共性技术集成示范，提升渔业环境保护技术的水平。对"十三五"渔业生态环境学科领域拟开展的重点工作建议如下。

（一）我国渔业水域环境污染与生态效应监测及相关大数据系统构建

（1）重要渔业水域富营养化特征因子的监测及评价

水质、沉积物中富营养化特征因子现状及动态评价；水域富营养化对赤潮、蓝藻等自然灾害的预测及预警；水域富营养化防治技术。

（2）重要渔业水域危险化学品特征因子的生物监测及评价

危险化学品特征因子在代表性渔业生物体中的累积现状及动态评价；代表性渔业生物对危险化学品特征因子的富集动力学研究；危险化学品特征因子对代表性渔业生物的个体、组织的生态毒理效应评价；代表性渔业生物体中与环境中危险化学品特征因子含量的耦合关系模型；代表性渔业生物作为生物指示物的危险化学品生物监测技术体系。

（3）重要渔业水域持久性有机、新型污染物特征因子的生物监测及评价

持久性有机、新型污染物特征因子在代表性渔业生物体中的累积现状及动态评价；代表性渔业生物对持久性有机污染物特征因子的富集动力学研究；持久性有机、

新型污染物特征因子对代表性渔业生物的个体、组织的生态毒理效应评价；代表性渔业生物体中与环境中持久性有机、新型污染物特征因子含量的耦合关系模型；代表性渔业生物作为生物指示物的持久性有机、新型污染物生物监测技术体系。

（4）重要渔业水域重金属特征因子的生物监测及评价

重金属特征因子在代表性渔业生物体中的累积现状及动态评价；代表性渔业生物对重金属特征因子的富集动力学研究；重金属特征因子对代表性渔业生物的个体、组织的生态毒理效应评价；代表性渔业生物体中与环境中重金属特征因子含量的耦合关系模型；代表性渔业生物作为生物指示物的重金属污染生物监测技术体系。

（二）典型有害化学物质对渔业环境的影响及其修复机制

（1）典型污染物的时空演变与分布特征研究

利用不同的受体模型，分析渔业水域的输入来源，结合不同的监测技术，明确渔业环境中氮、磷、石油类、重金属等典型污染物的时空分布特征与时空演变规律。

（2）主要重金属污染物对渔业生物的污染机理研究

分析研究国家重点控制的 Cu、Cd、Pb、Cr、Hg 和 As 等关键重金属因子在代表性渔业水域的分布、迁移和转化规律，了解其对处于水产品的个体、组织、细胞、分子水平的生态效应，以及通过水体食物链积累到水产品生物途径和污染机制，进而探寻水产品重金属净化的有效途径。

（3）主要持久性有机污染物和新型污染物的毒性效应

分析研究持久性有机污染物（如 POPs、农药、环境内分泌干扰物质等）和新型污染物（如药品、个人护理用品、纳米材料等）对渔业生物的毒理作用机制，了解渔业环境中持久性有机污染物对渔业生物食物链上各营养级生物的迁移、代谢和转化规律及生态效应。

（4）主要生物毒素形成及污染机制

掌握重要渔业水域中主要生物毒素（如海洋赤潮毒素）的形成和生物学机制及结构与功能特征及致毒机制；研究相关藻类发生、发展过程中的关键物理、化学、生物驱动因子，探寻有效的生物毒素污染防除措施。

（5）重大渔业污染事故的调查与评估技术

针对不同特点的重大渔业污染事故，研究建立重大渔业污染事故的调查、评估的方法与标准，渔业污染损害赔偿机制，提出污染损害的减缓措施。

（三）重大工程对渔业生态系统的影响效应及其修复策略

（1）水与沉积动力过程对营养盐与食物网生产力及营养传递效率的驱动作用

研究水动力和沉积动力驱动下的水柱光强场和生态环境因子时空分布；营养盐和

营养盐限制的时空变化以及磷的循环过程，浮游植物和初级生产力、浮游动物和生产力，微食物环对细菌的利用和对主食物链的补充作用，以及食物链各阶层的营养物质流及其传递过程。

（2）人类活动对生态环境影响的历史进程及对生态功能的影响机理

利用历史数据重现重大工程区域水生生态系统的结构演变的进程，分析生态环境要素的历史变化趋势和对重大工程的响应，选取主要历史阶段，拟建立精细化的模型，再现水动力环境与生态环境，通过数值实验研究重大工程建设对生态环境的影响，探讨生态目标优先或兼顾发展的水域利用方式和途径。

（3）人类活动对渔业生物种群及其结构变化的影响机理

通过实验室模拟实验和典型重大工程区域现场调查验证的方式，查明工程施工、运行对水生生物的影响程度和机理，研究水生生物种群基本结构变化，结合饵料水平、产卵栖息地等变化，构建典型重大工程建设对生物种群及其结构演化模型。

（4）不同类型工程区域内生态系统服务价值评估和生态保护技术

在调查研究渔业生物生态习性的基础上，结合生态学调查结果，定量评估工程影响区域生态系统服务价值，提出生态修复及生态补偿措施。

（沈新强 杨 健 执笔）

（致谢：本报告撰写过程中，得到中国水产科学研究院渔业生态环境学科委员林钦、陈家长、曲克明、徐兆礼、李应仁、黄洪辉、赖子尼、战培荣等的大力支持，提供了相关资料，由学科主任庄平最后定稿，在此一并致谢！）

参 考 文 献

蔡树群，张文静，王盛安，2007. 海洋环境观测技术研究进展 ［J］. 热带海洋学报，26 （3）：76-81.

陈建军，张云海，2009. 海洋监测技术发展探讨 ［J］. 水雷战与舰船防护，17 （2）：47-52.

陈修报，苏彦平，孙磊，等，2013. 不同污染背景生境中背角无齿蚌的重金属积累特征 ［J］. 农业环境科学学报，32 （5）：1060-1067。

陈修报，苏彦平，刘洪波，等，2014. 移殖"标准化"背角无齿蚌主动监测五里湖重金属污染背景 ［J］. 中国环境科学，34 （1）：225-231.

丁则平，2007. 日本湿地净化技术人工浮岛介绍 ［J］. 海洋水利，2：63-65.

范立民，徐跑，吴伟，等，2013. 淡水养殖池塘微生态环境调控研究综述 ［J］. 生态学杂志，32 （11）：3094-3100.

贾晓平，陈丕茂，唐振朝，等，2011. 人工鱼礁关键技术研究与示范 ［M］. 北京：海洋出版社.

姜涛，周昕期，刘洪波，等，2013. 鄱阳湖刀鲚耳石的两种微化学特征 ［J］. 水产学报，37 （2）：

239-244.

李慧青，朱光文，李燕，等，2011. 欧洲国家的海洋观测系统及其对我国的启示 [J]. 海洋开发与管理 (1)：1-5.

李磊，蒋玫，王云龙，等，2014. 0♯柴油和原油水溶性成分在黑鲷 (*Sparus macrocephlus*) 体内的富集动力学研究 [J]. 应用与环境生物学报，20 (2)：286-290.

李磊，王云龙，沈盎绿，等，2013. 沉积物暴露条件下文蛤 *Meretrix meretrix* 对重金属 Cu、Pb 的富集动力学研究 [J]. 热带海洋学报 (1)：70-75.

牛俊翔，蒋玫，李磊，等，2013. 滩涂贝类养殖区底质硫化物的去除及修复 [J]. 农业生态环境学报，32 (7)：1467-1472.

牛俊翔，蒋玫，李磊，等，2014. 修复方式对滩涂贝类养殖底质 TN、TP 及 TOC 影响的室内模拟实验 [J]. 环境科学学报，23 (2)：24-26.

沈新强，蒋玫，袁骐，等，2013. SC/T9404—2012 水下工程爆破作业对水生生物资源及生态环境损害评估方法 [S]. 北京：中国农业出版社.

苏彦平，陈修报，刘洪波，等，2014. 背角无齿蚌幼蚌食性藻类组成研究 [J]. 中国水产科学，21 (4)：736-746.

王世和，2007. 人工湿地污水处理理论与技术 [M]. 北京：科学出版社.

吴伟，范立民，2014. 水产养殖环境的污染及其控制对策 [J]. 中国农业科技导报，16 (2)：26-34.

孙超，刘洪波，姜涛，等，2013. 分子生物学方法在鲚属鱼类遗传学研究中的应用 [J]. 江苏农业科学，41 (1)：4-8.

孙磊，陈修报，苏彦平，等，2014. 东湖移殖背角无齿蚌中重金属的含量变化 [J]. 水生生物学报，38 (1)：220-225.

许高鹏，蒋玫，李磊，等，2014. 三疣梭子蟹体内苯并 [a] 芘的富集动力学 [J]. 海洋渔业，36 (4)：357-363

徐汉祥，王伟定，金海卫，等，2006. 浙江沿岸休闲生态型人工鱼礁初选点的环境适宜性分析 [J]. 海洋渔业，28 (4)：278-284.

徐兆礼，张凤英，陈渊泉，2006. 悬浮物和冲击波造成的渔业资源损失量估算 [J]. 水产学报，30 (6)：778-784.

徐兆礼，陈华，2008. 海洋工程环境评价中渔业资源价值损失的估算方法 [J]. 中国水产科学，15 (6)：970-975.

徐兆礼，陈佳杰，2009. 小黄鱼洄游路线分析 [J]. 中国水产科学，16 (6)：931-940.

徐兆礼，李鸣，张光玉，等，2011. 涉海电站取排水口工程设计环保措施 [J]. 海洋环境科学 (2)：234-238.

张聪，陈聚法，马绍赛，等，2012. 褶牡蛎对水体中重金属铜和镉的富集动力学特性 [J]. 渔业科学进展，33 (5)：44-51.

张琨玲，1996. 美国新型微生物净化水质技术 [J]. 水污染与保护 (1)：87-91.

周昕期，姜涛，刘洪波，等，2013. 太湖及洪泽湖太湖新银鱼的矢耳石元素微化学比较研究 [J]. 上海海洋大学学报，23 (1)：23-32.

Bricker S，Lauenstein G，Maruya K，2014. NOAA's Mussel Watch Program：incorporating contaminants of emerging concern (CECs) into a' long-term monitoring program ［J］. Marine Pollution Bulletin, 81: 289-290.

Chao M, Shi Y, Quan W, et al, 2012. Distribution of Benthic Macroinvertebrates in Relation to Environmental Variables across the Yangtze River Estuary, China ［J］. Journal of Coastal Research, 28 (5): 1008-1019

Chao M, Shi Y, Quan W, et al, 2014. Distribution of macro crustaceans in relation to abiotic and biotic variables across the Yangtze River Estuary, China ［J］. Journal of Coastal Research, DOI: 10. 2112/ JCOASTRES-D-13-00207. 1

Chen X, Yang J, Liu H, et al, 2012. Element concentrations in a unionid mussel *Anodonta woodiana* at different stages ［J］. Journal of the Faculty of Agriculture Kyushu University, 57: 139-144.

Cheung W W, Watson R, Pauly D, 2013. Signature of ocean warming in global fisheries catch ［J］. Nature, 497: 365-368.

Edwards M A, Jacob A, Kimbrough K, et al, 2016. Great Lakes Mussel Watch Sites Land-use Characterization and Assessment ［M］. Silver Spring, M D. NOAA Technical Memorandum NOS NCCOS 208: 138.

Jiang T, Liu H, Shen X, et al, 2014. Life history variations among different populations of *Coilia nasus* along the Chinese Coast inferred from otolith microchemistry ［J］, Journal of the Faculty of Agriculture Kyushu University, 59 (2): 383-389.

Jiang T, Yang J, Liu H, et al. 2012. Life history of Coilia nasus from the Yellow Sea inferred from otolith Sr: Ca ratios ［J］. Environmental Biology of Fishes, 95 (4): 503-508.

Kimbrough K, JohnsonW E, Jacob A, et al, 2014. Mussel Watch Great Lakes Contaminant Monitoring and Assessment: Phase 1 ［M］. Silver Spring, MD. NOAA Technical Memorandum NOS NCCOS 180: 113.

Kortsch S, Primicerio R, Beuchel F, et al, 2012. Climate-driven regime shifts in Arctic marine benthos ［J］. Proceedings of the National Academy of Sciences of the United States of America, 109: 14052-14057.

Liu H, Jiang T, Tan X, et al, 2012. Preliminary investigation on otolith microchemistry of naked carp (*Gymnocypris przewalskii*) in Lake Qinghai, China ［J］. Environmental Biology of Fishes, 95 (4): 455-461.

Liu H Jiang T, Huang H, et al, 2015. Estuarine dependency in *Collichthys lucidus* of the Yangtze River Estuary as revealed by otolith microchemistry ［J］. Environmental Biology of Fishes, 98: 165-172.

Lonnstedt O M, Eklov P, 2016. Environmentally relevant concentrations of microplastic particles influence larval fish ecology ［J］. Science, 352: 1213-1216.

Luo M B, Liu F, Xu Z L, 2012. Growth and nutrient uptake capacity of two co-occurring species, *Ulva prolifera* and *Ulva linza* ［J］. Aquatic Botany, 100: 18-24.

Meng S , Li Y, Zhang T, et al, 2013. Influences of environmental factors on lanthanum/aluminum-modified zeolite adsorbent (La/Al-ZA) for phosphorus adsorption from wastewater ［J］. Water, Air, & Soil Pollution, 224 (6): 1-8.

Naddy R B, Klaine S J, 2001. Effect of pulse frequency and interval on the toxicity of chlorpyrifos to *Daphnia magna* [J]. Chemosphere, 45 (4-5): 497-506.

Quan W M, Austin T H, Shi L Y, et al, 2012. Determination of Trophic Transfer at a Created Intertidal Oyster (Crassostrea ariakensis) Reef in the Yangtze River Estuary Using Stable Isotope Analyses [J]. Estuaries and Coasts, 35: 109-120.

Quan W M, Austin T H, Shen X Q, et al, 2012. Oyster and Associated Benthic Macrofaunal Development on a Created Intertidal Oyster (*Crassostrea ariakensis*) Reef in the Yangtze River Estuary, China [J]. Journal of Shellfish Research, 31 (3): 599-610.

Shen A L, Tang F H, Xu W T, et al, 2012. Toxicity testing of crude oil and fuel oil using early life stages of the black porgy (*Acanthopagrus schlegelii*) [J]. Biology And Environment, 112B (1): 35-42.

Shi Y R, Chao M, Quan W M, et al, 2014. Spatial and seasonal variations in fish assemblages of the Yangtze River estuary [J]. Journal of Applied Ichthyology, 30 (5): 844-852.

Song C, Chen J Z, Qiu L P, et al, 2013. Ecological remediation technologies of freshwater aquaculture ponds environment [J]. Agricultural Science & Technology, 14 (1): 94—97, 196.

Sorrei B K, Armsirong W, 1994. On the difficulties of measuring oxygen release by root systems of wetland plants [J]. Journal of Ecology, 82: 177-183.

Xu Z L, Gao Q, Kang W, et al, 2013. Regional warming and decline in abundance of *Copepod calanoida* in the nearshore waters of the East China Sea [J]. Journal of Crustacean Biology, 33 (3): 323-331.

Xu Z. L, Zhang D, 2014. Dramatic declines in *Euphausia pacifica* abundance in the East China Sea: response to recent regional climate change [J]. Zoological Science, 31 (3): 135-142.

Yang J, Jiang T, Liu H, 2011. Are there habitat salinity markers of Sr: Ca ratio in otolith of wild diadromous fishes? A literature survey [J]. Ichthyological Research, 58 (3): 291-294.

Zhang F, Shi Y, Jiang K, et al, 2014. Rapid detection and quantification of Prorocentrum minimum by loop-mediated isothermal amplification and real-time fluorescence quantitative PCR [J]. J Appl Phycol, 26: 1379-1388.

水产生物技术领域研究进展

一、前　言

　　水产生物技术是水产科学研究的重要领域，它以水产养殖生物及其部分成分为对象，以现代生命科学为基础，结合先进的工程技术手段，按照预先的设计，改造水产生物体或加工生物原料，为人类生产出所需新产品或达到某种目的的技术。同时不断地将生命科学及相关领域的新发现、新技术引进并应用到水产生产和研究工作中，以提升产业的技术水平和生产力。水产生物技术的主要研究内容包括水产生物的基因组水平和分子水平的研究与应用、细胞工程育种技术、水产特殊蛋白和有效产物的基因重组技术、精子与胚胎的低温保存和精原细胞移植技术。

　　"十二五"期间，生物技术已在水产的不同领域广泛应用，在解决良种培育、生殖调控、病害防治、种质保存、濒危物种保护等行业关键性重大科技问题方面表现出巨大的价值和应用前景，已成为世界各国水产科技竞争的焦点和国际交流合作的热点，以基因组研究为代表的水产生物技术已成为当今世界水产学科中发展最快的领域之一。本篇重点对水产生物技术领域"十二五"期间国内外研究进展及今后的发展趋势进行介绍。

二、国内研究进展

　　近年来在测序技术快速发展的推动下，多个水产生物的全基因组测序已完成，大大加快了深入解析经济性状的分子遗传基础并开展设计育种的步伐，生物技术对产业发展起到了前所未有的推动作用。

（一）水产养殖种的基因组资源挖掘

1. 功能基因筛选与克隆

（1）生长和生殖相关基因筛选与克隆

　　生长性状是水产生物最重要的经济性状之一，目前已有许多重要基因被发现在生长调节过程中具有决定性作用。国内进展主要包括，在斜带石斑鱼中鉴定出了多个生长激素抑制激素和生长激素抑制激素受体基因，发现半胱胺（cysteamine）可促进垂体 GH 的表达（Li Y et al，2013），克隆并证实瘦素基因（*Lep*）和瘦素受体基因（*LepR*）与摄食及能量代谢相关（Li M et al，2013），克隆到两个摄食功能相关受体基因 *npy8br*（*y8b*）及 *npy2r*（*y2*）（Wang et al，2014a）。在日本鳗鲡、斜带石斑鱼中鉴定出神经肽 Y（NPY）并发现其对生长激素的分泌具有促进作用（Li et al，2012；Wu et al，2012）。筛选到与鲤增重或体型相关的 SNP 位点 28 个，其中与增重相关的纯合标记有 13 个（陶文静 等，2011；李红霞 等，2012；俞菊华 等，2012）。在鲟中鉴定了 KiSS/GPR54 信号系统及 GnRH、GH、TSH、IGF1、载脂蛋白、卵壳蛋白（ZP）等一批生长生殖调控因子的基因，进一步的表达和功能研究表明，埋植 E2 能显著促进鲟 GnRH 的表达，投喂重组原核表达 GH 可显著促进鲟的生长（Li et al，2011a，b；Yue et al，2013，2014；单喜双 等，2015）。

水产生物的生殖发育过程包括原始生殖细胞（PGC）的发生、迁移、分化和配子形成。以往的研究中鉴定出一些与 PGC 增殖、迁移、分化等有关的生殖基因，如生殖质标记基因 *vasa*、*Dazl*，参与 PGC 迁移的 *dnd*、*sdf1a/b*、*cxcr* 等。近年来，水产生物生殖相关基因研究进展主要包括：克隆了半滑舌鳎精子形成相关基因 *tesk1*，并证明其是半滑舌鳎 Z 染色体连锁、精子发生必不可少的基因（Meng et al，2014）；发现半滑舌鳎 *vasa* 基因参与原始生殖细胞（PGC）的增殖与分化，同时证明其 3'-UTR 可对 PGC 进行标记（Huang et al，2014）。对中华鲟性腺转录组进行测序分析，获得大量生殖相关基因（Yue et al，2015）；克隆鉴定了 *pou2*、*nanos1*、*dazl/boule*、*dnd* 等一批中华鲟生殖细胞标记基因（Ye et al，2012a，2012b；Yang et al，2015；Ye H et al，2015）。在银鲫中，克隆出一批可用于发育遗传学及其生殖调控机制研究的功能基因，并在揭示其单性生殖和有性生殖双重生殖方式的基础上，通过遗传背景差异大的两个银鲫克隆系间有性交配，筛选出优良个体经 5 代以上单性雌核生殖扩群，培育出一个新的银鲫核质杂种克隆系，并在国内推广（Wang et al，2011；Zhai et al，2014）。

（2）免疫抗病相关基因筛选与克隆

近年来，从海水鲆鲽鱼类（牙鲆、大菱鲆和半滑舌鳎）和其他经济型鱼类（大黄鱼、鲈、斜带石斑鱼、石鲷等）、淡水鱼类（鲤、草鱼）等水产生物中筛选鉴定了数十种免疫相关功能基因，例如，进行了凡纳滨对虾 NF-κB 信号通路中 *IκB* 基因克隆，并确定该基因是 NF-κB 信号通路主要抑制因子，这是首次从甲壳动物亚门中得到该基因（Li et al，2012）。进行了中国大鲵 MHC 基因的鉴定及病毒诱导表达分析和牙鲆干扰素诱导的跨膜蛋白 IFITM1 抑制蛙虹彩病毒的作用和机制研究（朱蓉 等，2012；2013）。对大菱鲆 *STAT2*、*GRIM-19*、*hepcidin*、*Ferroportin 1*、*Transferrin receptor*，牙鲆 *Akirin1*、*HEPN*、*C1Q*，半滑舌鳎 *ghC1q*、干扰素调节因子 1 等基因进行了基因结构、表达模式、免疫功能等方面的研究（Wang et al，2013；Yang et al，2013a，2013b；Wang et al，2014）。在草鱼中，进行了 Toll 样受体

TLR21、*TLR20* 和 *TR18* 基因、*MDA5* 基因克隆,对这些基因在草鱼不同组织及其受病毒和细菌诱导感染后的表达情况进行了研究(王文静,2014;王兰,2012)。对刺参信号号通路中的 *Aj-rel* 和 *Aj-p105* 基因以及体液免疫基因 *Aj-lysozyme* 进行了克隆鉴定,并进行了蛋白表达和功能研究,为进一步了解刺参的免疫防御机制以及开发新型免疫增强剂提供依据(汪婷婷,2012)。进行了拟穴青蟹巨噬细胞移动抑制因子、C 型凝集素受体基因(房娅博,2013)、中华绒螯蟹 *Toll*、*Tube*、*Dorsal* 基因、红螯光壳螯虾 *Crustin*、*Dscam* 基因克隆、结构和表达分析,完善了甲壳动物先天性免疫防御机制的理论研究(于爱清,2014)。

(3)性别决定与分化相关基因筛选与克隆

筛选动物性别决定和分化基因一直是学者们的研究热点,在水产领域也不例外。"十二五"期间,随着高通量测序技术的快速发展和日臻完善,水产动物性别决定和分化相关基因筛选研究取得了一些重要进展,从已鉴定出来的性别相关基因物种分布来看,多集中在鱼类。

主要研究进展包括:在解析半滑舌鳎全基因组结构的基础上,发现了 Z 染色体连锁的 *dmrt1* 基因在精巢特异表达,是雄性性腺发育必不可少的基因,是半滑舌鳎雄性决定基因,并筛选出 *ubc9*、*wnt4a*、*piwil2*、*csdazl*、*Gadd45g1*、*Gadd45g2*、*cyp19a1a*、*vasa* 等一系列与性别分化和性腺发育相关的基因(Chen et al,2014)。通过对尼罗罗非鱼精巢和卵巢转录组比较分析,揭示出其性别分化过程中的基因表达差异(Tao et al,2013)。采用 solexa 测序比较了 XX 雌性、XY 雄性和 YY 超雄黄颡鱼性腺组织中的基因和 micro RNA 表达情况,并分析了生长相关基因在成体雌性和雄性黄颡鱼下丘脑和垂体中的表达差异,来揭示其性别生长异形的分子基础(Jing et al,2013)。在性别决定方面,对于许多具备遗传性别决定的鱼类来说,环境如温度等因素的作用也有可能在温度耐受阈值的边缘地带而大于遗传性别决定的作用。在性别异形方面,发现乌苏里拟鲿、乌鳢的雄性个体大于雌性,而金钱鱼恰恰相反。

2. 连锁图谱构建与 QTL 分析

随着测序技术的快速发展,通过第二代测序和 PCR 方法鉴定大量的分子标记已经变得非常简单。主要养殖水产动物大量的共显性标记被迅速鉴定,如微卫星标记、SNP(Liu,2010)。构建遗传连锁图谱所采用的分子标记也由第一代的显性标记(如 RAPD、AFLP 等)逐渐向第二代标记(微卫星)和第三代(SNP)转变和过渡。

遗传连锁图谱在基因组研究中有着重要的作用,通过遗传图谱可以了解基因和分子标记在基因组中的大体位置,作为坐标来辅助基因组的组装,而对性状相关 QTL 进行定位和分析,可用于群体分析和辅助育种等研究。目前已经构建了遗传连锁图谱的水产动物 50 余种,主要种类为模式鱼类、海淡水鱼类、虾类和贝类(Yue et al,2013)。2011 年至今,国内约有 10 种水产动物构建了遗传连锁图谱,主要以微卫星

和 SNP 标记为主，少数主要养殖品种构建了高密度 SNP 图谱。大宗淡水鱼方面，已构建了鲤第五代高密度的 SNP 图谱，包含 5 885 个标记，平均标记间隔为 0.68 厘摩（Sun et al，2013），鲤连锁图谱与物理图谱的整合图谱也已构建完成（Zhao et al，2013）。鲤图谱标记密度和精度的增加，使其 QTL 研究也相应取得较好的进展，目前获得生长相关性状（Jin et al，2012；Laghari et al，2013；Lu et al，2015；Zheng et al，2013）、饲料转化率（王宣朋等，2012）和肉质（Kuang et al，2015；Y. Zhang et al，2011）主效 QTLs 总计 900 多个。鲤的高密度 SNP 分型芯片也已构建完成（Xu et al，2014），这将促进鲤经济性状遗传机制解析和全基因组关联分析研究工作的开展。构建了鲢、鳙的遗传图谱，鲢第二代图谱包含 703 个 EST-SSR 标记（Guo et al，2013），鳙第二代图谱包含 659 个微卫星标记（Zhu et al，2014），最近还发布了鳙的比较图谱（Zhu et al，2015）。海水主要养殖鱼类方面，2012 年相继发表了牙鲆和半滑舌鳎的微卫星遗传图谱，牙鲆雌雄图谱分别包含 1 257 和 1 224 个标记，定位到 1 个体重和 3 个体宽的 QTL 位点；半滑舌鳎雌雄图谱分别包含 828 和 794 个标记（Song et al，2012），定位到 2 个体重、2 个体宽和 7 个性别相关 QTL；构建了半滑舌鳎高密度 SNP 遗传连锁图谱（Chen et al，2014），定位 SNP 标记 12 142 个，标记间平均距离为 0.326 厘摩，还发布了牙鲆高密度 SNP 遗传连锁图谱，包含 12 712 个标记，定位到 9 个鳗弧菌相关 QTL（Shao et al，2015）。利用 2b-RAD 技术构建了栉孔扇贝高密度遗传连锁图谱，覆盖基因组 99.5%，平均图距 0.41 厘摩，并定位到一个生长相关基因 PROP1（Jiao et al，2014）。利用 RAD 技术进行了大菱鲆 SNP 标记的大量开发，构建了大菱鲆 SNP 遗传图谱包含 6 647 个标记，并鉴定到生长相关 QTL 220 个（Wang et al，2015）。养殖对虾方面，2013 年，构建了中国对虾 SNP 遗传图谱，该图谱包含了 115 个标记（Zhang et al，2013）；利用 SSR 和 SRAP 标记构建了青虾初级遗传图谱，包含 175 个标记（27 个 SSR 和 148 个 SRAP）（Qiao et al，2012）。

3. 全基因组精细图谱绘制

"十二五"期间，国内在水产养殖生物全基因组测序和精细图谱绘制方面取得了重大进展和成果。先后正式完成（以发表为准）8 种重要水产生物全基因组精细图谱绘制，其中，完成了长牡蛎全基因组测序和精细图谱绘制，揭示了潮间带逆境适应的分子机制（Zhang et al，2012）；完成了世界上第一个鲽形目鱼类——半滑舌鳎全基因组精细图谱绘制，揭示了 ZW 性染色体起源和进化以及适应底栖生活的分子机制（Chen et al，2014），构建了半滑舌鳎基于 BAC 文库的物理图谱，为半滑舌鳎基因组的优化提供了工具（Zhang et al，2014）；完成了松浦镜鲤的基因组精细图谱绘制，并揭示了鲤基因组的异源四倍体特征，这是国际上首个完成的异源四倍体脊椎动物基因组精细图谱（Zhao et al，2013），并在此基础上，开展了全球代表性品系的遗传变异信息挖掘和遗传变异图谱绘制工作（Xu et al，2014）；报道了大黄鱼全基因组测序

和精细图谱绘制，发现大黄鱼具有完善的免疫系统，揭示了大黄鱼对环境胁迫应答的分子机制（Wu et al，2014）；绘制了橘黄东方鲀全基因组序列草图，为发掘橘黄东方鲀功能基因，开展分子育种奠定了基础（Gao et al，2014）；报道了草鱼全基因组测序和图谱绘制工作，并对草鱼食性的遗传决定机制进行了解析（Wang et al，2015a）；首次报道了海带的全基因组序列，在全基因组水平上全面解析了栽培和野生海带的种间遗传变异，阐述了其进化和适应的分子机制（Ye et al，2015）。在物理图谱构建方面，构建了鲤的 BAC 物理图谱，为鲤基因组装配提供了重要工具（Xu et al，2011）。上述水产养殖生物全基因组的解析为深入理解水产生物性别、抗逆、生长、免疫等重要经济性状的发生机制以及育种技术的革新奠定了基础。

由于测序技术的飞速发展，并且得益于国家"十二五"期间系列科研项目的资助，国内在海淡水生物基因组结构解析方面的工作取得重大突破，已有 10 余种水产生物完成了全基因组测序，国内水产生物基因组研究已经跻身国际一流行列。然而在基因组内涵发掘及利用方面仍处于初级阶段，尤其是基因功能和调控网络的解析，与模式生物相比，水产基因研究基础非常薄弱，缺乏长期积累，研究方法和思路始终处于跟踪、借鉴水平，距离充分发掘水产生物重要基因，解析重要经济性状和调控机制的目标尚有距离。

（二）分子标记辅助选择

1. 生长与抗逆性状

生长性状是鱼类的重要经济性状，在养殖鱼类中开展数量性状座位（quantitative trait loci，QTL）挖掘的研究最多。但是，多数鱼类的 QTL 来源于单家系的标记—性状关联分析，而对 QTL 标记开展的遗传评估及在指导育种中的研究开展的较少。

利用 QTL 标记优势基因型在大口黑鲈选育世代、选育家系及指导选育群体的聚合比例开展了系列研究，用 8 个与大口黑鲈生长性状相关的分子标记分析了"优鲈 1 号"4 个选育世代样本的基因型，优势基因型的分子标记呈逐代递增趋势，优势基因型的分子标记数量与大口黑鲈生长速度呈同步递增趋势，说明人工选育在一定程度上聚合了优势基因，但逐代的增加幅度逐渐减小，与选育群体目标性状逐渐趋向稳定的观测结果相一致（徐磊，2014a，2014b，2014c）。

在镜鲤中，研究了 QTL 标记及优势基因型在家系间、品种间及育种群体的变化规律，根据 QTL 标记在单家系和育种群体中的基因型频率及在育种中使用的难易程度，提出了有效富集鲤优势基因型的策略，为 QTL 在分子育种中的应用提供参考（鲁翠云，2014）。利用两个与大菱鲆耐温相关的分子标记设计配种方案，构建了遗传背景相对清晰的第三代耐温品系，经过筛选，后代的整体耐温性能显著提高，结果表明利用分子标记对二代耐温品系亲本筛选是有效的，并通过对两对引物在连续三代的

耐温品系中的基因频率分析发现，随着选育的进行，目的条带的基因位点频率趋于升高，两对引物在后代的遗传相对稳定（黄智慧，2014）。

2. 抗病性状

随着近几年基因组资源的发掘和生物技术的快速发展，国内水产鱼类抗病分子选育取得了快速发展，培育出生长快、抗病力强的牙鲆新品种——鲆优 1 号，并对 2007 年筛选出的抗鳗弧菌病家系进行连续二次雌核发育，成功研制出抗鳗弧菌病的雌核发育二代家系，其抗病性能获得稳定遗传（王磊 等，2013）。利用构建的高密度微卫星遗传连锁图谱筛选到 3 个与抗鳗弧菌相关的 QTL（Wang et al，2014c）。同时，还建立了牙鲆抗迟钝爱德华氏菌病家系，为抗爱德华氏菌病优良品种培育奠定了重要基础（张英平 等，2014）。在鲤方面，也取得较大的进展，进行了不同抗疱疹病毒病转录组研究，筛选了一批与抗性/易感相关基因标记并研究了信号通路，研究结果有效地应用于指导育种，目前已选育到 F3 代，抗病性状稳定，成活率比对照组提高 30% 以上，这是我国鱼类抗病育种以来第一个未利用杂交方法选育的抗病品系（贾智英 等，2014），同时利用高密度 SNP 标记进行了 QTL 定位和全基因组关联分析，抗病性状可定位到 7 个连锁群上，筛选到抗病相关基因标记 43 个；在鲤抗嗜水气单胞菌研究中，进行了 MHC 基因与嗜水气单胞菌相关性研究，筛选获得了与鲤抗嗜水气单胞菌的基因标记（Liu et al，2014）。进行了草鱼出血病遗传力、表达谱及相关基因定位研究，该病抗性性状遗传力为 0.269，对病毒感染不同组织和时期数字基因表达谱研究，结果表明病毒感染后机体差异表达可以聚为前期、中期、后期三类且在不同检测组织中均有免疫反应发生，其中补体系统和细胞免疫在病毒感染中起到了重要的作用；聚焦其中 296 个 GCRV 感染过程相关基因并构建基因池，筛选到一个与抗病性状极显著相关位点，目前正在辅助选育中（Shi et al，2014）。克隆并鉴定了呼肠病毒受体 JAMA 基因，并研究了草鱼出血病不同组织和发育期该基因的表达，而当该基因敲除时，其所在干扰素和凋亡信号通路也被抑制，这说明该基因可能为草鱼出血病毒受体（Du et al，2013）。

3. 性别控制与单性选择

许多鱼类雌雄个体在生长、繁殖等性状上存在明显差异，如鲆鲽类等海水鱼类雌性个体生长比雄性个体快 30%～300%，而黄颡鱼、罗非鱼和乌鳢等鱼类则相反（陈松林，2013）。因此，性别控制研究在鱼类养殖和遗传育种等领域具有重要理论意义和应用价值。近几年来国内外在不同鱼类上开展了性别特异分子标记筛选的研究，并取得一些重要进展。"十二五"期间，在公益性行业科研专项"鱼类性别控制及单性苗种培育技术的研究"的支持下，对半滑舌鳎、牙鲆、黄颡鱼、罗非鱼、大黄鱼、石斑鱼、鲟及鲤、鲫等主要养殖鱼类进行了性别特异标记筛选、人工雌核发育和性别控制技术的研究。通过雌雄鱼全基因组测序和比对，首次筛选得到半滑舌鳎性别连锁微

卫星标记，并建立了 ZZ 雄、ZW 雌和 WW 超雌遗传性别鉴定的分子技术（Chen et al，2012），进一步建立了半滑舌鳎高雌苗种制种技术；筛选到黄颡鱼、罗非鱼等鱼类性别特异分子标记，建立了全雄和全雌苗种制种技术，培育出全雄黄颡鱼、全雄罗非鱼和全雌牙鲆新品种。出版了我国第一部《鱼类性别控制和细胞工程育种》专著。

（三）其他生物技术

1. 转基因技术

转基因育种是育种的重要手段之一，"十二五"期间我国水产养殖生物转基因育种研究在以下几个方面取得了显著进步。

（1）快速生长转基因鲤已达到申报新品种的研究积累，获得快速生长转草鱼生长激素基因黄河鲤纯系，此体系为转基因鱼，自交后代可育，但与非转基因鱼杂交后代是不育的，从而使可能释放到天然水体的转基因鱼不会污染同类天然群体（Hu et al，2014）；对转大麻哈生长激素基因的快速生长北方鲤的食用安全性进行了研究，结果显示实验动物在食用转基因鱼后没有发生可检测的有害生理学变化（关海红 等，2013）；转生长激素基因鱼可能成为生长—生殖过程的重要模型动物，发现高表达的 GH 激素对性腺中基因的表达产生很大的影响，转 GH 基因鲤生殖发育滞后的原因是血液中低浓度的促性腺激素影响性腺的正常发育，GH 过表达引起转 GH 基因鲤 HPG 轴各神经内分泌因子产生倾向于抑制促性腺激素表达的改变，表明 GH 可能作为调节生长生殖能量平衡的一个信号分子，对生殖进行调控（Zhong et al，2012）。

（2）抗病转基因鱼研究获得明显进步，完成了转罗非鱼 C3 溶菌酶基因斑马鱼和罗非鱼的构建，对 mRNA 水平、溶菌酶活性检测以及转基因鱼抗菌活力的分析结果显示，转 C3 溶菌酶基因罗非鱼具有较高的 C3 基因表达水平和较强的抗病力，初步研究显示 $Hsp70$ 基因启动子驱动的溶菌酶基因可提高受体鱼的抗病力（Gao et al，2012）；完成了罗非鱼抗病相关分子 $\beta\text{-}defensin$ 和 $siglecs$ 基因的功能分析，尼罗罗非鱼 β-defensin 多肽对大肠杆菌 DH5α 和无乳链球菌 GBS 有抑菌活性，但对嗜水气单胞菌 WP3 无明显抑菌效果，鱼 Siglecs like 可能与 GBS 存在相互作用机制（Dong et al，2015；魏远征 等，2015）；制备了转赤眼鳟 Mx 基因草鱼，并对已获得的转鲫 Mx 基因草鱼开展了抗病力检测，初步分析了转鲫 Mx 基因草鱼脂类代谢及血清代谢产物的分布（彭慧珍 等，2014）。

（3）品质改良转基因鱼研究取得明显进展，构建了高不饱和脂肪酸含量的转基因斑马鱼模型，斑马鱼可生成 n-3 PUFA（Pang et al，2014），培育了内源性富含 n-3 PUFA 的 $fat\text{-}1$ 转基因黄河鲤，其肌肉组织中 18：3 n-3、20：5 n-3 和 22：6 n-3 三种脂肪酸的含量均有显著的增加，该技术申请了国家专利（受理号：201410155088.4）；已获得了第四代显微介导中国对虾基因鲤 2 个家系，其蛋白质和氨基酸含量均高于对

照鲤并已确证外源基因可以遗传（闫学春 等，2011）。

2. 基因编辑技术

建立了技术先进、设计精巧的基因组编辑技术体系，可以简便地操作罗非鱼的性别，在 XX 罗非鱼中敲除 *Sf1* 能使其性逆转为 XX 雄鱼，而在 XY 罗非鱼中敲除 *Sf1* 使其发育为 XY 雌鱼，筛选到 5 个性别特异的分子标记，通过分子标记辅助选育 YY 超雄罗非鱼并建立 YY 维持系（Sun et al，2014）。克隆了罗非鱼性别决定的候选基因（*sdf*），并从过表达和敲除正反两个方面证明 *sdf* 可能是罗非鱼的性别决定基因。敲除 TGF 家族的 *Gsdf*、*AmhrII* 也能使 XY 个体性逆转为表型雌鱼，*Gsdf* 在 XX 个体的过表达能使其性逆转为卵巢，这个研究体系的建立再次证明转基因鱼是可以作为基因功能研究的重要模型，尤其是大型养殖动物经济性状相关基因功能鉴定的研究模型。建立了半滑舌鳎受精卵显微注射技术和基因组编辑 TALEN 技术，并对 *dmrt1* 基因进行了基因敲除实验，成功获得了 *dmrt1* 基因突变的半滑舌鳎成鱼，发现 *dmrt1* 基因表达显著降低，精巢发育、精子发生受阻（陈松林 等，2016）。

3. 鱼类细胞培养和细胞系建立

"十二五"期间，国内在鱼类细胞培养和细胞系建立方面也取得了一些进展，增加了一些新的细胞系。建立了杰弗罗大咽齿鱼的皮肤和鳍细胞系并对其病毒敏感性进行了研究（Ma et al，2013）；建立了海水鱼半滑舌鳎的卵巢细胞系和伪雄鱼性腺细胞系，同时检测了几个性别特异基因的表达情况（Sun et al，2015）；建立了锦鲤吻端细胞系并用于病毒检测（Wang et al，2015b）。

4. 鱼类胚胎冷冻保存

鱼类胚胎冷冻保存目前仍然是国际上的重要研究课题，自 2005 年首次突破牙鲆和鲈鱼胚胎玻璃化冷冻技术以来，国内一些学者又在其他鱼类胚胎冷冻保存研究上取得重要进展。最近，建立了石斑鱼胚胎玻璃化冷冻保存技术，并在七带石斑鱼上获得了 14 粒冷冻复活胚胎，其中 2 个胚胎孵化出鱼苗（Tian et al，2015），表明玻璃化技术在鱼类胚胎冷冻保存上具有可行性。研究比较了在青鳉胚胎冷冻保存中六种冷冻保护剂的表现，证明甲醇在冷冻保存过程中的保护效果最佳（Zhang et al，2012）。真鲷胚胎超低温冷冻保存方法得到了优化，通过玻璃化法使解冻后的胚胎完整率得到了提高。

三、国际研究进展

（一）水产养殖种的基因组资源挖掘

1. 功能基因筛选与克隆

（1）生长和生殖相关基因筛选和克隆

国际上仅仅通过基因克隆的相关研究较少，主要是通过 QTL 定位筛选相关基因。例如，在生长方面，进行了丁鲷生长激素基因克隆和结构研究，比对结果表明，丁鲷与亚洲鲤科鱼类相似性高于欧洲（Panicz et al，2012）。进行了大菱鲆生长性状 QTL 定位研究，筛选到一批性状相关位点和基因（Enrique et al，2011）。在生殖方面，进行了对虾生殖信号通路相关基因筛选，共鉴定出 11 个与生殖相关基因（Rotllant et al，2015）；研究了大西洋鲑幼鲑与性成熟相关 QTL 位点与基因，筛选到 1 个与性成熟相关 QTL 位点、3 个相关基因（Gutierrez et al，2014）。

（2）免疫抗病相关基因筛选与克隆

国外挖掘和筛选了大量免疫基因，并逐渐从单个基因转变到"组"水平研究，例如，进行了虹鳟脾转录组研究和免疫相关功能基因鉴定，发现 *Toll* 样受体信号通路 35 个基因，B 细胞受体信号通路 44 个基因，T 细胞受体信号通路 56 个基因，趋化因子信号通路 73 个基因，*FCγR* 信号通路 52 个基因，NK 细胞介导细胞毒素通路基因 42 个，这些基因和信号通路与其他生物相似，表明他们的保守性（Ali et al，2014）。从转录组水平进行龟鳖抗病毒免疫相关基因研究，发现一批免疫相关基因和通路（Pereiro et al，2012）。克隆了东非丽鱼科鱼 *Hivep* 基因家族所有基因，并分析了在病原感染条件下该家族基因的应答（Diepeveen et al，2013）。

（3）性别决定与分化相关基因筛选与克隆

性别决定和分化研究取得了较好的成果。性别异形在鱼类中是胚胎、幼体和成体发育和生长过程中基因差异表达的产物。理论上，性染色体及位于其上的基因在性别异形中可能起了重要的作用，但性染色体并不是性别异形的主导者（Parsch et al，2013；Bachrog，2013）。研究表明，一些鱼类的性别是由分布于基因组中多个基因座的等位基因联合决定的，或者是由一对优势的（性）染色体对上的若干等位基因累积效应所决定的，这两类情况已被称为多基因性别决定（polygenic sex determination，PSD）系统（Liew et al，2014）。在斑马鱼中，不具有典型的 XX/XY 或者 ZZ/ZW 性别决定系统，性别由位于不同染色体上的多个基因共同决定，这种情况可能是由常染色体和现有性染色体之间的重组或融合形成新的性染色体等原因造成的。发现了银汉鱼（*Odontesthes hatcheri*）中的 *Amhy*、吕宋青鳉（*Oryzias luzonensis*）中的 *Gsdf*、恒河青鳉（*Oryzias dancena*）中的 *Sox3*、虹鳟（*Oncorhynchus mykiss*）中的 *SdY*、河豚（*Takifugu rubripes*）中的 *Amhr2* 等不同鱼类性别决定基因（Hattori et al，2012；Myosho et al，2012），进一步研究这些性别决定基因所参与的信号通路发现，3 个非转录因子性别决定基因 *Amhy*、*Gsdf*、*Amhr2* 所参与的性别决定过程均涉及 TGF-β 信号通路，表明该信号通路在这些鱼类的性别决定过程中发挥了重要的功能，同时也暗示了性别决定机制在不同种鱼类之间存在着一定的保守性。

2. 连锁图谱建立与 QTL 分析

2011 年至今，国外遗传图谱和 QTL 研究主要集中在鲑鳟、沟鲇、罗非鱼、牙鲆、亚洲鲈、牡蛎、对虾、大菱鲆等主要养殖种。利用 143 个家系 3 297 尾大西洋鲑构建了包含 2 696 个 SNP 标记的高密度遗传图谱，得出雌雄重组率比例为 1.38∶1（Lien et al，2011）；大西洋鲑 QTL 研究主要集中在品质、抗病等性状，如脂肪、肌纤维（Sodeland et al，2013）、盐度耐受性状（Norman et al，2012）、性别（Gutierrez et al，2014）等；此外，大西洋鲑 SNP 分型芯片已构建完成（Houston et al，2014），并且开展了生长（Gutierrez et al，2012）、肉质（Sodeland et al，2013）等性状的全基因组关联分析研究。虹鳟方面，利用 RAD 技术开发出 145 168 个 SNP 标记构建了虹鳟的高密度 SNP 图谱（Palti et al，2014），还构建了第一代和第二代整合图谱（Palti et al，2011）；虹鳟 QTL 研究主要集中在抗病、渗透压等方面（Baerwald et al，2011；Le Bras et al，2011；Wiens et al，2013）。完成了沟鲇的高密度 SNP 分型芯片构建（Liu et al，2014；2011），并开展了沟鲇（Geng et al，2015）柱状病全基因组关联分析，获得 10 个病毒敏感位点和相关候选基因。构建了罗非鱼高密度 RH 图谱，包含 1 358 个标记（850 个基因、82 个 BAC、154 个微卫星、272 个 SNP），罗非鱼 QTL 研究主要集中在性别性状，通过罗非鱼图谱和物理图谱定位到 12 个与性别显著相关标记（Eshel et al，2012）；利用 RAD 技术构建了包含 3 802 个 SNP 标记罗非鱼图谱，定位到 1 个与性别相关的区域，并进一步用家系和群体进行验证，证实 2 个位点与性别显著相关（Palaiokostas et al，2013）；构建了莫桑比克罗非鱼的微卫星图谱，并定位了 XY 性别决定位点（Liu et al，2013），发现 2 个新位点与性别决定相关（Palaiokostas et al，2015）；此外，也有罗非鱼生长性状的 QTL 报道，定位到 25 个与体重、全长、体长相关 QTL，并确定 *GHR2* 基因不同亚型为生长性状决定基因（Liu et al，2014）。

在海水养殖动物方面，从大菱鲆 EST 中开发出 SNP 和微卫星标记，构建了大菱鲆遗传图谱，包含 438 个标记（Bouza et al，2012）；构建了大菱鲆整合图谱，包含 514 个 SNP 和微卫星标记（Hermida et al，2013）。大菱鲆 QTL 主要集中在生长（Enrique et al，2011）和抗病（Silvia et al，2011）等性状。亚洲鲈方面，构建了亚洲鲈第二代遗传图谱，包含 790 个微卫星和 SNP 标记（Wang et al，2011a）；QTL 方面包括生长（Wang et al，2011b；Xia et al，2013）、脂肪酸（Xia et al，2014）等。

3. 全基因组精细图谱绘制

2001 年，人类基因组草图的发布开启了全基因组学研究的先河，水产生物或模式水生生物研究也随之进入基因组时代。截至目前，国际上已先后完成玻璃海鞘、海胆、文昌鱼、姥鲨、腔棘鱼、红鳍东方鲀、绿海龟、马氏珠母贝、水云等近 30 种水生生物的基因组测序。尤其是近 3 年来，伴随着新一代测序技术的迅猛发展，海洋生物基因组研究进入快速发展期，先后完成发表了 10 种海洋生物（大西洋鳕、七鳃鳗、斑马鱼、罗非鱼、剑尾鱼、腔棘鱼、绿海龟、蓝鳍金枪鱼、虹鳟、欧洲鲈、蓝载藻、角叉菜、球石藻）全基因组的解析。上述水生生物不仅包括重要进化节点的种类（腔棘鱼和七鳃鳗）以及研究重要性状的模式种类（斑马鱼、剑尾鱼），而且包括多个重要的经济种类（大西洋鳕、蓝鳍金枪鱼、欧洲鲈和虹鳟）。因此，水生生物基因组的解析呈现出从模式种类逐渐过渡到经济种类的特征。尤其值得一提的是水产经济物种基因组的解析，为下一步开展这些生物资源开发和基因组快速辅助育种等提供了基础。挪威奥斯陆大学科学家完成了大西洋鳕全基因组测序，发现大西洋鳕缺少对于主要组织相容性复合体（MHC）Ⅱ途径的一些必要的基因，但它可通过增加的 *MHCI* 基因和 *Toll* 样受体基因的数量来维持其正常的免疫功能，这一发现将更有针对性的开发疫苗研制，以协助大西洋鳕的疾病管理和驯化过程。日本国家水产科学研究所的科研人员破译了蓝鳍金枪鱼的基因组序列，分析发现蓝鳍金枪鱼能感知绿光和蓝光的相关基因比其他鱼类要多很多，这说明在海里快速游动的太平洋蓝鳍金枪鱼能识别从绿色到蓝色的微妙色差，研究小组认为，这是太平洋蓝鳍金枪鱼为适应生活在蓝色海洋表层而进化的结果。法国国家农业研究院的 Yann Guiguen 领导跨国研究团队，完成了虹鳟基因组测序，揭示了大约 1 亿年前发生在虹鳟身上的一次罕见的基因组加倍事件以来基因演化的速度。水产生物全基因组序列的解析就像编纂一部巨大的百科全书，为全面研究这些物种的性别、生长、发育、繁殖、疾病等重要生命体征和经济性状提供重要的参考，同时为种质保存、基因资源发掘以及经济种类的全基因组选择育种奠定基础。

（二）分子标记辅助选择

1. 生长、抗逆性状

"十二五"期间，国际关于生长性状的分子标记辅助选择主要体现在重要养殖水产动物中。例如，在大菱鲆中，定位到 11 个生长显著相关 QTL 位点，并进行了 QTL 位点与生长相关性检测，已达到辅助育种的目的（Enrique et al，2011）。在大西洋鲑中，进行了 5 个家系体重相关 QTL 定位（Gutierrez et al，2012）。

在抗逆方面，主要进行了抗冻相关基因研究，富含丙氨酸 α 螺旋抗冻蛋白在不同目儿种抗冻鱼中发现，在同目和目间发现该蛋白在序列和结构上差异较大，该蛋白具有Ⅰ、Ⅱ、Ⅲ 3 种类型，在Ⅰ型中，α 螺旋肽具有帽子结构、富含丙氨酸和两性分子结构，4 种杜父鱼科海鱼研究表明，在非编码序列和编码模式差异显著并推断，这些抗冻蛋白来源于具有弱亲冰性的不同祖先螺旋分化而来，而相似性表明由于特定氨基酸的偏向和嗜好，水分子排列在双螺旋一侧形成冰样结构（Graham et al，2013；Cziko et al，2014），冰结构的形成能阻止鱼的生长（Celik et al，2013）。

2. 抗病性状

"十二五"期间，国际开始在牙鲆、鲮、对虾、鲇等多种水生动物中开展抗病育种。目前，比较成功的是抗淋巴囊肿病牙鲆选育研究，该研究将牙鲆抗淋巴囊肿病性状成功定位在 1 个遗传位点上，并开发了可以指导抗病选育的微卫星标记。在鲮中，进行了转录水平单核苷酸图谱构建和嗜水气单胞菌的 QTL 定位研究，雄性和雌性个体图谱分别为 1.32 厘摩和 1.35 厘摩，位于 10 个连锁群上的 21 个标记与抗病有关（Robinson et al，2012）。在虹鳟方面，进行了 *MHC class IIB* 基因多态性与乳球菌的相关性研究，1 个 SNP、1 个单倍型与抗病相关（Colussi et al，2015）。在对虾中，进行了微卫星标记与白斑病毒病的相关性研究，筛选到 1 个与白斑病毒相关的标记（Dutta et al，2013）。在鲇中，进行了全基因组水平的基因抗病相关标记研究，并与 QTL 结果进行联合分析，从而进行了抗病相关基因标记准确定位（Geng et al，2015）。在虹鳟脑黏体虫中，进行了 F2 群体 QTL 定位，并在 3 个群体中进行了验证，1 个位点被鉴定与抗病相关并得到了验证，该位点可解释遗传变异率为 50%～86%（Baerwald et al，2011）。

（三）其他生物技术

1. 转基因技术

"十二五"期间，国外转基因鱼的研究主要集中在以下三个大的方面，一是转基因经济和养殖鱼类的安全性研究，如利用 HSP70 启动子来启动 stromal-derived factor 1a（*SDF 1a*）的表达，通过控制原始生殖干细胞的迁移来控制斑马鱼的育性生产了 100% 不育的雄性斑马鱼（Wong et al，2013）；改造了 Tet-off 系统，设计和评估了一系列干扰和控制原始生殖干细胞的正常迁移的转基因系统，利用常见的化学药剂（食盐，硫酸铜等）作为"基因调控开关"诱导转基因 *nanos* 和 *dead end* 的表达，从而抑制了鲤和北美斑点叉尾鮰性腺的分化和发育（Su et al，2014，2015a，2015b）。二是模式动物的基因功能研究，尤其是 CRISPR/Cas9 高效敲除技术出现以来，基因组编辑研究正成为积累基因功能鉴定、农业生物改良、疾病治疗等的重要工具（Hsu et al，2014；Reardon et al，2014）。三是多年积累的转基因经济鱼类的综合评估与上市相关研究取得了突破性进展，2015 年 11 月 19 日，美国 FDA 正式批准 AquaBounty Technologies 公司的转生长激素基因的大西洋三文鱼上市，用于人类消费（FDA，2015）。这是全球第一例人类可以食用的基因改造动物，这将大大推动转基因经济鱼类研究，同时也为今后更多类似的基因改造动物的综合评估和获批上市奠定基础，毕竟转基因是获得性状改变的最有效的技术。

2. 鱼类细胞培养和细胞系建立

"十二五"期间，国际上鱼类细胞系的建立在增加，如印度建立了南亚野鲮鳃组织细胞系（Abdul et al，2013）；印度热带观赏鱼 *Puntius fasciatus* 和 *Pristolepis fasciata* 的尾鳍细胞系（Swaminathan et al，2013）。

3. 鱼类生殖干细胞移植技术

生殖细胞移植技术自 1994 年被 Brinster 等突破以来，被广泛用于哺乳动物的精子发生及干细胞生物学研究等。此项技术包括将供体动物的精原干细胞进行分离，然后移植入受体的精巢，最终由受体产生出具有供体遗传特性的成熟精子。此外，该项技术也为转基因动物研究以及濒危动物的遗传资源保护提供了更多便利。

相比哺乳动物，干细胞移植技术的研究在水产动物中发展较为缓慢。直到 2003 年，才开始将生殖细胞移植技术应用于虹鳟幼鱼中，将带有 GFP 标记的原始生殖细胞（PGC）移植入虹鳟的腹腔，随后这些细胞在供体体内增殖、分化并最终发育成具有功能性的精巢和卵巢。运用同样的方法，虹鳟和大麻哈鱼之间的生殖细胞异种移植也获得了成功。然而，PGC 细胞只在鱼类胚胎发育早期才能获得，这对于很多濒危物种或 PGC 数量相对较少的物种来说，很难获取足够的 PGC 用于移植。因此，尝试采用更易获得且数目更多的精原细胞进行移植，研究人员将从虹鳟成鱼分离得到的精原细胞移植入虹鳟幼苗中，所移植的受体精原细胞可以在供体虹鳟中迁移增殖。目前，该项技术已在很多经济鱼类中获得成功，如银汉鱼、鲵、尼罗罗非鱼、黄尾鱼（Morita et al，2012）等。值得注意的是，2015 年首次对鲟的生殖细胞进行了分离、纯化及移植。选取西伯利亚鲟作为供体，进行精原细胞分离纯化，随后移植入小体鲟受体内，在小体鲟体内可见所移植的西伯利亚鲟供体精原细胞增殖信号（Pšenička et al，2015）。

四、国内外科技水平对比

综上所述，我国在水产生物技术领域的某些方面取得较好的成果，在某些研究方向已处于国际领先的地位，但在许多方面仍然存在不足。

（一）水产养殖种的基因组资源挖掘

我国水产生物基因组学研究在"十二五"期间呈现暴发式发展，取得了快速的进步，形成一定的积累和优势，取得了一批处于国际领先水平的研究成果，但整体而言，与国际上水产模式生物的基因组学和分子遗传学研究水平相比仍存在较大的差距，主要体现在关键领域研究的深度和广度均不够，还处于一种缺乏原创力的粗放式发展状态；基因资源利用的产业化技术方面则存在滞后；基因组研究与遗传育种、病害防治等应用领域的合作基础较为薄弱，无法发挥多学科合作优势，导致水产动物基因组资源应用缓慢，缺乏竞争力；此外，基因资源共享平台缺乏，共享机制不完善，也限制了水产基因组资源深度发掘和利用。

（二）水产动物遗传连锁图谱和 QTL 定位

"十二五"以来借助基因组测序技术发展和投入增加。国内外主要的水产养殖物种的基因组计划纷纷启动，带动了相关物种的性状相关功能基因发掘、遗传工具构建、经济性状的精确解析等工作，进而推动了在全基因组尺度上开展重要水产经济性状的精确解析和基因组辅助良种选育的进程。我国在这个领域的工作处于世界第一集团之中。目前，在遗传图谱和 QTL 研究方向，就研究品种而言，欧美等国家和地区重点支持的大西洋鲑、虹鳟、沟鲶等主要养殖种均已构建了高密度的 SNP 遗传连锁图谱，性状研究早就进入精细定位和全基因组关联分析水平。而国内涉及的品种较多，造成投入和资源不集中，除了鲤、舌鳎等少数几个种研究处于世界前列之外，其他品种遗传图谱密度和精度还比较低，难以支撑性状的精细定位和全基因组关联分析。其次，国外在品质性状的遗传机制和生理机制方面的研究始终走在前列，如肌肉发生、脂肪含量、肉色、肌肉含水量、肌纤维、氨基酸含量性状，欧洲和北美已研究多年，最近已经进入到基因和基因调控水平的研究，发达国家在氨基酸、肉色、出肉率等方面的选育研究已有近 15 年的历史，已形成相关选育品种并用于养殖业。而我国仅在最近几年在脂肪和肌肉发生、肌纤维等方面做了少量研究，在总量与深度上与发达国家无法相比，还没有开展到运用于品种选育研究。

五、"十三五"展望与建议

水产生物技术是当代水产学科中发展最为迅速的一个领域，根据国际上的现状和发展趋势，编者认为"十三五"水产生物技术研究将在如下几个方面取得重大进展，这些也是我国今后应该重点进行研究的领域。

（一）基因组资源深度发掘

至今已有 30 多种水产动植物全基因组测序完成。随着测序技术和基因芯片技术的大量使用，将会有越来越多的物种完成全基因组测序，并通过全基因组关联分析、表达谱分析、系统生物学、蛋白质等组学方法研究生产性状相关基因的功能、信号通路及调控网络，从而阐明重要经济性状的遗传基础，创新遗传改良手段和途径。

（二）分子育种及相关技术

在基因组资源广泛开发的基础上，生物技术研究将为分子育种提供数量丰富的分子标记、精细准确的遗传图谱、快速简便的基因分型技术以及生物芯片等高通量遗传分析工具。虽然快速生长等表型性状通过分子育种也可以得到很好的选育效果，但分子育种应该更多地集中在常规选育技术难以获得很好效果的性状或者难以测定的性状，例如食物转化率、肌间刺、脂肪含量、抗病和性别控制等。随着养殖鱼类基因组信息越来越丰富以及测序成本越来越低，分子育种在"十三五"期间在我国将有较快的发展。

（三）基因工程育种

随着基因功能研究技术的快速进步，基因工程育种将进入外源基因操作更为精准和转基因产品更为安全的时代。"十三五"期间将有很多研究获得快速发展：一是基因工程产品的安全研究，为创制生态安全及食用安全的转基因水产品，特定转基因元件研发将展现出蓬勃的发展前景，例如能够对外源基因的时空表达和诱导表达进行精细调控的操纵序列，能够对转基因动物进行性别选择或育性控制的基因工程控制技术。二是基因编辑技术，有别于"植入"外源基因的转基因技术，基因编辑技术通过"敲除"物种自身基因，经由负反馈通路调控目标性状，能够部分消除关于外源基因食用安全性的顾虑，随着基因编辑技术的突破，基因编辑技术以及有效靶基因的筛查等将获得水产育种专家的广泛重视。三是转基因鱼作为基因功能研究的模型将获得广泛利用，如信号调控水平的生长与生殖的相互关系研究。

（四）种质鉴定技术

种质是渔业的根本，随着基因组资源和性状相关标记的积累，准确鉴定和评估种质资源的时代已经到来，"十三五"期间将重点开展以下技术研究工作：一是区分同一物种的不同品种或不同地理群的鉴定技术；二是利用性状相关基因和标记的种质评估技术；三是建立全基因组层面的可鉴别养殖种对野生种等位基因"超入侵"的评估技术。

（五）细胞工程

迄今为止，全世界共建立鱼类细胞系近 300 个，但仍然满足不了需求。今后的发展趋势主要有：一是继续增加鱼类细胞系的种类和数量，开发鱼类细胞系的应用领域和用途，研制鱼类病毒的细胞培养灭活疫苗，攻克鱼类病毒病害；二是采用现代生物技术手段突破无脊椎水生动物细胞培养技术，力争建立虾类、蟹类、贝类等无脊椎动物细胞系，使细胞工程这个重要平台和工具在水生动物研究和水产养殖、病害防治等方面发挥更大的作用。

（贾智英　孙效文　陈松林　白俊杰　执笔）

（致谢：本报告撰写过程中，得到中国水产科学研究院生物技术学科委员及科研骨干徐鹏、叶星、喻达辉、郑先虎、鲁翠云等的大力支持，提供了相关资料，中国水产科学研究院李创举、赵紫霞、徐文腾三位博士对全篇文字进行了修改，在此一并感谢！）

<h1 style="text-align:center">参　考　文　献</h1>

陈松林，2013. 鱼类性别控制与细胞工程育种［M］. 北京：科学出版社.

陈松林，崔忠凯，郑汉其，等，2016. 一种基于基因组编辑的海水鲆鲽鱼类种质构建方法及应用：中国，201610162019.5［P］. 2016-03-21.

单喜双，等，2015. 达氏鲟生长激素基因 cDNA 克隆、表达及免疫荧光定位研究［J］. 水生生物学报，39（2）：307-314.

房娅博，2013. 拟穴青蟹免疫相关基因的克隆及内参基因的通用性分析［D］. 大连：大连海洋大学.

关海红，等，2013. 转基因鲤性腺结构及繁殖性能的研究［J］. 江苏农业科学，41（3）：191-194.

黄智慧，2014. 大菱鲆耐高温性状选育及遗传机理研究［D］. 青岛：中国海洋大学.

贾智英，等，2014. 用微卫星标记鉴定和分析德国镜鲤的家系及遗传结构［J］. 水产学杂志，27（5），7-11.

李创举，等，2015. 中华鲟促甲状腺激素 β 亚基基因 cDNA 序列的克隆及其表达分析［J］. 西北农林科技大学学报（自然科学版），43（11）：1-8.

李红霞等，2012. 建鲤 IGF-Ⅰa 基因的 SNPs 位点筛选及其与增重的相关性分析［J］. 上海海洋大学学报，21（1）：7-13.

鲁翠云，2014. 鲤生长性状主效 QTL 育种潜力评估及其在染色体上的定位［D］. 上海：上海海洋大学.

彭慧珍，等，2014. 赤眼鳟 Mx 基因全长 cDNA 克隆及其经 GCRV 攻毒后的组织表达分析［J］. 水生生物学报，38（6）：993-1001.

孙效文，等，2007. 镜鲤两个繁殖群体的遗传结构和几种性状的基因型分析［J］. 水产学报，31（3）：273-279.

孙效文，等，2011. 鱼类分子育种学［M］. 北京：海洋出版社.

孙效文，鲁翠云，曹顶臣，等，2009. 镜鲤体重相关分子标记与优良子代的筛选和培育［J］. 水产学报，33（2）：177-181.

陶文静，等，2011. 建鲤 GHR 基因多态性及与增重相关的 SNP 位点的筛选. 水生生物学报［J］. 35（4）：21-629.

汪婷婷，2012. 刺参三种免疫基因的克隆、表达及功能研究［D］. 大连：大连理工大学.

王兰，2012. 草鱼 Mx2 和 MDA5 基因多态性与草鱼出血病抗性的关联研究［D］. 杨凌：西北农林科技大学.

王磊，陈松林，张英平，等，2013. 牙鲆连续三代抗鳗弧菌病家系的筛选与分析［J］. 中国水产科学，20（5）：990-996.

王文静，2014. 草鱼 3 个 Toll 样受体基因克隆和表达及与细菌性败血症关联分析［D］. 上海：上海海洋大学.

王宣朋，等，2012. 鲤饲料转化率性状的 QTL 定位及遗传效应分析［J］. 水生生物学报，36（2）：177-196.

魏远征，等，2015. 尼罗罗非鱼三种 Siglecs like 融合蛋白在 COS-7 细胞中的表达及其结合活性的初步

研究 [J]. 水产学报，39 (3)，327-335.

徐磊，等，2014a. 生长相关优势基因型在大口黑鲈"优鲈 1 号"选育世代中的聚合 [J]. 华南农业大学学报，35 (1)：7-11.

徐磊，等，2014b. 大口黑鲈"优鲈 1 号"生长相关优势基因型的分析 [J]. 海洋渔业，36 (1)：24-28.

徐磊，等，2014c. 大口黑鲈生长性状相关标记的聚合效果分析 [J]. 中国水产科学，21 (1)：5358.

闫学春，等，2011. 显微介导的远缘基因渐渗技术在鲤育种中的应用 [J]. 中国水产科学，18 (2)：275-282.

亓爱清，2014. 虾蟹类免疫相关基因研究 [D]. 上海：华东师范大学.

俞菊华，等，2012. 建鲤 *FABP3* 基因分离及其多态性与增重的相关分析 [J]. 水产学报，12：1809-1818.

张英平，2014. 牙鲆（*Paralichthys olivaceus*）抗迟钝爱德华氏菌和耐高温家系筛选 [D]. 上海：上海海洋大学.

朱蓉，等，2012. 牙鲆干扰素诱导的跨膜蛋白 IFITM1 抑制彩虹病毒的作用和机制研究 [C]. 鄂粤微生物学学术年会——湖北省暨武汉微生物学会成立六十年庆祝大会论文集.

朱蓉，等，2013. 中国大鲵 *MHC* 基因的鉴定及病毒诱导表达分析. 湖北省暨武汉微生物学会会员代表大会暨学术年会论文摘要集.

Abdul M，et al，2013. Establishment and characterization of permanent cell line from gill tissue of Labeo rohita（Hamilton）and its application in gene expression and toxicology [J]. Cell Biology and Toxicology，29：59-73.

Ali A，et al，2014. Charanterization of the rainbow trout spleen transcriptome and identification of immune-related genes [J]. Frontiers in Genetics，5：348.

Baerwald M R，et al，2011. A major effect quantitative trait locus for whirling disease resistance identified in rainbow trout（*Oncorhynchus mykiss*）[J]. Heredity，106：920-926.

Baranski M，et al，2010. Mapping of quantitative trait loci for flesh colour and growth traits in Atlantic salmon（*Salmo salar*）[J]. Genetics Selection Evolution，42：17.

Berthelot C，et al，2014. The rainbow trout genome provides novel insights into evolution after whole-genome duplication in vertebrates [J]. Nature Communications，5：3657.

Bouza C，et al，2012. An expressed sequence tag（EST）-enriched genetic map of turbot（*Scop-hthalmus maximus*）：a useful framework for comparative genomics across model and farmed teleosts [J]. BMC Genetics，13：54.

Celik Y，et al，2013. Microfluidic experiments reveal that antifreeze proteins bound to ice crystals suffice to prevent their growth [J]. Proceedings of the National Academy of Sciences of USA，110：1309-1314.

Chen C，et al，2013a. SmCCL19，a CC chemokine of turbot Scophthalmus maximus，induces leukocyte trafficking and promotes anti-viral and anti-bacterial defense [J]. Fish & Shellfish Immunology，35：1677-1682.

Chen S L，et al，2012. Induction of mitogynogenetic diploids and identification of WW super-female using sex-specific SSR markers in half-smooth tongue sole（*Cynoglossus semilaevis*）[J]. Mar Biotechnol（NY），14：120-128.

Chen S，et al，2014. Whole-genome sequence of a flatfish provides insights into ZW sex chromosome evolution and adaptation to a benthic lifestyle [J]. Nat Genet，46：253-260.

Chen Z，et al，2013b. Genome architecture changes and major gene variations of Andrias davidianus ranavirus（ADRV）[J]. Veterinary Research，44：101.

Colussi，et al，2015. Association of a specific major histocompatibility complex class ⅡB single nucleotide polymorphism with resistance to lactococosis in rainbow trout，*Oncorhynchus mykiss* (Walbaum) [J]. Journal of Fish Disease，38：27-35.

Cziko P A，et al，2014. Antifreeze protein-induced superheating of ice inside Antarctic notothenioid fishes inhibits melting during summer warming [J]. Proceedings of the National Academy of Sciences of USA，111：14583-14588.

Dan C，Mei J，Wang D，et al，2013. Genetic differentiation and efficient sex-specific marker development of a pair of Y- and X-linked markers in yellow catfish [J]. Int J Biol Sci，9：1043-1049.

Diepeveen E T，et al，2013. Immune-related functions of the Hivep gene family in east African Cichlid fishes [J]. G3 (Bethesda)，3 (12)：2205-2217.

Dong J J，et al，2015. β-Defensin in Nile tilapia (*Oreochromis niloticus*)：Sequence，tissue expression，and anti-bacterial activity of synthetic peptides [J]. Gene，566 (1)：23-31.

Du F，et al，2013. Cloning and preliminary functional studies of the JAM-A gene in grass carp (*Ctenopharyngodon idellus*) [J]. Fish & Shellfish Immunology，34：1476-1484.

Dutta，et al，2013. Experimental evidence for white spot syndrome virus (WSSV) susceptibility linked to a microsatellite DNA marker in giant black tiger shrimp，*Penaeus monodon* (Fabricius) [J]. Journal of Fish Disease，36：593-597.

Enrique S M，et al，2011. Detection of growth-related QTL in turbot (*Scophthalmus maximus*) [J]. BMC Genomics，12：473.

Eshel O，et al，2012. Linkage and Physical Mapping of Sex Region on LG23 of Nile Tilapia (Oreochromis niloticus) [J]. G3 (Bethesda)，2：35-42.

Gao F Y，et al，2012. Identification and expression analysis of three c-type lysozymes in *Oreochromis aureus* [J]. Fish & Shellfish Immunology，32：779-788.

Gao Y，et al，2014. Draft sequencing and analysis of the genome of pufferfish *Takifugu flavidus* [J]. DNA Research，21 (6)：627-637.

Geng X，et al，2015. A genome-wide association study in catfish reveals the presence of functional hubs of related genes within QTLs for columnaris disease resistance [J]. BMC Genomics，16：27.

Graham L. A，et al，2013. Helical antifreeze proteins have independently evolved in fishes on four occasions [J]. PloS One，8 (12)：E81285.

Guo W，et al，2013. A second generation genetic linkage map for silver carp (*Hypophthalmichehys molitrix*) using microsatellite markers [J]. Aquaculture，412-413：97-106.

Gutierrez A P，et al，2012. Genetic mapping of quantitative trait loci (QTL) for body-weight in Atlantic salmon (*Salmo salar*) using a 6.5K SNP array [J]. Aquaculture，358-359：61-70.

Gutierrez A P，et al，2014. Detection of Quantitative Trait Loci (QTL) Related to Grilsing and Late Sexual Maturation in Atlantic Salmon (*Salmo salar*) [J]. Mar Biotechnol，16：103-110.

Guyomard R，et al，2012. A synthetic rainbow trout linkage map provides new insights into the salmonid whole genome duplication and the conservation of synteny among teleosts [J]. BMC Genetics，13：15.

Hattori R S，et al，2012. A Y-linked anti-Mullerian hormone duplication takes over a critical role in sex determination [J]. Proceedings of the National Academy of Sciences of the United States of America，109：2955-2959.

Hermida M，et al，2013. Compilation of mapping resources in turbot (*Scophthalmus maximus*)：A new integrated consensus genetic map [J]. Aquaculture，414-415：19-25.

Houston R D，et al，2014. Development and validation of a high density SNP genotyping array for Atlantic salmon (*Salmo salar*) [J]. BMC Genomics，15：90.

Hsu P D, et al, 2014. Development and applications of CRISPR-Cas9 for genome engineering [J]. Cell, 157: 1262-1278.

Hu Q, et al, 2013. Cloning, genomic structure and expression analysis of ubc9 in the course of development in the half-smooth tongue sole (*Cynoglossus semilaevis*) [J]. Comp Biochem Physiol. Part B, Biochem & Mol boil, 165: 181-188.

Hu Q, et al, 2014b. Cloning and characterization of wnt4a gene and evidence for positive selection in half-smooth tongue sole (*Cynoglossus semilaevis*) [J]. Scientific Reports, 4: 7167.

Hu W, et al, 2014. Controllable on-off method for fish reproduction [P]. US Patent Application Number: 14247145, 07.

Huang J, et al, 2014. Molecular characterization, sexually dimorphic expression, and functional analysis of 3'-untranslated region of vasa gene in half-smooth tongue sole (*Cynoglossus semilaevis*) [J]. Theriogenology, 82: 213-224.

Jiao W, et al, 2014. High-resolution linkage and quantitative trait locus mapping aided by genome survey sequencing: building up an integrative genomic framework for a bivelve mollusc [J]. DNA Res, 21 (1): 85-101.

Jin S, et al, 2012. Genetic linkage mapping and genetic analysis of QTL related to eye cross and eye diameter in common carp (*Cyprinus carpio L.*) using microsatellites and SNPs [J]. Aquaculture, 358-359: 176-182.

Jing J, et al, 2014. Sex-biased miRNAs in gonad and their potential roles for testis development in yellow catfish [J]. PloS One, 9: e107946.

Kuang Y, et al, 2015. Mapping quantitative trait loci for flesh fat content in common carp (*Cyprinus carpio*) [J]. Aquaculture, 435: 100-105.

Laghari M Y, et al, 2013. Quantitative trait loci (QTL) associated with growth rate trait in common carp (*Cyprinus carpio*) [J]. Aquacult Int, 21: 1373-1379.

Le Bras Y, et al, 2011. Detection of QTL with effects on osmoregulation capacities in the rainbow trout (*Oncorhynchus mykiss*) [J]. BMC Genet, 12: 46.

Li C J, 2011a. Molecular characterization and expression pattern of three zona pellucida 3 genes in the Chinese sturgeon, *Acipenser sinensis* [J]. Fish Physiol Biochem, 37: 471-484.

Li C J, 2011b. Molecular and expression analysis of apolipoprotein E gene in the Chinese sturgeon, *Acipenser sinensis* [J]. Comp Biochem Physiol B, 158: 64-70.

Li C, et al, 2012. Identification, characterization, and function analysis of the cactus gene from *Litopenaeus vannamei* [J]. PloS One, 7 (11): e49711.

Li M H, et al, 2013. Antagonistic Roles of Dmrt1 and Foxl2 in Sex Differentiation via Estrogen Production in Tilapia as Demonstrated by TALENs [J]. Endocrinology, 154: 4814-4825.

Li S S, et al, 2012. Structural and functional characterization of neuropeptide Y in a primitive teleost, the Japanese eel (*Anguilla japonica*) [J]. Gen Comp Endocr, 179: 99-106.

Li W F, et al, 2014a. Characterization of a primary cell culture from lymphoid organ of *Litopenaeus vannamei* and use for studies on WSSV replication [J]. Aquaculture, 433: 157-163.

Li Y, et al, 2013. Effects of cysteamine on mRNA levels of growth hormone and its receptors and growth in orange-spotted grouper (*Epinephelus coioides*) [J]. Fish Physiol Biochem, 39: 605-613.

Li Y, et al, 2015. Construction of a high-density, high-resolution genetic map and its integration with BAC-based physical map in channel catfish [J]. DNA Research, 22: 39-52.

Liao X, et al, 2013. Transcriptome analysis of crucian carp (*Carassius auratus*), an important aquaculture and hypoxia-tolerant species [J]. PloS One, 8: e62308.

Lien S，et al，2011. A dense SNP-based linkage map for Atlantic salmon（*Salmo salar*）reveals extended chromosome homeologies and striking differences in sex-specific recombination patterns［J］. BMC Genomics，12：615.

Liew W C，Orban L，2014. Zebrafish sex：a complicated affair［J］. Brief Funct Genomics，13：172-187.

Liu F，et al，2013. A microsatellite-based linkage map of salt tolerant tilapia（*Oreochromis mossambicus x Oreochromis* spp.）and mapping of sex-determining loci［J］. BMC Genomics，14：58.

Liu F，et al，2014. A genome scan revealed significant associations of growth traits with a major QTL and GHR2 in tilapia［J］. Sci Rep，4：7256.

Liu H Q，et al，2013. Genetic manipulation of sex ratio for the large-scale breeding of YY super-male and XY all-male yellow catfish（*Pelteobagrus fulvidraco*（Richardson））［J］. Mar Biotechnol，15：321-328.

Liu J，et al，2014. MHC cCyprinus carpio Linnaeuslass IIa alleles associated with resistance to *Aeromonas hydrophila* in purse red common carp［J］. Journal of Fish Diseases，37：571-575.

Liu S，et al，2011. Generation of genome-scale gene-associated SNPs in catfish for the construction of a high-density SNP array［J］. BMC Genomics，12：53.

Liu S，et al，2014. Development of the catfish 250K SNP array for genome-wide association studies［J］. BMC Research notes，7：135.

Liu W J，et al，2014b. Molecular characterization and functional divergence of two Gadd45g homologs in sex determination in half-smooth tongue sole（*Cynoglossus semilaevis*）［J］. Comparative Biochemistry and Physiology Part B，Biochemistry & Molecular Biology，177-178：56-64.

Liu Y，et al，2013. Lineage-specific expansion of IFIT gene family：an insight into coevolution with IFN gene family［J］. PloS One，8：e66859.

Liu Z J，2010. Next Generation Sequencing and Whole Genome Selection in Aquaculture［M］. Arnes AI：John Wiley and Sons.

Lu C，et al，2015. Mapping QTLs of caudal fin length in common carp（*Cyprinus carpio L.*）［J］. New Zealand Journal of Marine and Freshwater Research，49：96-105.

Lu Y，et al，2014. Gene cloning and expression analysis of IRF1 in half-smooth tongue sole（*Cynoglossus semilaevis*）［J］. Molecular Biology Reports 41：4093-4101.

Ma J，et al，2013. Establishment，characterization and viral susceptibility of two cell lines derived from leopard wrasse *Macropharyngodon geoffroy*［J］. Journal of Fish Biology，83（3）：560-573.

Meng L，et al，2014. Cloning and characterization of tesk1，a novel spermatogenesis-related gene，in the tongue sole（*Cynoglossus semilaevis*）［J］. PloS One，9：e107922.

Morita T，et al，2012. Production of donor-derived offspring by allogeneic transplantation of spermatogonia in the yellowtail（*Seriola quinqueradiata*）［J］. Biol Reprod，86（6）：176.

Myosho T，et al，2012. Tracing the Emergence of a Novel Sex-Determining Gene in Medaka，*Oryzias luzonensis*［J］. Genetics，191：163.

Norman J D，et al，2012. Genomic arrangement of salinity tolerance QTLs in salmonids：A comparative analysis of Atlantic salmon（Salmo salar）with Arctic charr（*Salvelinus alpinus*）and rainbow trout（*Oncorhynchus mykiss*）［J］. BMC Genomics，13：420.

Pšenička M，et al，2015. Isolation and transplantation of sturgeon early-stage germ cells［J］. Theriogenology，83：1085-1092.

Palaiokostas C，et al，2013. Mapping and validation of the major sex-determining region in Nile tilapia（*Oreochromis niloticus L.*）Using RAD sequencing［J］. PloS One，8：e68389.

Palaiokostas C, et al, 2015. A novel sex-determining QTL in Nile tilapia (*Oreochromis niloticus*) [J]. BMC Genomics, 16: 171.

Palti Y, et al, 2011. A first generation integrated map of the rainbow trout genome [J]. BMC Genomics, 12: 180.

Palti Y, et al, 2014. A resource of single-nucleotide polymorphisms for rainbow trout generated by restriction-site associated DNA sequencing of doubled haploids [J]. Mol Ecol Resour, 14: 588-596.

Pang S C, et al, 2014. Double transgenesis of humanized fat1 and fat2 genes promotes omega-3 polyunsaturated fatty acids synthesis in a zebrafish model [J]. Mar Biotechnol (16): 580-593.

Panicz R, et al, 2012. Genetic and structural characterization of the growth hormone gene and protein from tench, *Tinca tinca* [J]. Fish physiol biochem, 38: 1645-1653.

Pei C, et al, 2012. Herpes-like virus infection in Yangtze finless porpoise (*Neophocaena phocaenoides*): pathology, ultrastructure and molecular analysis [J]. Journal of Wildlife Diseases, 48: 235-237.

Pereiro P, et al, 2012. High-throughput sequence analysis of turbot (*Scophthalmus maximus*) transcriptome usin 454-pyrosequencing for the discovery of antiviral immune genes [J]. PloS One, 7 (5): e35369.

QIAO H, et al, 2012. Construction of a genetic linkage map for oriental river prawn (*Macrobrachium nipponense*) using SSR and SRAP markers [J]. Journal of Fishery Sciences of China, 19: 202-210.

Reardon S, 2014. Leukaemia success heralds wave of gene-editing therapies [J]. Nature, 527: 146-147.

Robinson, et al, 2012. A linkage map of transcribed single nucleotide polymorphisms in rohu (Labeo rohita) and QTL associated with resistance to *Aeromonas hydrophila* [J]. BMC Genomics, 15: 541.

Rotllant G, et al, 2015. Identification of genes involved in reproduction and lipid pathway metabolism in wild and domesticated shrimps [J]. Marine Genomics, 22: 55-61.

Shao C W, et al, 2015. Genome-Wide SNP Identification for the Construction of a High-Resolution Genetic Map of Japanese Flounder (*Paralichthys olivaceus*) Applied to QTL Mapping of *Vibrio anguillarum* Disease Resistance and Comparative Genomic Analysis [J]. DNA Research, 22 (2): 161-170.

Shi, et al, 2014. RNA-seq profiles from grass carp tissues after reovirus (GCRV) infection based on singular and modular enrichment analyses [J]. Molecular Immunology, 61 (1): 44-53.

Silvia R R, et al, 2011. QTL detection for Aeromonas salmonicida resistance related traits in turbot (*Scophthalmus maximus*) [J]. BMC Genomics, 12: 541.

Sodeland M, et al, 2013. Genome-wide association testing reveals quantitative trait loci for fillet texture and fat content in Atlantic salmon [J]. Aquaculture, 408: 169-174.

Song W, et al, 2012a. Construction of a high-density microsatellite genetic linkage map and mapping of sexual and growth-related traits in half-smooth tongue sole (*Cynoglossus semilaevis*) [J]. PloS One, 7: e52097.

Song W, et al, 2012b. Construction of high-density genetic linkage maps and mapping of growth-related quantitative trail loci in the Japanese flounder (*Paralichthys olivaceus*) [J]. PloS One, 7: e50404.

Su B, et al, 2014. Expression and knockdown of primordial germ cell genes, *vasa*, *nanos* and *dead end* in common carp (*Cyprinuscarpio*) embryos for transgenic sterilization and reduced sexual maturity [J]. Aquaculture, 420-421: S72-S84.

Su B, et al, 2015a. Effects of transgenic sterilization constructs and their repressor compounds on hatch, developmental rate and early survival of electroporated channel catfish embryos and fry [J]. Transgenic Res, 24: 333-352.

Su B, et al, 2015b. Suppression and restoration of primordial germ cell marker gene expression in channel catfish，*Ictalurus punctatus*，using knock-down constructs regulated by copper transport protein gene promoters：potential for reversible transgenic sterilization [J] . Theriogenology，84：1499-1512.

Sun A，et al，2015. Establishment and characterization of a gonad cell line from half-smooth tongue sole *Cynoglossus semilaevis* pseudomale [J] . Fish Physiol Biochem，41：673-683.

Sun F，et al，2014. Gig1，a novel antiviral effector involved in fish interferon response [J] . Virology，448：322-332.

Sun X，et al，2013. SLAF-seq：An efficient method of large-scale de novo SNP discovery and genotyping using high-throughput sequencing [J] . PloS One，8：58700.

Sun Y L，et al，2014. Screening and characterization of sex-linked DNA markers and marker-assisted selection in the Nile tilapia (*Oreochromis niloticus*) [J] . Aquacultue，433：19-27.

Tao W，Yuan J，Zhou L，et al，2013. Characterization of gonadal transcriptomes from Nile tilapia (*Oreochromis niloticus*) reveals differentially expressed genes [J] . PloS One，8：e63604

Tian Y，Jiang J，Song L，et al，2015. Effects of cryopreservation on the survival rate of the seven-band grouper (Epinephelus septemfasciatus) embryos [J] . Cryobiology，71 (3)：499-506.

Wang C M，et al，2011a. A high-resolution linkage map for comparative genome analysis and QTL fine mapping in Asian seabass，*Lates calcarifer* [J] . BMC Genomics，12：174.

Wang C M，et al，2011b. Mapping QTL for an Adaptive Trait：The Length of Caudal Fin in Lates calcarifer [J] . Mar Biotechnol，13：74-82.

Wang L，et al，2014. A genome scan for quantitative trait loci associated with Vibrio anguillarum infection resistance in Japanese flounder (*Paralichthys olivaceus*) by bulked segregant analysis [J]. Mar Biotechnol (NY)，16：513-521.

Wang N，et al，2013. Molecular cloning，subcelluar location and expression profile of signal transducer and activator of transcription 2 (STAT2) from turbot，*Scophthalmus maximus* [J] . Fish & shellfish immunology，35：1200-1208.

Wang N，et al，2014. Molecular cloning and multifunctional characterization of GRIM-19 (gene associated with retinoid-interferon-induced mortality 19) homologue from turbot (*Scophthalmus maximus*) [J]. Developmental and Comparative Immunology，43：96-105.

Wang W，et al，2015b. High-density genetic linkage mapping in turbot (*Scophthalmus maximus L.*) based on SNP markers and major sex- and growth-related regions detection [J] . PloS One，10：e0120410.

Wang Y，et al，2015a. The draft genome of the grass carp (*Ctenopharyngodon idellus*) provides insights into its evolution and vegetarian adaptation [J] . Nat Genet，47：625-631.

Wang Z W，et al，2011. A novel mucleocytoplasmic hybrid clone formed via androgenesis in polyploidy gibel carp [J] . BMC Research notes，4：82.

Wiens G D，et al，2013. Assessment of genetic correlation between bacterial cold water disease resistance and spleen index in a domesticated population of rainbow trout：identification of QTL on chromosome Omy19 [J] . PloS One，8：e75749.

Wong T T，et al，2013. Inducible sterilization of zebrafish by disruption of primordial germ cell migration [J] . PloS One，8：e68455.

Wu C，et al，2004. The draft genome of the large yellow croaker reveals well-developed innate immunity [J]. Nature Communications，5：5227.

Wu S，et al，2012. Stimulatory effects of nearo peptide Y on the growth of orange-spotted grouperl (*Epinphelus coioides*) [J] . Gen comp Endocrinol，179 (2)：159-166.

Xia J H，et al，2013. Whole genome scanning and association mapping identified a significant association between growth and a SNP in the IFABP-a gene of the Asian seabass [J] . BMC Genomics, 14: 295.

Xia J H, et al, 2014. Mapping Quantitative Trait Loci for Omega-3 Fatty Acids in Asian Seabass [J]. Mar Biotechnol, 16: 1-9.

Xu J, et al, 2014. Development and evaluation of the first high-throughput SNP array for common carp (*Cyprinus carpio*) [J] . BMC Genomics, 15: 307.

Xu P, et al, 2011. Generation of the first BAC-based physical map of the common carp genome [J] . BMC Genomics, 12: 537.

Xu P, et al, 2014. Genome sequence and genetic diversity of the common carp, *Cyprinus carpio* [J]. Nat Genet, 46: 1212-1219.

Yang C G, et al, 2013a. Iron-metabolic function and potential antibacterial role of Hepcidin and its correlated genes (Ferroportin 1 and Transferrin Receptor) in turbot (*Scophthalmus maximus*) [J]. Fish & shellfish immunology, 34: 744-755.

Yang C G, et al, 2013b. Screening and analysis of PoAkirin1 and two related genes in response to immunological stimulants in the Japanese flounder (*Paralichthys olivaceus*) [J] . BMC molecular biology, 14: 10.

Yang X G, 2015. Identification of a germ cell marker gene, the dead end homologue, in Chinese sturgeon *Acipenser sinensis* [J], Gene, 558 (1): 118-125.

Ye H, 2012. Identification of a pou2 ortholog in Chinese sturgeon, Acipenser sinensis and its expression patterns in tissues, immature individuals and during embryogenesis [J] . Fish Physiol Biochem, 38: 929-942.

Ye H, 2015. Differential expression of fertility genes boule and dazl in Chinese Sturgeon (*Acipenser sinensis*), a basal fish [J] . Cell Tissue Res, 360 (2): 413-425.

Ye N H, et al, 2015. Saccharina genomes provide novel insight into kelp biology [J] . Nat commun, 6: 6986.

Yue G H, 2013. Recent advances of genome mapping and marker-assisted selection in aquaculture [J] . Fish Fish, 15: 376-396.

Yue H M, 2014. Molecular characterization of the cDNAs of two zona pellucida genes in the Chinese sturgeon, *Acipenser sinensis* [J] . J Appl Ichthyol, 30: 1273-1281.

Yue H M, 2015. Sequencing and De Novo assembly of the gonadal transcriptome of the endangered Chinese Sturgeon (*Acipenser sinensis*) [J] . PloS One, 6: e0127332.

Yue H M, et al, 2013. Molecular cloning of cDNA of gonadotropin-releasing hormones in the Chinese sturgeon (*Acipenser sinensis*) and the effect of 17β-estradiol on gene expression [J] . Comparative Biochemistry and Physiology Part A: Molecular & Integrative Physiology, 166: 529-537.

Zeng Y, et al, 2015. sghC1q, a novel C1q family member from half-smooth tongue sole (*Cynoglossus semilaevis*): Identification, expression and analysis of antibacterial and antiviral activities [J]. Developmental and comparative immunology, 48: 151-163.

Zhai Y H, et al, 2014. Proliferation and resistance difference of a liver-parasitized myxosporean in two different gynogenetic clones of gibel carp [J] . Parasitol Res, 113: 1331-1341.

Zhang G, et al, 2014. The oyster genome reveals stress adaptation and complexity of shell formation [J]. Nature, 490: 49-54.

Zhang J, et al, 2013. Construction of a genetic linkage map in Fenneropenaeus chinensis using SNP markers [J] . Russ J Mar Biol, 39: 136-142.

Zhang J, et al, 2014b. A first generation BAC-based physical map of the half-smooth tongue sole (*Cynoglossus semilaevis*) genome [J] . BMC genomics, 15: 215.

Zhang Q，et al，2012. Cryoprotectants protect medaka（Oryzias latipes）embryos from chilling injury. ［J］. Cryo Letters，32（2）：108-117.

Zhang X，et al，2013. A consensus linkage map provides insights on genome character and evolution in common carp（Cyprinus carpio L.）［J］. Mar Biotechnol，15：275-312.

Zhang Y，et al，2011. Genetic linkage mapping and analysis of muscle fiber-related QTLs in common carp （Cyprinus carpio L.）［J］. Mar Biotechnol，13：376-392.

Zhao L，et al，2013. A Dense Genetic Linkage Map for Common Carp and Its Integration with a BAC-Based Physical Map［J］. PloS One，8：e63928.

Zheng X，et al，2011. A genetic linkage map and comparative genome analysis of common carp （Cyprinus carpio L.）using microsatellites and SNPs［J］. Molecular Genetics and Genomics，286：261-277.

Zheng X，et al，2013. A consensus linkage map of common carp（Cyprinus carpio L.）to compare the distribution and variation of QTLs associated with growth traits［J］. Sci. China Life Sci，56：351-359.

Zhong C R，et al，2012. Growth hormone transgene effects on growth performance are inconsistent among offspring derived from different homozygous transgenic common carp［J］. Aquaculture，S356～357 （4）：404-411.

Zhu C，et al，2014. A second-generation genetic linkage map for bighead carp（Aristichthys nobilis） based on microsatellite markers［J］. Anim Genet，45：699-708.

Zhu C，et al，2015. Comparative mapping for bighead carp（Aristichthys nobilis）against model and non-model fishes provides insights into the genomic evolution of cyprinids［J］. Molecular Genetics and Genomics，290：1313-1326.

水产遗传育种领域研究进展

一、前　言

农业科技革命的核心是品种问题。水产养殖业作为大农业的重要组成部分，其健康和持续发展离不开优良品种的支撑。培育高产、优质、抗逆的优良品种已成为我国水产科学研究领域重点工作之一。近二十年来，我国针对水产养殖主导品种开展了比较广泛的人工选育。截至 2015 年，通过全国水产原种和良种审定委员会审（认）定的新品种已达到 168 个，其中 2011—2015 年审定的新品种就达到 68 个。经过"十二五"期间的发展，我国水产苗种生产和品种培育得到快速发展，养殖品种遗传改良率超过了 25％（贾敬敦 等，2015），原良种覆盖率达到 50％左右，为我国水产养殖业的可持续发展提供了强有力的保障。

虽然我国目前有了一定数量的水产良种，但良种的总体覆盖率仍然偏低。究其原因，既有良种产业化体制不健全的问题，也有良种本身性状优势不够明显或不够全面的问题。我国水产种业的发展仍然处于初级阶段，以育种中心（育种研究机构）结合良种性状测试基地为主体的育种体系和以企业为主体的商业化保种与推广体系尚未形成。与挪威、美国等先进国家相比，水产良种培育、扩繁和产业化应用水平仍有较大差距。"十三五"及今后一个时期，必须进一步强化水产种业体系建设，筛选或认证一批专门的育种机构和良种生产性状测试基地，培育或扶植专业化大型种质公司；不断深化育种科技创新，提高良种的生产性能，争取在水产养殖新品种培育和种质资源开发利用方面取得重大突破。

二、国内研究进展

"十二五"期间，我国水产遗传育种研究领域取得了丰硕成果，基础理论不断完善，育种新技术和新方法不断涌现。在国家和地方各级科技项目的资助下，不断培育出新品种；水产育种技术也开始从传统的选择育种、杂交育种及细胞工程育种技术，逐渐向传统育种方法与现代分子辅助育种及基因组育种技术相结合的方向发展。结合我国水产生物种业工程，正在形成水产原种和良种体系，培育的新品种也逐步得到示范推广，为我国水产科技发展及水产良种体系建设奠定了良好的基础。

（一）水产生物育种基础性工作

种质保存技术、育种技术及良种扩繁技术是种业的三大关键技术（唐启升，2014）。作为生物技术的一个重要分支学科，种质保存技术的研究成果较多，有些技术已经应用于重要种质资源的保存与保护。选育和杂交技术是我国研究最多、储备技术最丰富的水产育种技术，包括近年发展起来的性别控制与细胞工程育种（陈松林，2013），这些技术从个体、细胞到分子水平进行养殖生物遗传物质的定向控制与选择，为我国水产种业的发展奠定了较好的基础。"十二五"期间，我国水产育种领域主要开展的基础工作包括：

1. 水产种质资源收集、整理、整合与共享工作

在国家基础条件平台项目的支持下，开展了全国范围的水产种质资源收集、整理、整合与共享工作，对不同种类和品种、不同水域生态类型、常见和珍稀的鱼类、虾类、贝类、棘皮动物、爬行类以及藻类等海、淡水主要水产种质资源进行了系统的收集、整理和保存。至 2015 年年底，共保存了 10 554 种实物资源，包括 2 028 种活体种质资源、1396 种 DNA 种质资源、358 种精子和 6543 种标本种质资源，从基因、细胞、活体、标本 4 个层次初步建成了我国水产种质资源保护和共享利用平台。

2. 积极推进建立水产种质资源保护区及保护区网络

自 2007 年起，根据《中华人民共和国渔业法》等法律法规规定和国务院《中国水生生物资源养护行动纲要》要求，积极推进建立水产种质资源保护区。截至 2015 年，已经建成国家级水产种质资源保护区 464 个，其中海洋类 50 个，内陆类 414 个。这些保护区分布于江河、湖库以及海湾、岛礁、滩涂等水域，初步构建了覆盖各海区和内陆主要江河湖泊的水产种质资源保护区网络，对保护水产种质资源、防止重要渔业水域被不合理占用、促进渔业可持续发展以及维护广大渔民权益具有重要现实意义。

3. 积极开展水产种质资源鉴定评价

水产种质鉴定评价是水产种质资源高效开发与利用的前提条件。"十二五"期间，针对实物资源和基因资源，开展了我国水产种质资源的遗传分析与评价；在水产种质资源评价方面，已建立了大量 RFLP、RAPD、AFLP、SSR、STS、SNP 等多态性 DNA 标记，用于种质评价和辅助育种；对一些重要的养殖品种，已经建立了从形态学、细胞学、生化和分子生物学到经济性状的一整套种质鉴定技术；对生殖、性别、生长、抗病、耐寒、耐低氧等性状相关基因进行了较广泛的研究，获得了一批可用于水产动物种质鉴定的分子标记和功能基因。我国水产种质评价方面虽已取得了一些进展，但相应的技术手段仍然不足，现有的种质鉴定还主要停留在形态学分类水平上，

分子水平的鉴别方法和种群特异性遗传标记还十分匮乏，快速、高效的分子鉴定方法还有待进一步研究。

（二）育种技术创新

水产生物学和生物技术为水产种业的形成和快速发展做出了巨大的贡献。如鲤、鲫新品种多数是在对其遗传背景充分了解的基础上培育而成（Gui，2015）；在揭示性别决定机制、开发出 X 和 Y 染色体连锁标记的基础上培育了全雄黄颡鱼（Pan et al，2015；Dan et al，2013；Liu et al，2013）。截至 2014 年 7 月，国内高等院校和科研机构在水产养殖动物遗传育种基础性研究领域发表的 SCI 论文数量占世界总量的10.21%，仅次于美国；在 ISI Derwent Innovations Index（简称 DII）数据库中，中国的专利技术占 64%；中国科学院和中国水产科学研究院分别位居世界水产遗传育种领域 SCI 发文量和专利权数量第一位（桂建芳，个人通讯）。"十二五"期间，比较有代表性的水产育种技术创新成果主要包括如下几个方面。

1. 建立并应用了水产种质低温冷冻保存技术

发明了鱼类胚胎玻璃化和程序化冷冻技术，建立和完善了细胞、精子、胚胎三个层次的鱼类种质保存技术体系。开展了七带石斑鱼、真鲷、牙鲆、大菱鲆、鲈、扇贝和菲律宾蛤仔等名贵水生动物胚胎的冷冻保存研究，建立了相关的冷冻保存技术；已建立 31 种鱼类（海、淡水）或地理群体的鱼类细胞系；6 个鱼类精子库，对 181 种或地理种群鱼类精子进行了冷冻保存，并在渔业生产中实现了产业化应用。在常规低温弱光液相保存技术基础上相继开发了配子体超低温（－196℃和－80℃）冷冻、固相培养和无菌液相保存等藻类种质保存新技术，建立了海带种质资源库，目前保存有国内外 60 余个海带原良种（品种或品系）的配子体单克隆系近万个，为海带种质资源保护和良种开发奠定了基础。

2. 建立了水产生物多性状复合育种技术体系

基于 REML 和 BLUP 为核心的水产动物多性状遗传评估技术，整合了 GBLUP、MixP 和 gsbay 等全基因组选择算法，开发了一套以贝类为代表的全基因组选择育种新平台，实现快速准确地估计全基因组育种值（GEBV）（Wang et al，2012）；建立了高通量、低成本 SNP 标记开发和分型技术，使非模式生物开展 GWAS 分析和全基因组选育成为可能。

3. 构建了多种水产生物的高精度遗传连锁图谱

开展了鲆鲽、鲤、鲫、草鱼、扇贝、河蟹、对虾以及海带等多种水产生物的高精度遗传连锁图谱构建，许多图谱的精度小于 0.5 厘摩，处于国际领先地位，定位了一批重要经济性状相关的 QTL；构建了牙鲆、草鱼、栉孔扇贝、虾夷扇贝等水产动物的基因组框架图，筛查到大量的单核苷酸多态性（SNP）、简单序列重复（simple sequence repeats，SSR）等标记，克隆了大量的重要功能基因，为解析重要性状的遗传基础及开展分子育种奠定了基础。

实现了多个物种的全基因组序列图谱绘制，为重要经济性状相关基因的发掘和养殖品种遗传改良提供了技术支撑。

（1）率先完成了世界上第一例鲽形目鱼类（半滑舌鳎）全基因组图谱绘制

建立了基因资源发掘和高产抗病种质创制的技术体系，在全基因组精细图谱构建、重要性状分子标记和基因筛选以及高产、抗病、全雌种质创制方面取得多项原创性成果。

（2）牡蛎全基因组序列图谱绘制完成

标志着基于短序列的高杂合度基因组拼接和组装技术取得重大突破，支持了海洋低等生物具有高度遗传多样性的结论。研究成果发表于 *Nature* 杂志上（Zhang et al，2012），提升了我国贝类和海洋基因组学研究水平，为开展贝类分子育种、基因产品和生物新材料开发等提供了基础数据。

（3）完成了鲤全基因组序列图谱绘制

证实了鲤基因组的异源四倍体特征及其独特的全基因组复制事件，成为国际上首个完成全面解析的异源四倍体硬骨鱼类基因组图谱（Xu et al，2014）。对于解析鲤科鱼类生长、品质、抗病、抗逆等重要经济性状的分子机制、开展全基因组选择育种奠定了坚实基础，具有重要的理论意义和应用价值。

（4）完成了草鱼全基因组序列草图绘制

序列分析发现，草鱼基因组在演化过程中发生了一次染色体融合，草鱼基因组中不存在纤维素降解酶基因，在草食性转化过程中，草鱼肠道中昼夜节律相关基因的表达模式发生了重设，肝脏中甲羟戊酸通路和类固醇生物合成通路被激活，同时发现了2.38Mb雄性特有序列等（Wang et al，2015）。草鱼全基因组序列的解析，为鱼类重要经济性状相关基因的发掘和养殖品种遗传改良提供了技术支撑，也为鱼类基因组演化、性别决定及分化机制等理论研究奠定了重要基础。

（5）在世界上首次解析了大型褐藻——海带的基因组

获得了有代表性的7份养殖海带和9份野生海带的高覆盖度基因组草图，在全基因组水平上全面解析了栽培和野生海带种间遗传变异，从养殖群体中平均识别了约0.94Mb单核苷酸变异（SNVs）和96Kb的小插入或缺失标记（INDELs），从野生群体中平均识别了约2.27Mb SNVs和274Kb的小INDELs（Ye et al，2015）。这些遗传变异位点为后续的驯化基因选择及优质品种选育提供了重要的数据基础。

（三）新品种培育工作

经过"九五"至"十一五"3个"五年计划"的努力，我国水产生物育种的研究取得了跨越式发展，每年审定的新品种数量也大幅度增加。"十二五"则是前期技术积累和育种工作成果凸显的5年。2011—2015年，累计有68个水产新品种通过了审定，已经由农业部发布公告推广养殖。"十二五"期间，功能基因挖掘、分子育种、细胞工程等现代生物技术在水产育种工作中得到有机结合，基本确立了以选择育种和杂交优势利用两大育种模式为主、以现代生物技术为主导的技术路线（贾敬敦 等，2015）。在此期间，水产新品种培育工作表现出如下特点。

1. BLUP 遗传评估技术得到广泛应用

基于 BLUP 技术建立的"水产动物多性状复合育种技术"自"十一五"开始，广泛应用于中国对虾、罗氏沼虾、罗非鱼、扇贝、虹鳟、大菱鲆、牙鲆、鲤等多种养殖品种的培育。2011—2015年，利用选择育种技术培育出的水产动物新品种数量达到42个，占同期培育新品种数量的61.8%。

2. 杂交育种技术优势明显

杂交制造变异，是快速获得优良遗传性状的重要手段。水产生物杂交主要包括种内、种间和远缘杂交，利用这一技术已经获得了具有生长速度快、抗病力强、易捕捞等特点的养殖新品种。2011—2015年，利用杂交育种技术培育出的水产动物新品种数量达到21个，占同期培育新品种数量的30.9%。

3. 细胞工程与性控育种后发优势

我国细胞工程与性控育种发展较晚，但已表现出明显的优势。利用细胞工程技术获得单性发育群体和大批量遗传性状一致的苗种，在水产育种领域具有广阔的应用前景与极高的应用价值。在我国，此项技术已经应用在全雄黄颡鱼、全雌牙鲆、全雌二倍体虹鳟、全雌三倍体虹鳟和三倍体湘云鲫等新品种的培育中。这些品种具有单性率高、生长速度快、适应性强和成活率高等特点，在肉质和出肉率等方面也表现出很明显的优势。

4. 新品种产出成果丰硕

"十二五"期间，全国水产原种和良种审定委员会审（认）定通过68个水产新品种，其中，选育种42个，占比62%。水产育种领域共获得国家级奖励6项，涉及海淡水鱼类、龟鳖类和藻类等多个品种。

青鱼、草鱼、鲢、鳙、鲤、鲫、鲂是我国主要的大宗淡水鱼类养殖品种，也是淡水养殖产量的主体，产业地位十分重要。利用雌核发育后代中的少量雄性个体，构建了同型雌核发育鲢的性别平衡群体，结合标记辅助与群体选育技术，培育出"四大家鱼"第一个新品种长丰鲢（2010年）。利用异源雌核发育与倍性育种技术，培育出异源四倍体银鲫新品种——长丰鲫（2015年）。集成运用杂交育种、群体选育与标记辅助等技术，培育出津鲢（2010年）、福瑞鲤（2010年）、津新乌鲫（2013年）、津新鲤2号（2014年）、松浦红镜鲤（2011年）、易捕鲤（2014年）6个新品种。在草鱼生长和抗病两个方面开展了选育工作，对各大江河的草鱼原种进行收集并开展家系选育工作，目前已经到了 F_2 代。围绕团头鲂生长、抗病、耐低氧和肌间刺性状开展选育研究，目前已选育获得了生长和抗逆性状优良的 F_5 代品系，生长速度比 F_0 代快25%以上，抗病能力和耐低氧能力都有显著提高。

对牙鲆、大菱鲆、大黄鱼等海水主要养殖鱼类开展品种选育，获得了丰硕的成果。创建了牙鲆卵裂雌核发育诱导、纯系构建方法，创制出牙鲆克隆系；创建了高产牙鲆选育技术，培育出我国第一个高产新品种全雌牙鲆"北鲆1号"（2011年），生长速度提高25%左右。应用群体选育、家系选育、配套系制种、分子标记辅助育种等技术，经4代选育，选育出生长快、成活率高的大菱鲆新品种"多宝1号"（2014年）；按照不完全双列杂交实验设计进行人工授精，采用群体性状表型鉴定结合配合力分析的方法，选育出大菱鲆新品种"丹法鲆"（2010年）。

甲壳类育种也取得了实质性突破。在海水虾类育种方面，培育出了生长快、存活率高的中国对虾"黄海3号"（2013年）、凡纳滨对虾"壬海1号"（2014年）以及日本囊对虾"闽海1号"（2014年）。蟹类育种虽然起步较晚，但发展速度很快。目前已经拥有了"长江1号"（2011年）、"长江2号"（2013年）和"光和1号"（2011年）3个生长速度快、成活率高的中华绒螯蟹新品种。"黄选1号"（2012年）和"科甬1号"（2013年）三疣梭子蟹良种则首次在海水蟹类新品种培育中取得突破，具有生长速度快、成活率高等优点。这些新品种经推广养殖，取得了显著的经济效益和社会效益。

我国贝类育种出新品种较多，"十二五"期间共培育了海湾扇贝"中科2号"（2011年）以及马氏珠母贝"海优1号"（2011年）、长牡蛎"海大1号"（2013年）、栉孔扇贝"蓬莱红2号"（2013年）、文蛤"科浙1号"（2013年）、菲律宾蛤仔"斑马蛤"（2014年）、泥蚶"乐清湾1号"（2014年）、文蛤"万里红"（2014年）、马氏珠母贝"海选1号"（2014年）、华贵栉孔扇贝"南澳金贝"（2014年）以及扇贝"渤海红"（2015年）、虾夷扇贝"獐子岛红"（2015年）、马氏珠母贝"南珍1号"（2015年）、马氏珠母贝"南科1号"（2015年）、牡蛎"华南1号"（2015年）等15个新品种。

在藻类选育方面对主要大型经济藻类海带、紫菜、龙须菜、裙带菜等开展了品种选育，成果丰硕。其中海带获得了"黄官1号"（2011年）、"三海"海带（2012年）、"东方6号"（2013年）、"东方7号"（2014年）、海带"205"（2014年）5个新品种，大多具有耐高温、抗烂性强、收获期长、产量高等特点。紫菜新品种包括坛紫菜"闽丰1号"（2012年）、"申福2号"（2013年）、"浙东1号"（2014年）以及条斑紫菜"苏通1号"（2013年）和"苏通2号"（2014年）5个新品种，主要具有耐高温、生长速度快、成熟晚、产量高、品质优等特点。龙须菜"2007"

（2013 年）和龙须菜"鲁龙 1 号"（2014 年）新品种展露出明显的产量、质量和抗逆优势。裙带菜"海宝 1 号"（2013 年）和"海宝 2 号"（2014 年）以产量和生长速度为选育指标，经 4 代选育而成，具有产量高、菜型好、早期生长速度快、出菜率高等显著特点。

（四）水产种业体系建设

我国政府高度重视水产养殖动物种业的发展。《国家中长期科学和技术发展规划纲要（2006—2020）》明确要求发展畜牧水产育种，提高农产品质量。2012 年中央 1 号文件《关于加快推进农业科技创新，持续增强农产品供给保障能力的若干意见》明确提出"着力抓好种业科技创新"，要求"加强种质资源收集、保护、鉴定，创新育种理论方法和技术，创制改良育种材料，加快培育一批突破性新品种"。2013 年中央 1 号文件《关于加快发展现代农业进一步增强农村发展活力的若干意见》也明确提出"推进种养业良种工程，加快农作物制种基地和新品种引进示范场建设""继续实施种业发展重点科技专项"等要求。国家政策和发展战略不仅为我国现代种业的发展指明了前进的方向，也为水产种业提供了新的发展机遇。

1. 水产原良种体系建设

"十二五"期间，我国水产种业体系基础建设力度显著加强。重点加强了种质资源的保护、创新和利用，以及良种质量监督检验的能力。我国水产种业体系建设经历了二十多年的发展，从 1992 年开始建设以良种场为主体的全国水产原良种体系，到 2015 年，全国已建成了以水产遗传育种中心、国家级水产原良种场、省级水产原良种场、水产种质检测中心和现代渔业种业示范场为主体的水产种业体系，其中包括国家级良种场 79 家，负责为养殖产业提供原种、引进种及野生筛选种。为了加快推动我国人工品种的培育，从 2001 年开始建设遗传育种中心，到 2015 年，共建设国家级遗传育种中心 25 家，涉及 23 个养殖品种，详见下表和下图。从当前我国新品种培育的情况来看，每年审批的水产新品种数量 5～25 个，每年的更新速度达到养殖种类的 5% 左右，已经达到较高水平。水产原良种体系有效地推动了我国水产良种化进程。

机构类型	创建时间	已建成数量	涉及养殖种类
国家级水产原良种场	1996	79	四大家鱼、罗非鱼、海水鱼类和藻类等
水产遗传育种中心	2004	25	罗非鱼、鲫、大黄鱼等
省级水产原良种场		655	四大家鱼、罗非鱼、河蟹、青虾、大黄鱼、紫菜、海带、刺参等
水产种质检测中心	2002	6	具有国标、行标、地标的种质标准的水产物种
现代渔业种业示范场	2013	66	四大家鱼、鲟、罗非鱼、河蟹、大黄鱼、刺参等

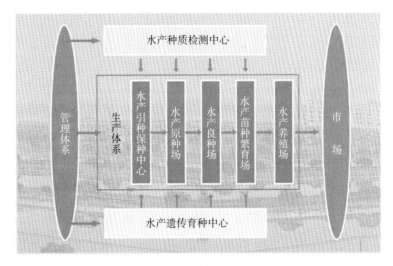

全国水产原良种体系构建图示

(引自全国水产原种和良种审定委员会)

2. 育繁推体系建设

"十二五"期间，我国水产种业体系的建设目标更加明确；黄颡鱼、大黄鱼等几种主导养殖品种已经实现了完整的"育、繁、推"一体化种业体系，福瑞鲤"育、繁、推"一体化被联合国粮农组织收录为成功实践范例（FAO，2016）。我国当前在育种和推广方面具有一定能力，但扩繁环节相对薄弱，可简单概括为"有种、缺繁、多推广"，水产种业突出的问题表现在良种扩繁能力较弱、我国良种场与遗传育种中心的配套性差。生产性苗种场或育苗场是"育繁推"第三个环节的主要组成部分。目前，我国有水产育苗场 11 000 多家，其中部分育苗场的材料和工艺落后，节能、环保及技术水平低，亟须更新换代。正常的水产种业应该是良种"育繁推"一体化配套性生产，但因为良种场的供给能力弱，绝大多数育苗场的亲本来源不是良种场；有些自养自繁，有些盲目配种；有些亲本累代自繁，种质已发生一定退化；因而导致水产苗种市场鱼目混珠，水产原良种体系的作用并未得到充分发挥。

我国是水产养殖大国，虽然养殖种类繁多，但是大宗水产品的主导地位依然显著。以草鱼为代表的鱼类、以凡纳滨对虾为代表的虾类等每一个种类的年总产量均超过百万吨。然而，与其产业规模极不相称的是国内相应的种业发展非常落后，部分品种的种源完全依赖进口。为满足我国水产养殖产业的持续稳定发展，建立我国良种培育系统及其配套的扩繁推广系统，推动"育繁推"一体化的种业建设势在必行。

3. 水产良种相关政策、法规和制度建设

2011 年发布的《国务院关于加快推进现代农作物种业发展的意见》（国发〔2011〕8 号），为我国水产种业发展提供了良好的契机，水产种业发展水平得到较快提升，为"十二五"期间现代渔业建设贡献了力量。2012 年，农业部出台了《水产新品种审定技术规范》（SCT 1116—2012），使水产新品种的审定更加有章可循。2012 年农业部还颁布了《水产良种场建设标准》《鱼虾遗传育种中心建设标准》等，对水产良种场建设标准、规划布局、工程技术内容做出了明确规定。结合前期颁布实施的《水产苗种管理办法》（2004 年）、《水产原良种场生产管理规范》（2001 年）、《关于印发水产原良种场生产管理规范的通知》（2001 年）、《水产原良种审定办法》（1998 年）、《国家级水产原良种场基本建设项目管理办法（试行）》（1998 年）、《国家级水产原良种场资格验收办法》（1998 年）、《关于水产原良种场建设项目有关问题的补充通知》（2000 年）、《国家级水产原良种场建设项目竣工验收办法》（2003 年），我国已建立了一整套的水产原良种体系建设项目管理制度和产品技术规范，对水产种业的健康发展起到了很好的促进作用。

截至 2015 年年底，我国已制定的水产种质相关标准及技术规范有 187 项，其中水产种质资源描述规范 89 项（海水种质 35 项，淡水种质 54 项），水产种质资源收集、整理和保存技术规程 67 项，实验方法规范 28 项，数据质量控制标准 3 项。标准的制定使种质资源的整理、整合和共享有据可依，有利于促进实现水产种质资源统一、规范化的收集、整理和保存。

（五）存在的主要问题

1. 育种新技术集成与应用有待加强

我国水产遗传育种经过近 20 年的发展，逐步形成了由传统选育、杂交育种、细胞工程育种到前沿的 BLUP 选择育种、分子标记辅助育种、基因组选择育种的丰富全面的水产育种技术体系，其中依靠选择和杂交育种培育出的新品种已达 100 多个，成为名副其实的主流技术。不过，这两项技术育种周期长、效率低，尚难以满足全国养殖企业对大批量、高品质、多性状和适应能力强的新品种的需求。因此，未来一段时间急需利用海量功能基因资源，开展分子育种为主导的多性状、多技术复合育种技术研发，全面创新水产育种理论和技术，建立适合我国国情的育种技术和理论，提升种质创新能力，提高育种效率，加速水产新品种的培育进程，推动我国种业快速、持续、健康发展。

2. 已有良种推广不足，良种覆盖率有待提高

良种对我国种植业增产的贡献率已经达到 43% 以上，但对水产养殖业增长的贡献率平均只有 25% 左右，仍处于较低水平（贾敬敦 等，2015）。我国水产业的发展更多依赖不断增加养殖种类和扩大养殖规模，而种植业（如粮食作物）增产更多依靠良种。与水产养殖发达的挪威等国相比，我国水产良种的贡献率也比较低，其主要制约因素包括：①现有新品种大多以生长速度快为优势性状，在实际生产中存在优势单一或不明显，缺乏多性状综合优势突出的突破性新品种。未来的育种目标性状应同时包

括生长速度快、抗逆性强、品质优良、饲料转化率高等，在保证动物蛋白供给总量稳定增长的同时，需显著提高水产品的质量安全和营养品质。②注重良种而忽视良法，导致配套良种的繁育技术和养殖技术不完善，要么缺乏规模化良种繁育技术，要么在养殖过程中良种优势不能得到充分发挥或者优势不稳定，进而影响了良种推广应用。③水产原良种繁育体系建设相对滞后，现有原良种场生产能力有限且缺乏标准化培育技术，不能满足市场对优良亲本和种苗的需求，同时，我国普遍缺乏现代水产种业商业化运营模式，良种体系自主发展后续乏力。

3. 缺乏稳定资金支持，产学研联合种质创新平台尚不健全

水产品种选育周期长、成本高，缺乏长期稳定充足的资金支持使现有育种科研项目难以延续，经费不足影响完善的育种团队构建、影响设施改造和建设，也影响选育规模和保障体系的建立，增加了育种工作的风险。已经建成的各种养殖生物遗传育种中心家系标粗亲本养殖设施不足、配套设施不完善，影响规模化家系选育的开展。育种设施缺乏生物安全防护措施，影响选育全过程育种材料的养殖安全性，在苗种、标粗、养殖、亲体培育的过程中病害仍随时可能发生。

当前水产遗传育种研究领域已非单纯关注水产基础生物学的繁育和养殖，而是涉及营养、病害防治、生物技术、工程学、统计生物学、信息生物学等多个学科。多学科交叉合作是育种工作取得成效的根本保证，要完成这样的团队协作和攻坚克难更需要人、财、物的充足供给。水产新品种选育周期长，需要大量人力、物力、财力资源的支持和保障。因此，促进政府、科研院所与有实力及远见卓识的企业的强强联合，发挥各自的技术、资本、资源优势，建设产学研联合和育繁推一体化的种质创新平台是遗传育种、新品种选育及推广应用的有力保障。

4. 未形成分子标记遗传育种理论体系

有关应用分子标记对水产物种遗传资源的多样性的研究颇多，但尚未形成一套遗传育种理论体系，与水产先进国家仍存在一定的差距。目前，我国水产遗传育种理论体系还处于模仿跟踪阶段，缺乏真正的创新探索，因此建立具有优良性状的家系、品系、纯系，加快功能基因研究，特别是与经济性状有关的功能基因的定位、分离和克隆研究，构建经济水产品种遗传图谱，建立一套遗传育种理论体系势在必行。基因组选择育种在一些动植物育种上已经开始应用并取得了良好的效益，水产基因组选择育种仍在起步阶段。随着日益发展的标记技术在水产生物中的开发、运用以及连锁图谱的构建，基因组选择育种将是水产育种史的一个新的里程碑。

5. 亟待制定水产良种审定和检测技术标准与规范

我国从 1996 年恢复水产原良种审定后，已有 168 个新品种通过审定，目前已经形成了较为成熟的水产品种培育技术。但在相关标准的制定上却远远落后，除"水产新品种审定技术规范"外，相应的遗传育种规程、性状评价及养殖技术规范等标准空缺，目前的水产标准体系也没有这方面内容，这给水产新品种审批管理造成了不便。目前农业部在新品种审定过程中存在着许多需要解决的问题，如经济性状数据只能依靠送审单位的数据，缺乏公正性，需要建立标准统一的第三方验证机构；新品种的优良品质需在一定的养殖条件下实现，亟待制定与新品种配套的养殖技术规范。总之，目前的水产标准体系不能满足新品种审定、品种质量跟踪评价以及良种覆盖率提升等需求，制约了水产种业的发展，迫切需要建立相关的标准体系。

三、国际研究进展

国外水产育种研究大约经历了 40 年的规范化快速发展，依靠精心设计的以家系为基础的育种方案进行选育，水产良种培育获得了较高的遗传进展，其生长速度和抗病选育的世代遗传获得率可达 12% 以上 （Gjedrem and Robinson，2014；Gjedrem et al，2012）。由于一些养殖品种在增重方面的遗传获得在世代之间可达到 12.7%，因而经过 6 代培育其生长速度就可以加倍。例如，经过 5 代连续选育，罗非鱼的体重增加了 85% （Gjerdem et al，2012）；而大西洋鲑增重率达 115% （Gjedrem et al，2012）、饵料转化率 （FCR） 也下降 23%。在抗病选育方面也能获得每代 12.5% 的遗传进展。例如，针对抗弧菌 （Vibrio salmonicida） 病的虹鳟选育，抗白斑病和抗桃拉病毒综合征的凡纳滨对虾选育以及抗寄生虫 （Marteilia Sydneyi） 的大西洋鲑的选育等。国外研究发现，水产生物在生长速度和抗病性方面的遗传获得率比禽畜类高 4～5 倍，主要原因是鱼类和贝类生殖力很高，因而允许较高的选择强度；同时其体重变异系数 （CV） 也比禽畜类高 2 倍。

综合看来，国外的水产生物育种工作普遍采用了家系选择育种为基础的技术路线。例如，挪威大西洋鲑选育种工作中收集和评估了 24 个峡湾的不同品系，基于 18 个遗传参数性状，经过四十年的连续筛选和培育，其体重、繁殖力、抗病、脂肪含量、脂肪分布、肉色等性状都有明显的改进。从 20 世纪 70 年代至今，挪威大西洋鲑养殖单产增加了数倍；2013 年挪威的大西洋鲑养殖总产量达到 116.8 万吨 （Statistics Norway，2015），占全球大西洋鲑总产量的 60% 以上。美国对虹鳟连续进行了 6 代 （12 年） 的选育，获得生长速度平均每年提高 15% 的选育种，养殖 1 年可达到 1 千克体重 （选育前为 1 年生长 450 克）。

美国等国家的凡纳滨对虾育种工作仅有 20 余年，但选育种的成活率却显著提高。美国农业部 （USDA） 和夏威夷海洋研究所 （OI） 针对生长性能和 TSV 抗性开展了凡纳滨对虾选择育种，每一代选择生长速度提高 21.2%；另一品系每一代选择成活率提高 18.4%。美国高健康水产养殖公司通过对凡纳滨对虾抗 TSV 性的选育，每代成活率提高 15%；连续 4 代选择后，存活率高达 92%～100%，而对照组只有 31%。

泰国于 20 世纪末启动了 SPF 斑节对虾种虾培育计划，2003 年又投入 690 万美元于普吉岛设立无病草虾种虾繁殖场，获得的第五代苗种其生长比天然虾快 18%，生殖力可以和天然亲虾相媲美，且不携带黄头病毒和白斑综合征病毒（SPF）；美国夏威夷的 MOANA 公司启动了 SPF 斑节对虾良种计划，2008 年后其 SPF 良种在印度、泰国和越南进行了商业化生产试验。此外，澳大利亚、法国和马来西亚分别开展了斑节对虾选育工作，其遗传基础和养殖群体遗传状况研究取得一定进展，包括通过表型及 D-loop 变异手段研究全同胞家系的变异水平（Krishna et al，2011；Khedka et al，2013）。

国外关于珍珠贝方面的研究较少，主要集中在日本、澳大利亚、越南以及印度等国。日本的珍珠养殖技术研究较早，在合浦珠母贝新品种培育和养殖技术研究方面都处于世界领先地位，其所培育的珍珠品质优良，价格昂贵，在珍珠高端市场中占有绝对的优势地位，但其关键技术保密。"十二五"期间，国外关于合浦珠母贝遗传育种相关研究鲜见报道，主要侧重于功能基因解析及养殖、插核技术方面。其中在功能基因研究方面相对较多，包括基质蛋白（Nakayama，2013）、F 型凝集素（Anju et al，2013a）、过氧化氢酶（Anju et al，2013b）、壳基质蛋白基因（Masaoka et al，2013）等相关功能基因，解析其在合浦珠母贝生长、免疫中的作用机制。插核技术也开展了部分研究，Atsumi et al（2011，2014）发现在休养期进行插核处理对珍珠质量的影响最大，在低盐度下进行育珠贝休养，优质珍珠比率较对照组显著提高。

然而，养殖品种过多始终是开展水产遗传育种的制约因素（Gjedrem and Robinson，2014）。随着水产养殖业的发展，越来越多的适合不同生境的水产种质资源得到开发和利用。截至 2012 年，世界粮农组织（FAO）统计记录的养殖物种数量增加到 567 种，包括鱼类（354 种和 5 个杂交种）、软体动物（102 种）、甲壳类（59 种）、两栖动物和爬行类（6 种）、水生无脊椎动物（9 种）以及海藻和淡水藻类（37 种）（FAO，2014）。这些养殖种类分别有其独特的生物学特性和繁殖方式，而开展以家系为基础的良种选育工作，必须首先要了解其表型和生产性状的遗传参数。因此，有必要从大宗主养品种开始，循序开展选育工作。

四、国内外科技水平对比

（一）新品种创制

新种质是水产养殖业健康可持续发展的遗传基础。新品种主要包括引进种、选育种、杂交种、细胞工程种和基因工程种等类别。国内水产良种分布非常广，既有淡水品种、也有海水品种，而且包括鱼虾贝藻参等数十个种类；国外选育种工作主要集中在大西洋鲑、虹鳟、罗非鱼、凡纳滨对虾、牡蛎和鲍等，品种相对单一。由于具有较

长期的技术和工作积累，国外的良种储备较好，技术相对成熟，良种产业化运作基本成熟。

以凡纳滨对虾为例，在凡纳滨对虾等国内和国外共有的大宗养殖品种上，国内外在技术水平和产业化水平上则有明显的差距。国外良种培育工作起步于 20 世纪 90 年代初，通过病原隔离、家系控制和严格的选育程序，培育出了具有快速生长和抗病性的高健康（SPF）对虾。目前，有近十家商业化公司向我国提供不同优良性状的品系，包括生长快的正大品系、抗 TSV 的 SIS 品系、产卵量高的科纳湾品系等，每年的供应量大于 20 万对。国内凡纳滨对虾育种工作在"十一五"期间刚刚起步，已经培育出 5 个新品种，具有生长速度、抗病、养殖存活率高等优良性状，每年供应量虽不足 10 万对，但为实现凡纳滨对虾良种本土化打下了较好的基础，相关工作为解决"种源"短缺的问题和减少对国外种源的依赖创造了条件。

（二）细胞工程与性控育种

细胞工程育种和性控育种一直是水产育种领域关注的重点技术，利用细胞工程技术获得生殖控制、单性发育群体和大批量遗传性状一致的苗种则是水产育种工作的重点发展方向。日本、印度尼西亚、菲律宾等国利用组织无性繁殖技术培育的长心卡帕藻已经成为卡拉胶产业的主要原料。美国学者用染色体操作技术获得了雌核发育和雄核发育的虹鳟；成功培育出四倍体牡蛎，与正常二倍体杂交获得了三倍体牡蛎并用于养殖生产，取得了明显的效益。

迄今为止，我国已经利用细胞工程和性控育种技术培育出了黄颡鱼"全雄 1 号"、全雌牙鲆、罗非鱼"鹭雄 1 号"、湘云鲫和长丰鲫等水产新品种，它们独特的生长和品质优势，使其成为水产养殖生物中的佼佼者。相对而言，我国这项技术的应用仅限于少数几个品种，若要将其充分运用到水产生物育种工作中，还需要在基础理论和应用技术两方面进一步研究和完善。

（三）功能基因发掘

随着测序技术的快速发展，水生生物的全基因组测序工作进入了激烈的竞争状态，目前已完成全基因组测序的大型水生生物约 60 种，其中水产生物约 25 种（贾敬敦 等，2015）。我国开展全基因组测序的水产养殖生物包括鲤、草鱼、团头鲂、罗非鱼、鲈、半滑舌鳎、牙鲆、石斑鱼、大黄鱼、河鲀、刀鲚、凡纳滨对虾、中国对虾、中华绒螯蟹、青虾、牡蛎、虾夷扇贝、栉孔扇贝、马氏珠母贝、海带、中华鳖等 21 种；国外开展测序的有虹鳟、斑点叉尾鮰、大西洋鳕、大西洋鲑、青鳉等 5 个物种（Baranski et al，2014）。此外，很多水产生物的组学信息也被大量开发、鉴定和利用。随着基因组数据和遗传变异位点的不断挖掘，所获得的基因资源和分子标记大大

丰富，从全基因组角度研究水产养殖生物重要经济性状的 QTL 位点成为可能。

在应用上，依托丰富的 SNP 标记，还为一些重要物种建立了高密度 SNP 基因型分析芯片，如鲤 250K SNP 分型芯片就包含了共计 25 万个位点，大大方便了重要经济性状的遗传解析工作。国外也为大西洋鲑、沟鲇、虹鳟开发了类似的芯片。鉴于全基因组选择对低遗传力性状选择的明显效果，国际上目前主要应用这一方法开展抗病育种，如挪威正在开展鲑鳟和鳕的抗弧菌病和 VNN 病毒病的全基因组选育；美国正在进行抗弧菌病斑点叉尾鮰的全基因组选育。

通过对比分析可以看出，在功能基因发掘方面，国内后来居上，在研究的品种数量和获得的分子标记数量上都已跃居世界前列。而与此同时，由于全基因组选育目前已经成为国际育种领域的研究热点，我们有必要加紧发展这项技术，并尽快应用到水产育种工作中。

五、"十三五"展望与建议

"十三五"期间，应着力抓好水产育种理论和育种材料的创新，着力抓好水产育种科技队伍的建设，着力抓好水产育种基础设施的建设。不断提高水产育种的技术水平，提高育种的精准度，提高服务和支撑水产养殖业可持续发展的能力。

（一）技术创新

在多性状复合育种技术、细胞工程育种技术、分子标记辅助育种技术、基因组选择育种技术、分子设计育种技术方面得到较大提升。随着分子生物学技术和计算方法的快速发展，基因组选择这一新型的育种技术必将在水产动物育种中发挥重要作用。此外，还应强化水产种质资源评价与延续保存技术，建立可持续的种群延续技术体系；集成和建立适合鱼类、虾蟹类、贝类、藻类和其他重要水产生物育种以及种质资源保存、评价的综合技术平台；通过强化管理、激励机制，以及适当的示范、推广及技术培训对水产良种进行产业化推广。

（二）种质创制

应紧密结合水产养殖产业发展的需要，服务于国家的粮食安全战略，大力提升良种对水产养殖业可持续发展的支撑能力和水平。开展种质资源评价和育种核心群构建，提升和完善选择育种、杂交育种等传统育种技术，加强多倍体育种、细胞融合、性别控制等细胞工程育种技术，大力发展分子标记辅助育种、基因组选择育种、分子设计育种等现代育种技术。坚持传统育种技术与现代育种技术的有机结合，坚持科技发展与生产实践的有机结合，坚持新品种选育与推广应用的有机结合。重视育种新技

术、新理念的引进与拓展，重视多学科知识与技术的交叉与融合，重视各类水产育种计划的组织与协调。

（三）规范管理

目前的水产标准体系已经远不能满足新品种审定、品种质量跟踪评价以及良种覆盖率提升等需求，制约了水产种业的发展，迫切需要建立和完善相关的标准体系。建立水产育种标准体系需重点解决以下问题：①规范水产育种和良种育苗、养殖技术流程；②建立客观公正的新品种评价体系，引入第三方评价机制；③将良种示范推广效果纳入良种品质后评估程序，作为良种成果鉴定、申报奖项的主要依据；④通过一定的标准化操作，将现有育种成果转化为标准和规范。上述问题的解决将为新品种示范推广提供技术支撑，保证水产育种业的健康持续发展。

此外，依托国家正在实施的水产遗传育种中心建设计划，建成20家以上的国家级水产遗传育种中心以及一批省市级水产遗传育种中心，达到基本满足水产育种研发的需要。依托国内水产科研、教学单位及相关企业，建设具有较强创新能力的水产育种科技研发队伍，培养一批具有较强创新能力的水产育种高层次人才，较大幅度的提升我国水产育种研发队伍的整体水平。

综上所述，我国水产养殖的产业优势以及发展的强劲动力推动着水产遗传育种研究的快速发展和不断进步，水产养殖生物的物种多样性和丰富的遗传种质资源无疑也为新品种培育提供了充裕的选择余地和广阔的发展前景。今后10～20年间，将是我国水产生物育种研发的黄金时期。水产育种工作必将为水产养殖业的可持续产出和确保产出质量做出应有的贡献。

（孔 杰 邹桂伟 傅洪拓 王清印 孟宪红 执笔）

（致谢：中国水产科学研究院育种学科委员及相关专家刘慧、马爱军、张岩、栾生、叶乃好、马凌波、张殿昌、梁宏伟等为报告提供了重要素材，中国水产科学研究院各研究所为报告提供了有关材料和建议，在此一并感谢!）

参 考 文 献

陈松林，2013. 鱼类性别控制与细胞工程育种［M］. 北京：科学出版社：559.
贾敬敦，刘英杰，蒋丹平，2015. 中国水产种业科技创新发展报告［M］. 北京：中国农业科学技术出版社.
全国水产原种和良种审定委员会，2015. 水产新品种名录. http://www.pet3000.cn/news-show.asp?anclassid=131&nclassid=6&xclassid=0&id=2172，［2015-6-19］.

唐启升，2014. 中国水产种业创新驱动发展战略研究报告 ［M］. 北京：科学出版社：102.

Atsumi T，Ishikawa T，Inoue N，et al，2011. Improvement of the production of high quality pearls by keeping post-operative pearl oysters *Pinctada fucata* in low salinity seawater ［J］. Nippon Suisan Gakkaishi，77：68-74 (in Japanese with English abstract).

Atsumi T，Ishikawa T，Inoue N，et al，2014. Post-operative care of implanted pearl oysters *Pinctada fucata* in low salinity seawater improves the quality of pearls ［J］. Aquaculture，422-423：232-238.

Anju A，Jeswin J，Thomas PC，Vijayan KK，2013a. Molecular cloning，characterization and expression analysis of F-type lectin from pearl oyster *Pinctada fucata* ［J］. Fish & Shellfish Immunology，35 (1)·170-174.

Anju A，Jeswin J，Thomas PC，et al，2013b. Molecular cloning，characterization and expression analysis of cytoplasmic Cu/Zn-Superoxid Dismutase (SOD) from pearl oyster *Pinctada fucata* ［J］. Fish & Shellfish Immunology，34 (3)：946-950.

Baranski M，Gopikrishna G，Robinson NA，et al，2014. The development of a high density linkage map for black tiger shrimp (*Penaeus monodon*) based on cSNPs ［J］. PLoS One，9 (1)：e85413.

Dan C，Mei J，Wang D，et al，2013. Genetic differentiation and efficient sex-specific marker development of a pair of Y- and X-linked markers in yellow catfish ［J］. Int J Biol Sci，9：1043-1049.

FAO，2014. The State of World Fisheries and Aquaculture 2014 ［M］. Rome.

FAO，2016. Sustainable intensification of aquaculture in the Asia-Pacific region ［M］. Documentation of successful practices. Miao W and Lal K K (Ed). Thailand Bangkok：7.

Gjedrem T，Robinson N，Rye M，2012. The Importance of Selective Breeding in Aquaculture to Meet Future Demands for Animal Protein：A Review ［J］. Aquaculture，350-353：117-129.

Gjedrem T，Robinson N，2014. Advances by selective breeding for aquatic species：a review ［J］. Agricultural Sciences，5：1152-1158.

Gui JF，2015. Fish biology and biotechnology is the source for sustainable aquaculture ［J］. Sci China Life Sci，58：121-123.

Khedkar G D，Reddy A C，Ron T B，et al，2013. High levels of genetic diversity in *Penaeus monodon* populations from the east coast of India ［J］. Springerplus，2：671.

Krishna G，Gopikrishna G，Gopal C，et al，2011. Genetic parameters for growth and survival in *Penaeus monodon* cultured in India ［J］. Aquaculture，318 (1-2)：74-78.

Liu H Q，Guan B，Xu J，et al，2013. Genetic manipulation of sex ratio for the large-scale breeding of YY super-male and XY all-male yellow catfish (*Pelteobagrus fulvidraco* (Richardson)) ［J］. Mar Biotechnol，15：321-328.

Masaoka T，Samata T，Nogawa C，et al，2013. Shell matrix protein genes derived from donor expressed in pearl sac of Akoya pearl oysters (*Pinctada fucata*) under pearl culture ［J］. Aquaculture，384 (6)：56-65.

Nakayama S，2013. Identification and characterization of a matrix protein (PPP-10) in the periostracum of the pearl oyster，*Pinctada fucata* ［J］. Febs Open Bio，3：421-427.

Pan Z J，Li X Y，Zhou FJ，et al，2015. Identification of sex-specific markers reveals male heterogametic sex determination in *Pseudobagrus ussuriensis* ［J］. Mar Biotechnol 17，doi：10.1007/s10126-015-9631-2.

Statistics Norway，2015. http：//www. ssb. no/en/jord-skog-jakt-og-fiskeri/ statistikker/fiskeoppdrett/ aar.

Wang S，Meyer E，Mckay J K，et al，2012. 2b-RAD：a simple and flexible method for genome-wide genotyping ［J］. Nature Methods，9 (8)：808-810.

Wang Y，et al，2015. The draft genome of the grass carp (*Ctenopharyngodon idellus*) provides insights into its evolution and vegetarian adaptation [J] . Nature Genetics，47（6）：625-631.

Xu P，Zhang X F，Wang X M，et al，2014. Genome sequence and genetic diversity of the common carp，*Cyprinus carpio* [J] . Nature Genetics，DOI 10. 1038/ng. 3098.

Ye N H，Zhang X W，Miao M，et al，2015. Saccharina genomes provide novel insight into kelp biology [J] . Nat Commun，6：6986.

Zhang G F，Fang X D，et al，2012. The Pacific oyster genome reveals stress adaptation and complexity of shell formation [J] . Nature，490：49-54.

水产病害防治领域研究进展

一、前　　言

　　水产养殖病害防治一直是世界范围内十分活跃的研究领域，主要研究水产养殖动物疾病的发病原因、流行规律、致病机理、诊断技术、预防措施和治疗方法。我国是水产养殖大国，随着我国水产养殖业的快速发展，水产病害问题日渐突出，常规疾病持续发生，新的疾病不断出现，经济损失重大，生态环境压力与食品安全问题凸显。

二、国内研究进展

　　"十二五"期间，全国水产养殖病害的发生呈明显上升趋势。2014 年全国水产养殖动物病害监测结果显示，在 80 余种水产养殖动物中监测到约 200 种疾病，全国 40％以上的水产养殖面积受到各种病害的侵扰，由病害造成的直接经济损失达 150 亿元。其中草鱼出血病、淡水鱼细菌性败血症、海水鱼刺激隐核虫病、海水鱼类弧菌病、鱼类病毒性神经坏死病，对虾白斑综合征，贝类疱疹病毒病等频繁发生，鲫造血器官坏死症、冷水鱼传染性造血器官坏死症、罗非鱼链球菌病、斑点叉尾鮰肠道败血症，对虾急性肝胰腺坏死症、大鲵虹彩病毒病呈迅速蔓延趋势。针对水产养殖病害问题，我国水产病害防治领域在病原学与流行病学、疾病诊断与预警预报、免疫机理与免疫预防技术、水产药物学等研究方面取得了长足进展，为"十三五"深入系统开展水产养殖病害防治技术研究奠定了基础。

（一）病原学及流行病学研究

　　在病毒研究方面，已分离获得 24 株草鱼呼肠孤病毒（GCRV），完成了其中 8 株的全基因组测序（Wang et al，2012；Ye et al，2012；Fan et al，2013；Pei et al，2014）；依据基因组序列将 GCRV 暂分为三种类型，即以 GCRV-873 株为代表的 Ⅰ 型，以 GCRV-GD108 株为代表的 Ⅱ 型，以 GCRV-104 株为代表的 Ⅲ 型，并研究了不同类型病毒在 CIK 细胞上致细胞病变特征（Wang et al，2013）；证实病毒可在肝、脾、肾、肠、肌肉等组织中大量增殖（Liang et al，2014）；在细胞内单独表达 GCRV NS80 蛋白可形成病毒加工厂结构（Ke et al，2013；Cai et al，2011）。GCRV FAST

蛋白可与该 GCRV 非结构蛋白 NS26 共定位（Guo et al，2013），VP4 不仅可在细胞质中表达，也能在细胞核中表达，具有调节宿主细胞生长周期的作用（Yan et al，2012），外层衣壳蛋白 VP5 和 VP7 在病毒最初感染 CIK 细胞时，能与 CIK 细胞表面分子 RPS20 和 elF3b 结合（Yan et al，2015）。

锦鲤疱疹病毒（CyHV-3）仅感染锦鲤、鲤及其变种鱼，幼鱼与成鱼均易感。CyHV-3 发病最适温度为 20～25℃，30℃以上病毒处于休眠状态（邢程 等，2014）；建立了锦鲤鳍条组织细胞系，查明了细胞系生物学特性，证实该细胞系对 CyHV-3 敏感（肖艺 等，2012）；成功分离到一株在亚洲地区罕见的欧洲基因型毒株 CyHV-3-Gzll（Dong，et al，2013）。

构建鲤春季病毒血症病毒（SVCV）G 蛋白和 M 蛋白表达载体，制备了多克隆抗体（罗培骁 等，2014；Luo et al，2014）；发现 SVCV 可诱导 EPC 细胞自噬（Liu et al，2015）；全基因组测序分析发现新分离的一株 SVCV 属于亚洲株型，但存在明显变异特征，确认为中国新分离株 SVCV-265（Xiao et al，2014）。

2010 年以来，我国鲫主养区域连年暴发鲫造血器官坏死症。首次确认其病原是鲤疱疹病毒Ⅱ型（CyHV-2）（Xu et al，2013）；流行病学调查显示，在中国占主导地位的 CyHV-2 基因型和 C 基因型更接近（Li et al，2015）；在国际上首次建立了鲤疱疹病毒Ⅱ型敏感细胞系——鲫脑组织细胞系，可持续稳定支持鲤疱疹病毒Ⅱ型的复制（Ma et al，2015）。

此外，国内还首次从养殖鳢科鱼类体内分离到弹状病毒（曾伟伟 等，2013）。从患病大鲵体内分离鉴定了大鲵虹彩病毒（Meng et al，2014），并系统研究了其流行病学、病理学、致病机理（Jiang et al，2015）以及病毒的超微结构形态发生过程（Ma et al，2014）。首次从患病罗非鱼体内观察到大量典型的病毒颗粒（马杰 等，2015）。

在细菌病研究方面，从锦鲤体内分离到致病性假单胞菌（周阳 等，2015）；从患病草鱼体内首次分离到致病的霍乱弧菌（李楠 等，2011）；从患肌肉糜烂病的草鱼体内分离到致病性类志贺邻单胞菌（胡钱东 等，2014）；确定杂交鳢类结节病的病原为舒伯特气单胞菌（刘春 等，2012）；发现了鳗鲡爱德华菌病是由爱德华菌属的新种——鳗鲡爱德华菌（*Edwardsiella anguillarum*）引起（Shao et al，2015）；确定了多个杀鱼爱德华菌 T3SS 效应蛋白 EseG、FliC、EseJ 和 EseE 及其功能（Xie et al，2010，2014，2015）；首次报道了链格孢属（*Alternaria*）真菌引起的条斑紫菜红色腐烂症，报道了坛紫菜的绿斑病，其病原 X5 可能是弧菌属的一种新种（韩晓娟 等，2015）。

在寄生虫疾病研究方面，发现感染异育银鲫的黏孢子虫有 40 余种，其中由武汉单极虫、汪氏单极虫、洪湖碘泡虫分别引起的异育银鲫寸片"肤孢子虫""鳃孢子虫

病"和"后孢子虫病"是当前危害异育银鲫养殖最主要的黏孢子虫病，揭示了鲫黏孢子虫的感染与传播途径（Xi et al，2013a，2015）；首次在养殖水体底栖尾鳃蚓中发现放射孢子虫 13 种，发现和命名鱼类寄生绦虫 2 个新种（Xi et al，2013b）。

（二）疾病诊断与预警预报

在病原快速检测技术研究方面，基于分子扩增的病原检测技术已得到了较为广泛的应用，特别是全新的核酸等温扩增方法—环介导等温扩增技术（LAMP）在现场快速检测中表现出良好的发展前景。建立了大鲵虹彩病毒（Meng et al，2013）和鲤疱疹病毒Ⅱ型的 LAMP 检测技术（Zhang et al，2014）等；建立了高特异性的抗鲤春血症病毒单克隆抗体与草鱼呼肠孤病毒抗原捕获 ELISA 检测方法（景宏丽 等，2014）；建立了病原免疫芯片检测技术，制备了对虾白斑症病毒、鱼类淋巴囊肿病毒（LCDV）免疫检测芯片（Xu et al，2011）。

在疫病诊断试剂盒研发方面，研制出对虾偷死野田村病毒、高毒副溶血弧菌、虾肝肠孢虫、对虾黄头病毒、贝类奥尔森派琴虫等 20 余种水产病原的现场快速高灵敏检测试剂盒。

在疫病诊断标准制定方面建立了白斑综合征诊断规程、斑点叉尾鮰嗜麦芽寡养单胞菌检测方法的国家标准，刺激隐核虫病诊断规程等行业标准。草鱼出血病、真鲷虹彩病毒病、牙鲆弹状病毒病、对虾杆状病毒病检疫技术规范；中国水产科学研究院黄海水产研究所和深圳出入境检验检疫局分别建成了世界动物卫生组织（OIE）水生动物疫病参考实验室，参与了 OIE《水生动物卫生法典》和《水生动物疾病诊断手册》的修订工作。

（三）免疫机理与免疫预防技术

在鱼类先天性免疫系统相关基因研究方面，证实病原微生物感染鱼类宿主后，宿主细胞通过体内广泛表达的病原分子模式识别受体（PRRs）识别病原微生物的病原相关分子模式（PAMPs），激活宿主的天然免疫反应，从而诱导Ⅰ型干扰素、促炎症细胞因子和趋化因子等的产生（Zhang et al，2013）。病原模式识别受体 PRR 可以分为 Toll 样受体（TLR）、RIG-Ⅰ样受体（RLR）和 NOD 样受体（NLR）三大类。"十二五"期间，至少 19 种 TLR 受体在硬骨鱼类中被发现，包括 TLR3（Zhang et al，2013），TLR4（Huang et al，2012；Pei et al，2015），TLR5（Jiang et al，2015），TLR7（Yang et al，2012），TLR8（Chen et al，2013；Su et al，2015）和 TLR22（Lv et al，2012）。此外，一些在先天性免疫中起着重要调控、信号传导和信号接头分子也相继被克隆，如草鱼 *HMGBs*（Rao et al，2015；Yang et al，2013），*MyD88*（Li et al，2015；Su et al，2011；Ou et al，2015）等。*CiIPS-1* 基因作为

RIG-I 和 MDA5 的唯一适配器，在天然免疫中发挥着重要的作用（Su et al，2015）。克隆与鉴定了大鲵干扰素基因的结构、表达特征与抗病毒感染功能（Chen et al，2015）；大鲵虹彩病毒细胞培养灭活疫苗可诱导免疫大鲵较强的免疫保护力，以及上调 *TLR9* 及 *MyD88* 基因的表达（Liu et al，2014）。

在渔用疫苗研发方面，2011 年"草鱼出血病细胞弱毒疫苗"获得我国首个水产疫苗生产批准文号，正式开启了我国渔用疫苗的产业化进程；大菱鲆迟钝爱德华菌活疫苗获国家新兽药一类注册证书，成为我国注册的第一个海水养殖动物活疫苗，实现了我国迟钝爱德华菌养殖病害防治技术的重大突破；2013 年我国首个水产疫苗 GMP 中试基地的 2 家生产车间 4 条生产线通过农业部 GMP 验证，对我国水产疫苗走向产业化具有重要意义。截至"十二五"末，我国开展研制的水产疫苗共 61 个。其中，获得国家新兽药证书的疫苗产品 5 个，分别为草鱼出血病活疫苗、草鱼出血病细胞灭活疫苗、嗜水气单胞菌败血症灭活疫苗、牙鲆鱼溶藻弧菌—鳗弧菌—迟缓爱德华菌病多联抗独特型抗体疫苗和大菱鲆迟钝爱德华式菌活疫苗，其中草鱼出血病活疫苗和嗜水气单胞菌败血症灭活疫苗已获得生产批文；此外，弱毒疫苗、亚单位疫苗、基因工程疫苗、DNA 疫苗等类型的 55 个疫苗处于实验室研究阶段，其中一些疫苗也进行了生产性防病试验，获得了一定的成功（Wang et al，2014；Li et al，2015）。

在免疫预防技术方面，浸泡、口服等疫苗导入技术方面取得了一定的突破（苏岚 等，2013；李瑞伟，2013；Gao et al，2015）；发现弗氏佐剂具有更好的保护率，而铝胶佐剂具有更好的安全性（杨星 等，2015）；发现将微生物来源的 β-1，3-葡聚糖添加于迟缓爱德华氏菌灭活疫苗中，可有效提高血清中免疫酶活性及抗体效价（隋虎辰 等，2012）；发现迟缓爱德华氏菌菌毛蛋白 FimA 即可作为佐剂有效诱导受免鱼体的特异性抗体产生及免疫因子的表达（Wang et al，2014）；发现黄芪多糖和蜂胶可以提高大菱鲆 5 联菌苗的免疫保护效果（Zhang et al，2015）；筛选出多种具有抗病毒及佐剂功效的 CpG 寡聚脱氧核苷酸（CpG—ODNs）（Zhou et al，2014）；以聚乳酸-羟基乙酸（PLGA）制备微球口服疫苗，免疫保护力达 57.6%（高铭蔚 等，2015）。

在水产养殖动物免疫相关基因的克隆、分离鉴定、比较基因组学、基因的结构功能鉴定、基因表达的调控等方面开展了广泛的研究，积累了丰富的资料（Zhang et al，2011；Zhang et al，2015）；应用高通量测序等手段分析了牙鲆脾脏的转录组文库，发现了涉及 15 条免疫通路的 1 500 多个免疫相关基因（Huang et al，2015）；在鲆鲽类中鉴定了多种抗微生物感染免疫相关因子，如半滑舌鳎的铁调素蛋白 CsHepcidin（ Wang et al，2012）、NF-kB 抑制因子 CsIkBα（Zhang et al，2012）、鹅型溶菌酶 CsGLys（Sha et al，2012）、半乳糖-3 凝集素结合蛋白 G3BP（Chen et al，2013）、核因子 45 CsNF45（Chen et al，2013）、爱泼斯坦-巴尔病毒诱导基因 *CsEBI3*（Li et al，2013）、细胞毒性 T 淋巴细胞的效应蛋白 CsNKL1（Zhang et al，2013）、

高迁移率族蛋白 CsHMGB2（Long et al，2014）、硫氧还蛋白 CsTrx1（Li et al，2013；Sun et al，2014）、干扰素诱导蛋白 CsIFIT1（Long et al，2014）、C1q 家族蛋白 CssghC1q（Zeng et al，2015）、B 细胞激活因子（Sun et al，2015）、肽聚糖识别蛋白 CsPGRP-SC2（Sun et al，2015）、Toll 样受体 CsTLR7（Li et al，2015）、血清 β-淀粉样蛋白 CsSAP（Wang et al，2016）、大菱鲆的免疫球蛋白超级家族成员 SmCD83（Hu et al，2010）、牙鲆的干扰素调节子 IRF-3（Hu et al，2011）；鉴定了美国红鱼的一种能识别免疫球蛋白超级家族成员 SoIgSF1（Cheng et al，2012）。

（四）水产药物学研究

在药动学方面，建立了鲤口灌甲砜霉素对嗜水气单胞菌的 PK-PD 模型（杨洪波等，2013）；研究了盐酸沙拉沙星在中华绒螯蟹体内药动学及对气单胞菌的药效学（彭家红 等，2013）；发现恩诺沙星在异育银鲫、凡纳滨对虾和拟穴青蟹等不同动物中除脱乙酰化生成环丙沙星代谢产物外，还可生成其他代谢产物（周帅 等，2012；2013）；查明了异育银鲫感染嗜水气单胞菌后血浆双氟沙星蛋白结合率升高，药物以结合形式存在，是导致药物组织分布受限、消除缓慢的原因之一（章海鑫 等，2013）。

在药物代谢机制研究方面，查明了 CYP3A 在草鱼和异育银鲫体内组织分布特征（符贵红 等，2011；朱磊 等，2011）以及药物作用受体 GABA 和 PGP 在鱼类组织中的分布（Hu et al，2014，Ruan et al，2014，Hu et al，2015）；发现黄连素对异育银鲫 CYP1A 和 CYP3A 具有显著抑制作用，其抑制作用主要发生在转录水平（Zhou et al，2011）；氟甲喹对异育银鲫 CYP1A 具有显著的诱导作用，其诱导是在翻译后，可能是加强蛋白的稳定性（胡晓 等，2011）；恩诺沙星对异育银鲫 CYP1A 和 CYP3A 具有显著抑制作用（Hu et al，2012）；黄芩苷和甘草酸分别和恩诺沙星联合使用时，黄芩苷和甘草酸减少了异育银鲫对恩诺沙星的吸收，促进了恩诺沙星代谢生成环丙沙星，但加速了恩诺沙星和代谢产物环丙沙星在体内的消除（房文红 等，2012）；黄芩苷可抑制中国对虾 CYP1A 和 CYP2A 活性，促进诺氟沙星在中国对虾体内的消除（李健 等，2012）。

在病原耐药性研究方面，发现气单胞菌和弧菌对抗菌药呈现不同程度的耐药性，且多重耐药现象普遍（吴雅丽 等，2013）；复合水产养殖环境有可能有助于耐药菌从畜禽向水产养殖环境转移（黄玉萍 等，2014）；发现了嗜水气单胞菌对喹诺酮类耐药存在靶基因突变及主动外排作用等多种耐药机制（邓玉婷 等，2014）；龟鳖源气单胞菌存在质粒介导的喹诺酮类耐药（PMQR）机制，预示着喹诺酮类耐药性很可能会在水产临床上更加快速而广泛地传播（谭爱萍 等，2014）。

在新药研发方面，研制出孔雀石绿替代制剂——"复方立达霉粉"（杨先乐 等，

2013），完成了对水霉病防控的临床药效评价，及对鱼、虾、蟹等水产动物安全评价，建立了立达霉粉在水产品中的残留限量标准；天然植物药物开发、抑制或杀灭病原菌机理等研究发展迅速；建立了抗 GCRV 的药物筛选细胞模型（安伟 等，2011）；采用细胞病变效应（CPE）观察活细胞染色法（MTS）在体外研究板蓝根等几种天然植物药物在细胞培养模型上抑制 CyHV-3 复制的效果（李俊超 等，2014）。此外，RNA 干扰技术作为一项新的反向遗传学技术，有可能成为未来疾病治疗的重要手段。采用 RNA 干扰技术进行了草鱼细胞抗 GCRV 的研究，结果显示，siRNA 能够有效地抑制 GCRV 感染草鱼细胞（Ma et al，2011，2013）。

三、国际研究进展

国外在水产养殖病害研究方面有着悠久的历史，建立了系统的研究技术体系。由于国外养殖品种有限，养殖环境保护与控制得当，水产品质量安全要求高，水产病害问题相对于国内要较少。

（一）病原学及流行病学研究

CyHV-3 作为近些年全球范围内危害养殖鲤最为严重的病毒性疾病，国外专家对其流行病学进行了一系列调查和研究。加拿大从患病野生鲤中检出欧洲株系 CyHV-3，日本监测了环境水体中的病毒载量，韩国、爱尔兰从锦鲤亲鱼中检出病毒（Kim et al，2013；Gotesman et al，2014），德国在鲤体内检测到病毒（Jung-Schroers et al，2015）。匈牙利、捷克在养殖的银鲫检测至 CyHV-3（Doszpoly et al，2011；Danek et al，2012），通过对 CyHV-3 的潜伏期研究表明，鲤的 B 细胞是该病毒在潜伏期的靶器官（Reed et al，2014）。

（二）疾病诊断与预警预报

建立了一种 DNA 特异性 PCR 检测技术，可检测宿主胞内的 CyHV-3 病毒，研究了病毒的不同感染阶段（Kawato et al，2014）；采用金纳米颗粒杂交技术直接检测 SVCV 病毒 RNA，不需要预先扩增，最低检测限达每毫升 0.3 $TCID_{50}$ SVCV-RNA（Saleh et al，2014）；利用原位杂交技术能够检测早期感染 8 小时及其之后的 10 小时的鲤鱼组织中的 CyHV-3（Monaghan，2015）；比较了单轮和巢式 PCR 检测患病鱼样本中病毒 DNA 的灵敏度，建立了 LAMP 扩增后胶体金试纸条和荧光定量 PCR 的检测方法，可以同时检测 3 种鲤疱疹病毒（Cho et al，2014）；利用斑马鱼作为模式生物，研究了斑马鱼对水生病毒的易感细胞、病毒入侵组织与损伤、病毒在鱼体内的增殖过程，建立了斑马鱼鱼类病毒感染模型（Novoa et al，2012）。

（三）免疫机理与免疫预防技术

利用不同种系的鲤研究了 CyHV-3 的致病机理，表明中枢神经系统可能是 CyHV-3 的一个主要靶标，病毒可以持续感染并且建立潜伏感染（Miwa et al，2015）；研究了里海白鱼对 SVCV 的敏感性，采用浸泡、腹腔注射、与病鱼共养和口服不同的感染途径，证实感染途径可以影响 SVCV 的毒力（Ghasemi et al，2014）；研究了 CyHV-2 在不同温度下对金鱼的感染情况，阐明了病毒感染与机体免疫应答机制（Ito et al，2014）；测定 CyHV-3 感染鲤鱼后的 2 种主要的应急免疫应答效果，证实 c-反应蛋白和补体系统针对 CyHV-3 感染具有明显的免疫应答作用（Pionnier et al，2014）；发现 SVCV 能够诱导培养细胞 Ⅰ 型干扰素通路中不同功能基因的高水平表达（Adamek et al，2012）；通过浸泡感染试验发现，早期发育鲤的皮肤黏液可作为先天免疫屏障，抵抗 CyHV-3 的感染（Ronsmans et al，2014）；发现小干涉 RNA 分子可激活 RNAi 途径，分别抑制 CyHV-3、SVCV 在鲤脑细胞（CCB）和鲤上皮瘤细胞（EPC）上的复制（Gotesman et al，2014，2015）。

在鱼类黏膜免疫系统研究方面，通过 PLGA 包裹传染性造血器官坏死病病毒（IHNV）DNA 疫苗后，证明了口服接种 DNA 疫苗的可行性（Adomako et al，2012）；发现肠道性红嘴病（ERM）疫苗以鼻腔和口服途径免疫虹鳟，两者均可提供显著的免疫保护（Villumsen，et al，2014）；比较了用 4 种接种途径（腹腔注射、口服、浸泡、鼻腔）对虹鳟接种 IHNV 活疫苗和 ERM 灭活菌苗的免疫效果，以注射接种途径获得的免疫保护力最高（LaPatra et al，2015）；克隆表达 CyHV-3 ORF72 蛋白，证实其具有亚单位疫苗的潜在价值（Tu C et al，2014）；发现假型杆状病毒粒子具有作用潜在的亚单位疫苗的开发价值（Fuchs et al，2014）；将制备的 SVCV DNA 疫苗和分子佐剂共注射入鱼体，结果显示分子佐剂可以提高鱼体的存活率（Martinez-Lopez et al，2014）。

在渔用疫苗产业化方面，挪威、美国、加拿大、荷兰等国产业化程度高、市场成熟，培育出众多从事渔用疫苗开发的跨国公司，如 Alpharma、Aqua Health、Intervet、Bayotek 等。辉瑞、默克、拜耳、柏林格殷格翰、葛兰素史克等国际制药领军企业通过兼并或自建等方式，纷纷涉足渔用疫苗行业。在三文鱼养殖中渔用疫苗应用技术相对成熟，挪威的 pharmaq 渔用疫苗公司的营业额不断上升，目前其三文鱼的疫苗生产销售超过全球份额的 50%。截止到目前，国际上针对 24 种水产病原已有 100 余种鱼类疫苗批准上市。

在渔用佐剂研究方面，新型佐剂成为研发热点。发现枯草芽孢杆菌 VSG1 株和植物乳杆菌 VSG3 株的胞内产物 ICPs，益生菌绿脓杆菌 VSG2 株的热灭活的全细胞制品 HKWCPs，均可刺激露斯塔野鲮（*Labeo rohita*）的头肾巨噬细胞免疫因子不同程度的表达，表明 ICPs 和 HKWCPs 可能具有免疫增强剂或鱼类疫苗佐剂的功效（Giri，2015）；发现一种神经肽——垂体腺苷酸环化酶激活肽（PACAP）可诱导鱼体免疫因子的表达，可提高抗原在罗非鱼特异性抗体的产生（Lugo et al，2013）；证实 CpG-DNA 可较好诱导鱼体抗体产生与多种免疫因子的表达（Thim et al，2012）。

（四）水产药物学研究

在药动学方面，研究了红霉素在虹鳟体内的蓄积与消除规律（Vendrell et al，2012）报道了印度麦瑞加拉鲮口服、肌肉注射和药浴阿维菌素、多拉菌素和伊维菌素对鱼虱的防治效果（Hemaprasanth et al，2012）；采用菜籽油、亚麻籽油和棕榈油等植物油替代饲料中 66% 的鱼油，研究了其对土霉素在金头鲷体内药动学的影响（Rigos et al，2011）；证实红霉素微乳化后制备饲料投喂虹鳟，可以提高红霉素的生物利用度（Serdoz et al，2011）。

在病原菌耐药性研究方面，调查了智利养殖鲑黄杆菌（*Flavobacterium psychrophilum*）的耐药性，查明黄杆菌对土霉素、氟苯尼考和噁喹酸耐药水平较高（Henriquez et al，2012）；从亚德里海东部养殖海鲈体内分离的 162 株溶藻弧菌对氨苄西林、复方新诺明、甲氧苄氨嘧啶和青霉素等耐药（Damir et al，2012）；从巴西养殖凡纳滨对虾体内和环境中分离的 31 株弧菌对氨苄西林和四环素耐药率较高，约 29% 的菌株呈多重耐药（Rosa et al，2011）；从墨西哥健康与患病虹鳟体内分离的 50 株气单胞菌，100% 的菌株对头孢噻吩耐药，98% 的菌株对氨苄西林耐药（Vega-Sanchez，et al，2014）；从泰国内陆低盐度池塘养殖的海水对虾中分离的 87 株气单胞菌对氨苄西林均耐药，多重耐药较为严重（Yano et al，2015）；报道了口服氟甲喹连续对虹鳟肠道内容物、皮肤、养殖池水和池壁生物膜中气单胞菌耐药性的影响（Naviner，et al，2011）；加拿大监测了 2009—2014 年间进口对虾的弧菌耐药性，从 185 份样品共分离到 231 株弧菌，发现所有分离菌株对氨苄西林、四环素、磺胺甲噁唑、土霉素和磺胺异噁唑耐药（Ronholm et al，2015）。在耐药分子机制研究中，从患病鱼和养殖水中分离 33 株气单胞菌，发现 17 株喹诺酮耐药决定区（QRDR）染色体突变 *gyrA*，11 株为 *parC* 突变，1 株质粒介导的喹诺酮耐药基因（PMQR）*qnrS1*-like 基因，4 株 PMQR *qnrS2* 基因，并发现了一个不同于 *qnrS1* 的新突变（*qnrS1*-like）（Han et al，2012）。

四、国内外科技水平对比

"十二五"期间，我国水产病害防治学科的科研工作取得了较大进展，但与国外高水平研究机构的工作相比，与水产养殖业健康可持续发展的要求相比，我们在基础理论研究、关键技术创新、综合防控水平与成果转化等方面还存在较大差距，主要表现在以下几个方面。

（一）我国水产动物疫病防控基础研究相对薄弱与滞后

国外对水产动物疾病，尤其是病毒病的研究较早，也非常系统和深入，很多疾病的研究均已达到分子生物学水平，例如在病原结构的分子生物学、分子流行病学、分子毒理学、基因工程疫苗以及分子免疫学等的研究中，均已取得丰硕的研究成果。在病原分子生物学方面，对病毒基因组的研究已深入到各基因组片段的克隆、测序和表达，进而进行基因工程疫苗的研究等。在分子流行病学方面，国外专家对其进行了一系列的调查，掌握大量可靠的数据材料，能够预测疾病的流行趋势，进而制定相应的控制对策，这对于传染性疾病的有效防控极为重要。

（二）我国在疫病诊断、渔药创制以及疫病综合防控方面还处于起步阶段

我国在水产动物病害的流行病学、病原学、病理学、免疫学等领域虽然有较大的进步，但仍较薄弱，存在的主要问题是高新研究技术和方法的应用在水产动物上较晚，研究内容缺乏深度和系统性，研究结果尚缺乏科学性和准确性。疫病监测与诊断技术手段落后，实用化水平较低。我国针对草鱼出血病、鲤疱疹病毒病等许多鱼类重大疫病检测技术开展了多年的研究，基本上建立了实验室检测技术，个别形成了诊断试剂盒，但与整个水产养殖行业对疫病监测试剂盒需求相比，在种类、技术水平、易用性、产业化等方面均存在较大的差距。在药物防治方面，我国多借用兽医药物，缺少水产专用药物的开发技术体系，且在病害防治中依赖药物、滥用药物时有发生，缺乏从改善环境、提高机体健康水平等方面考虑的病害综合防控技术体系。此外，国内水产生物药物缺乏，活性生物分子药物研究落后，天然植物药物开发进程缓慢，基础理论尚未查明，病害防控技术片段化、单一化情况严重，区域性的综合防控体系缺乏。

（三）渔用疫苗实用化免疫技术缺乏，疫苗产业化进程缓慢

国外水产疫苗研究已经有 80 多年的历史，我国也已有 40 余年历史，从养殖品种、疫病种类、危害程度等方面进行比较，国内较之国外更加迫切需要水产疫苗来防控水产疫病的发生和流行。但我国在水产养殖动物免疫系统发生、结构与功能研究方面严重落后于国外发达国家，疫苗研究关键技术落后，虽然实验室研究的疫苗品种多，但深度与系统性缺乏，产业化工艺落后，商品化进程缓慢，不能满足水产病害防治的需求。水产疫苗的研制需要扎实系统的基础研究为支撑，其难度大、耗时长，需要大量的投入和持续稳定支持，这必须将水产疫苗产业化纳入国家长期发展战略才能取得突破。

（四）我国设施渔业发展滞后，鱼病防控难以实施区域化综合控制

国外在各类养殖模式中，设施渔业的集约化、工程化水平相对较高，便于应用水产病害防治技术。北欧和北美的鲑鳟鱼类的养殖历史较早，其病害防治技术研究与应用最为深入和系统，他们采用苗种免疫方法防御传染性疾病的发生，从控制养殖环境、投喂优质饵料、监控病原与生物安保等方面开展了综合的鱼类健康管理工作，水产养殖疫病防控成效显著。泰国在对虾病害综合防控方面也形成了一套相应措施，通过提高对虾健康状况、减少病原入侵机会、保证养殖环境清洁稳定等健康管理技术，使泰国的对虾养殖未受到病毒病的严重影响，产量跃居世界首位。我国小规模、分散且主要依赖渔民的池塘养殖这一特点给水产病害防控技术的应用带来了困难。池塘老化问题普遍，水污染问题突出，对动物健康水平知之甚少，从源头抓起的病害防控技术体系构建与实施困难重重，因而导致近些年来鱼类病害呈多发、频发、重发趋势，造成重大经济损失，且进一步加剧养殖环境污染，水产品质量安全问题凸显。

五、"十三五"展望与建议

进入 21 世纪，水产养殖业健康可持续发展已为世界所共同关注的问题，水产养殖开始成为包括部分发达国家在内的许多国家快速发展的新型产业。水生生物资源的可持续利用已成为全球水产科技发展和渔业经济发展的重要组成部分。

我国水产养殖业的健康可持续发展，要求水产科技在水域利用、高效循环、生态安全和食品安全等四个方面满足产业发展的客观需求，紧紧围绕行业发展的重大技术需求，重点集中在"资源环境、健康养殖、良种培育、疫病防控、设施装备"等方面。就水产病害防治学科而言，在基础理论与应用基础理论方面，深入系统地研究水产养殖病害的发生发展规律、研究病原生物感染致病的机理、研究宿主免疫系统结构功能以及宿主抗感染免疫防御机制等重大基础理论问题是未来发展的趋势之一。在关键技术方面，疾病的高灵敏度快速实用化诊断技术、水产专用药物创制与安全使用技术、渔用疫苗研制与产业化工程技术是未来重要的发展方向。在疫病综合防控技术体系构建与试验示范方面，应在主养区域、重点苗种繁育场、养殖场或龙头企业，构建基于疫病监测监控、预警预报、环境调控、健康管理、药物防治、免疫预防等关键技术的疫病综合防控技术体系，构建从源头抓起的全产业链水产养殖健康管理、病害防治与质量安全控制体系，进行试验示范，达到有效控制疫病的目的，实现水产养殖业"高效、优质、生态、健康、安全"的目标。

"十三五"期间，水产病害防治学科的发展，应针对主养品种的重大传染性疾病，

深入研究水产养殖病害的发生和流行规律、病原生物感染和致病机理以及养殖动物抗感染免疫防御机制等重大基础理论问题，系统研究养殖生态环境调控、养殖动物代谢改良与免疫增强、绿色环保药物创制与安全使用、水产动物疫苗创制与产业化等关键技术，通过技术熟化与集成，最终构建适合我国不同地区不同模式的主导品种重大疾病区域化综合控制技术体系或模式，开展基于养殖动物健康管理、疫病监测与预警预报、疫病区域化综合控制的应用示范与推广试验，整体提升我国水产养殖产业病害防治技术研究的创新能力，引领我国现代水产养殖病害防治技术的新跨越。

"十三五"期间水产养殖病害防治领域重点研究方向应集中在以下几个方面。

（一）水产养殖病害诊断与流行病学监测技术

水产养殖病害诊断技术是要通过免疫学、分子生物学等手段实现对病原的快速高灵敏度检测，借助于发病症状、病原检测、病理变化、生理特征等实现病害的确诊；水产养殖流行病学监测技术是建立水产养殖病害的流行病学调查方法与检测技术，开展水产养殖生物疾病的发生水平与流行趋势评估，从而构建病害监测预警预报体系。

（二）水产养殖病控相关资源鉴定及库集技术

水产养殖病控相关资源是指能在水产养殖病害防治中发挥作用的分子、细胞、微生物和动植物资源，包括抗病因子、抗病基因、抗病遗传标记、疫苗抗原基因、病毒黏附蛋白及其受体、病毒敏感细胞株、病原微生物、有益微生物以及可用于生态防病的水生生物、可用于药物开发的药源植物等。该技术通过筛选、鉴定、克隆、表达和分析上述资源在水产养殖病害防控中的潜在价值，研究相关资源的收集、保藏、保有技术，建立病控相关资源库并加以挖掘利用。

（三）水产养殖病害药物防治技术研究及耐药性检测与控制技术

水产养殖病害药物防治技术依旧是现阶段我国水产养殖病害防治的主要手段。水产病害药物防治技术包括传统药物筛选优化与新药创制两个方面的内容。传统药物筛选是从已有渔药中筛选高效安全的防控药物，优化药物配方与给药技术，建立渔药在养殖动物体内的药效学模型与药动学模型；新渔药创制技术是要根据国家新兽药研发相关法规，开展安全、高效的新诊断制剂、新化学药、新中草药、渔用新生物制品（包括疫苗）、微生物新药剂等的原料筛选和制剂研发，完成药物临床前研究，建立药物的 GMP 生产技术工艺和质量标准，通过临床实验和安全性试验，取得新药生产许可。水产养殖病原微生物抗药性检测与控制技术是以水产养殖系统的主要致病微生物株系为研究对象，建立其抗药性快速高通量检测技术，查明微生物抗药性产生的机理，并根据微生物抗药性流行趋势制定与调整水产养殖用药对策。

(四) 渔用疫苗创制与产业化及水产养殖病害生物防控技术

渔用疫苗免疫是预防与控制水产养殖病害最为有效的途径。渔用疫苗创制与产业化重点在于研究疫苗制备技术、规模化生产工艺、免疫应答规律与免疫保护效果，实现规模化生产与产业化应用的目的；水产养殖病害生物防控技术重点在于研究水产养殖动物与微生物相互作用关系以及养殖系统的不同生物对病害发生和流行的影响，建立能控制病原传播、提高养殖动物抗病力以及改善养殖生态环境的生物/微生物生态调控技术，达到控制病害发生与流行的目的。

(五) 水产养殖生物安保体系与疫病风险评估技术

水产养殖生物安保体系与疫病风险评估技术主要研究重大疫病的快速诊断技术、病原生物高灵敏度检测技术、疫病流行风险评估技术等，构建基于病原生物安保、疫病早期诊断与风险评估、疫病监测与预警预报技术体系，建立育苗场/养殖场或重点养殖区域的养殖健康管理和生物安保技术体系与操作规范。

(六) 水产养殖疫病区域化综合控制技术

水产养殖疫病区域化综合控制技术是指在特定的区域内，通过基于宿主、环境、病原三者关系风险评估，确定疫病发生的风险控制点，采取区域病原监测、疫苗免疫以及生物屏障、管理屏障、物理屏障等措施，制定特定区域集成技术参数，生成水产疫病区域化管理规范，构建水产疫病区域化控制技术体系。

（曾令兵　黄　健　姜　兰　房文红　执笔）

（致谢：本报告编写过程中，中国水产科学研究院水产病害防治学科秘书白昌明博士、钟汝杰博士及科研骨干刘文枝博士、马杰博士、李宁求博士等给予了极大的支持和帮助，在此一并感谢!）

<h2 align="center">参 考 文 献</h2>

安伟，曾令兵，周勇，等，2011. 体外抗草鱼呼肠孤病毒药物筛选细胞模型的建立 [J]. 华南农业大学学报，41 (9)：972-978.

邓玉婷，薛慧娟，姜兰，等，2014. 体外诱导嗜水气单胞菌对喹诺酮类耐药及其耐药机制研究 [J]. 华南农业大学学报，35 (1)：12-16.

房文红，胡琳琳，陈玉露，等，2008. 采用 LC/MSn 法分析恩诺沙星在锯缘青蟹血浆中的代谢产物 [J]. 海洋渔业，30 (4)：350-355.

房文红，周常，孙贝贝，等，2012. 黄芩苷与甘草酸对恩诺沙星在异育银鲫体内代谢的影响 [J]. 中国水产科学，19（1）：154-160.

符贵红，杨先乐，喻文娟，等，2011. 草鱼肾细胞中细胞色素 *P450 3A* 基因诱导表达及其酶活性分析 [J]. 中国水产科学，18（4）：720-727.

高铭蔚，田园园，卢迈新，等，2015. 鱼无乳链球菌 PLGA 微球口服疫苗免疫效果的研究 [J]. 免疫学杂志（2）：105-110.

韩晓娟，茅云翔，李杰，等，2015. 病原的分离鉴定及致病性研究 [J]. 水产学报，39（11）：1721-1729.

胡钱东，林强，石存斌，等，2014. 草鱼致病性类志贺邻单胞菌的分离与鉴定 [J]. 微生物学报，54（2）：229-232.

胡晓，房文红，汪开毓，等，2011. 甲喹对异育银鲫细胞色素 CYP450 主要药酶的影响 [J]. 中国水产科学，18（2）：392-399.

黄玉萍，邓玉婷，姜兰，等，2014. 复合水产养殖环境中气单胞菌耐药性及其同源性分析 [J]. 中国水产科学，21（4）：641-657.

景宏丽，张旻，王娜，等，2014. 鲤春血症病毒单克隆抗体建立及免疫学特性鉴定 [J]. 检验检疫学刊，24（3）：55-59.

李健，梁俊平，李小彦，等，2012. 黄芩苷在中国对虾体内对诺氟沙星消除及细胞色素 P450 酶的影响 [J]. 海洋科学，36（3）：81-88.

李俊超，马杰，曾令兵，等，2014. 抗锦鲤疱疹病毒的植物药物筛选及其效果比较 [J]. 淡水渔业，44（3）：62-67.

李楠，郭慧芝，焦冉，等，2011. 草鱼的一种急性细菌性传染病病原的分离鉴定及致病性研究 [J]. 中国水产科学，35（6）：980-987.

李瑞伟，曾令兵，张辉，等，2013. 草鱼出血病细胞疫苗微囊制备与体外释放研究 [J]. 上海海洋大学学报，22（2）：212-218.

刘春，李凯彬，王庆，等，2012. 杂交鳢（斑鳢♀×乌鳢♂）内脏类结节病病原菌的分离、鉴定与特性分析 [J]. 水产学报，36（7）：1119-1125.

罗培骁，张琪，王敏，等，2014. 鲤春病毒血症病毒 G 蛋白的原核表达及多克隆抗体的制备 [J]. 水生态学杂志，35（4）：81-86.

马杰，江南，刘文枝，等，2015. 罗非鱼暴发性流行病病毒病原的电镜观察初报 [J]. 淡水渔业，45（6）：94-96.

彭家红，王元，房文红，等，2013. 盐酸沙拉沙星在中华绒螯蟹体内药动学及药效学研究 [J]. 海洋渔业，35（3）：331-336.

苏岚，曾令兵，周勇，等，2012. 草鱼呼肠孤病毒 VP6 蛋白在毕赤酵母中表达的初步研究 [J]. 淡水渔业，42（6）：38-42.

隋虎辰，谢国驷，边慧慧，等，2012. 两种多糖作为迟缓爱德华氏菌（*Edwardsiella tarda*）灭活疫苗佐剂对大菱鲆（*Scophthalmus maximus*）的免疫保护效果 [J]. 海洋与湖沼，43（5）：1001-1007.

谭爱萍，邓玉婷，姜兰，等，2014. 养殖龟鳖源气单胞菌耐药性与质粒介导喹诺酮类耐药基因分析 [J]. 水产学报，38（7）：127-134.

王荻，李绍戊，卢彤岩，等，2012. 玉屏风散对施氏鲟生理生化指标及非特异性免疫功能的影响 [J]. 西北农林科技大学学报，40（3）：39-46.

王庆，曾伟伟，刘春，等，2010. 云斑尖塘鳢肿大细胞病毒属虹彩病毒的分离与鉴定 [J]. 水生生物学报，34（6）：1149-1156.

吴雅丽，邓玉婷，姜兰，等，2013. 广东省水产动物源气单胞菌对抗菌药物的耐药分析 [J]. 上海海洋大学学报，22（2）：219-224.

肖艺，曾令兵，徐进，等，2012. 锦鲤鳍条细胞系的建立及其生物学特性 ［J］. 中国细胞生物学学报，34（8）：767-774.

邢程，王好，周井祥，等，2014. 一例冰下低温爆发的锦鲤疱疹病毒病的鉴定 ［J］. 水产学杂志，27（1）：46-49.

杨先乐，欧仁建，胡鲲，等，2013. 一种防治鱼类水霉病的药物及其应用：中国，201310039304.4 ［P］. 2013-06-12.

杨星，张美彦，周勇，等，2015. 不同佐剂对大鲵嗜水气单胞菌灭活疫苗的免疫效果 ［J］. 水生态学杂志，36（5）：69-73.

曾伟伟，王庆，王英英，等，2013. 一株鳢科鱼源弹状病毒的分离及鉴定 ［J］. 水产学报，37（9）：1416-1423.

章海鑫，胡鲲，阮记明，等，2013. 异育银鲫体内盐酸双氟沙星血浆蛋白结合率的变化与其药代动力学研究 ［J］. 水生生物学报，37（1）：62-69.

周帅，胡琳琳，孙贝贝，等，2012. 恩诺沙星在凡纳滨对虾体内和体外肝微粒体中的代谢产物比较分析 ［J］. 海洋渔业，34（3）：342-349.

周帅，李国烈，胡琳琳，等，2013. 恩诺沙星在异育银鲫体内和体外肝微粒体中代谢产物分析 ［J］. 东北农业大学学报，44（6）：101-106.

周阳，庄国庆，林锋，等，2015. 锦鲤致病性假单胞菌的分离鉴定及生物学特性研究 ［J］. 南方农业学报，28（4）：1830-1833.

朱磊，胡晓，房文红，等，2011. 异育银鲫 P450 家族 *CYP3A136* 基因的克隆与表达分析 ［J］. 水产学报，35（10）：1450-1457.

Adamek M，Rakus KŁ，Chyb J，et al，2012. Interferon type I responses to virus infections in carp cells：In vitro studies on Cyprinid herpesvirus 3 and Rhabdovirus carpio infections ［J］. Fish Shellfish Immunol，33（3）：482-493.

Adomako M，St-Hilaire S，Zheng Y，et al，2012. Oral DNA vaccination of rainbow trout，*Oncorhynchus mykiss*（Walbaum），against infectious haematopoietic necrosis virus using PLGA ［Poly（D，L-Lactic-Co-Glycolic Acid）］ nanoparticles ［J］. J Fish Dis，35（3）：203-214.

Cai L，Sun X，Shao L，et al，2011. Functional investigation of grass carp reovirus nonstructural protein NS80 ［J］. Virol J，8：168-178.

Chen C，Chi H，Sun B G，et al，2013. The galectin-3-binding protein of *Cynoglossus semilaevis* is a secreted protein of the innate immune system that binds a wide range of bacteria and is involved in host phagocytosis ［J］. Dev Comp Immunol，39（4）：399-408.

Chen Q，Ma J，Fan Y D，et al，2015. Identification of Type I IFN in Chinese giant salamander（*Andrias davidianus*）and the response to an iridovirus infection ［J］. Molecular Immunology，65：350-359.

Chen X，Wang Q，Yang C，et al，2013. Identification，expression profiling of a grass carp TLR8 and its inhibition leading to the resistance to reovirus in CIK cells ［J］. Dev Comp Immunol，41（1）：82-93.

Cheng S F，Hu Y H，Sun B G，et al，2012. A single immunoglobulin-domain IgSF protein from *Sciaenops ocellatus* regulates pathogen-induced immune response in a negative manner ［J］. Dev Comp Immunol，38（1）：117-127.

Cho M Y，et al，2014. Detection of koi herpesvirus（KHV）in healthy cyprinid seed stock ［J］. Dis Aquat Organ，112（1）：29-36.

Damir K，Irena V S，Damir V，et al，2013. Occurrence，characterization and antimicrobial susceptibility of Vibrio alginolyticus in the Eastern Adriatic Sea ［J］. Marine Pollution Bulletin，75（1-2）：46-52.

Daněk T，Kalous L，Vesel T，et al，2012. Massive mortality of Prussian carp *Carassius gibelio* in the upper Elbe basin associated with herpesviral hematopoietic necrosis（CyHV-2）［J］. Dis Aquat Organ，

102 (2)：87-95.

Dong C，Li X，Weng S，et al，2013. Emergence of fatal European genotype CyHV-3/KHV in mainland China [J] . Vet Microbiol，162 (1)：239-244.

Doszpoly A，Somogyi V，LaPatra SE，et al，2011. Partial genome characterization of acipenserid herpesvirus 2：taxonomical proposal for the demarcation of three subfamilies in Alloherpesviridae [J]. Arch Virol，156 (12)：2291-2296.

Fan Y D，Rao S J，Zeng L B，et al，2013. Identification and genomic characterization of a novel fish reovirus，Hubei grass carp disease reovirus，isolated in 2009 in China ［J］ . Journal of General Virology，94：2266-2277.

Fuchs W，et al，2014. Identification of structural proteins of koi herpesvirus [J] . Arch Virol，159 (12)：3257-68.

Gao Y L，Tang X Q，Sheng X Z，et al，2015. Immune responses of flounder *Paralichthys olivaceus* vaccinated by immersion of formalin-inactivated Edwardsiella tarda following hyperosmotic treatment [J]. Dis Aquat Organ，116 (2)：111-120.

Ghasemi M，Zamani H，Hosseini S M，et al，2014. Caspian White Fish (*Rutilus frisii kutum*) as a host for Spring Viraemia of Carp Virus [J] . Vet Microbiol，170 (3-4)：408-413.

Giri S S，Sen S S，Chi C，et al，2015. Effect of cellular products of potential probiotic bacteria on the immune response of *Labeo rohita* and susceptibility to Aeromonas hydrophila infection ［J］ . Fish Shellfish Immunol，46 (2)：716-722.

Gotesman M，et al，2014. In vitro inhibition of Cyprinid herpesvirus-3 replication by RNAi [J] . J Virol Methods，206：63-66.

Gotesman M，Soliman H，Besch R，et al，2015. Inhibition of spring viraemia of carp virus replication in an Epithelioma papulosum cyprini cell line by RNAi [J] . J Fish Dis，38 (2)：197-207.

Guo H，Sun X，Yan L，et al，2013. The NS16 protein of aquareovirus-C is a fusion-associated small transmembrane (FAST) protein，and its activity can be enhanced by the nonstructural protein NS26 [J]. Virus Res，171 (1)：129-137.

Han J E，Ji H K，Chcresca C H，et al，2012. First description of the qnrS-like (qnrS5) gene and analysis of quinolone resistance-determining regions in motile Aeromonas spp. from diseasedfish and water [J] . Research in Microbiology，163 (1)：73-79.

Hemaprasanth K P，Banya K，Garnayak S K，et al，2012. Efficacy of two avermectins，doramectin and ivermectin against Argulus siamensis infestation in Indian major carp，Labeo rohita [J] . Veterianry Parasitology，190：297-304.

Henriquez-Nunez H，Evrard O，Kronvall G，et al，2012. Antimicrobial susceptibility and plasmid profi les of Flavobacterium psychrophilum strains isolated in Chile [J] . Aquaculture，354-355 (3)：38-44.

Hu G B，Xia J，Lou H M，et al，2011. An IRF-3 homolog that is up-regulated by DNA virus and poly I：C in turbot，*Scophthalmus maximus* ［J］ . Fish Shellfish Immunol，31 (6)：1224-1231.

Hu K，Li H R，Ou R J，et al，2014. Tissue accumulation and toxicity of isothiazolinone in *Ctenopharyngodon idellus* (grass carp)：association with P-glycoprotein expression and location within tissues [J] . Environmental Toxicology and Pharmacology，37 (2)：529-535.

Hu K，Xie X Y，Zhao Y N，et al，2015. Chitosan influences the expression of P-gp and metabolism of norfloxacin in *Ctenopharyngodon idellus* [J] . Journal of Aquatic Animal Health，27：104-111.

Hu X，Li X C，Sun B B，et al，2012. Effects of enrofloxacin on cytochromes P450 1A and P450 3A in *Carassius auratus gibelio* (crucian carp) [J] . J vet Pharmacol Therap，35 (3)：216-223.

Hu Y H，Zhang M，Sun L，2010. Expression of Scophthalmus maximus CD83 correlates with bacterial infection and antigen stimulation [J] . Fish Shellfish Immunol，29 （4）：608-614.

Huang L，Li G，Mo Z，et al，2015. Correction：De Novo Assembly of the Japanese Flounder (*Paralichthys olivaceus*) Spleen Transcriptome to Identify Putative Genes Involved in Immunity [J]. PLoS One，10 （6）：e0131146.

Huang R，Dong F，Jang S，et al，2012. Isolation and analysis of a novel grass carp toll-like receptor 4 (tlr4) gene cluster involved in the response to grass carp reovirus [J] . Dev Comp Immunol，38 （2）：383-388.

Ito T，Maeno Y，2014. Effects of experimentally induced infections of goldfish Carassius auratus with cyprinid herpesvirus 2 （CyHV-2）at various water temperatures [J] . Diseases of aquatic organisms，110 （3）：193-200.

Jiang N，Zeng L B，2015. Characterization of the tissue tropism of Chinese giant salamander iridovirus and the inflammatory response after infection [J].Diseases of Aquatic Organisms，DOI：10. 3354 /dao02868.

Jiang Y，He L，Ju C，et al，2015. Isolation and expression of grass carp toll-like receptor 5a （CiTLR5a） and 5b （CiTLR5b）gene involved in the response to flagellin stimulation and grass carp reovirus infection [J] . Fish Shellfish Immunol，44 （1）：88-99.

Jung-Schroers V，Adamek M，Teitge F，et al，2015. Another potential carp killer：Carp Edema Virus disease in Germany [J] . BMC Vet Res，11：114.

Kawato Y，et al，2014. Detection and application of circular （concatemeric）DNA as an indicator of koi herpesvirus infection [J] . Dis Aquat Organ，112 （1）：37-44.

Ke F，He L B，Zhang Q Y，2013. Nonstructural protein NS80 is crucial in recruiting viral components to form aquareoviral factories. PLoS One，8 （5）：e63737.

Kim HJ1，Kwon S R，2013. Evidence for two koi herpesvirus （KHV）genotypes in South Korea [J] . Dis Aquat Organ，104 （3）：197-202.

LaPatra S，Kao S，Erhardt E B，et al，2015. Evaluation of dual nasal delivery of infectious hematopoietic necrosis virus and enteric red mouth vaccines in rainbow trout （*Oncorhynchus mykiss*）[J] . Vaccine，33 （6）：771-776.

Li C，Song L，Tan F，et al，2015. Identification and mucosal expression analysis of cathepsin B in channel catfish （*Ictalurus punctatus*）following bacterial challenge [J] . Fish Shellfish Immunol，47 （2）：751-757.

Li L，Luo Y，Gao Z，et al，2015. Molecular characterisation and prevalence of a new genotype of Cyprinid herpesvirus 2 in mainland China [J] . Can J Microbiol，61 （6）：381-387.

Li M F，Sun B G，Xiao Z Z，et al，2013. First characterization of a teleost Epstein-Barr virus-induced gene 3 （EBI3）reveals a regulatory effect of EBI3 on the innate immune response of peripheral blood leukocytes [J] . Dev Comp Immunol，41 （4）：514-522.

Li Y，Xie G，Li L，et al，2015. [The effect of TLR4/MyD88/NF-κB signaling pathway on proliferation and apoptosis in human nasopharyngeal carcinoma 5-8F cells induced by LPS] [J] . Lin Chung Er Bi Yan Hou Tou Jing Wai Ke Za Zhi，29 （11）：1012-1015.

Liang H R，Li Y G，Zeng W W，et al，2014. Pathogenicity and tissue distribution of grass carp reovirus after intraperitoneal administration [J] . Virol J，11：178.

Liu L，Zhu B，Wu S，et al，2015. Spring viraemia of carp virus induces autophagy for necessary viral replication [J] . Cell Microbiol，17 （4）：595-605.

Liu W Z，Xu J，Ma J，et al，2014. Immunological responses and protectionin Chinese giant salamander Andrias davidianusimmunized withinactivated iridovirus [J] . Veterinary Microbiology，174：382-390.

Long H，Chen C，Zhang J，et al，2014. Antibacterial and antiviral properties of tongue sole

(*Cynoglossus semilaevis*) high mobility group B2 protein are largely independent on the acidic C-terminal domain [J] . Fish Shellfish Immunol, 37 (1): 66-74.

Lugo JM, Carpio Y, Morales R, et al, 2013. First report of the pituitary adenylate cyclase activating polypeptide (PACAP) in crustaceans: conservation of its functions as growth promoting factor and immunomodulator in the white shrimp *Litopenaeus vannamei* [J] . Fish Shellfish Immunol, 35 (6): 1788-1796.

Luo P, Ruan X, Zhang Q, et al, 2014. Monoclonal antibodies against G protein of spring viremia of carp virus [J] . Monoclon Antib Immunodiagn Immunother, 33 (35): 340-343.

Lv J, Huang R, Li H, et al, 2012. Cloning and characterization of the grass carp (*Ctenopharyngodon idella*) Toll-like receptor 22 gene, a fish-specific gene [J] . Fish Shellfish Immunol, 32 (6): 1022-1031.

Ma J, Jiang N, LaPatra S E, et al, 2015. Establishment of a novel and highly permissive cell line for the efficient replication of cyprinid herpesvirus 2 (CyHV-2) [J] . Veterinary Microbiology, 177: 315-325.

Ma J, Wang W, Zeng L, et al, 2011. Inhibition of the replication of grass carp reovirus in CIK cells with plasmid-transcribed shRNAs [J] . J Virol Methods, 175 (2): 182-187.

Ma J, Zeng L B, Zhou Y, et al, 2014. Ultrastructural Morphogenesis of an Amphibian Iridovirus Isolated from Chinese Giant Salamander (*Andrias davidianus*) [J] . Journal of Comparative Pathology, 150: 325-331.

Martinez-Lopez A, et al, 2014. VHSV G glycoprotein major determinants implicated in triggering the host type I IFN antiviral response as DNA vaccine molecular adjuvants [J] . Vaccine, 32 (45): 6012-6019.

Meng Y, Ma J, Jiang N, et al, 2014. Pathological and microbiological findings from mortality of the Chinese giant salamander (*Andrias davidianus*) [J] . Archives of Virology, 159 (6): 1403-1412.

Meng Y, Zhang H, Zeng H, et al, 2013. Development of a loop-mediated isothermal amplification assay for rapid detection of Chinese giant salamander Iridovirus [J] . Journal of Virological Methods, 194: 211-216.

Miwa S, et al, 2015. Pathogenesis of acute and chronic diseases caused by cyprinid herpesvirus-3 [J] . J Fish Dis, 38: 695-712.

Monaghan S J, Thompson K D, Adams A, et al, 2015. Examination of the early infection stages of koi herpesvirus (KHV) in experimentally infected carp, *Cyprinus carpio* L. using in situ hybridization [J]. J Fish Dis, 38 (5): 477-489.

Naviner M, Gordon L, Giraud E, et al, 2011. Antimicrobial resistance of *Aeromonas* spp. isolated from the growth pond to the commercial product in a rainbow trout farm following a flumequine treatment [J]. Aquaculture, 315 (3): 236-241.

Novoa B, Figueras A, 2012. Zebrafish: model for the study of inflammation and the innate immune response to infectious diseases [J] . Adv Exp Med Biol, 946: 253-275.

Ou C, Sun Z, Zhang H, et al, 2015. SPLUNC1 reduces the inflammatory response of nasopharyngeal carcinoma cells infected with the EB virus by inhibiting the TLR9/NF-κB pathway [J] . Oncol Rep, 33 (6): 2779-2788.

Pei C, Ke F, Chen Z Y, et al, 2014. Complete genome sequence and comparative analysis of grass carp reovirus strain 109 (GCReV-109) with other grass carp reovirus strains reveals no significant correlation with regional distribution [J] . Arch Virol, 159 (9): 2435-2440.

Pei Y Y, Huang R, Li Y M, et al, 2015. Characterizations of four toll-like receptor 4s in grass carp *Ctenopharyngodon idellus* and their response to grass carp reovirus infection and lipopolysaccharide

stimulation [J] . J Fish Biol, 86 (3): 1098-1108.

Pionnier N, et al, 2014. C-reactive protein and complement as acute phase reactants in common carp Cyprinus carpio during CyHV-3 infection [J] . Dis Aquat Organ, 109 (3): 187-199.

Rao Y, Su J, Yang C, et al, 2015. Dynamic localization and the associated translocation mechanism of HMGBs in response to GCRV challenge in CIK cells [J] . Cell Mol Immunol, 12 (3): 342-353.

Reed AN, Izume S, Dolan B P, et al, 2014. Identification of B cells as a major site for cyprinid herpesvirus 3 latency [J] . J Virol, 88 (16): 9297-9309.

Rigos G, Zonaras V, Nikolopoulou D, et al, 2011. The effect of diet composition (plant vs fish oil-based diets) on the availability of oxytetracycline in gilthead sea bream (*Sparus aurata*) at two water temperatures [J] . Aquaculture, 311: 31-35.

Ronholm J, Petronella N, Chew Leung C, et al, 2015. Genomic Features of Environmental and Clinical Vibrio parahaemolyticus Isolates Lacking Recognized Virulence Factors Are Dissimilar [J] . Appl Environ Microbiol, 82 (4): 1102-1013.

Ronsmans M, et al, 2014. Sensitivity and permissivity of Cyprinus carpio to cyprinid herpesvirus 3 during the early stages of its development: importance of the epidermal mucus as an innate immune barrier [J]. Vet Res, 45 (1): 100.

Rosa H R, Oscarina D S, Anahy S L, et al, 2011. Antimicrobial resistance profile of Vibrio species isolated from marine shrimp farming environments (*Litopenaeus vannamei*) at Ceará, Brazil [J] . Environmental Research, 111 (1): 21-24.

Ruan J M, Hu K, Zhang H X, et al, 2014. Distribution and quantitative detection of GABAA receptor in Carassius auratus gibelio [J] . Fish Physiol Biochem, 40 (4): 1301-1311.

Saleh M, Soliman H, Schachner O, et al, 2012. Direct detection of unamplified spring viraemia of carp virus RNA using unmodified gold nanoparticles [J] . Dis Aquat Organ, 100 (1): 3-10. Scientific Reports, 5: 8693.

Serdoz F, Voinovich D, Perissutti B, et al, 2011. Development and pharmacokinetic evaluation of erythromycin lipidic formulations for oral administration in rainbow trout (*Oncorhynchus mykiss*) [J]. European Journal of Pharmaceutics and Biopharmaceutics, 78: 401-407.

Sha Z X, Wang Q L, Liu Y, et al, 2012. Identification and expression analysis of goose-type lysozyme in half-smooth tongue sole (*Cynoglossus semilaevis*) [J] . Fish Shellfish Immunol, 32 (5): 914-921.

Shao S, Lai Q, Liu Q, et al, 2015. Phylogenomics characterization of a highly virulent Edwardsiella strain ET080813 (T) encoding two distinct T3SS and three T6SS gene clusters: Propose a novel species as Edwardsiella anguillarum sp. nov. [J] . Syst Appl Microbiol, 38 (1): 36-47.

Su J, Dong J, Huang T, et al, 2011. Myeloid differentiation factor 88 gene is involved in antiviral immunity in grass carp *Ctenopharyngodon idella* [J] . J Fish Biol, 78 (3): 973-979.

Su J, Su J, Shang X, et al, 2015. SNP detection of TLR8 gene, association study with susceptibility/ resistance to GCRV and regulation on mRNA expression in grass carp, Ctenopharyngodon idella [J]. Fish Shellfish Immunol, 43 (1): 1-12.

Sun Y, Sun L. CsBAFF, 2015. A Teleost B Cell Activating Factor, Promotes Pathogen-Induced Innate Immunity and Vaccine-Induced Adaptive Immunity [J] . PLoS One, 10 (8): e0136015.

Thim H L, Iliev D B, Christie K E, et al, 2012. Immunoprotective activity of a Salmonid Alphavirus Vaccine: comparison of the immune responses induced by inactivated whole virus antigen formulations based on CpG class B oligonucleotides and poly I : C alone or combined with an oil adjuvant [J]. Vaccine, 30 (32): 4828-4834.

Tu C, et al, 2014, Production of monoclonal antibody against ORF72 of koi herpesvirus isolated in

Taiwan [J] . Folia Microbiol (Praha)，59 (2)：159-165.

Vega-Sanchez V，Acosta-Dibarrat J，Vega-Castillo F，et al，2014. Phenotypical characteristics，genetic identification，and antimicrobial sensitivity of Aeromonas species isolated from farmed rainbow trout (*Onchorynchus mykiss*) in Mexico [J] . Acta Tropica，130：(2)：76-79.

Vendrell D，Serarols L，Balcázar J L，et al，2012. Accumulation and depletion kinetics of erythromycin in rainbow trout (*Oncorhynchus mykiss*) [J] . Preventive Veterinary Medicine，105：160-163.

Villumsen M，Jorgensen M G，Andreasen J，et al，2015. Very Low Levels of Physical Activity in Older Patients During Hospitalization at an Acute Geriatric Ward：A Prospective Cohort Study [J] . J Aging Phys Act，23 (4)：542-549.

Wang J，Zou L L，Li A X，2014. Construction of a Streptococcus iniae sortase A mutant and evaluation of its potential as an attenuated modified live vaccine in Nile tilapia (*Oreochromis niloticus*) [J] . Fish Shellfish Immunol，40 (2)：392-398.

Wang K C，Hsu Y H，Huang Y N，et al，2014. FimY of Salmonella enterica serovar Typhimurium functions as a DNA-binding protein and binds the fimZ promoter [J] . Microbiol Res，169 (7-8)：496-503.

Wang L，et al，2012. Mass mortality caused by Cyprinid Herpesvirus 2 (CyHV-2) in Prussian carp (Carassius gibelio) in China [J] . Bulletin of the EAFP，32 (5)：164-173.

Wang Q，Zeng W，Liu C，et al，2012. Complete genome sequence of a reovirus isolated from grass carp，indicating different genotypes of GCRV in China [J] . Journal of Virology，86 (22)：12466.

Wang T，Li J，Lu L，2013. Quantitative in vivo and in vitro characterization of co-infection by two genetically distant grass carp reoviruses [J] . Journal of General Virology，94 (Pt 6)：1301-1309.

Wang T，Sun L，2016. CsSAP，a teleost serum amyloid P component，interacts with bacteria，promotes phagocytosis，and enhances host resistance against bacterial and viral infection [J] . Dev Comp Immunol，55：12-20.

Wang Y，Liu X，Ma L，et al，2012. Identification and characterization of a hepcidin from half-smooth tongue sole Cynoglossus semilaevis [J] . Fish Shellfish Immunol，33 (2)：213-219.

Xi B W，et al，2013a. Three actinosporean types (Myxozoa) from the oligochaete Branchiura sowerbyi in China [J] . Parasitology Research，112：1575-1582.

Xi B W，et al，2013b. Khawia abbottinae sp. n. (Cestoda：Caryophyllidea) from the false Chinese gudgeon *Abbottina rivularis* (Cyprinidae：Gobioninae) in China：morphological and molecular data [J]. Folia Parasitologica，60 (2)：141-148.

Xi B W，et al，2015. Morphological and molecular characterization of actinosporeans infecting oligochaete Branchiura sowerbyi from Chinese carp ponds [J] . Diseases of Aquatic Organisms，114：217-228.

Xiao Y，Shao L，Zhang C，et al，2014. Genomic evidence of homologous recombination in spring viremia of carp virus：a negatively single stranded RNA virus [J] . Virus Res，189：271-279.

Xie H X，Lu J F，Rolhion N，et al，2014. Edwardsiella tarda-Induced cytotoxicity depends on its type III secretion system and flagellin [J] . Infect Immun，82 (8)：3436-3445.

Xie H X，Lu J F，Zhou Y，et al，2015. Identification and functional characterization of the novel Edwardsiella tarda effector EseJ [J] . Infect Immun，83 (4)：1650-1660.

Xie H X，Yu H B，Zheng J，et al，2010. EseG，an effector of the type III secretion system of Edwardsiella tarda，triggers microtubule destabilization [J] . Infect Immun，78 (12)：5011-5021.

Xu J，Zeng L B，Zhang H，et al，2013. Cyprinid herpesvirus 2 infection emerged in cultured gibel carp，Carassius auratus gibelio in China [J] . Veterinary Microbiology，166 (1-2)：138-144.

Xu X L，Sheng X Z，Zhan W B，2011. Development and application of antibody microarray for white spot syndrome virus detection in shrimp [J] . Chinese Journal of oceanology and limnology，29 (5)：

930-941.

Yan L，Guo H，Sun X，et al，2012. Characterization of grass carp reovirus minor core protein VP4 [J]. Virol J，9：89.

Yan S，Zhang J，Guo H，et al，2015. VP5 autocleavage is required for efficient infection by in vitro-recoated aquareovirus particles [J] . J Gen Virol，96 （7）：1795-1800.

Yang C，Su J，Zhang R，et al，2012. Identification and expression profiles of grass carp Ctenopharyngodon idella tlr7 in responses to double-stranded RNA and virus infection [J] . J Fish Biol，80 （7）：2605-2622.

Yang J，Liu X，Zhou Y，et al，2013. Hyperbaric oxygen alleviates experimental （spinal cord） injury by downregulating HMGB1/NF-κB expression [J] . Spine （Phila Pa 1976），38 （26）：1641-1648.

Yano Y，Hamano K，Tsutsui I，et al，2015. Occurrence，molecular characterization，and antimicrobial susceptibility of Aeromonas spp. in marine species of shrimps cultured at inland low salinity ponds [J]. Food Microbiology，47：21-27.

Ye X，Tian Y Y，Deng G C，et al，2012. Complete genomic sequence of a reovirus isolated from grass carp in China [J] . Virus Research，163 （1）：275-283.

Zeng Y，Xiang J，Lu Y，et al，2015. sghC1q，a novel C1q family member from half-smooth tongue sole （*Cynoglossus semilaevis*）：identification，expression and analysis of antibacterial and antiviral activities [J] . Dev Comp Immunol，48 （1）：151-63.

Zhang H，Wu H，Gao L，et al，2015. Identification，expression and immunological responses to bacterial challenge following vaccination of BLT1 gene from turbot，Scophthalmus maximus [J] . Gene，557 （2）：229-25.

Zhang H，Zeng L B，Fan Y D，et al，2014. A loop-mediated isothermal amplification assay for rapid detection of Cyprinid Herpesvirus 2 in gibel carp （*Carassius auratus* gibelio） [J] . The Scientific World Journal，Article ID 716413，6 pages.

Zhang L，Li L，et al，2011. Gene discovery，comparative analysis and expression profile reveal the complexity of the Crassostrea gigas apoptosis system [J] . Developmental and Comparative Immunology，35 （5）：603-610.

Zhang L，Li L，et al，2015. Massive expansion and functional divergence of innate immune genes in a protostome [J] . Scientific Reports.

Zhang M，Long H，Sun L，2013. A NK-lysin from Cynoglossus semilaevis enhances antimicrobial defense against bacterial and viral pathogens [J] . Dev Comp Immunol，40 （3-4）：258-325.

Zhang M，Wu H，Li X，2012. Edwardsiella tarda flagellar protein FlgD：A protective immunogen against edwardsiellosis [J] . Vaccine，30 （26）：3849-3856.

Zhang X，Pang H，Wu Z，et al，2011. Molecular characterization of heat shock protein 70 gene transcripts during Vibrio harveyi infection of humphead snapper，Lutjanus sanguineus [J] . Fish physiology and biochemistry，37 （4）：897-910.

Zhang Y，He X，Yu F，et al，2013. Characteristic and functional analysis of toll-like receptors （TLRs） in the lophotrocozoan，Crassostrea gigas，reveals ancient origin of TLR-mediated innate immunity [J]. PLoS One，8 （10）：e76464.

Zhou C，Li X C，Fang W H，et al，2011. Inhibition of CYP450 1A and 3A by berberine in crucian carp Carassius auratus gibelio [J] . Comp Biochem Physiol，Part C，154 （4）：360-366.

Zhou Z X，Zhang J，Sun L，2014. C7：a CpG oligodeoxynucleotide that induces protective immune response against megalocytivirus in Japanese flounder （*Paralichthys olivaceus*） via Toll-like receptor 9-mediated signaling pathway [J] . Dev Comp Immunol，44 （1）：124-12.

水产养殖技术领域研究进展

一、前　　言

　　"十二五"期间，我国水产养殖业取得了显著成绩。2015 年全国水产品总产量为 6 699.65万吨，水产养殖总产量4 937.90万吨，占水产品总产量的 73.7％，比 2010 年上升了2.5 个百分点；渔业产值达到11 328.70亿元，其中水产养殖产值8 274.78亿元，占渔业产值的 73.04％，比 2010 年上升了2.1 个百分点（农业部渔业渔政管理局，2016）。水产养殖业已经成为我国农业发展最快的产业之一，在促进农村产业结构调整、增加农民收入、保障食物安全、优化国民膳食结构、提高农产品出口竞争力以及维护国家海洋权益等方面做出了重要贡献，所有这些成绩的取得与水产养殖技术领域的科技进步是分不开的。

　　我国水产养殖业在"十二五"期间，形成了独具特色的优良品种培育和规模化高效苗种繁育技术体系，研制出具有自主知识产权的育苗设施及方法，突破了一批名优特色品种的苗种规模化繁育技术瓶颈，为促进我国水产规模化健康养殖提供了技术支撑；在传统养殖模式基础上开发的淡水池塘生态工程养殖、陆基工厂化循环水养殖、深水抗风浪网箱养殖等新型养殖模式研究逐步完善，养殖面积不断增加、示范效果良好，形成了特色的高效、节能、生态型养殖模式，为我国水产养殖生产方式转型升级奠定了基础；建立了我国主要水产养殖动物的营养参数公共平台，为饲料企业的配方设计提供了科学依据，为我国水产饲料工业的兴起与发展奠定了基础（麦康森和艾庆辉，2013）。因此，水产养殖的科技进步在推进我国水产养殖业健康发展方面发挥了极其重要的支撑和引领作用。

二、国内研究进展

（一）主要研究进展

　　随着技术的进步，我国水产养殖产业发展水平显著提高。一是产业化水平不断提高。已形成集良种培养、苗种繁育、饲料生产、机械配套、标准化养殖、产品加工与运输销售为一体的产业群，多种经济合作组织不断发育和成长（袁媛 等，2013）。二是生态养殖模式不断优化。从单一追求养殖产量向健康生态养殖逐步推进，生态优先的养殖模式已逐渐形成（周强 等，2015；李健和陈萍，2015）。三是水产养殖空间不断拓展。从传统的池塘养殖、滩涂养殖、近岸养殖向盐碱水域养殖、工业化养殖和离岸养殖发展，多种养殖方式同步推行（徐皓 等，2013；张建华 等，2015）。在关键技术突破上主要体现在以下三个方面。

1. 苗种繁育

（1）养殖新品种产业化开发研究

在国家及地方科研项目的资助和水产养殖科研工作者的努力下，我国在海水、淡水新品种培育方面已取得了显著进展，尤其是在国家产业技术体系的支持下，大宗淡水鱼、海水鱼、虾蟹、贝类和藻类等育种方面取得了很多具有良好发展前景的重大科技成果。"十二五"期间，共有 68 个新品种通过全国水产原种和良种审定委员会审（认）定，有力地推动了我国水产养殖产量的持续增加（王清印 等，2013）。

其中海水鱼养殖新品种主要有大黄鱼"东海 1 号"、牙鲆"北鲆 1 号"、牙鲆"北鲆 2 号"和大菱鲆"多宝 1 号"等。针对鲆鲽类新品种突破了人工调控亲本性腺发育成熟产卵技术、无神经坏死病毒亲鱼筛选技术、苗种早期发育规律及生理生态特性、苗种规模化繁育及配套技术工艺，实现了人工育苗的规模化生产，并在养殖生产中大规模推广应用，为水产养殖业提供了适宜的养殖新资源，极大地丰富了我国水产养殖的种类。近年来推广了大菱鲆良种苗种 1.2 亿尾以上，全雌和杂交牙鲆苗种 5 000 万尾以上，技术覆盖率分别达到 30％和 60％。

淡水养殖新品种主要包括长丰鲢、松浦镜鲤、津鲢、鳊鲴杂交鱼、斑点叉尾鮰"江丰 1 号"、津新乌鲫、易捕鲤、赣昌鲤鲫、吉奥罗非鱼、杂交翘嘴鲂、秋浦杂交斑鳜等。例如，长丰鲢是从长江野生鲢选育而来的，适合在全国范围内的淡水可控水体中广泛养殖，池塘主养、套养是长丰鲢的主要养殖模式，目前已经推广到湖北、江苏等 27 个省份，累积推广面积达 11.93 万公顷。

虾蟹养殖新品种主要有三疣梭子蟹"黄选 1 号"、中华绒螯蟹"长江 2 号"、三疣梭子蟹"科甬 1 号"、中国对虾"黄海 3 号"、凡纳滨对虾"壬海 1 号"、中华绒螯蟹"长江 1 号"、中华绒螯蟹"光合 1 号"、凡纳滨对虾"桂海 1 号"等。例如，三疣梭子蟹"黄选 1 号"与未经选育的三疣梭子蟹相比，在相同条件下进行养殖，收获时该品种平均体重可提高 20％，成活率可提高 30％，且全甲宽变异系数小于 5‰，规格整齐。该品种可用于大规格商品蟹的养殖，现已在我国辽宁、河北、天津、山东、江苏、浙江等地进行示范养殖和推广，并取得了良好的经济效益和社会效益。

贝类养殖新品种主要包括长牡蛎"海大 1 号"、栉孔扇贝"蓬莱红 2 号"、文蛤"科浙 1 号"、菲律宾蛤仔"斑马蛤"、泥蚶"乐清湾 1 号"、文蛤"万里红"、马氏珠母贝"海选 1 号"、华贵栉孔扇贝"南澳金贝"等。其中长牡蛎"海大 1 号"属广温广盐性养殖种类，可在温度 0～32℃，盐度 10～37 的海区存活，适宜在我国江苏及其以北沿海养殖，根据养殖海区的不同可以分为筏式养殖、滩涂播养和混养。在相同养殖条件下，15 月龄长牡蛎"海大 1 号"平均壳高较普通商品长牡蛎苗种提高了 16.2%，总湿重提高了 24.6%，出肉率提高了 18.7%，壳型整齐度明显优于普通商品长牡蛎。

藻类养殖新品种主要包括条斑紫菜"苏通 1 号"、海带"黄官 1 号"、"三海"海带、坛紫菜"申福 2 号"、裙带菜"海宝 1 号"、龙须菜"2007"、裙带菜"海宝 2 号"、坛紫菜"浙东 1 号"、条斑紫菜"苏通 2 号"等。其中条斑紫菜"苏通 1 号"对高光照的适应能力较强，藻体品质优良，蛋白质含量比当地传统栽培种高 15.4%，不饱和脂肪酸含量占总脂肪酸含量的 67.4%。主要栽培模式有半浮动筏式和支柱式栽培模式，适宜在我国江苏沿海养殖海域中栽培。在相同栽培条件下，同一生产周期内，比亲本野生种增产 37.8%，比当地传统栽培种增产 18.6%。

（2）养殖品种规模化繁育技术研究

"十二五"期间，掌握了一批名优、适养生物的生活习性、繁殖发育特点、亲本人工驯化和培育、亲鱼催产和孵化等技术，突破了一批新适养种类的苗种规模化繁育技术，如卵形鲳鲹、石斑鱼、银鲳、褐毛鲿、条石鲷、黄姑鱼、鲈、星突江鲽、黄盖鲽、刀鲚、美洲鲥、大鳞鲃鱼、海马、脊尾白虾等规模化养殖品种。建立了苗种规模化繁育及配套技术工艺，实现了人工育苗的规模化生产，并在养殖生产中大规模推广应用，为水产养殖业提供了适宜的养殖新资源，极大地丰富了我国水产养殖种类（徐皓 等，2016）。

卵形鲳鲹是我国华南沿海网箱养殖和池塘养殖的主要海水鱼类之一，估计年养殖产量在 8 万～12 万吨。"十二五"期间系统评价了卵形鲳鲹不同群体遗传多样性水平，构建了育种核心群；优化了卵形鲳鲹亲鱼的营养强化和催产技术、制定了卵形鲳鲹仔稚鱼饵料投喂规范，有效地提高了卵形鲳鲹受精卵的质量和孵化率，提高了苗种成活率；综合亲本选配策略和苗种培育技术，构建了卵形鲳鲹优质大规格苗种培育技术；另外还研制了高效绿色卵形鲳鲹配合饲料、优化了网箱养殖密度和投喂策略、降低了饲料系数；还建立了卵形鲳鲹和对虾池塘混养模式，有效地提高了养殖经济效益。

石斑鱼是我国南方重要的名优海水养殖鱼类，"十二五"期间在石斑鱼人工繁育和养殖技术等环节，均取得了较大进展，石斑鱼养殖已形成相当的产业化规模。杂交石斑鱼仍旧是石斑鱼新品种开发热点，珍珠龙胆是目前养殖产量最大的品种，此外还获得了杉虎斑、青龙斑、龙鼠斑等一批杂交石斑鱼新品系；苗种规模化繁育技术不断提升，一系列共性关键技术难题取得突破，主要疾病的特异性疫苗得到了研制与应用，苗种成活率和苗种质量均有所提高，人工苗种完全替代了野生苗种；针对石斑鱼不同品种、不同生长阶段和不同养殖方式的营养需求开发了人工配合饲料，正逐步替代鲜活饵料；养殖模式从单纯的网箱养殖发展到网箱养殖与池塘养殖相结合，工厂化循环水养殖也正在兴起；石斑鱼类的生物学基础研究以及生物科学和工程技术的交叉融合、协同发展，为石斑鱼养殖产业的技术创新和集约化与工程化奠定了基础。

褐毛鲿是朱元鼎等命名的新种，属石首鱼科，毛鲿鱼属，主要分布在台湾海峡、浙江沿海及黄海南部，为近海暖水性底层大型食用鱼，其适温和适盐范围较广，生长速度快，品质佳，特别适应网箱和池塘养殖。应用生物学和生态学方法，在国内外首次突破了褐毛鲿全人工繁育技术，首创 整套褐毛鲿室内仔鱼高密度培育和池塘（土池）稚幼鱼培育相结合的育苗工艺，建立了完整的技术体系，实现褐毛鲿苗种产业化生产，为褐毛鲿养殖产业化发展奠定了重要的种苗保障基础。"十二五"期间，累计推广褐毛鲿池塘育苗面积 1.211 万公顷，培育出全长 6～10 厘米褐毛鲿苗种 9.083 亿尾，共计新增产值 13.62 亿元，新增利润 10.9 亿元，取得显著的经济效益和社会效益。

银鲳是我国东部沿海主要的海产经济鱼类之一。银鲳独特的生物学特征（体态呈菱形侧扁且无鳔，口小、下位口且下颌固定，体被弱圆鳞易脱落，应激性反应强，离水即死），决定了其全人工繁殖是一项难题，国际上多年来均未获得突破性进展。"十二五"期间，水产科研人员研究了银鲳亲鱼性腺发育的组织细胞学特征、性激素水平变化规律及关键营养素需求，建立了亲鱼的保种和强化培育技术以及生殖调控关键技术，性腺发育同步性超 55％以上；发明了银鲳高效人工催产技术，催产率达 90％以上，催产后亲鱼死亡率低于 1％，累计获得 600 万余尾银鲳初孵仔鱼。确定了银鲳仔鱼的开口时间、饵料系列、生长特性及环境条件，创建了苗种人工培育的技术方法，累计培育商品苗种 110 余万尾，其中增殖放流 2 万尾，实现了鲳属鱼类增殖放流零的突破，为自然资源的恢复作出了贡献；发明了银鲳仔稚鱼滴投培育技术，保障了所摄入活饵料的营养价值及苗池水质的稳定，培育成活率提高了近 20％；建立了银鲳工厂化、池塘以及网箱等多种养殖模式，均取得了良好的应用效果。

2. 养殖模式

（1）海水养殖模式

目前池塘养殖、滩涂养殖、浅海养殖、陆基工厂化等养殖模式是我国海水养殖的主要养殖方式（Wang et al，2014）。

我国的海水池塘养殖是从 20 世纪 70 年代末中国对虾的大规模养殖开始的，现已发展到多品种生态养殖阶段。"十二五"末，海水池塘面积 45.50 万公顷，比"十一五"增加 4.12 万公顷；养殖产量 235.08 万吨，比"十一五"增加 37.25 万吨。"十二五"期间，建立了"海水池塘多营养层次生态健康养殖技术"，被列为农业部主推养殖技术（马雪健 等，2016），以虾蟹为主要养殖对象，在养殖过程中集成水质调控、营养物质循环利用、疾病生物防控和质量安全控制等技术。利用三疣梭子蟹、鱼类等摄食病虾可防止疾病传播以及贝类可滤食水体颗粒物的生物学特点，建立了"虾—蟹—贝—鱼"的池塘生态健康养殖模式。山东日照地区"中国对虾—三疣梭子蟹—菲律宾蛤仔—半滑舌鳎"养殖池塘，平均每 667 米^2 产中国对虾 75 千克、三疣梭子蟹 70 千克、菲律宾蛤仔 350 千克、半滑舌鳎 20 千克，每 667 米^2 产值 1.5 万元以上，经济效益和生态效益都十分显著。

我国海洋滩涂养殖种类主要以滩涂贝类为主，2015 年，我国滩涂养殖面积 33.946 万公顷，养殖产量达到 234.80 万吨。"十二五"期间，首创了蛤仔苗种规模化中间培育技术工艺和"三段法"养殖模式，构建并完善了养殖海域环境和产品质量监测评价与产品食用安全保障技术体系；蛤仔的生产周期缩短了 50%，单产增加了 77%，疫病得到了有效控制，食用安全得到了基本保障。在沿海 10 个省份推广 3 年获得经济效益 257 亿元。建立了老化滩涂底质改良与修复技术，不同修复方式比较结果表明"翻耕＋压沙组和翻耕＋投放沙蚕组"对降低底质硫化物效果显著，该技术对于我国众多废弃的老化滩涂再利用，拓展养殖空间具有重要意义。此外，还研究建立了我国海水滩涂贝类养殖环境特征污染物甄别和环境类型划分技术体系，为解决我国海水滩涂贝类产前养殖环境划型及实行分级管理、推进水产品质量实现产前质量安全控制提供了有力支撑（冯志华 等，2014）。

我国浅海养殖是海水养殖的主要生产方式之一，已经构建浅海筏式生态高效养殖技术体系、不同类型底播海域增养殖技术体系、基于生态系统水平的岛屿海域增养殖技术体系以及浅海网箱增养殖技术体系，建立智能化资源环境监测系统，实现增养殖生产管理的自动化（袁秀堂 等，2012）。我国的海水多营养层次综合养殖模式的产业化程序已经走在世界前列（唐启升 等，2013）。例如，"浅海鲍-参-海带筏式综合养殖模式"，根据鲍、参、藻三者之间的食物关系，利用海带等养殖大型经济藻类作为鲍的优质饲料、鲍养殖过程中产生的残饵、粪便等颗粒态有机物质沉降到底部作为海参的食物来源，鲍、参呼吸、排泄产生的无机氮、磷营养盐及 CO_2 可以提供给大型藻类进行光合作用。

我国陆基工厂化养殖取得了显著成绩，鱼类、虾类、贝类、参类等工厂化养殖已具有一定的规模，以鲆鲽类为代表的工厂化养殖业发展尤为迅猛。"十二五"期间，工厂化养殖面积和产量分别达到 2 519.47 万米^3 和 18.06 万吨，但受水处理成本的压力，我国工厂养殖仍主要以流水养殖、半封闭循环水养殖为主，真正意义上的全封闭循环水养殖企业较少。近年来重点开展了工厂化循环水养殖水处理工艺及系统关键技术研究，构建了水处理装备开发、养殖系统优化集成、高效健康养殖、产业示范推广的完整产业链（朱建新 等，2014）。开发出节能环保型循环水养殖系统，由弧型筛、潜水式多向射流气浮泵、三级固定床生物净化池、悬垂式紫外消毒器、臭氧发生器、以工业液氧罐为氧源的气水对流增氧池等组成。具有造价低、运行能耗低、功能完善、操作管理简单、运行平稳等显著特点。已经在辽宁、河北、天津、山东、江苏、浙江、海南等省份推广应用，推广面积约700万米^3。

（2）淡水养殖模式

目前池塘生态养殖、渔光一体养殖、渔农复合生态等养殖模式是淡水养殖的主要养殖方式（李谷 等，2014）。

"十二五"期间，以淡水养殖池塘为重点，集成运用水产养殖学、生态学、工程学和信息学等原理和方法，针对池塘养殖生态环境恶化和养殖废水排放等关键环节，已经建立了池塘健康养殖小区系统优化构建技术（孙盛明 等，2015；崔正国 等，2012，2014），在此基础上构建了能量物质循环利用关系与模式，筛选了生物净化的种类和方法，达到了合理利用水体营养物质的作用，形成了水产养殖产业化推进的小区管理模式，在规范化、生态化池塘改造建设和池塘健康养殖工艺技术等方面取得了显著的经济效益和生态效益（李爽 等，2014；李晓 等，2014）。开展了池塘底质、水质调控机理与机械干预技术和池塘养殖精准化管控技术研究，研制了池塘养殖生态高效调控的系列装备；通过最新的物联网等技术，集约化水产养殖系统已经可以实现淡水池塘精确测量、实时监控、智能化分析及控制。

"渔光一体"池塘养殖模式是将水产养殖和光伏发电产业结合起来的一种生产方式，即在池塘水体中开展水产养殖的同时，又在水面上架设光伏组件进行太阳能发电。通过配套建设底排污系统，将养殖过程中产生的鱼体排泄物和残饵等移出养殖水体，改善养殖水域环境，对移出池塘的养殖废水进入固液分离池处理，上清液通过湿地净化后循环至养殖池塘二次利用，固体沉积物移至晒粪池晾晒用作有机肥料，实现零污染、零排放。在水资源条件好的情况下，可以进行适当换水，定期排出鱼体排泄物，以保持池塘水质清新。在水资源条件一般的情况下，建设光伏组件面积占池塘50%～75%可有效控藻，使池塘水质达到适宜的pH。射阳通威"渔光一体"示范池塘，每667米^{2}鱼、电总产值7万多元，每667米^{2}利润3.4万～4.2万元，效益显著。南京"渔光一体"示范池塘草鱼生长成活率在99%以上，每667米^{2}产量达到2 500千克（梁勒朗，2016）。

渔农复合生态养殖模式的理论与技术研究不断深入，成为养殖生产新的热点。利用水产养殖生物排泄出的固体物、悬浮物、氨氮和有机物来生产饲料植物和蔬菜，突破了原有的复合种养体系设计和资源配置技术，具有快速修复养殖环境、提高废弃物综合利用效率的作用（李嘉尧 等，2014）。"十二五"期间，构建了"鱼－菜""鱼/虾/蟹-稻""鱼-草-牧"等多种现代化的渔业和农作物共生互利的生产系统，形成了比较完善的养殖工程系统设计技术，达到了规模化、集约化生产的水平，创造了环境和谐、效益优良和质量安全的循环经济生产方式。虽然目前我国已经存在了多种类型的渔农复合模式，但对其物质循环和能量流动规律的理论研究较少，致使渔农模式不能

形成标准化生产技术，大范围推广应用存在难度。

（3）盐碱水养殖模式

在盐碱水质养殖环境质量评价的基础上，针对盐碱水质的多样性，综合运用物理阻断、化学改良、生物降解、工程处理等方法，建立了不同类型的盐碱水质的改良方法，重点研制了针对碳酸盐碱度较重、主要离子比例失调型等不同的盐碱水质改良剂，将盐碱水改造成为水产养殖用水，攻克了因盐碱水质的特殊性制约水产养殖的关键问题；在耐盐碱品种引进、驯化及培育方面，以盐碱水域土著品种（如青海湖裸鲤、雅罗鱼）、引进品种（如大鳞鲃）、模式生物（如青鳉）、经济品种（如凡纳滨对虾、罗非鱼、异育银鲫）为研究对象，分别从生理生化、比较生理学、群体遗传学和转录组学等方面开展了系列研究，发现不同物种对盐碱的适应能力各不相同，其耐盐碱特性是长期适应进化的结果，研究结果初步探清了耐盐碱鱼类盐碱适应性调节机制，证实耐盐碱鱼类通过一系列功能基因的表达和遗传多态性改变来适应生存环境的快速改变；并通过引进、驯化及培育，确立了近20种适合不同盐碱水质类型的鱼、虾、蟹等养殖品种，其中凡纳滨对虾、梭鱼、异育银鲫和罗非鱼已经在盐碱水中进行了规模化养殖，推动了盐碱水养殖的发展（王萍 等，2015）。

根据我国盐碱水主要分布区域水化学组成特点，开展了碳酸盐型盐碱水鱼类规模化养殖技术、氯化物型池塘鱼虾规模化养殖技术以及硫酸盐型盐碱水生态节水养殖技术的研发与集成示范，在河北、宁夏、黑龙江、江苏等地建立了666.67公顷盐碱水养殖示范区，技术辐射6 666.67公顷。在河北、江苏还探索了以渔为主的盐碱水域渔农综合利用模式，通过台田挖池开展水产养殖3年，台田底层土壤盐分从8～10克/千克下降至2～3克/千克，土壤有机质水平显著上升，盐碱渔业生态功能逐渐显现。以渔为主的盐碱水域渔农综合利用模式，不仅有利于调整农业结构、促进农民增产增收和新农村建设，还对周边盐碱土壤具有良好修复效果，具有显著的生态效应，是盐碱水渔业今后可持续发展的重要方向之一（刘永新 等，2016）。

3. 营养饲料

（1）精准营养调控技术

通过产业技术体系建设、农业行业专项及"973""863"等相关科技计划，主要完成了草鱼、银鲫、罗非鱼、团头鲂、鲤鱼、青鱼、中华绒螯蟹、对虾、大黄鱼、尖吻鲈、花鲈、大菱鲆、牙鲆、舌鳎等养殖鱼类不同生长阶段的营养素的需要参数及常规水产饲料主要原料的利用研究，探索了用动物蛋白源、植物蛋白源等替代鱼粉的可行性，阐明了最佳的投喂频率和投喂次数等投喂技术体系，从基础理论到应用技术，进行了系统的研究，形成了我国独具特色的水产饲料工业发展模式，逐步建立了我国主要水产养殖动物的营养参数公共平台，为饲料企业的配方设计提供了科学依据，为我国水产饲料工业的兴起与发展奠定了基础（麦康森，2015）。

但是我国的水产养殖产业与世界上其他地区相比，具有显著的特殊性：生态分布、养殖种类、食性类型、养殖模式等都具有高度的多样性。例如，我国水产养殖种类有 100 余种，而且种类更替也非常快。并且我国的水产动物营养与饲料利用的研究比国外起步晚了近半个世纪，投入又相对有限，要完善所有养殖种类的营养需要参数是不可能的，而零星的研究又无法满足产业发展的需要。因此，下一步还是需要根据"选择代表种、集中力量、统一方法、系统研究、成果辐射"的战略思路，逐渐完善我国的主要养殖海淡水鱼类、名优鱼类不同生长阶段的营养需要参数及常规水产饲料主要原料的利用技术，为高效优质饲料配制技术提供技术支撑。

（2）绿色饲料配制与加工技术

基因组学、蛋白质组学等生物技术的进步，为营养素与动物免疫功能、抗病力的关系及作用机理的阐明起到巨大推动作用，为动物免疫力和疾病预防及治疗的营养调控提供科学依据。逐步阐明了各种营养素，如脂肪酸、维生素 A、维生素 E、维生素 C、维生素 B_6 和多种微量元素对鱼类、甲壳类、贝类动物的免疫调控作用。日粮中必需养分（蛋白质、氨基酸、必需脂肪酸、维生素和微量元素）供应不足可导致鱼总体营养不良，易患病。通过对应激下鱼体营养需要的研究，开发出了满足不同品种的、不同养殖环境和养殖模式下的配合饲料。适当提高饲料中维生素 C、维生素 E 的含量，可提高鱼体抗高温、高氨氮、高 pH 环境下的应激能力。寡糖类添加剂可促进鱼体生长，改善肠道结构，提高病原菌感染下的鱼体抗氧化能力、免疫能力及应激蛋白 HSP70 的基因表达。大黄蒽醌提取物可提高鱼体生长速度，提高鱼的抗氧化活性和相关免疫因子活性，增强鱼的抗应激能力和抗病原菌感染的能力（戈贤平 等，2014）。

通过技术人员的探索与技术改造，并消化吸收国外先进技术，研制出了一批先进的饲料加工机械设备，快速地提高了我国饲料工业技术装备水平。特别是近 5 年来，微粉碎设备和膨化成套设备的国产化与逐步普及，对提高我国水产饲料加工工艺水平和饲料质量起到重要的作用。现在我国生产的水产饲料加工成套设备，不仅能基本满足国内水产饲料生产的需要，还远销国际市场。

（二）重要成果和突破

1. 鲆鲽类工业化养殖模式的构建与示范

针对鲆鲽类亲鱼培育、苗种繁育和种间杂交等共性关键技术问题，研究并建立了鲆鲽类亲鱼自然产卵诱导、人工授精、精子冷冻保存、种间杂交等核心技术以及延长产精期和增精技术、降低苗种白化率等相关辅助技术，为鲆鲽类人工繁育及杂交育苗生产工艺提供了技术支撑；创新性地提出了"以四化养殖为核心"的工业化养殖新理念，突破了海水养殖微细悬浮颗粒物去除、低温高效生物过滤、增氧杀菌和二氧化碳

调控等水质净化关键技术，设计构建了具有良好经济性和运行稳定性的鲆鲽类封闭/半封闭循环水养殖系统，建立了高效养殖配套技术工艺；研发了养殖环境在线监测与健康养殖智能化决策系统，创建了基于物联网技术的水产养殖信息化管理模式。累计示范推广陆基循环水养殖 33 万米^2，实现养殖节水 90%，节地 50%，养殖密度高达 52.3 千克/米^2。这些科研成果的应用对解决产业制约瓶颈、转变渔业生产方式、推动现代渔业建设具有重要的引领作用。

2. 罗非鱼产业关键技术升级研究与应用

"十二五"期间，针对罗非鱼产业快速发展需求，对全产业链关键技术进行梳理研究，通过技术集成和组装，成功实现规模化、产业化应用。选育出了雄性率更高、生长速度更快的奥尼罗非鱼和吉富系列罗非鱼；因地制宜地建立了池塘高产高效分级、鱼虾混养、流水高密度饲养等多种养殖模式；创新了围栏和越冬棚技术并应用于鱼种和亲鱼越冬培育；实现了罗非鱼工厂化育苗的产业化应用；研究建立了罗非鱼常见病原菌快速检测技术，首次研制出罗非鱼二联链球菌灭活疫苗，减少了病害损失；开发了活体发色、海藻糖添加处理等规模化加工工艺；创新了在加工下脚料中提取粗鱼油、水发鱼皮加工和休闲食品开发等副产物综合利用技术。3 年累计新增产值 5.62 亿元，新增利润 7 810.6 万元，新增税金 279 万元，创收外汇 2.26 亿美元，节支 1 317 万元，提升了罗非鱼的产业化水平。

3. 团头鲂循环水清洁高效养殖关键技术研究与推广

在团头鲂生态修复、功能性饲料、病害生态防控、养殖关键技术开发等方面取得了一系列原创性突破，克服了养殖中病害易暴发的制约瓶颈，显著改善了养殖环境和产品品质，推动了我国团头鲂生态健康、高效养殖产业的可持续发展。首次突破、建立固定化微生物与水生植物相结合的团头鲂养殖池塘生物修复技术，为苗种培育及成鱼的生态、健康、高效养殖提供技术支撑；建立了团头鲂池塘三级循环水养殖模式，提出净化水面与养殖水面 1∶10 的比例参数，使池塘养殖尾水经三级净化后总体达到"地表水标准Ⅲ类"；探明了团头鲂暴发性出血病嗜水气单胞菌的致病关键因子，查明了中草药提取物对嗜水气单胞菌抑菌作用机理，开发了中草药提取物等为主的抗应激制剂，建立了生态防控与抗应激关键技术。这些科研成果在团头鲂主产区进行了大规模的示范推广，2011—2013 年，累计养殖推广面积 2.73 万公顷左右，累计新增产值 14.64 亿余元，新增利税 3.88 亿余元。

4. 长江刀鲚全人工繁养技术的创建与应用

针对长江刀鲚应激反应强烈、"出水即死"，且存在繁殖群体性腺发育不同步等问题，构建了长江刀鲚资源监测评估体系，创新了不同类群刀鲚生活史的甄别技术；首创长江刀鲚的全人工繁殖及苗种培育技术，开辟了刀鲚种质保存和资源养护新途径；建立了刀鲚生态养殖新技术，实现了长江刀鲚养殖的产业化技术示范，成为高效渔业

的典范。成果支撑建设了"长江刀鲚国家级水产种质资源保护区"，有效减缓了刀鲚资源的衰退趋势；连续 5 年放流长江刀鲚鱼种，为其资源恢复奠定了技术基础。创建了"国家长江珍稀鱼类工程技术研究中心"和"江苏省长江特色鱼类协同创新中心"两大平台，实现了刀鲚种质的资源养护和可持续利用，取得了重大的生态效益、经济效益和社会效益。

5. 优质安全大黄鱼养殖产业链技术研究与示范

建立了大黄鱼繁育技术体系并进行标准化管理，在福建宁德海区建置我国唯一的海水鱼活体种质库（1 000 口网箱，1.6 万米²），驯养野生大黄鱼10 971尾，选育优质亲鱼15 757尾；构建了大黄鱼"育繁推"一体化技术体系，形成了大黄鱼原种场、良种场、大黄鱼遗传育种中心和科技成果转化中心推广体系，累计推广优质种苗 2.3 亿尾；研制 6 个阶段的成鱼配合饲料，饲料系数≤1.3，氮磷排泄量降低了 15%，微颗粒饲料和成鱼饲料均形成了规模化生产能力（产能 3 万吨/年），开发 3 种仔稚鱼诱食剂和 1 种抗应激剂，建立大黄鱼营养需求参数和饲料原料生物利用率数据库；构建了大黄鱼关键病害防控技术体系，设置 3 个疾病防控示范区，建立了关键疾病的"诊断系统"和"预测预报系统"，通过当地通讯部门定期为养殖户发布重要病害预警信息，主产区大黄鱼养殖成活率提高了 25%；研发的大黄鱼抗虫肽在高盐度和沸水中具高稳定性，低剂量可杀灭刺激隐核虫幼体和包囊。

6. 凡纳滨对虾工程化高效养殖技术的应用推广

"多阶段工厂化养殖系统"和"微藻调控工厂化养殖系统"在工厂化生产工艺和水体净化系统构建理念上有所创新，改变了我国循环水养殖沿用的一次性投入产出的单阶段养殖和利用细菌净化水质的传统方式。按照对虾在不同的生长阶段轮养于不同的池中，实现了连续批量生产，充分发挥水处理系统的功效，提高了水体利用率，降低了对虾养殖对水、土资源和能源的消耗，同时也利于防治病害和优化管理。示范点的建立推动了北方地区工厂化循环水对虾养殖的发展。建立了多项对虾健康养殖水质高效调控技术，研制出配套池塘环境调控剂产品 15 个。示范企业已生产"强效型利生菌王"等调控剂产品1 381吨，产值 955 万元。在核心示范基地累计开展示范813.33 公顷，生产了对虾8 580余吨，其中增产3 810余吨，产值增加 1.62 亿元。粤东地区一般养殖示范户的养殖生产综合效益可提高 15.3%以上。

7. 海水虾蟹新品种培育及生态养殖产业化推广

针对海水虾蟹优良品种缺乏、苗种培育技术落后、病原传播难于控制、养殖模式单一等关键性技术难题，系统开展了良种选育、苗种繁育和生态健康养殖等研究，取得了具有国际领先水平的研究成果，并与企业合作进行了产业化推广。率先建立了海水养殖虾蟹可持续良种培育技术体系，育成了 3 个虾蟹新品种；批量挖掘了功能基因和分子标记，实现了分子标记辅助育种技术的实际应用；建立了虾蟹规模化苗种培育

技术，构建了虾蟹高效生态养殖模式。其研究成果每年在山东、江苏、浙江、河北、天津、辽宁等地区推广养殖 2.67 万公顷，直接经济效益达 50 亿元以上，经济效益、社会效益和生态效益十分显著。

8. 贝类现代养殖模式的构建与应用推广

建立滩涂贝类大规格苗种培育技术，2010—2014 年度示范企业共培育泥蚶苗种 255 亿粒、缢蛏苗种 190 亿粒、硬壳蛤苗种 22 亿粒、毛蚶大规格苗种 11 亿粒、青蛤苗种 44 亿粒、彩虹明樱蛤苗种 20 亿粒和帘文蛤苗种 60 亿粒。苗种供应浙江、广西、福建、江苏、广东 5 个省份，生长速度同比提高 10% 以上，共实现产值 1 527 万余元，利润 882 万余元。建立了黄海北部菲律宾蛤仔潮下带增养殖技术与模式，确定了适宜的苗种放养密度、放养规格、放养水深和放养时间，并有效解决了敌害防治、清除以及深水采捕的技术难题，在丹东、庄河、天津、河北等地推广 666.67 公顷，累计增产 3 万吨，增收 3 亿元，节约成本 5 000 万元。建立了贝类苗种工厂化高密度培育设施与关键技术，进行牡蛎苗种的生产，填补了国内贝类幼虫高密度循环水培育技术的空白，饵料、海水可循环利用，系统高度可控。实现了眼点幼虫培育密度在 50 个/毫升以上，培育密度提高 10 倍以上，节约饵料 30% 以上，节约用电 20% 以上，节水 90% 以上，节约人工管理成本 70% 以上。

9. "黄官 1 号"食用海带新品种的培育及养殖推广

针对我国海带产业当前面临的种质混杂、食用海带良种缺乏这一突出问题，通过杂交、自交、综合选育以及分子标记辅助育种等手段，在全国范围内的海带野生或养殖群体中，选择优良性状的食用海带个体，建立家系，最终定向培育出食用海带良种一个——海带"黄官 1 号"（品种登记号为 GS-01-006-2011），该品种广泛适应从辽宁、山东到福建的沿海养殖环境，产量高，每 667 米² 产量（鲜重）达 26.7 吨，比普通海带提高 27% 以上。

10. 刺参营养需求及高效配合饲料研制技术

针对我国刺参养殖产业中的瓶颈问题，采用"以产业发展为导向、以科研单位为依托、以大型企业为创新载体"的产学研相结合的研发模式，通过技术研发和集成，形成了达到国际先进水平的技术成果。筛选对比了多种原料在刺参苗种生产中的养殖效果，有效地解决了刺参饲料原料资源短缺问题；确定了刺参饲料中粗蛋白、粗脂肪的最佳水平及复合维生素添加量等；研制出了 4 个刺参高效配合饲料生产配方，创立了"蓬安源"牌刺参高效配合饲料品牌，饲料系数低于当前市售饲料 0.1～0.3，每千克参苗培育成本降低 20% 左右；建立了刺参配合饲料特有加工工艺流程，制定了刺参饲料营养的相关标准，3 年累计产值超过亿元。

11. 龟鳖类种质资源保护、胚胎发育和基因资源挖掘技术

针对黄喉拟水龟、三线闭壳龟、中华鳖、鼋等主要龟鳖类的种质资源、繁育和育

种进行了系统研究，建立了龟类高效繁育和温度控制性别产业化技术、龟类亲子鉴定技术及中华鳖分子辅助选育技术，并成功突破了国家一级保护动物鼋的人工繁殖技术。龟鳖类的胚胎发育受环境影响较大，研究发现龟鳖动物胚胎能通过行为和生理等途径来应对环境温度变化，并首次应用操纵实验揭示了动物雌体腹腔容纳量可决定其繁殖投入，相关研究成果发表在 PNAS 等国际著名刊物上。以中华鳖和绿海龟为代表的龟鳖基因组也在"十二五"期间成功获得破译并发表在国际顶级刊物 *Nature genetics* 上，成为龟鳖科技研究领域的又一重大成果。基因组研究揭示了龟鳖躯体发育及进化机制，为日后深入研究基因组 DNA 作为指导胚胎发生的"蓝图"提供了新的线索。

12. 海马人工养殖关键技术及示范推广

海马是名贵中药，野生资源几近枯竭。从环境生物因子、繁殖摄食行为、饵料投喂管理、病害监测防治、高效养殖模式、生态进化机理角度入手，建立了一种可有效提高亲海马质量的投饵方法；一种可显著提高亲海马繁殖成功率的配对方法，繁殖成功率由传统方法的不足 50% 提高到 90%；一种可显著提高幼苗生长率的投饵方法，初生苗至成体缩短至只需 4 个月时间；一种可显著提高幼苗存活率的病害防治方法，结合投饵方法，幼苗存活率由传统方法的 20%～30% 提高到 60%～70%；幼苗饵料成本在传统饵料成本的基础上至少降低了 20%；60 日龄海马幼苗养殖密度由传统方法的不足 0.5 尾/升提高到 0.7 尾/升以上。以上研究形成了一整套海马人工养殖关键技术，并创建了两种高效养殖模式。研究成果目前已推广示范到了海南、广东、广西、福建、山东和辽宁等省份，2014—2015 年我国海马（主要是灰海马和大海马）养殖企业不下 30 家，养殖总面积约为 26.67 公顷。每 667 米² 每年产长在 11 厘米以上的海马 15 万尾，年产约 120 吨。按养殖干海马市售价格 6 000 元/千克算，市场价值超 7 亿元。

三、国际研究进展

国外水产养殖业比较发达的有日本、欧洲和美国等，这些地方的集约化养殖（主要是网箱和工厂化养殖）的水平较高，对与之相关的基础研究如养殖对象的营养生理、新品种开发、防病技术、水处理技术等方面已有较高的水平。国外发达国家对可持续水产养殖的概念、发展战略和研究领域进行广泛探讨的同时，在健康养殖的部分研究领域也已取得了领先水平，主要涉及现行不同养殖方式的环境影响评估、养殖系统内的水质调控技术、病害的生物防治技术和水产养殖中的优质饲料配制技术等领域。

（一）国外养殖技术发展现状及趋势

2008 年，中国工程院院士唐启升指出，实行多营养层次的综合养殖模式，是解决经济发展与养殖环境矛盾，保证海水养殖产业健康发展的最有效途径之一，并建议在中国近海开展大型藻类、滩涂贝类等碳汇生物的多营养层次综合养殖。作为一种健康可持续发展的海水养殖技术，多营养层次的综合养殖（IMTA）模式目前已经在加拿大、美国、以色列、新西兰、苏格兰、希腊、挪威等多个国家和地区广泛开展。多营养层次综合养殖模式是海水池塘生态综合养殖模式的精细化、专业化成果，主要原理是基于生物的生态理化特征进行品种搭配，利用物种间的食物关系实现物流、能量流的循环利用。这种综合养殖系统一般包括投饵类动物、滤食性贝类、大型藻类和底栖动物等多营养层级养殖生物，系统中的残饵和一些生物的排泄废物可以作为另一些生物的营养来源，这样就可以实现水体中有机/无机物质的循环利用，尽可能降低营养损耗，进而提高整个系统的养殖环境容纳量和可持续生产水平（Tixier et al，2011；Ghermandi，et al，2015）。

低碳高效池塘循环流水养鱼系统是当前国际上最先进的淡水养殖技术之一，该技术将传统池塘"开放式散养"模式创新为新型的池塘循环流水"圈养"模式，通过池塘改造和新技术集成与应用，水流把鱼粪、残存的饲料等推向集污区，经沉淀，吸污泵将底部废弃物回收到岸边的集污塔。将废弃物沉淀进行脱水处理，固体物变成有机肥，脱出来的肥水再流进旁边的鲢、鳙养殖塘进行物理处理。集污区里剩余的肥水与浮游生物一起顺着水流排入鲢、鳙养殖塘，成为它们的食物，从而实现了养殖污水的零排放。相对传统池塘养殖模式该技术有以下三个优点：一是实现零水体排放，减少污染；二是实现室外工程化养殖管理，全程监控，减少病害发生和药物的使用，提高水产品的安全性；三是有效地收集养殖鱼类的排泄物和残剩的饲料，根本上解决了水产养殖水体富营养化和污染问题。另外，美国大豆协会国际项目于 2013 年从美国引进相关设备，在中国江苏兴建循环流水设施并应用推广（Kumar et al，2013；Md et al，2015）。

作为一种池塘菌－藻平衡调控技术，生物絮团技术最早由以色列养殖专家 Avnimelec 在 1999 年系统提出，并于 2009 年 2 月召开的主题为"可持续海水养殖与提高产出质量的科学问题"的第 340 次香山科学会议上，首次向参加会议的中国水产专家介绍了这一技术的原理和应用前景展望。生物絮团技术是指通过操控水体营养结构，向水体中添加有机碳物质，调节水体中的碳氮比（C/N），促进水体中异养细菌的繁殖，利用微生物同化无机氮，将水体中的氨氮等养殖代谢产物转化成细菌自身成分，并且通过细菌絮凝成颗粒状物质而被养殖动物所摄食。"十二五"期间，国外专家研究证实生物絮团技术将是解决罗非鱼链球菌病、对虾 EMS 病的有效方法。例如，罗非鱼精养池塘每 667 米² 放养苗种万尾乃至数万尾，每天按照投喂量的 40%～60%添加蔗糖，零换水高效增氧曝气条件下每 667 米² 产量能够达到 13.5 万～20 万吨。类似的养殖模式在以色列、比利时、美国等地的罗非鱼养殖中都获得了较好的应用，也是生物絮团技术推行最为简单的模式。又如，印度尼西亚高位池塘高密度精养南美白对虾，通过多台增氧机连续不间断曝气增氧以及外源添加碳源调整碳氮比达到 15 左右，可以保证虾每 667 米² 产量达 2～3.4 吨（BroWn et al，2016；Edwards，2015）。

（二）国外养殖设施与装备发展现状及趋势

工厂化养殖在美国、英国、丹麦、挪威等发达国家的管理均十分规范，其多数沿用工业化管理规范。与传统养殖方式相比，循环水养殖生产方式每单位产量可以节约90%～99%的水消耗和99%的土地占用，并几乎不污染环境。在欧洲，高密度封闭循环水养殖已被列入一个新型的、发展迅速的、技术复杂的行业。例如在丹麦，有超过10%的鲑养殖企业正积极把流水养殖改造为循环水养殖，以达到减少用水量和利用过滤地下水减少病害的目的；例如，在法国，所有的大菱鲆苗种孵化和商品鱼养殖均在封闭循环水养殖车间进行，鲑的封闭循环水养殖也开始进行生产实践。

纵观欧洲的封闭循环水养殖工艺，可以总结为以下几个特点：①降低水处理系统水力负荷的快速排污技术。②普遍采用提高单位产量和改善水质的纯氧增氧技术。近年来，法国、西班牙、丹麦、德国等一些国家成功设计和建造了使用液氧向养殖池和生物过滤器进行增氧的养殖设备，极大提高了单位水面的鱼产量。③采用日趋先进的养殖环境监控技术。目前较先进的封闭循环水养殖场均采用了自动化监控装备，通过收集和分析有关养殖水质和环境参数数据，结合相应的报警和应急处理系统，对水质和养殖环境进行有效的实时监控，使封闭循环水养殖水质和环境稳定可靠。④生物滤器的稳定运行管理技术。法国科学家在其政府的资助下，在此领域进行了长期研究，如生物膜的细菌群落（自养细菌和异养细菌）组成、数量，氨氧化、硝化过程的能量和氧气消耗等，养殖废水中不同碳氮比对生物滤器效能的影响，并在此基础上获得生物滤器硝化动力学模型，建立了生物滤器的设计与管理规范。⑤养殖废水的资源化利用与无公害排放技术。挪威、丹麦等封闭循环水养殖技术先进的发达国家也根据各自的水处理技术特点开发出一些体积小、成本低、处理污水能力强的新型养殖污水处理设备。⑥抗风浪网箱养殖技术。挪威自 20 世纪 70 年代研制成功"HDPE 框架重力式深水网箱养殖系统"和开发成功大西洋鲑生产性育苗后，抗风浪网箱养殖就得到了迅速应用发展，成为目前世界上发展抗风浪网箱养殖最成功的国家（张建华 等，2015）。

（三）国外养殖配合饲料开发与发展趋势

国外水产养殖发达国家目前更多关注从基础到应用的系统研究，饲料产业的目标是高效、环保、节粮、安全、优质。美国是鱼类营养研究开始最早的国家，始于20世纪30年代，40年代得到快速发展，到50年代试制成功颗粒饲料并开始生产销售。由于美国的基础研究较好，又重视采用先进技术，推广自动化加工系统，饲料质量很好，80%以上是膨化饲料，饲料系数达到1.0～1.3。日本渔用配合饲料生产始于1952年，当年引进美国鳟湿式粒状饲料，开展鱼类营养研究和配合饲料的商业化生产。欧洲国家紧随日本之后，成为国际上一个重要的水产动物营养研究与水产饲料生产中心。虽然美国、日本和欧洲是水产动物营养研究与水产饲料商业化生产最早的国家和地区，但是，他们不是水产养殖的主产区，它们的水产饲料总产量并不大。2014年全球水产饲料产量达4 100万吨，其中，东南亚地区是世界水产饲料的主要产区之一，主要生产国是泰国、印度尼西亚、越南、菲律宾和印度等，其中印度尼西亚、越南、菲律宾和马来西亚虾料产量呈现增长势头（Pahlow et al，2015）。另外，现在摆在科学家面前的一个新问题是用其他蛋白源和脂肪源取代日益短缺的鱼粉鱼油后对水产养殖产品的风味、营养价值会有影响。由于基础研究较好，又重视采用先进技术，推广自动化加工系统，西方发达国家更加关注养殖产品的安全性，并且要求建立从鱼卵孵化到餐桌的生产全程可追溯系统。把好原料质量关，实现无公害饲料生产，从饲料安全角度来保证养殖产品的安全已经是人类的共识。

四、国内外科技水平对比

（一）对比分析

整体来说，我国水产养殖处于世界先进水平，尤其是在养殖模式与技术、营养与饲料科技和工程达到国际先进水平，而在苗种培育工程技术和陆基与离岸养殖方面与国际先进水平差距较大。世界水产养殖发达国家，如美国、挪威、英国、日本和澳大利亚等，由于养殖种类相对稳定，对产品质量、品种、食用安全和环境安全要求更高，促使相关研究更加系统和深入，而我国目前的水产养殖特点决定了我国水产养殖业的研发点多、面广，应急性研究多，系统深入的研究不够。我国在池塘养殖技术、养殖水产品产量和效益方面具有一定的优势（Xie et al，2015），目前全球的水产品产量增长主要来自水产养殖，其中最主要的贡献来自中国。随着厄尔尼诺现象产生的高温对于水产养殖带来的威胁越来越严重，东南亚一些国家当前就深受其害。据报道，老挝、越南、缅甸、柬埔寨、泰国都面临水位下降以及海水倒灌所引发的水域盐碱化的威胁，对这些国家的水产养殖业带来了非常不利的影响，其养殖产量与经济效益远远低于我国广东、福建、海南等省份。

1. 水产养殖技术

发达国家水产养殖普遍实现了集约化、工业化养殖。大宗淡水鱼类及虾蟹、鳖、鲑鳟等主要淡水品种在世界各地都有养殖，并形成了不同特色的养殖方式。如挪威建立了严格的大西洋鲑养殖防疫体系，开发了疫苗与强化鱼体免疫功能的免疫增强剂，如多糖类药物，从亲体、幼苗，直到养成各阶段均可使用疫苗，使养殖成活率大幅度提高，减少了药物使用量。另外，建立了一系列法规和健康管理办法，如控制养殖规模，建立疫病防疫体系等措施，目前大西洋鲑的产量已经占到挪威养殖产量的80%以上。日本鲤养殖采取流水和工厂化养殖等方式，产量已占其淡水鱼产量的40%以上。全球鲇养殖品种达40多种，主养国有越南、美国、中国和泰国等国家。美国建立了斑点叉尾鮰BMP养殖规范，养殖产量约占其淡水产量的65%。美国、南美洲和亚洲是南美白对虾的主要养殖区，池塘养殖是其主要的养殖方式。

与国外水产养殖业相比，我国传统水产养殖业的历史更长、养殖种类更多，养殖方式多样、养殖技术复杂，但健康养殖研究起步更晚些。"十二五"期间，健康养殖的理念已被广大生产者和研究人员接受，并开展了一系列的相关研究，整体上看，我国集约化养殖技术研究一直以淡水池塘养殖技术为主，池塘养殖每667米^{2}产量可以吨计，而海水抗风浪网箱的集约化养殖仍处起步阶段。

2. 水产养殖容量

养殖容量的评估和研究是制定相应生态环境保护法规和健康养殖规范的核心依据，国外在网箱和贝类养殖容量评估方面，挪威建立了较为完整的养殖环境质量评估技术和管理决策支撑工具AKvaVis，可以有效地限制养殖环境的恶化和病害的发生，保证了鲑鳟、贻贝养殖产业的可持续发展。AKvaVis开辟了在水产养殖决策支持系统中应用虚拟技术的新方法，帮助管理者、决策者非常直观地综合利用地理信息系统来鉴别任务，制定决策。这一系统既考虑到了养殖场的养殖容量、养殖活动对环境的压力，又考虑到了养殖场的最优布局。国外在养殖容量评估技术研究方面，将传统的水动力-生态耦合模型与卫星遥感技术、GIS技术相结合，既可以有效地利用卫星遥感的大数据，又可以通过GIS技术，将抽象的容量评估模型置于后台，而将评估的结果通过GIS强大的数据输入输出功能、空间分析功能，以直观、良好的图形形式展现，有利于管理者、企业使用。

与国外相比，我国"十二五"期间以容量评估结果为依据，通过种类的筛选、综合养殖设施的研发、饵料供需与养殖周期匹配等关键过程的解读及不同生物配比，建立完善了"鱼-贝-藻""鲍-藻-参""综合养殖防除污损生物"等6项多营养层次综合养殖技术，并进行了产业化示范推广（叶少文 等，2015）。在"鲍-藻-参"综合养殖模式中，每 667 米² 产刺参 120 千克，每 667 米² 增加利润 2.4 万元；在河北昌黎示范推广的"海湾扇贝与龙须菜的综合养殖"技术，海湾扇贝单产增加了 17.35%，龙须菜每 667 米² 的产值达 1 800 元以上；"桑沟湾鱼贝藻综合养殖"模式，被评为 FAO-亚太地区"可持续集约化水产养殖"模式的成功案例。

（二）存在主要问题

我国水产养殖种类和模式众多，基本上形成了地理条件和市场需求依赖的养殖品种和养殖模式的区域性格局，现有的水产科技只能满足于依赖土地资源的发展模式，形成了水产养殖产量提升主要依赖扩大土地（水域）资源规模来实现的发展模式。水产业发展的空间由于国家对耕地保护、城市化加速、工业化的推进、滨海工业发展、滨海旅游业兴起等正在逐步变小，土地（水域）资源短缺的困境在逐步加大，水产养殖主要依赖陆基池塘养殖和近岸网箱养殖模式，在土地（水域）资源短缺的情况下，难以扩大生产。同时，占我国水产养殖产量约 1/4 的水库养殖、湖泊养殖、河沟养殖等方式，也会因为政策、水源保护和环境治理等原因逐步退出。

1. 现有科技亟须从根本上解决水产品质量安全的问题

长期采用大量消耗资源和影响环境的粗放型增长方式，给养殖业的持续健康发展带来了严峻挑战，病害问题成为制约养殖业可持续发展的主要瓶颈。发生病害后，不合理和不规范用药易导致养殖产品药物残留，影响到水产品的质量安全和出口贸易，反过来又制约了养殖业的持续发展。随着高密度集约化养殖的兴起，养殖生产片面追求产量，难以顾及养殖产品的品质，对外源环境污染又难于控制，存在质量安全隐患，制约了水产养殖业的进一步发展，产品的品质和质量安全问题正在挫伤消费者对养殖产品的信心。例如，贝类生长环境的特殊性以及贝类的富集作用，使得贝类更容易在体内聚集有毒有害物质，我国的贝类质量难以达到出口欧盟资质的要求，被欧盟市场"封杀"近 20 年之久。2016 年，国产部分双壳贝类产品才获准恢复对欧盟市场出口。在改变过去不合理和不规范用药易导致养殖产品药物残留，影响到水产品的质量安全等养殖方式的同时，也需要开展新型生态安全高效的配合饲料，满足社会对水产品品质的要求。

2. 现有科技亟须从根本上突破水产养殖生态效益的难题

一方面，养殖水域周边的河流工业污染、船舶污染、人类生活污染、作物果蔬畜禽等种养殖投入品污染、滨海工业污染等对养殖水域的污染越来越重，严重破坏了养殖水域的生态环境，突发性污染事故越来越多，对水产养殖构成了严重的威胁，造成了重大损失。另一方面，残饵、消毒药品、排泄物等造成的养殖水域自身的污染问题在一些地区也比较严重，特别是残饵产生的氮、磷等营养元素可导致养殖水域富营养化，对养殖业健康发展带来负面影响。水产养殖可用水越来越少，养殖与工业和生活用水的冲突日益加重，养殖缺水的局面会逐渐加重。虽然我国近年来发展了一些水体处理技术，包括池塘水质改良技术、养殖用水前处理技术、养殖废水处理技术等，水体处理技术仍受实用性差、集成程度不高、成本高等因素制约，尚未从根本上解决我国大规模水产养殖环境污染的难题。

3. 现有科技亟须从根本上缓解养殖成本增加的压力

饲料、水电、养殖机械与设备、药品、病害、劳动力等是构成水产养殖的主要成本。饲料占养殖成本的 $60\%\sim70\%$，药品约占 10%，病害损失占 $5\%\sim10\%$，其余为苗种、水电、养殖机械与设备和劳动力成本。饲料是池塘和网箱养殖业中的主要成本，原料的国际性短缺造成饲料成本逐年升高，成为影响水产养殖可持续发展的主要因素，短期内很难回落；劳动力、水电、药品、养殖机械与设备成本也有不同程度地增加。水产养殖总体上处于高成本运行状态。从大的趋势来看，养殖成本的提高和销售价格的稳定已经成为水产养殖业发展的突出矛盾，现有的科技水平亟须解决这一矛盾。

五、"十三五"展望与建议

按照发展现代高效渔业、生态渔业、循环渔业的思路，针对我国水产养殖科学基础研究薄弱、优质种苗供应不足、养殖方式与技术亟待升级转型的现状，以环保、安全、节能、减排和健康生产为宗旨，以提高物质与能量转化效率为目标，通过开展生态系统过程与格局、养殖生境生态要素影响机制、养殖生物胁迫响应机制、生源要素对养殖生物品质调控机制等研究，深入认识生态系统结构与功能特征，攻克制约水产养殖可持续发展的关键性科学问题；突破一批新养殖资源的开发利用关键性技术，推广人工培育新品种，提高养殖业良种覆盖率；开展主导养殖品种高效健康养殖新模式研究，主推工厂化循环水养殖、深远海网箱养殖、工程化池塘生态养殖、多营养层次综合养殖等模式，开发盐碱水域适养易养新模式，进一步拓展水产养殖新空间；提高水产养殖标准化、专业化配套程度，形成水产养殖可持续发展的技术体系；研发一批轻简化、机械化、智能化的水产养殖装备；加强养殖产业链条各环节分工、协作等社会化配套体系建设，促进水产养殖业向集约化、信息化和工业化发展，实现我国水产养殖业的结构调整和转型升级。

（一）夯实水产养殖生态、生理、品质的理论基础

针对典型养殖生态系统结构、功能、过程与格局等生态机制，以提高物质与能量转化效率为目的，重点开展养殖生境生态要素影响机制研究；针对主导养殖品种及名优特色种类等重要的养殖品种，开展养殖生物胁迫响应生理机制研究；从营养、风

味、口感等形成机理及品质的营养学调控等方面入手，开展生源要素对养殖生物品质调控机制的研究；研究典型养殖系统中生源要素的时空变化规律、养殖生物生理活动对生源要素循环的驱动作用，开展生态系统水平的水产养殖基础研究（闫法军 等，2014；杨刚 等，2014；柳梅梅 等，2015）。

（二）研究渔用饲料开发与品质调控技术

开发环境友好型高效配合饲料，提高饲料利用率，减少氮磷排放。合理调整渔业养殖布局结构，提高海水养殖品种配合饲料的使用率，鼓励发展全程投喂配合饲料的海水鱼类养殖，保护资源、降低养殖水体污染；减少淡水养殖名优品种配合饲料中鱼粉的使用量，主要品种全部使用配合饲料；建立养殖品种品质调控技术，提高养殖产品品质，建立安全保障和追溯系统；建立新型日粮技术体系，优化主要养殖品种饲料加工工艺。我国存在着幅员辽阔、自然区域水质和气候条件不同、饲料资源的种类和数量差异很大、经济承受能力有限、水产动物生产性能高低不同等具体现状，制定一个符合我国国情的、适合于不同养殖动物、不同养殖区域、不同养殖模式的饲养标准仍是一个艰巨的任务。

（三）整体提升可持续水产养殖技术水平

按照发展现代高效渔业、生态渔业、循环渔业的思路，针对我国水域生态系统结构、功能、过程与格局等生态机制研究缺乏，水域环境调控技术水平低，养殖系统投入品与水产养殖矛盾突出，产品质量安全保障能力弱等技术问题，深入推进产业结构调整，着力构建现代渔业养殖体系。大力发展生态健康的水产养殖业，坚持以生态健康养殖为主攻方向，巩固提高池塘标准化养殖水平，推进水产养殖机械化，积极发展大网箱养殖、工厂化循环水养殖等现代化设施养殖方式，发展与水产养殖业相配套的现代苗种业、饲料工业和渔药产业。以环保、安全和健康为宗旨，以提高物质与能量转化效率为目标，通过共作生态系统经济类群结构与生态位优化、水质环境动态监控及信息数据库构建、共作生态系统水质管理和底质改良技术等研究，建立基于生物、物理、化学安全条件，生态系统结构优化，高效益的综合调控技术体系，加强产业体系各环节分工、协作等社会化配套体系的建设，并进行技术集成示范（唐金玉 等，2014；王加鹏 等，2014；王景伟 等，2015；熊莹槐 等，2015）。

（四）提高水产养殖轻简化与工业化水平

根据不同养殖生产方式和生产过程对机械化的需要，重点开展池塘养殖生产的机械化设备，包括新型养殖设备、机械化作业设备的研制，解决养殖鱼类起捕、分级及疫苗注射的机械化，建立移动式养殖生产作业平台。加强浅海、滩涂养殖采收、清洗、分级、加工全产业链成套机械化装备研发，重点提高牡蛎、扇贝、蛤、海带、龙须菜、紫菜等主要养殖品种的机械化作业程度，构建筏式养殖全程机械化生产模式。开展海水网箱重要养殖品种的健康养殖技术和养殖容量研究，建立适合海区资源环境特点的规模化养殖及养殖环境微生物修复技术，初步探明典型海湾的养殖容量。研制出在安全性、自动化等方面达到较高水准的高性能的深水网箱养殖设施，引导普通网箱升级改造，建立海上高效集约式设施养殖技术体系（邵志文 等，2015）。

（五）进一步拓展水产养殖新空间、新资源

针对高盐碱、高 pH 等水质特点，重点研发重要养殖生物的耐盐碱驯化、盐碱养殖环境质量优化与控制、盐碱水低碳高效增养殖等关键技术；围绕耐盐碱养殖品种，开发具有优良性状的盐碱水域土著品种，筛选和培育耐盐碱品系；根据区域盐碱类型，开发闲置盐碱水域，建立多元化盐碱水养殖模式和盐碱渔业综合利用模式，推进我国盐碱水养殖规模化和规范化发展。围绕深远海海域资源可持续利用，构建深远海养殖平台（麦康森 等，2016），依托养殖工船或大型浮式养殖平台等核心装备，并配套深海网箱设施、捕捞渔船、物流补给船和陆基保障设施。深远海养殖平台是集工业化绿色养殖、渔获物扒载与物资补给、水产品海上加工与物流、基地化保障、数字化管理于一体的渔业综合生产系统，创造良好的养殖生境，全面构建符合"安全、高效、生态"要求的集约化、规模化海上养殖生产模式。

（戈贤平　庄　平　朱　健　孙盛明　孙昭宁　执笔）

（致谢：本报告得到了中国水产科学研究院水产养殖技术学科委员会全体委员的支持与帮助，在此一并表示感谢！）

参 考 文 献

崔正国，陈碧鹃，曲克明，等，2014. 底播菲律宾蛤仔养殖区的质量安全环境风险评估：以胶州湾为例 [J]. 中国渔业质量与标准（6）：42-49.

崔正国，马绍赛，曲克明，等，2012. 人工湿地净化氮、磷及其在水产养殖中的应用研究新进展 [J]. 中国渔业质量与标准（3）：7-15.

冯志华，方涛，李玉，等，2014. 苏北沿海滩涂养殖湿地磷化氢的释放及其影响因素. 生态学报，15：4167-4174.

戈贤平，缪凌鸿，孙盛明，2014. 水产饲料对养殖环境调控的研究与探索 [J]. 中国渔业质量与标准，4（4）：1-6.

李谷，宋景华，李晓莉，等，2014. 循环水养殖池塘微生物群落的碳源代谢特性和功能多样性研究 [J].

农业科学与技术（英文版）（2）：278-282.

李嘉尧，常东，李柏年，等，2014. 不同稻田综合种养模式的成本效益分析［J］. 水产学报（9）：
　　1431-1438.

李健，陈萍，2015. 海水池塘多营养层次生态健康养殖技术研究［J］. 中国科技成果（3）：44-46.

李爽，谢从新，何绪刚，等，2014. 水蕹菜浮床对草鱼主养池塘轮虫群落结构的影响［J］. 水生生物学
　　（1）：43-50.

李晓，李冰，董玉峰，等，2014. 精养团头鲂池塘沉积物微生物群落的结构特征及组成多样性分析［J］.
　　水产学报（2）：218-227.

梁勤朗，2016. "渔光一体"模式助推现代渔业转型升级. 科学养鱼，10：13-15.

刘永新，方辉，来琦芳，等，2016. 我国盐碱水渔业现状与发展对策. 中国工程科，3：74-78.

柳梅梅，吴旭干，刘智俊，等，2015. 中华绒螯蟹卵巢发育期间两种雌激素受体在卵巢和肝胰腺的分布
　　及变化［J］. 水生生物学报（4）：822-830.

马雪健，刘大海，胡国斌，等，2016. 实施多营养层次综合养殖，构建海洋生态安全屏障［J］. 海洋开
　　发与管理，33（4）：74-78.

麦康森，艾庆辉，等，2015. 水产动物营养与饲料学科发展报告［R］. 中国科学技术协会. 水产学学
　　科发展报告（2013—2014）：112-120.

麦康森，徐皓，薛长湖，等，2016. 开拓我国深远海养殖新空间的战略研究［J］. 中国工程科学，（3）：
　　90-95.

农业部渔业渔政管理局，2016. 中国渔业统计年鉴［M］. 北京：中国农业出版社.

邵志文，许肖梅，张小康，等，2016. 深水网箱中鱼群与水质环境的安全监测系统. 厦门大学学报（自
　　然科学版），5：749-753.

孙盛明，朱健，戈贤平，等，2015. 零换水条件下养殖水体中碳氮比对生物絮团形成及团头鲂肠道菌群
　　结构的影响［J］. 动物营养学报（3）：948-955.

唐金玉，王岩，戴杨鑫，等，2014. 不同鱼类混养组合与饲喂方式对鱼蚌综合养殖水体浮游植物群落结
　　构的影响［J］. 中国水产科学（6）：1190-1199.

唐启升，方建光，张继红，等，2013. 多重压力胁迫下近海生态系统与多营养层次综合养殖［J］. 渔业
　　科学进展（1）：1-11.

王加鹏，崔正国，周强，等，2014. 人工湿地净化海水养殖外排水效果与微生物群落分析［J］. 渔业科
　　学进展（6）：1-9.

王景伟，李大鹏，潘宙，等，2015. 架设生物浮床对池塘养殖鱼类生长和肌肉品质特性的影响［J］. 华
　　中农业大学学报（4）：108-113.

王萍，刘济源，么宗利，等，2015. 水生动物盐碱适应生理学研究进展，长江大学学报（自然科学版），
　　15：44-47.

王清印，等，2013. 水产生物育种理论与实践［M］. 北京：科学出版社.

熊莹槐，王芳，陈燕，等，2015. 三种主养草鱼池塘沉积物—水界面碳通量的研究［J］. 水产学报
　　（7）：1005-1014.

徐皓，刘忠松，吴凡，等，2013. 工业化水产苗种繁育设施系统的构建［J］. 渔业现代化（4）：1-7.

徐皓，张成林，张宇雷，2016. 现代水产苗种高效繁育系统. 科学养鱼（11）：83-86，29.

闫法军，田相利，董双林，等，2014. 刺参养殖池塘水体微生物群落功能多样性的季节变化 [J]. 应用生态学报（5）：1499-1505.

杨刚，张涛，庄平，等，2014. 长江口棘头梅童鱼幼鱼栖息地的初步评估 [J]. 应用生态学报（8）：2418-2424.

叶少文，冯广朋，张彬，等，2012. 牛山湖小型鱼类群落结构特征及生物量估算 [J]. 中国水产科学（5）：854-862.

袁秀堂，王丽丽，杨红生，等，2012. 刺参对筏式贝藻养殖系统不同碳、氮负荷自污染物的生物清除 [J]. 生态学杂志（2）：374-380.

袁媛，袁永明，代云云，等，2013. 罗非鱼产业化经营组织典型模式研究. 中国渔业经济（6）：108-112.

张建华，丁建乐，刘晃，等，2015. 国内外渔业节能减排研发进展 [J]. 渔业现代化，42（5）：69-75.

周强，崔正国，王加鹏，等，2015. 海水人工湿地脱氮效果与系统内基质酶、微生物分析 [J]. 渔业科学进展（1）：10-17.

朱建新，刘慧，徐勇，等，2014. 循环水养殖系统生物滤器负荷挂膜技术 [J]. 渔业科学进展（4）：118-124.

Brown T W，Tucker C S，Rutland B L，2016. Performance evaluation of four different methods for circulating water in commercial-scale, split-pond aquaculture systems [J]. Aquacultural Engineering, 70：33-41.

Edwards P，2015. Aquaculture environment interactions：Past, present and likely future trends [J]. Aquaculture, 447：2-14.

Ghermandi, A，Fichtman E. 2015. Cultural ecosystem services of multifunctional constructed treatment wetlands and waste stabilization ponds：Time to enter the mainstream [J]. Ecological Engineering, 84：615-623.

Kumar A，Moulick S，Mal B C，2013. Selection of aerators for intensive aquacultural pond [J]. Aquacultural Engineering, 56：71-78.

Md A H，Islam S，Barman B K，et al，2015. Adoption and impact of integrated rice-fish farming system in Bangladesh [J]. Aquaculture, 447：76-85.

Pahlow M，van Oel P R，Mekonnen M M，et al，2015. Increasing pressure on freshwater resources due to terrestrial feed ingredients for aquaculture production [J]. Science of The Total Environment, 536：847-857.

Tixier G，Lafont M，Grapentine L，et al，2011. Ecological risk assessment of urban stormwater ponds：Literature review and proposal of a new conceptual approach providing ecological quality goals and the associated bioassessment tools [J]. Ecological Indicators, 11（6）：1497-1506.

Wang Q D，Cheng L，Liu J，et al，2014. Freshwater aquaculture in PR China：trends and prospects [J]. Reviews in Aquaculture, 5：1-20.

Xie B，Qin J，Yang H，et al，2013. Organic aquaculture in China：A review from a global perspective [J]. Aquaculture, S414-415（11）：243-253.

水产品加工与产物资源利用领域研究进展

一、前　言

水产品加工和产物资源利用是渔业生产活动的延续，它随着水产养殖和捕捞业生产的发展而发展，并逐步成为我国渔业的三大支柱产业之一。该产业通过人工方法，改变水产品的原始性状，多层次地加工各种制品，为人们提供更多、更好的以食用为主的多方面用途的产品，在水产品转换成商品的社会化生产过程中，提供了不可或缺的技术性支撑，在海水捕捞业、海水养殖业、淡水养殖业、远洋渔业的大生产、大流通中，发挥出日益重要的作用。

我国水产品产量几年来持续保持在6 000万吨上下，占世界渔业总产量的1/3左右，连续24年居世界第一。随着我国经济的发展和科学技术进步以及先进生产设备和加工技术的引进，我国水产品加工技术、方法和手段已经发生了根本性的改变，水产品加工及加工品的技术含量和经济附加值有了很大的提高，水产品冷藏保鲜技术快速发展，淡水鱼保鲜、加工方法不断改进，水产品加工呈现出综合性、高值化，水产品种类呈多品种系列化发展的态势。统计资料表明，"十二五"期间我国水产品加工业进入了最快的发展时期，目前已形成了冷冻冷藏、腌熏、罐藏、调味休闲食品、鱼糜制品、鱼粉、鱼油、海藻食品、海藻化工、海洋保健食品、海洋药物、鱼皮制革及化妆品和工艺品等十多个门类，有的产品生产技术已达到世界先进水平，成为推动我国渔业生产持续发展的重要动力，成为渔业经济的重要组成部分，水产品出口居出口农产品首位，在农产品出口及外贸出口中具有突现的地位。到2014年，用于水产品加工的产量约2 192万吨，占整个水产品产量的34%左右，其中精深加工产品占50%以上，且精深加工产品比重逐年增长。水产品加工业整体实力明显提高，加工技术水平不断上升，并已形成了特色规模生产的区域产业带，加工企业规模、水产品加工能力及水产品加工产值等方面都保持了较高速度的增长。现代高新技术广泛应用于水产品加工业，极大提高了水产品加工业的技术含量和企业技术改造的力度。

二、国内研究进展

"十二五"期间，水产品加工和产物资源利用学科在水产品的保鲜与精深加工、

方便和休闲食品开发、加工副产物综合利用，海洋新资源的开发利用、加工装备制造等领域开展了很多卓有成效的工作，水产加工方面共开展各级科研项目1 000多项，其中国家级项目30余项，省部级项目近100项，项目经费突破10亿元。

（一）淡水水产品保鲜与精深加工技术

以我国大宗养殖淡水鱼类为原料，开展了淡水鱼糜及其制品、腌制鱼制品、风味休闲鱼制品、半干食品加工、液熏鱼片加工技术研究、鱼类软罐头食品加工关键技术研究等多项科研工作，取得了实质性的进展并投入了产业化示范，促进了我国淡水鱼养殖及加工业的健康发展，提高了淡水鱼资源的有效利用率。

1. 淡水鱼保鲜技术

冷冻水产品要解冻才能烹调处理，解冻过程中鱼肉肉汁流失、纤维组织结构破坏，蛋白生化特性改变和脂肪氧化加剧，鱼肉品质会发生较大的改变。随着生活节奏的加快，现代人生活方式发生了急剧改变，人们需要方便快捷、烹调简单的水产品。另外，随着人民消费水平的增长和消费意识的增强，消费者日益追求健康美味的食品，对水产品的保鲜技术提出了新的要求。目前常用的保鲜技术主要有低温冷冻保鲜、气调保鲜、辐射保鲜、化学保鲜等。研究表明，冷藏的鱼片仅能贮藏7天左右，货架期较短。为了延长生鲜调理水产品的货架期，国内学者对冰温保鲜（孙卫青 等，2013）、微冻保鲜（李越华 等，2013）等新型低温保鲜方法进行了研究。李越华等（2013）和申松等（2014）分别测定了鲫、长丰鲢鱼片等在冷藏（4℃）和微冻（-3℃）贮藏中品质的变化规律，在4℃和 3℃条件下鲫及长丰鲢鱼片的货架期分别为8天和24天，6天和20天。近年来，国内开展了高压静电场结合冰温气调对水产品保鲜技术的研究，采用冰温气调结合高压静电场贮藏方法包装罗非鱼片的保质期达到30天，样品无异味，相比冷藏产品延长了20天，取得了重大的研究进展。

2. 淡水鱼鱼糜制品技术

随着社会的快速发展，人们对水产品的要求除了食用简便、营养丰富、味美可口外，同时还逐步追求对人体具有某些独特的功效，满足人们对健康关注程度加大、生活节奏加快、消费层次多样化和个性化发展的要求。"十二五"期间，淡水鱼鱼糜是我国增长最快的水产加工食品，该产业发展迅速，由过去生产鱼丸、虾丸等单一品种发展到机械化生产一系列新型高档次鱼糜制品。

鱼糜制品是深受消费者欢迎的一类精深加工制品，2013年全国鱼糜制品产量达132.68万吨，"十二五"期间淡水鱼鱼糜是我国增长最快的水产加工食品。根据很多的淡水鱼蛋白质的凝胶化特性研究结果，鲢、鳙、草鱼、罗非鱼表现出具有较好的形成鱼肉凝胶食品的能力。近年来，在淡水鱼抗冻与外源添加物对鱼糜凝胶特性

的影响等方面也有相关研究报道（曹立伟 等，2014；刘海梅 等，2010；叶蕾蕾 等，2014）。在研究青鱼、草鱼、鲢、鳙、鲤、鲫、鳊 7 种淡水鱼的形体参数、营养成分等基础上，评价了大宗淡水鱼蛋白质凝胶形成特性。李睿智等以鲢为原料，研究了破碎方式（斩拌和擂溃）对鱼糜凝胶特性、蛋白质变性聚集和内源性酶活的影响，研究了鱼糜粒径和微观结构在斩拌和擂溃过程中的变化，结果证明擂溃是鱼糜制品生产最好的破碎方法，确定了适宜的擂溃条件（转速 45 转/分钟、空擂 5 分钟、盐擂 30 分钟）（李睿智 等，2016）。曹立伟等（2014）研究了变性淀粉、磷酸盐、低聚糖和 TGase（谷胺酰转氨酶）及其复配物对鱼糜凝胶特性及鱼糜冻藏过程中的品质变化的影响，开发出鱼糜抗冻与凝胶增强剂，建立了鱼糜在冻藏过程中的品质变化动力学模型。郭秀瑾等（2015）研究了鱼糜中需添加的阳离子种类和添加量、钙盐与磷酸盐复配比例对鱼糜凝胶力学特性的影响以及钙盐与外源蛋白复配物对 MTGase 诱导的鲢鱼糜凝胶品质的影响，开发出以碳酸钙和复合磷酸盐为基料的鱼糜凝胶改良剂和复配 TGase 制剂，以鲢冷冻鱼糜为原料建立了即食爽脆鱼糕生产技术。"淡水鱼保鲜与精深加工关键技术研究及产业化"获 2015 年度湖北省科技进步奖一等奖。

3. 淡水鱼综合加工关键技术研究

近年来，为适应消费习惯的变化，水产方便食品和即食产品的生产开发力度加快，围绕产品研发的相关技术不断创新，为解决鳙鱼肉肌间小刺多影响其鱼段加工利用的瓶颈，夏文水等以多肌间小刺的鳙鱼段为对象，通过盐渍及热风干燥适当脱水，然后进行高温蒸煮达到了有效软化肌间小刺的目的（毛文星 等，2014）；针对传统鱼松以新鲜鱼或冷冻鱼为原料，在加工中需剔除鱼的骨刺，不仅工序复杂，还会造成钙等营养物质大量流失的现状，研究了以腌制风干鲢为原料，蒸煮和破碎条件及干燥方式对鱼松品质的影响，确定了在 115℃下蒸煮 20 分钟，破碎 2 分钟可以制得形态蓬松、色泽鲜亮、鱼香味纯正的鱼松产品（朱菲菲 等，2013）。目前国内能"零废弃"加工做得较好的数罗非鱼，现已开发出涵盖罗非鱼加工前、加工中和加工后各个阶段的产业技术。罗非鱼加工剩余的鱼头、鱼排、鱼血、鱼鳞等副产物采用可控酶解和发酵相结合技术，将罗非鱼加工副产物中的低值蛋白开发为氨基酸、调味基料、降血压肽、功能活性肽等，并将鱼骨制备为活性钙和氨基酸钙，将酶解产物中的鱼油提取出来并制作成微胶囊，并将酶解残渣进一步发酵制成生物有机肥（蔡秋杏 等，2010；岑剑伟 等，2014；陈胜军 等，2014；陈星星 等，2015；郝淑贤 等，2014；马海霞 等，2013；周婉君 等，2014）。其中，"罗非鱼综合加工关键技术的研究与应用"获得了 2013 年度广西壮族自治区科学技术奖二等奖。

（二）海水水产品精深加工技术

1. 海洋食品精深加工技术研究

近年来，超市海洋食品、醉鱼干、脱脂大黄鱼、海洋低值鱼类复合鱼糜加工等关键技术获得突破性进展（王宏海 等，2011；戴志远和翁丽萍，2010；戴志远 等，2010a，2010b），海捕虾 SO_2 残留控制技术研究及相关设备选型，使海捕虾 SO_2 残留极大下降，熟制品≤30 毫克/千克、生制品≤100 毫克/千克（王潇 等，2014）。成功研究了低值鱼类纯鱼肉重组技术，使该产品高温加热和低温冷冻均可保持原形（戴志远 等，2012）。成功研究了头足类水产品去泥沙、黏液的工艺技术。成功研究了章鱼熟制品的着色、固色工艺技术（戴志远 等，2015；戴志远 等，2014）。

2. 海参功效成分研究及精深加工关键技术

我国海域有 140 多种海参，可供食用的有 20 余种。海参自古以来即被我国人民视为滋补食品，现已证实海参体壁中含有海参多糖、磷脂、皂苷、胶原蛋白等多种功效成分，具有药理活性，包括抗血栓、抗菌、抗病毒、抗凝血及促细胞生长等作用。随着人们生活水平的提高，海参逐渐走向平常百姓餐桌，成为馈赠亲友的首选佳品。近年来，针对我国大宗海参产品生产中存在的关键技术和基础科学问题，海参硫酸多糖、海参皂苷、海参胶原蛋白、海参脑苷脂和缩醛磷脂的化学结构、生物活性、作用途径、分子机制和构效关系等得到了解析和阐明，相关研究奠定了海参精深加工技术的理论基础（王丹 等，2016；胡艳芳 等，2015；赵园园 等，2015；张铃玉 等，2015；丁宁 等，2014；张昕 等，2014；胡世伟 等，2013；董喆 等，2013；郭欣 等，2013）。集成创新了海参的真空蒸煮、热泵-热风组合干燥、快速复水及微波杀菌等加工新技术，研制和开发了包括机械除脏机、分类运转机、连续真空蒸煮机、挤压整形机、自动监控复水机、微波杀菌设备等海参加工关键设备，建成了世界首条海参加工前处理机械化生产线（侯虎 等，2016；薛勇 等，2013；孙妍 等，2011）。突破了传统海参生产周期长，耗能高，营养成分流失大，复水程度低等技术瓶颈，促进了我国海参加工工业现代化；攻克了高纯度海参硫酸多糖、胶原蛋白肽、皂苷及缩醛磷脂等功效成分高效制备技术，研制了海参胶、海参硫酸多糖、海参皂苷单体、海参脑苷脂及单体等海参高附加值产品（宋姗姗 等，2015；徐杰 等，2015；武风娟 等，2013）。构建了海参及其制品的质量控制体系。建立了海参硫酸多糖、海参皂苷及海参脑苷脂等功效成分的快速定量新方法，发明了基于线粒体 DNA 条形码的海参种类鉴别技术，开发了基于微量元素分析的养殖刺参产地溯源技术（律迎春 等，2011a，2011b）；修订完成了中华人民共和国水产行业标准《干海参》（SC/T 3206—2009）。"海参功效成分研究及精深加工关键技术开发"获 2013 年度山东省科技进步一等奖。

3. 海藻精深加工关键技术取得新成果

中国是世界海藻养殖大国之一，但海藻加工技术落后、产品单一已严重制约了海藻产业的发展。为突破海藻加工技术瓶颈，在长期海藻加工技术与新产品开发科研积累的基础上，藻类加工系列关键新技术和新工艺获得突破：研发了海藻膳食纤维制备技术，开发了4种高活性海藻膳食纤维新产品，其活性指标膨胀力和持水力，较国际标准膳食纤维分别高出12.8倍和5.6倍，经毒理学研究和功能评价表明，该产品食用安全可靠，功能活性显著；发明了系列海藻食品加工技术，开发出海洋蔬菜、海藻膳食纤维冲剂（咀嚼片）、袋泡茶等7种20多个系列的海藻食品，经济附加值提高5倍以上（戚勃 等，2014）；发明了高透明、高性能生化级琼胶糖纯化新技术，在国内首次突破了生化级琼胶糖纯化技术难关，琼胶糖理化指标较进口产品提高了2.6%～49%，经济价值较琼胶提高了20多倍（杨贤庆 等，2010；戚勃 等，2009）；创新了常温碱法、二次漂白、机械化自动凝胶的琼胶提取新工艺，与传统工艺相比，产出的琼胶强度和产出率提高50%，效率提高25%～35%，降低能耗5%～8%，化学排放降低了50%，琼胶厂生产规模提高20倍以上（戚勃 等，2011；陈晓凤 等，2011）；创新了海藻寡糖生产工艺与应用技术，研制出海藻寡糖无磷保水剂新产品，使冷冻水产品保水率提高25%以上，成品率提高8%以上，突破了国际上磷酸盐保水剂的替代难题；开创了海藻加工产物高值化利用的新技术，开发出具有生理活性的藻渣膳食纤维和琼胶寡糖新产品，使海藻利用率提高30%～40%（夏国斌 等，2011；杨贤庆 等，2013）。"南海主要经济海藻精深加工关键技术的研究与应用"获2013年度广东省科技进步奖一等奖。

4. 贝类产品的加工技术

牡蛎是我国沿海地区的主要海水养殖品种之一，也是我国重要的出口贝类产品，它不仅味道鲜美，而且具有较高的经济价值和营养价值。牡蛎的传统加工产品主要是牡蛎干制品，杨贤庆等研究利用栅栏技术加工高水分即食牡蛎食品和液熏牡蛎食品通过合理设置多个强度缓和的栅栏因子，即杀菌温度、酸度、水分活度、包装方式，通过它们之间的交互作用，形成了有效防止制品腐败变质的栅栏，开发出感官品质良好的高水分半干牡蛎食品（陈胜军 等，2010）。合浦珠母贝是我国海水珍珠养殖最广、数量最大的主要贝类，全国收珠后的珍珠贝肉资源量非常丰富，其中广东、海南和广西3个省份采珠后珍珠贝肉约有4 000吨。目前，珍珠贝肉的利用率很低，只有一小部分用于鲜食，大部分用做饲料，其潜在价值未得到充分利用。吴燕燕等研究了主要海水珍珠养殖贝类——合浦珠母贝收珠后贝肉和贝壳的综合加工利用技术，建立了合浦珠母贝贝肉、贝壳的深加工技术，以合浦珠母贝贝肉为原料，根据栅栏效应理论将贝肉加工成高水分营养美味的海南特色休闲风味食品，确定了高水分型即食调味珍珠贝肉食品的制作工艺，分析了各种常见栅栏因子对制品感官品质及微生物的影响，优化了前处理工艺、烘干工艺和杀菌工艺（吴燕燕 等，2008）；利用生物技术，研制了贝肉营养液、复合氨基酸、调味基料、活性肽等产品；将贝肉水解后的残渣进一步发酵生产高效生物农肥；以合浦珠母贝壳为原料，创建了碳酸钙和多功能饲料添加剂丙酸钙的生产技术（尚军 等，2010）。实现了对合浦珠母贝收珠后废弃贝肉和贝壳的高值化零废弃综合利用。该技术成果于2012年获海南省科学技术进步奖二等奖。

5. 南极磷虾综合利用技术获得初步突破

南极水域海洋生物资源储量丰富，其中南极磷虾资源储量估计为 5 亿～10 亿吨，具有目前全球其他水产品总量之和的开发潜力，是海洋渔业捕捞最具潜力的一类重要渔业资源生物（李显森 等，2010）。南极磷虾也是重要的蛋白质来源之一，如何有效地开发利用南极磷虾资源已成为当今科研的重点和热点。"十二五"期间，我国南极磷虾加工利用基础研究逐渐加强，加工利用技术能力显著提升；但还有很多加工利用关键问题尚未解决，一些重要的加工关键技术亟待突破，高值化产品开发还有待深入。

朱兰兰等开展了南极磷虾氟的赋存形态与迁移规律和减除技术的研究，构建了氟含量的定量定性分析方法，采用逐级化学—超声波浸提技术能有效地定量研究南极磷虾中氟的赋存形态。研究表明，随着贮藏时间的延长，虾壳中的可交换态氟含量会降低，而虾肉中的可交换态氟和水溶态氟含量会增加。薛勇等（2012）对南极磷虾内源酶水解的工艺条件进行了研究，得到南极磷虾自溶水解的最佳工艺条件。杭虞杰等（2012）、田鑫等（2014）对在南极磷虾自溶过程中起主要作用的蛋白酶的分离纯化条件和主要生化性质进行了研究，发现南极磷虾蛋白酶是一种丝氨酸蛋白酶并具有胰蛋白酶的特性。曹荣等（2015）围绕冷冻南极磷虾贮运期间的品质变化，对南极磷虾粉加工过程营养组分的变化进行了研究，分析了南极磷虾在 4℃ 和 20℃ 条件下自溶过程中非蛋白氮（NPN）、TCA 可溶性蛋白、氨基酸态氮、总挥发性盐基氮（TVB-N）等蛋白质组分的变化情况。在南极磷虾船载加工等方面也取得了积极突破，主要集中于南极磷虾产品加工产能与效率的提高方面；探索了南极磷虾船载加工技术的改进与优化，改造了传统鱼粉生产设备用于磷虾粉加工。此外，还开展了南极磷虾粉、虾油、虾仁、休闲食品、虾肉糜、保健品、调味品等的制取、营养成分分析及产品开发（孙甜甜 等，2012；施文正 等，2014）。总体而言，尽管我国的南极磷虾加工利用技术获得了初步突破，但是关于南极磷虾的基础组分与原料品质特性的关系还需开展更全面的研究。另外，贮运过程中的南极磷虾品质变化机制及控制关键技术尚未阐明。

（三）海洋生物资源的研究与开发

1. 海洋生物酯酶及生物拆分手性化合物的研究

长期以来，由于我国缺乏基于生物催化与生物转化的生物制造技术，大规模采用微生物或生物酶为催化剂生产重大化工、医药产品的能力尚未获得有效突破。D-泛酸钙是国际市场上最重要的维生素药物、食品添加剂和许多国家法定饲料中必须添加的成分，产品用途广、附加值高、市场需求量巨大，但技术和高品质产品市场一直被国外垄断。经过多年联合技术攻关，开发出新型海洋生物酯酶和生物拆分手性化合物生产 D-泛酸钙技术平台，打破了长期困扰我国化工产业生物制造技术开发受困的局面，并在酯酶高产菌种构建、发酵生产工艺优化设计以及手性化合物生物催化拆分技术等方面实现了全新突破（盛军 等，2014；孙谧 等，2013；郝建华 等，2013；孙谧 等，2012；李忠磊 等，2012）。获得了具有我国自主知识产权的高效稳定的新型海洋微生物酯酶，该酯酶性质稳定，能够耐受酸、碱和有机溶剂。项目构建了生产菌种，攻克了海洋微生物酯酶发酵工艺和反应器智能控制技术，实现了 30 吨发酵罐规模的产业化生产；建立了酯酶生物拆分手性化合物制备 D-泛酸钙生产新工艺；突破了固定化酶工艺技术，研发的固定化酯酶对 DL-泛酸内酯拆分率可达到 45%，得到的 L-泛酸内酯光学纯度达到 98%，其产生的 D-泛酸内酯转化率基本为 100%，成功地实现了以海洋生物酯酶催化为基础生产 D-泛酸钙的产业化。该生产体系与传统化学工艺相比，原材料消耗减少 70%，废液、废渣排放分别减少 65% 和 40%，能耗减少 10%，产品纯度达到世界领先水平。该研究成果先后获得 2011 年潍坊市科学技术进步奖一等奖和 2013 年山东省科学技术奖一等奖。

2. 海洋酶可逆抑制剂分子库构建及酶稳定化技术

酶制剂的特点是用量少、催化效率高、专一性强，液体酶制剂生产制造过程可节约用水 30%～50%、节能 50% 以上，高活性、高纯度、液体酶的应用是酶制剂的发展方向。但酶受其自身特点所限，在液体条件下不稳定，尤其在液体洗涤剂中的稳定性已成为制约其应用发展的技术瓶颈。通过国际科技合作，以酶晶体结构为基础，构建酶可逆抑制剂分子，开发应用于不同领域的酶制剂稳定体系，使我国成为世界上少数几个掌握液体酶制剂稳定性技术并拥有成型产品的国家。

国际科技合作与交流专项"海洋酶可逆抑制剂分子库构建及酶稳定化技术联合研发"通过与加拿大拉瓦尔大学的合作，利用我国在酶制剂开发方面的优势及加方在可逆性抑制剂设计技术方面的优势，通过酶晶体结构解析和活性中心结构域及其与可逆抑制剂结合位点分析技术，攻克了液体酶制剂稳定性关键技术，筛选获得了海洋酶特异性可逆抑制剂，开发了酶休眠和激活的可控性关键技术，研发了生物酶液体洗涤剂、家用蔬果农药清除洗涤剂，使我国在液体酶制剂的开发和应用技术领域走向世界前列（王冬伟 等，2016；盛军 等，2014；郝建华 等，2013）。

3. 热带海洋微生物新型生物酶高效转化关键技术

海洋环境中微生物群落结构新颖多样，包含了细菌域、古菌域、真核生物域和病毒等多个类群，丰富多样、新奇独特的海洋微生物是发现新材料、新功能、新基因、新机制的理想资源，为创新药物、新能源、环境修复和温室气体减排等研究提供了宝贵的材料。通过采集、分离、鉴定海洋微生物菌株，结合活性筛选，发现了产酶微生物 900 多株，构建了海洋微生物产酶菌种资源库（吴家法 等，2015；曲佳 等，2014；黄小芳 等，2014）。张偲等（2012）以海洋软体动物蛋白的功能为导向，从菌种库、环境功能基因库中发掘了新型蛋白酶和糖苷酶，如新型胞外适冷金属蛋白酶 HSPA、重组糖苷酶 MgCel44、BglNH 等，具有特异的作用机制和酶解位点，可有效解除蛋白质糖基侧链的屏蔽，提高蛋白的水解效率。构建了新型复合酶系统，利用多种酶的协同作用优先断裂糖基侧链以消除抗水解因子，促成肽主链在温和条件下的可控水解，大幅提升了功能肽转化效率。张偲等（2011）创建了软体动物功能肽的贝类评价模型，确证了功能肽对水产养殖品的营养免疫和诱食等新功能，创制了新型功能渔用饲料系列产品。该成果解决了相关领域内的关键难题，获国内外同行高度评价，技术达到国际领先水平，推进了行业技术升级换代。"热带海洋微生物新型生物酶高效转化软体动物功能肽的关键技术"获得 2014 年度国家技术发明奖二等奖。

（四）加工装备自主研发能力不断提升

水产品加工装备主要分为前处理与初加工装备、精深加工加工装备、流通装备和水产副产物综合加工装备。随着现代渔业产业结构调整、产业链的延伸，水产品加工产业正在迅速发展，对水产加工装备的需求主要体现在替代劳力的机械化加工设备、与远洋捕捞产业相结合的船载加工设备以及物流保鲜装备等。"十二五"期间，针对水产品加工专用装备缺乏和加工技术落后的现状，水产品加工装备研发以产业需求为导向，以保活流通、原料前处理与初加工、副产物综合利用为重点，在保鲜保活及物流装备、替代劳力的机械化加工设备、船载加工设备等方面，取得了较好的科研成果，水产品加工装备的创新水平明显提高。

1. 水产品保活流通装备

目前水产品保活流通装备的研发重点以节能提效、高效保活为目标。聂小宝（2014）、傅润泽（2013）开展了活鱼运输关键技术研究，研发了活鱼运输箱水质自动控制系统；中国水产科学研究院渔业机械仪器研究所（2012）开展了鲍、扇贝喷淋保活技术与装备研究，根据鲍保活流通特点，优化了前期的保活工艺，确定了适应车辆运输的保活工艺；确立鲍保活运输过程中主要环境调控内容，包括车厢环境温度、海水水温、海水溶氧、鲍到达目的地后的适应性苏醒时间，循环水系统灭菌与过滤调控等；开展了保活流通管理平台研究，应用工控技术、无线传感技术、嵌入式计算技术、分布式信息处理技术及无线通信网络技术于一体的无线传感器网络为鲍保活运输提供数字化、网络化、智能化的实时动态监测系统，研制了鲍喷淋保活运输车。

2. 水产品前处理与初加工装备

目前我国水产品加工的装备仍停留在前处理及初加工的阶段，成套的生产装备还不多见，主要是针对大宗鱼类前处理与初加工的研发。"十二五"期间，研制了鱼类去头机、海水小杂鱼去脏机、卧式多滚筒去鳞机、大黄鱼开背机等专用设备，显著提高了加工效率（王玖玖，2012；陈庆余，2013）；贝类加工方面，研制了蛤类清洗分级设备和牡蛎组合式高效清洗设备，提高清洗效率30倍以上（郑晓伟，2012；沈建，2011）；海参前处理方面，开发了预检筛分、连续蒸煮及整形等关键装备，集成了国内第一条海参机械化前处理生产线；改善了海参前处理环境，提高了处理效率和品质（徐文其，2011；沈建，2011）；虾蟹加工方面，研制挤压式对虾去头机，加工效率和得率明显提高（王泽河，2015）；建立了滚轴挤压、皮带挤压、真空吸滤等实验平台，成功研制了蟹壳肉分离专用设备并应用于实际生产（欧阳杰，2012）；海藻前处理加工方面，研制了基于PLC控制夹持力的海带自动上料机，以及基于悬链线理论的海带打结机，显著提高了工效（李哲，2012）。

3. 船载加工装备

船载加工装备是水产品加工装备的发展方向，"十二五"期间该领域的研究成为了新的热点，包括开展了南极磷虾整形虾肉制取设备的结构优化设计以及南极磷虾虾糜漂洗专用设备的研发。在整形虾肉加工方面，研究并改进了脱壳设备布料喷淋系统，配套设计磷虾原料解冻及均质设备，研制了多层往复式滚轴挤压脱壳机，为磷虾虾肉生产线的配套建立提供设备基础（郑晓伟 等，2016；郑晓伟 等，2015；郑晓伟 等，2013a，2013b；郑晓伟 等，2012）；在虾糜加工方面，研制了均质筒、布料斗和滤水输送带等虾糜加工设备，调整了船上虾糜加工工艺；在生产线建设方面，协助企业进行磷虾整形虾肉及虾糜生产线的配套和建立，完成了船上脱壳生产线/虾糜生产线布局设计。该研究成果对提升我国船上磷虾初加工技术及装备具有显著作用。

三、国际研究进展

在全球经济一体化快速发展的国际背景下，全球水产品产业整体正在向多领域、多梯度、深层次、低能耗、全利用、高效益、可持续的方向发展。在水产品加工发达国家，生物技术、膜分离技术、微胶囊技术、超高压技术、无菌包装技术、新型保鲜技术、微波能及微波技术、超微粉碎和真空包装技术等高新技术在水产品生产中得到了广泛的应用，使水产品原料的利用率不断提高。根据水产加工资源现状，开发多层次、多系列的水产食品，提高产品的档次和质量，来满足不同层次、口味消费者的需求是本领域的发展趋势。

（一）精深加工的高附加值产品发展迅速

国外广泛关注从低值水产品和水产加工副产物中提取天然产物尤其是生物活性物质的研发。精深加工水产品如烤鳗、鱼糜制品等越来越受消费者欢迎，其加工后的下脚料综合开发利用速度进一步加快。另外，国外水产品加工企业都是从环保和经济效益两个角度对加工原料进行全面综合利用。如日本企业利用水产品加工中产生的副产物开发制成的降压肽、鱼皮胶原蛋白、鱼精蛋白等已作为产品销售多年，同时每个企业的环保设施都一应俱全。日本早在 20 年前就实施了"全鱼利用计划"，开始积极推进实施水产品加工的"零排放"战略，形成了低投入、低消耗、低排放和高效率的节约型增长方式。目前，日本的全鱼利用率已达到 97%～98%，零废弃加工技术已经相当成熟，处于国际领先水平。鱼糜制品是日本水产加工制品的代表，占水产加工品中的比重最大（30%），形态多样的鱼糕制作技术将鱼糜生产技术发展到极致，同时他们对鱼糜凝胶的机理也开展了深入研究。

（二）水产品保鲜技术日益进步

国外研究出了可用于保藏和远销鲜活水产品的包装箱及运输技术，不仅可延长水产品的保活时间及存活率，还能减少运输成本，增加效益。日本山根氏利用冰温技术原理，研究开发出生态冰温无水活运的全新技术，不仅能较长时间地无水运输活鱼，而且能保证活鱼原来的风味。另外，"活细胞"保鲜技术可以使产品冷冻后仍保持活力，因此能够最大程度的保持产品的品质。

（三）新食源、新药源与新材料开发速度加快

由于陆地生物资源的品种有限，开发海洋、向海洋索取资源来开发新药源、新食源和新材料变得日益迫切。各国科学家期待从海洋生物及其代谢产物中开发出不同于陆生生物的具有特异、新颖、多样化化学结构的新物质，用于防治人们的常见病、多发病和疑难病症。鱼、虾、贝、藻等加工副产物中含有各类功能活性因子，是开发海洋天然产物和海洋药物的低廉原料，合理利用水产加工副产物中丰富的活性物质，已经成为当代开发和利用海洋的主旋律。从水产品加工副产物或低值海产品提取制备功能性活性成分已成为提高企业市场竞争力、推动水产品产业健康持续发展的有力保证。

酶制剂广泛应用于工业、农业、食品、能源、环境保护、生物医药和材料等众多领域。欧洲、美国及日本等发达国家或地区每年投入多达 100 亿美元资金，用于海洋生物酶领域的研究与开发，以保证其在该领域的技术领先和市场竞争力，如美国的"极端环境生命"计划（Life in Extreme Environments），欧洲的"冷酶"计划（Cold

Enzyme）和"极端细胞工厂"计划（Extremophiles as Cell Factory），欧盟于2014年启动的"地平线2020"计划（Horizon 2020），德国的"生物催化2021"计划（Biocatalysis 2021），日本的"深海之星"计划（Deep-Star）和"综合大洋钻探"计划（Integrated Ocean Drilling Program）等。迄今为止，已从海洋微生物中筛选得到200多种酶，其中新酶达到30余种。海洋生物酶已成为发达国家寻求新型酶制剂产品的重要来源。目前在海洋微生物酶领域至少有8家大型公司参与了工业酶的开发，比较有名的包括丹麦的诺维信公司（Novozymes A/S）、美国的杰能科公司（Genecor）、美国的西格玛奥德里奇公司（Sigma-Aldrich）和美国的维仁妮公司（Verenium）等。美国食品药品管理局（FDA）和欧洲药品管理局（EMA）共批准了8个海洋来源的药物（Martins et al，2014）。2011年以后FDA新批准的海洋药物有抗癌药物泊仁妥西凡多汀（Brentuximab vedotin，SGN-35）和曲贝替定（Trabectedin，ET-743）。

在药物化妆品领域，国际香料香精公司（IFF）的子公司Lucas Meyer Cosmetics开发的一款化妆品原料（商品名Abyssine，patent PCT 94907582-4）为深海热液口分离细菌 *Alteromonas macleodii* subsp. *fijiensis* biovar *deepsane* 的发酵液提取物，含有细菌胞外多糖deepsane。这种多糖由两种寡糖组成（Le Costaouëc et al，2012），能减缓化学、机械和紫外线对敏感肌肤的刺激作用。西班牙利普泰公司（Lipotec）使用分离自南极潮间带海水的假交替单胞菌来发酵制备胞外糖蛋白，开发出Hyadisine、Antarcticine、Hyanify、SeaCode和MATMARINE blue ingredient等化妆品原料，具有保湿、抗皱纹等效果。葡萄牙Bioalvo公司以大西洋深海的假交替单胞菌的胞内提取物研发出用于皮肤护理的RefirMAR，具有抗皱纹的活性；它还具有神经调节功能，能抑制乙酰胆碱释放，因此有潜在的药用价值。来源于海洋微藻的产品也有报道，美国奥杰尼（Algenist）公司在2011年上市的Alguronic Acid产品具有抗衰老活性。美国Coast South-west公司的Alguard是来自紫球藻（*Porphyridium* sp.）的硫酸多糖，具有抗衰老、抗炎症和防紫外辐射的活性。

（四）机械化与智能化支撑水产品加工工业化发展

发达国家在水产品加工与流通方面具有相当高的应用水平和装备技术水平，主要体现在鱼类、虾类、贝类的自动化处理机械和小包装制成品的加工设备等方面。自动化的处理机械，包括清洗、分级、（鱼体）开片、去皮（壳）、冻结等流程化工序，具有处理效率高、质量稳定、管理数据化等优点，可向市场提供各种优质、方便加工的生制品。制成品加工机械包括各类适合消费者习惯和口味的小包装熟制品、熏制品、炸制品、鱼糜制品、生食制品等，技术手段多样、品种丰富，为大规模的产业发展提供了关键支撑。德国BAADER公司是世界上最先进的水产品加工设备生产企业之一。该公司生产的鱼片细刺切割、鱼片整理和分段一体机，鳕鱼片生产能力每分钟高达 40 片；形成了鲇鱼加工生产从原条鱼开始到产出鱼片和鱼糜一条龙生产流水线。加拿大 Sunwell 公司以开发颗粒流冰制造系统设备而闻名。德国与挪威合作创建了大西洋鳕和白肉鱼类加工的生产线，鱼片产品质量和得率显著提高；瑞典开发的船用全自动鱼类处理系统能精确地去除鱼头和鱼尾，并采用真空系统抽除鱼的内脏，其开片、去皮操作均采用全自动工艺且可调节；瑞典公司开发出可为多种品种和尺寸的小鱼量身定制的去头去内脏机，从而让每一种加工鱼产品达到最高的产出率；日本研制的基于三维激光成像的冷冻鱼切身定量分割装置，通过对鱼片的立体监测，准确分割出所需切身的大小和重量；荷兰推出了全新蒸煮技术及产品，为每一只虾提供最佳蒸煮参数，并可提高加工产品的产出率；瑞典 Arenco VMK 公司开发的渔船用全自动鱼类处理系统能精确地去除鱼头和鱼尾，并采用真空系统抽空鱼的内脏，其开片、去皮操作均采用全自动工艺且可调节；日本生产的烤鳗设备、鱼糜及鱼糜制品生产设备、冷冻设备都是世界领先水平的生产设备，这些先进的生产设备，为优质水产品的生产奠定了技术基础。

四、国内外科技水平对比

近年来，我国的水产品加工业也取得了长足的进步，发展呈现良好势头，加工新技术不断涌现、加工新装备逐渐应用。但总体来说，还存在着制约本产业发展的诸多问题，主要表现在以下方面。

（一）水产品副产物综合利用技术水平不高

近年来随着养殖水产总量的不断增大和加工需求的增大，加工产品也以初加工产品和冷冻产品为主，精深加工产品较少，水产品加工副产物给环境带来的压力也日益显著，目前利用这些下脚料虽然也开发生产了一些如胶原蛋白、鱼粉、鱼油等产品，但受限于技术和成本问题，水产品加工综合利用程度仍然不高，大量下脚料被直接废弃，造成了不必要的浪费和环境污染。日本早在 20 年前就实施了"全鱼利用计划"，开始积极推进实施水产品加工的"零排放"战略，形成了低投入、低消耗、低排放和高效率的节约型增长方式，而国内在技术层面上能做到"零废弃"加工的水产品也只有个别大宗水产加工品种，如罗非鱼的全鱼利用技术已完成了技术上的研究，但是还未被多数工厂吸收采用，今后仍有很长的发展道路要走。

（二）海洋生物资源利用技术滞后

海洋产物资源丰富，其中含有大量的脂质化合物、海洋多糖、皂苷类化合物、氨基酸类物质、多肽、萜类化合物、甾类化合物、非肽含氮类化合物、海洋酶类和海洋色素等（吴文惠 等，2009）。我国海洋生物资源开发技术由于起步晚，与国外比还有较大的差距。海洋空间利用技术尚处于传统的海洋空间利用阶段，海洋产物资源利用关键技术仍需引进和学习国外的先进经验（倪国江，2009）。目前，只在海洋酶的研究取得了一定的成果，但在其他活性物质的开发利用上未见有鲜明的特色和亮点。另外还存在工程技术科技力量的缺乏、海洋生物药源开发技术平台建设投入的不足等问题（孙继鹏 等，2011）。

（三）水产品加工装备制造技术刚起步

近年来，随着科研投入的加大，市场需求的提高，我国水产品加工技术装备水平有了较大提高，一大批新型装备被开发出来并投入使用，极大提高了生产效率以及产品质量，并极大地改善了水产品加工企业工人的劳动环境。近年来我国在水产品加工能力、技术水平及产品结构等方面均取得了长足进展，但与日本、美国、加拿大等渔业发达国家相比，仍有很大差距。我国水产品需求种类繁杂，个体差异较大，对水产品加工装备有着更高的技术要求，我国目前加工技术装备水平与水产品加工企业的需求还存在较大差距。特别是在加工工艺方面研究还不够深入，面对目前我国人口红利的消退，劳动力成本急剧上升的局面，亟须开展水产品加工自动化的装备制造技术研发。另外，还需研究精细化加工工艺，比如原料预热工序，在热源选择、加热形式、升温速率、时间、进出料方式等方面很少有细分研究，加工工序的工艺要求低，对装备技术参数要求也不够细化，这些方面的问题直接影响到产品的品质、得率和稳定性，也影响到实验室研究成果中试放大效果和成果率。

五、"十三五"展望与建议

"十三五"是全面建成小康社会的决胜阶段，也是渔业率先实现现代化的关键阶段。2016年，在《农业部关于加快推进渔业转方式调结构的指导意见》中提出要推动渔业转型升级，在水产加工领域，促进加工保鲜和副产物综合利用，支持开展水产品现代冷链物流体系平台建设，提升水产品全冷链物流体系利用效率，有效提升产品品质，加强方便、快捷水产加工品开发，拓展水产品功能，引导国内水产品市场消费理念，推动优质水产品国内消费。因此，"十三五"期间水产品加工与产物资源开发利用技术发展应面向国家重大需求，紧密结合我国海洋科技发展的总体目标，加强源头创新，全面提升我国水产品加工与产物资源的综合开发能力，进一步向高新技术领域发展。从分子生物学水平，研究水产品中的营养成分对人类生理影响的分子机制，开发功能性食品和方便食品。利用高分子物理和化学理论，研究鱼蛋白分子的结构、功能，开发新型鱼糜类凝胶食品。采用酶工程技术、重组织化技术、超微粒化技术等高新技术，开发系列水产食品，以满足不同层次的消费者个性化需求的要求，解决水产品加工过程中的综合利用问题，实现绿色加工的环保目标。建议"十三五"期间继续在以下领域进行深化研究。

（一）水产品保鲜、保活与流通技术研究

开展水产品的新型保鲜、保活技术研究，建立鱼类、虾类、贝类的生态冰温数据库，研究其在活体状态下的生理特点和运输过程中的影响因素及其品质变化；研究水产品无水保活运输的工艺参数与装备开发；研究水产品冷媒快速冻结技术及装备开发，提高水产冷冻品的品质；开展生态冰温保活技术、保鲜剂及装备技术的集成与推广示范；研究鱼类运输过程中水处理集成技术、动态监测和自动调控技术及软件系统、环境模拟技术及机关装置的开发；研究淡水鱼保鲜温度、时间对原料鱼质量特征的影响、保鲜储运过程中的温度选择及控制、包装调质技术、保鲜剂选取等技术；研究水产品死后的生理生化变化规律，采用传感器和光谱等技术手段研究水产品鲜度无损检测与评价技术，建立在冷链流通过程中的温度监控系统、货架期预测方法、货架期决策系统以及集成的质量安全管理体系；综合利用物理、化学、生物等手段延长水产品货架期，研究开发其适宜的冰温气调保鲜技术，最大限度地保持产品的生鲜状态。

（二）水产品加工副产物综合利用新技术研究

以大宗水产品加工产生副产物等为研究对象，研发出调味基料、功能肽、胶原蛋白、活性钙、鱼油、生物有机肥等多种产品。利用酶工程、发酵工程、超高压等技术针对水产品加工副产物研究复合氨基酸调味基料产品和可溶性蛋白饲料生产等；利用膜工程技术、超临界技术研究鱼、虾、贝、藻中活性物质制备及提纯技术，水产品加工废水回收再利用技术和鱼骨钙高效螯合利用技术等，开发系列加工副产物综合利用产品，促进水产低值蛋白质的高效利用，实现加工产品多元化、差异化发展。研究鱼头、鱼排的可控定向酶解及脱苦脱腥、发酵增香技术等关键技术，开发风味突出的新型海鲜调味料，酶解后的残渣制备高效生物有机肥的技术；从大型海藻龙须菜、麒麟菜的藻渣中制备膳食纤维；以微藻藻渣蛋白为原料，采用多酶耦联靶向酶解技术、可控矿物离子螯合保护技术等新技术，开发抗氧化、抗菌、抗疲劳肽的新产品。

（三）贝类精深加工与高值化利用技术研究

强化贝类冻干、真空干燥技术，开拓高档贝类产品市场，研究贝类软罐头和调味

制品的研发技术。把贝类加工成可直接食用的软罐头贝类产品或即食贝类产品，如烟熏牡蛎、香菇牡蛎、辣香牡蛎等软罐头。利用贝类加工产品的下脚料调制成液态或固态的贝类调味制品。研究贝类牛磺酸、贝类多糖、贝类活性的肽的提取制备技术及活性，开发利用贝类功能保健食品。另外，还可以从贝壳中制取活性钙作为人体的补钙产品。

（四）藻类加工关键技术研究与新产品开发

开展藻类中多不饱和脂肪酸、活性多糖、功能性色素、功能性多肽的提取制备及高值化加工的关键技术研究，建立新型藻类深加工模式及技术体系；针对海带加工废水资源浪费环境污染的现状，开展鲜海带漂烫废水中碘、甘露醇和岩藻多糖等功能成分的综合利用技术研究，开发鲜海带漂烫废水绿色高效提碘工艺和以膜技术为核心的海带漂烫废水综合利用及治理工艺研究；开发海藻食品、保健品、海藻胶、海藻药物等功能性产品和海藻化工产品、海藻化妆品、海藻饲料和海藻肥料等新产品，促进藻类加工业和海藻养殖业的发展；针对海藻化工工艺废水的水质特点，研究膜分离、交换吸附、电渗析等分离净化技术，开发高效过滤装置，进行脱硬度净化深度处理，实现水资源的循环利用。

（五）淡水鱼高精深加工技术的集成研究

针对目前我国淡水水产加工业严重落后于养殖业的发展现状，开展淡水鱼类精深加工系列技术的集成研究。加工形式从粗加工向精加工、从简单加工向深加工产品转化，向多品种、多层次转化；加工数量向质量安全型转化，向营养化、功能化转变。对淡水鱼产业链中的粗加工、精深加工与副产物综合利用等存在的技术瓶颈开展集中攻关，研究鳗、鲢、罗非鱼、鲮、草鱼、鲟等大宗养殖水产品的加工开发。主要集中在淡水鱼糜及其制品加工关键技术研究、淡水腌制鱼制品加工关键技术研究、风味休闲淡水鱼制品的加工技术研究、淡水鱼半干食品加工关键技术研究、淡水鱼冰温气调保鲜技术研究、液熏淡水鱼片加工技术研究、淡水鱼类软罐头食品加工关键技术研究及淡水鱼类微波食品加工关键技术研究等，以促进我国淡水鱼养殖及其加工业的可持续发展和淡水鱼资源的有效利用。

（六）传统腌制食品工艺挖掘和技术创新

针对传统的腌制、发酵、罐藏、干制食品的品种、加工方式、加工工艺进行调查，分析这些传统海洋食品的营养价值并对其进行评价，对具有营养、经济和开发价值的品种，进行工艺技术的创新研究，利用现代加工新技术，使传统水产加工焕发生机，促进渔业产业的发展。针对传统水产加工品存在的加工技术落后、经验式、作坊式加工，产品品质难以保证，产品存在质量安全隐患如存在亚硝酸盐、亚硝基化合物、生物胺、脂肪氧化、周期长等问题进行改进并在产业中进行应用示范。

（七）海洋新产物资源开发与利用研究

重点研究海洋生物中活性物质的提取、精制、改性以及稳态化技术。重点针对海洋生物资源中活性物质的多样性及丰富性的特点，建立不同类型的活性物质（虾青素、多酚等）的分离纯化技术，并与生物制备技术相结合，开发高效的海洋生物活性因子生物制备技术；分析确定功能因子的结构和作用机理，建立有效的功能因子筛选、功能验证和功能机理的研究方法。鉴于许多活性功能因子具有疏水的特性，不易被吸收利用且易氧化分解的特点，建立功能因子的输送体系（纳米输送体系和凝胶输送体系）。基于海洋高分子生物物质如半纤维素、胶原等具有良好生物相容性的特点，构建功能因子的水凝胶输送技术，提高功能因子的生物利用率。

（八）水产品前处理机械化装备的研究

目前我国加工处理技术基本上还处于人工操作的水平，存在着劳动力密集、成本高、效率低等问题，导致加工效率不高、产品品质不稳定。这些技术难题成为制约水产品加工行业发展的重要因素。研发机械化、自动化装备，尤其是研发成品得率高、品质稳定、适用性强、节能减排显著的加工设备与技术，是水产品加工实现规模化发展、保证产品品质、提高生产效率的迫切需求。因此，以提高生产效率、工厂化、规模化加工为目的，开展激光定位切割、牡蛎生鲜开壳、虾蟹机械式壳肉分离、鱼糜加工新技术等初加工装备技术研究，研制关键设备并集成初加工成套设备，替代手工操作，提高生产效率，保障加工品质，将是水产品加工的研究重点。

（九）深远海养殖平台船载加工关键技术的研究

针对深远海养殖平台养殖品种及渔获物的特点，开展贮藏保鲜等关键技术研究。研究开发适合船上应用的保鲜、加工装备以及适合在船上应用的保鲜加工技术，以提高船上保鲜与加工机械化水平，规范船上保鲜加工技术。研究石斑鱼、军曹鱼、金枪鱼、鲣、鲕等新型速冻保鲜、海水喷淋保鲜等多种保鲜技术，鱼块切割加工技术，生物胺控制技术，鱼松制品加工关键技术，获得高效、低能耗的船上保鲜技术，开发多种新产品。研究针对船载加工后的副产物的特点和资源化利用的要求，利用船上加工后的下脚料制备功能肽、调味基料及鱼露、鱼粉、休闲风味食品加工的关键技术。研究南海鸢乌贼臭氧冰、冷却海水保鲜等船上保鲜技术，运用微波干燥、真空干燥等干制技术开发鸢乌贼新产品。采用直接浸渍冷冻技术对南海中大宗上层鱼类，如鲐鲹鱼类、灯笼鱼类进行保鲜，采用热泵干燥技术开发中上层鱼类干制品及热风干燥生产鱼

律迎春，左涛，唐庆娟，等，2011b. 海参 DNA 条形码的构建及应用［J］. 中国水产科学（4）：782-789.

马海霞，杨贤庆，李来好，等，2013. 微生物发酵罗非鱼骨粉工艺条件的优化［J］. 食品科学（3）：193-197.

毛文星，许学勤，许艳顺，等，2014. 高温蒸煮对鲟鱼块肌间小刺软化效果和质构品质的影响［J］. 食品与发酵工业，40（11）：19-26.

倪国江. 2009. 海洋资源开发技术发展趋势及我国的发展重点［J］. 海洋技术（1）：133-136.

聂小宝，张玉晗，孙小迪，等，2014. 活鱼运输的关键技术及其工艺方法［J］. 渔业现代化，41（4）：34-39.

欧阳杰，虞宗敢，周荣，等，2012. 机械式壳肉分离加工河蟹的研究［J］. 现代食品科技，28（12）：1730-1733.

戚勃，杨少玲，李来好，等，2014. 麒麟菜膳食纤维固体饮料制备工艺研究［J］. 食品工业科技（7）：168-171.

戚勃，杨贤庆，李来好，等，2011. 江蓠藻渣膳食纤维制备工艺［J］. 食品科学（24）：31-35.

曲佳，刘开辉，丁小维，等，2014. 南海局部海洋沉积物中真菌多样性及产酶活性［J］. 微生物学报（5）：552-562.

尚军，吴燕燕，李来好，等，2010. 合浦珠母贝壳制备碳酸钙、丙酸钙的工艺研究［J］. 食品工业科技（10）：272-275.

申松，刘晓畅，蒋妍，等，2014. 冷藏和微冻条件下长丰鲢鱼片品质变化规律的研究［J］. 淡水渔业（5）：95-99.

沈建，徐文其，刘世晶，2011. 基于机器视觉的淡干海参复水监控方法［J］. 食品工业科技，32（1）：106-107.

沈建，章超桦，秦小明，2011. 牡蛎清洗试验研究与清洗设备设计［J］. 渔业现代化，38（4）：44-48.

盛军，孙谧，郝建华，等. 一种海洋低温碱性脂肪酶 Bohai Sea-9145 晶体及其制备方法：中国，2013106623270［P］. 2014-03-19.

施文正，邸向乾，王锡昌，等，2014. 不同加工处理方式对南极磷虾体内氟含量的影响［J］. 水产学报（7）：1034-1039.

宋姗姗，张铃玉，刘小芳，等，2015. 海参皂苷单体 Echinoside A 在大鼠体内的消化吸收特性初步研究［J］. 中国海洋药物（5）：41-46.

孙继鹏，易瑞灶，2011. 福建省海洋生物技术与海洋生物药源高值开发新兴产业的思考［J］. 福建水产（3）：10-15.

孙谧，盛军，王跃军，等. 一种适冷性海洋酵母 Bohai Sea-9145 低温碱性脂肪酶基因、氨基酸序列及重组脂肪酶：中国，201110314848.8［P］. 2012-02-29.

孙谧，盛军，徐甲坤，等. 壳聚糖固定化海洋微生物 Bohai Sea-9145 脂肪酶的制备方法：中国，201310196447.6［P］. 2013-09-11.

孙甜甜，薛长湖，薛勇，等，2012. 南极磷虾提取方法的比较［J］. 食品工业科技，16：115-117.

孙卫青，吴晓，相华，等，2013. 不同低温贮藏条件下鲢鱼鱼糜品质的变化［J］. 湖北农业科学（16）：3959-3962，3965.

孙妍，杨伟克，林爱东，等，2011. 海参微波真空干燥特性的研究 [J]. 食品工业科技 (6)：99-101.

田鑫，汪之和，施文正，等，2014. 南极磷虾体内胰蛋白酶的纯化及性质研究 [J]. 上海海洋大学学报 (5)：741-747.

王丹，丁琳，董平，等，2016. 海参皂苷对脂肪肝大鼠胆固醇代谢的调节作用 [J]. 营养学报 (1)：67-70.

王冬伟，孙谧，2016. 固载化木聚糖酶交联酶聚集体的制备及性质 [J]. 中国海洋药物 (1)：39-49.

王宏海，戴志远，张燕平，2011. 醉鱼干加工技术 [J]. 农产品加工（创新版）(7)，38.

王玖玖，宗力，熊善柏，等，2012. 淡水鱼鱼鳞生物结合力与去鳞特性的试验研究 [J]. 农业工程学报，28 (3)：288-292.

王潇，张继光，徐坤华，等，2014. 3 种海捕虾肌肉营养成分分析与品质评价 [J]. 食品与发酵工业 (8)：209-214.

王泽河，张泽明，张秀花，等，2015. 对虾去头方法试验与研究 [J]. 现代食品科技，31 (2)：151-156.

吴家法，李洁，张偲，2015. 鹿回头岸礁区 4 种造礁珊瑚中可培养细菌的多样性 [J]. 广东农业科学 (2)：146-151.

吴文惠，许剑锋，刘克海，等，2009. 海洋生物资源的新内涵及其研究与利用 [J]. 科技创新导报 (29)：98-99.

吴燕燕，李来好，杨贤庆，等，2008. 栅栏技术优化即食调味珍珠贝肉工艺的研究 [J]. 南方水产 (6)：56-62.

武风娟，王玉明，薛勇，等. 一种海参提取物及其应用：中国，201310400950.9 [P]. 2013-12-04.

夏国斌，杨贤庆，戚勃，等，2011. 调味即食龙须菜去腥工艺及气调包装 [J]. 食品科学 (18)：352-356.

徐杰，薛长湖，邢培培，等. 一种海参脂质提取物及其应用：中国，20150185642.8 [P]. 2015-07-29.

徐文其，蔡淑君，沈建，2011. 一种鲜活海参连续式蒸煮生产工艺及其设备的研究 [J]. 食品科技，36 (1)：108-111.

薛勇，薛长湖，姜晓明，等. 海参低温真空加热蒸煮方法：中国，2013101006833 [P]. 2013-06-05.

薛勇，赵明明，王超，等，2012. 响应面法优化南极磷虾蛋白自溶工艺的研究 [J]. 食品工业科技 (4)：346-348，373.

杨贤庆，刘刚，戚勃，等，2010. 响应曲面法优化琼胶的酸水解条件 [J]. 食品科学 (20)：173-177.

杨贤庆，夏国斌，戚勃，等，2013. 龙须菜风味海藻酱的加工工艺优化 [J]. 食品科学 (8)：53-57.

叶蕾蕾，吴晨曦，刘茹，等，2014. 阳离子种类和添加量对鲢鱼糜凝胶力学特性的影响 [J]. 食品安全质量检测学报 (8)：2319-2326.

渔业机械仪器研究所. 一种鲍鱼的冷海水喷淋冰温保活系统及操作工艺：中国，201210115853.0 [P]. 2014-09-03.

张偲，罗雄明，尹浩，等. 一种鱿鱼内脏提取的小肽及其制备方法、组合物和作为海洋水产饲料蛋白源的用途：中国，201010272570.6 [P]. 2011-09-14.

张偲，杨键，李洁等. 一种海洋细菌适冷蛋白酶及其编码基因和应用：中国，2012101802602 [P]. 2012-10-10.

张铃玉，宋姗姗，徐杰，等，2015. 摄食海参皂苷对肥胖小鼠血压的影响 [J]. 中国药理学通报 (8)：1169-1174.

张昕，赵延蕾，陈睿曦，等，2014. 海参岩藻聚糖硫酸酯对小鼠胰岛素抵抗及炎症因子的影响 [J]. 食品科学 (21)：201-206.

赵思明，熊善柏，谢静，等. 一种香酥小鱼制品及其生产方法：中国，2012100065897 [P].2015-07-01.

赵园园，薛勇，董军，等，2015. 两种植物提取物对即食海参体壁胶原蛋白稳定性的影响 [J]. 现代食品科技 (11)：113-119.

郑晓伟，傅润泽，沈建. 一种南极磷虾脱壳设备：中国，2014106745681 [P].2015-02-04.

郑晓伟，欧阳杰，沈建，2012a. 蛤类滚筒式分级工艺参数优化 [J]. 食品与机械，28 (3)：180-183.

郑晓伟，欧阳杰，沈建，2012b. 南极磷虾离心脱壳工艺参数的研究 [J]. 食品工业科技 (3)：183-185.

郑晓伟，沈建，2016. 南极磷虾捕捞初期适宜挤压脱壳工艺参数 [J]. 农业工程学报 (2)：252-257.

郑晓伟，沈建，蔡淑君，等，2013a. 南极磷虾等径滚轴挤压剥壳工艺优化 [J]. 农业工程学报 (S1)：286-293.

郑晓伟，沈建，蔡淑君，2013b. 南极磷虾虾肉制取技术初步研究 [J]. 海洋渔业 (1)：102-107.

周婉君，李来好，吴燕燕，等，2014. 罗非鱼休闲食品的工艺技术研究 [J]. 食品工业科技 (18)：256-259.

朱菲菲，熊善柏，李梦晖，等，2013. 鱼松加工工艺的优化研究 [J]. 食品科技 (12)：155-159.

水产品质量安全领域研究进展

一、前　言

　　近年来，我国食品质量安全问题受到全社会的广泛关注，党中央、国务院等各级领导和主管部门也空前重视。自 2006 年以来，我国相继颁布了《中华人民共和国农产品质量安全法》和《中华人民共和国食品安全法》，解决了我国农产品质量安全过去无法可依、职责不清、制度缺失的短板，也从法律层面确立了以食品安全风险监测和评估为基础的科学管理制度。2015 年，习近平总书记在中央农村工作会议上强调，能不能在食品安全上给老百姓一个满意的交代，是对政府执政能力的重大考验，并提出要用"最严谨的标准、最严格的监管、最严厉的处罚、最严肃的问责"，确保人民群众"舌尖上的安全"。

　　在水产品质量安全方面，随着我国社会经济的快速发展和人民生活水平的不断提高，我国渔业发展已经进入数量安全与质量安全并重的新阶段，在"创新、协调、绿色、开放、共享"的发展理念的引领下，"高产、优质、高效、生态、安全"已成为我国渔业发展的新目标。《全国渔业发展第十二个五年规划（2011—2015 年）》提出了"坚持保障供给与提高质量并重"的基本原则，将"水产品安全有效供给能力进一步巩固"作为具体目标，并将"强化疫病防控和质量安全监管"作为重点任务。而近年发布的中共中央 1 号文件，对包括水产品在内的农产品质量安全提出了明确的要求。作为支撑行业持续稳定发展和水产品质量安全的学科，相关研究的重要性就变得非常突出。

　　"十二五"期间，我国把水产品质量安全监控和监管工作作为一项重点工程，不仅显示了水产品质量安全在渔业发展中的特殊地位，而且促进了水产品质量安全学科的进一步发展。但和发达国家相比，我国还存在较大差距和不足。"十三五"及今后较长的一个时期，我国渔业处于从产量型向质量效益型转变的关键时期，在"大力推进渔业供给侧结构性改革"的背景下，水产品质量安全成为"提质增效、减量增收、绿色发展、富裕渔民"的重要抓手，也对学科提出了更高的要求。因此，总结 5 年来我国水产品质量安全领域的研究进展，比较国内外本领域的差异，追踪科技前沿和最新动态，分析发展趋势，归纳主要热点、难点问题，明确今后发展的重点和任务，推动该领域科技创新能力整体水平的提升和协调发展，是目前亟须解决的问题。

二、国内研究进展

"十二五"期间是我国渔业发展过程中非常重要的一个阶段，通过相关部门、机构的不懈努力，并借鉴国际上先进的监测、监管和评估模式，我国的水产品质量安全保障技术已经有了显著的提高和改善。水产品质量安全学科也取得了显著成绩，在检测甄别技术、真伪鉴别技术、预警控制技术、产品质量全程跟踪和溯源体系、质量安全形成及调控机理、渔用药物代谢动力学、风险评估及标准法规等方面取得了重要进展。

（一）水产品安全检测鉴别技术发展迅速

近年来，我国在水产品质量安全快速检测技术、高通量高灵敏度确证检测技术领域发展迅速，构建了实验室高灵敏精准分析及现场快速筛查两大技术体系。在实验室高灵敏精准分析方面，基于 HPLC、GC、ICP 等大型设备发展起来的高灵敏检测技术体系，技术能力不仅已覆盖渔药、重金属、生物毒素、环境污染物、添加剂、违规添加物等典型化学性危害物，而且由原来检测单一组分扩展至数十种乃至上百种物质同时检测和确证，为我国日常监管及国际贸易提供了不可或缺的技术支撑。另一方面，基于免疫胶体金、生物传感器、生物芯片、分子生物学等为基本原理的快速筛选、检测鉴别新技术和新产品得到了很大的发展，满足了水产品质量安全一线管控的需要，大大拓宽了水产品质量安全监管的覆盖率，形成了多种具有良好市场前景的速测产品，具有显著的经济效益和社会效益。

（1）样品前处理技术方面

"十二五"期间，除继续引进消化吸收国外先进的前处理技术，还积极研发具有原创性的新方法，并成功研制出新型离子液体液滴微萃取装置，利用性能较好的离子液体作为新型萃取剂，可对样品基质中痕量有机污染物进行萃取分析（Sun et al，2013）；另外，研究者将自动化控制的样品净化技术用于前处理中，实现了凝胶渗透色谱与全自动固相萃取技术的联用，可对样品进行批量处理（张华威 等，2015）。

（2）污染物高通量检测技术方面

高通量筛查技术主要是以化学性污染物为主要目标，特别是 8 大类贝类毒素、16 种多环芳烃、39 种全氟烷基物质及其前体物质以及 5 类共 23 种渔用药物残留等为代表的液相色谱串联质谱分析方法研究成功，解决了检测中耗时费力、效率不高等方面的技术瓶颈问题（Wu et al，2014；郭萌萌 等，2012，2014，2015）；另外，高分辨液相色谱串联质谱也为多种药物残留的高通量分析与筛查提供了更加准确快速的手段（魏晋梅 等，2016）。

（3）重金属及元素形态分析技术方面

串联质谱电感耦合等离子技术（ICP/MS/MS）的发展为元素分析提供了更加准确的方法，不仅可精确检测二氧化硫与多种稀土元素含量，也为水产品中全元素含量检测提供了更加准确的检测方法（吴伟明 等，2015）；而利用 HPLC-ICP-MS 技术分析扇贝中无机镉和水产品中铝形态，SEC-HPLC-ICP-MS 联用技术分析扇贝中有机镉以及 HPLC-AFS 联用技术检测藻类中无机砷等相关重金属形态的分析方法，则为水产品中重金属的风险评价奠定了方法基础（Shang et al，2013；Zhao et al，2014）；在其他元素形态分析方面，如三甲基锡（TMT）、一丁基锡（MBT）、二丁基锡（DBT）、三丁基锡（TBT）等 7 种有机锡化合物方面，也建立了相应的分离检测方法（冷桃花 等，2015）。

（4）污染物现场速测技术方面

以胶体金免疫层析技术为基础，研发适合于水产品中孔雀石绿、硝基呋喃、氯霉素等禁用、限用药物测试的试纸条得到了快速发展，并通过 5 年在全国范围内的现场验证比对（刘欢 等，2014；王媛 等，2013），在流通领域、基层质检机构的水产品质量安全监管上得到了很好的使用效果；另外，研发了高灵敏非标记电化学免疫传感器，可对大田软海绵酸进行特异性识别和准确定量（郭萌萌 等，2014）。

（5）污染物代谢产物检测及结构解析方面

"十二五"期间，主要在贝类毒素、药物及 POPs 方面开展了相关研究。创建了贝类毒素的代谢组学技术用于原多甲藻酸毒素的危害形成及风险评估研究（吴海燕 等，2016）；通过对喹噁啉类药物在重要水生生物体内的主要代谢产物进行结构解析，确立了其残留标识物（孙伟红 等，2015）；建立了气相色谱串联质谱法鉴定水产品中多氯联苯二代污染物的检测方法（史永富 等，2014）。

（二）水产品质量安全形成过程与影响机理研究逐渐深入

综合来看，水产品质量安全形成过程可以分为外源和内源两大过程。外源过程基于污染物的生态行为和环境归宿研究，分析污染物在环境中污染水平、变化规律以及向水产生物传递的途径及效率，从而为建立科学的环境评价及科学监管技术提供科学依据；内源过程则探讨污染物在生物体内的变化过程，如基础的蓄积、分布、消减等变化规律以及近年来基于代谢组技术进行的代谢轮廓研究，同时结合生物的自身响应，如分子、细胞及组织，甚至蛋白方面的响应，阐述质量安全形成过程中的影响机制。

外源过程研究方面目前侧重于对关键危害因子的甄别。主要开展了影响水产品质量安全的农兽药、重金属、持久性有机污染物、贝类毒素、食源性致病微生物及其他违法添加剂在水产品中的污染、残留现状研究，逐步建立了相应的污染物数据库。近年来，先后对捕捞和养殖水产品进行铅、镉、砷、汞等有害重金属，多氯联苯、多环芳烃（尹怡 等，2011；杨帆 等，2013）、石油烃、全氟烷基物质等持久性有害污染物，氯霉素、孔雀石绿、硝基呋喃类代谢物（赵东豪 等，2012）、磺胺类、喹诺酮类等药物残留，菊酯类农药残留（覃东立 等，2011；孙晓杰 等，2014）以及贝类毒素、食源性致病微生物等进行检测（江艳华 等，2013），初步摸清了该类有害物质在水产品中的残留水平和风险程度；在环境、养殖过程的有害物质方面，先后对养殖投入品（如药物、水质改良剂、消毒剂、底质改良剂、饲料等）开展隐患摸查，对环境中的五氯苯酚、重金属、多溴联苯醚、生物毒素等进行监测，对危害养殖水产品质量安全的关键因子进行甄别。

内源过程研究方面仍较多集中在研究水生动物体内的代谢消除规律。针对水产品中药物、生物毒素、重金属、食源性微生物以及组胺等重要安全危害因子，重点进行了药物在水产品中的残留规律，水生动物对残留物的消除能力及形成、传播规律方面的研究。目前，已基本摸清孔雀石绿（陈培基 等，2013；刘永涛 等，2013）、硝基呋喃（刘书贵 等，2013）、磺胺类、喹诺酮类等禁用、限用药物在鱼、虾、蟹及海参等重点养殖品种中的代谢消除规律，提出了甲壳类内源性氨基脲的产生机理（于慧娟 等，2012；彭婕 等，2015）；获得了多种鱼类的基础生理学参数和不同药物特异性参数及种间差异比较（孙言春 等，2012）；明确了多种贝类毒素在不同食物链中的蓄积代谢规律，并对其污染来源进行识别（Wu et al，2014）；研究了镉、砷、铝等重金属在对虾、贝类及经济藻类中分布的形态、价态差异性，揭示了砷、镉在生物体内的存在形态、分布特征及其形态转化规律，为解释水产生物特异性富集砷、镉的机理奠定了重要基础（Zhao et al，2015；Shang et al，2013）；系统分析了镉在贝类体内的吸收、转运、累积等机制（吴立冬 等，2015）；阐明了 TBT 对鱼类致毒的分子机制（Li et al，2012）；明晰了贝类季节性、特异性富集诺如病毒的分子机理（姜薇 等，2014）。

（三）水产品质量安全控制技术研究日益受到重视

我国水产品质量安全控制技术日益受到重视，在多个领域开展了研究与应用工作，已经初步形成了一个以 HACCP 原则为核心，吸收 ISO9000 体系对管理者的要求、对体系运行效果的监测以及文件记录的控制等管理要素而形成的水产品质量安全控制体系。基于质量安全的水产品标准化生产过程逐步完善。在源头控制方面，进一步控制渔业投入品喹诺酮类抗菌药的生产使用（农业部，2015）。在养殖过程质量安全控制方面，建立了大宗淡水鱼类的清洁生产和安全生产管控规范（黄建清 等，2013；王虎 等，2015）；重金属、贝类毒素等典型有害物控制技术在养殖环境、生产过程等领域得到初步应用和示范。在加工过程质量安全控制方面，对内源性有害物质以及加工过程影响产品质量安全的关键因子进行了研究（沈永年 等，2011；Xiao et al，2014），等离子体、超高压、高能电子束等冷杀菌技术开始逐渐应用于水产品的加工与贮藏，相比于高热杀菌等传统技术，有效延长了水产品保质期；对于水产品的过敏原性，已证明部分现代化食品加工技术如辐照技术、超声波技术，能够比较有效地改变或降低其致敏性（郑礼娜 等，2011）。

在食品安全预警领域，我国主要借鉴国外食品安全预报预警系统的管理经验，逐步建立和完善了水产品安全预报预警信息的收集、评价、发布系统，并交叉融合多元统计学、空间统计学、统计模式识别等多学科理论方法，构建可视化、实时化、动态化、网络化的食品安全预警系统（陈校辉 等，2015）。在关键危害因子风险预警方面，研发了贝类毒素早期预警技术，可以提前一至两周对贝类产品中贝类毒素进行预警，并在多个典型海域进行了示范（李兆新 等，2011）。目前，国内相关研究机构在农产品质量安全预警的理论研究主要集中在以下三个方面：预警系统评价指标的确定及分析方法，预警系统的总体结构设计，预警系统模型的构建。这些理论研究也为水产品预警体系的研究和建设提供了借鉴作用。但目前这些研究多以理论为主，缺乏适合行业生产和监管实际中信息获取能力的应用研究。

（四）水产品质量安全产业链追溯与溯源技术日趋完善

在溯源技术研发方面，水产品生境的地理特征和自然条件（外源要素）必然决定了这个水域所生产的水产品具备特有的品质（内源要素）。这些内源和外源的要素可以通过其体内与生境相关的矿物质和微量元素（含稳定同位素）、碳水化合物、蛋白质、脂肪、色素、维生素及其他生物活性物质的组分要素，其在染色体、酶、DNA、RNA 等水平上体现出来的遗传要素，以及其可以利用生物学、分析化学、工程学手段来掌握的外观要素、质构要素和风味要素等来反映（杨健，2014；郭晓溪 等，2015）。利用这些要素来有效开发相应的溯源技术，已取得了不少成果和突破。采用生境元素"指纹"比对和多元统计分析技术，已研发出相同、不同水系大闸蟹（杨文斌 等，2012；杨健 等，2013）、太湖和洪泽湖大银鱼（Ye et al，2011）原产地溯源判别技术并进行了初步应用。在广东、广西产香港牡蛎（才让卓玛 等，2015），山东、浙江、辽宁产海参（刘小芳 等，2011）方面元素溯源技术的可行性也得到了探索。此外，稳定氢同位素 $\delta^2 H$ 可用于广东、广西、海南、福建产罗非鱼片的产地溯源中（马冬红 等，2012）。基于 HPLC 分析所建立的肌肉化学成分（与磷脂、脂肪酸等相关）"指纹"图谱分析亦可用于浙江、福建产大黄鱼的溯源。总体来看我国在水产品原产地溯源技术方面的研究起步较晚，尚不完善，也不系统。

在追溯技术研发方面，我国各地各部门结合追溯体系试点工作，在相关自动识别技术、自动数据获取和数据通信技术等方面取得了一系列研究进展，特别是在 EAN/

UCC 编码、IC 卡、RFID 射频识别电子标签、GPS 等技术和设备上取得了很多重要突破，在前期研究的基础上不断完善了贯通养殖、加工、流通的全过程，适合多品种的农产品质量安全可追溯技术体系，目前在大菱鲆等重要养殖鱼类中得到规模化示范和应用（隋颖　等，2011；宁劲松　等，2015）。在水产品质量安全可追溯技术体系研究方面，已编制完成了水产品质量安全追溯信息采集、编码、标签标识规范三项行业标准草案，基本解决了追溯体系建设中的关键技术标准问题，为水产品追溯体系建设打下了良好的基础（黄磊　等，2011）。虽然我国在水产品可追溯体系建设和追溯技术研究方面取得了一定的成绩，已经研发了不同的标识与追溯方法，并实现了部分品种的上市示范，但大规模推广仍面临一些障碍，产业标准化生产程度还较低，法律及法规体系尚未完善，相关技术标准还不健全，制约着可追溯体系的建立和推广。

（五）水产品品种真伪鉴别研究受到更广泛的关注

水产加工品的真伪鉴定甄别目前已经成为水产加工业中面临的重要问题之一。对无可见外部特征的水产加工品如生鱼片、鱼糜、烤鱼片、罐头、鱼粉等，基于 DNA 分析的分子生物学方法成为近年来研究的热点。

在应用 PCR-RFLP 技术真伪鉴别方面，建立了基于线粒体 16S rRNA 基因片段，利用 3 种核酸内切酶鉴别海参的方法，能有效区分 16 种海参的种类，运用此方法对 19 种商品海参（包括冻品和干品）进行鉴定，结果表明 9 种产品属于"错误贴标"（文菁　等，2011）。以细胞色素 b 部分编码序列为靶基因，其扩增产物结合 3 种核酸内切酶消化片段的分析，可成功区分横纹东方鲀等 5 个河豚品种（陈双雅　等，2012）；闫平平等（2015）利用 PCR-RFLP 技术成功用于北方沿海 14 中经济鱼类与 7 种鲽科鱼类的鉴别与分析。

在应用 RAPD 技术进行真伪鉴别方面，刘丽等（2012）基于 RAPD 技术分析了南海海域黄斑龙虾等 7 种常见龙虾的种内和种间遗传多样性、种间亲缘关系及种质特异性标记，其研究结果可用于上述 7 种龙虾产品的真伪鉴别。张志澄等（2012）基于该技术，成功筛选出三角帆蚌特有 DNA 标记片段，拓展了贝类品种真伪鉴别研究。

在应用 DNA 条形码（DNA barcoding）技术的真伪鉴别方面，近几年国内开展研究比较多，已成功用于鲱形目鱼类（李献儒　等，2015）、牡蛎（李翠　等，2013）、海参（律迎春　等，2011）、鲍（辛一　等，2011）、斑点叉尾鮰（罗志萍　等，2015）、头足类（王鹤　等，2011）等水产品种属与真伪鉴定中；通过系统研究 COI 基因等核酸片段序列，收集分析数万条序列信息，我国重要渔业生物 DNA 条形码数据库已构建完成并已成功上线；虽然该研究主要从渔业资源的角度展开，但仍为水产品真伪鉴别研究提供了良好的思路，其研究成果也为真伪鉴别研究提供了大量参考序列信息。

在应用品种特异性 PCR 技术进行真伪鉴别方面，由于其鉴定结果比较直观，一直是研究重点之一。文菁等（2011）通过设计 11 对反向引物，与 16S rRNA 序列正向引物配套使用，可对海参及其初加工产品进行快速鉴别；尹伟力等（2011）针对 COX II 基因序列设计引物，建立的方法可以准确鉴别 7 种鳕；方绍庆等（2011）COX 3 基因序列设计引物，建立了实时荧光 PCR 鉴别方法，通过分析融解曲线，可准确鉴别中国鲎。

（六）水产品质量安全风险评估与标准化研究初见成效

我国 2012 年开始在农产品质量安全领域全面推行风险评估工作，水产品作为农产品的重要组成部分，先后在鲜活水产品的投入品、养殖环境、养殖过程及模式和收储运环节等方面取得重要研究进展。

在投入品风险评估方面，"十二五"期间重点针对渔用投入品质量问题，开展了渔用投入品中禁用、限用药物隐性添加专题评估工作，发现渔用饲料和药物中禁用、限用药物隐性添加问题较为严重，是可能导致部分水产品药物残留的原因之一。

在养殖环境中危害物的评估方面，专题调查评估表明，水产品中抗生素残留风险总体受到了有效的控制，产品安全性基本得到保障，水产养殖本身抗生素的使用对周边自然环境的污染有限，但针对罗非鱼中抗生素残留开展的风险排序研究（李乐 等，2015）表明，抗生素可能导致的耐药性风险不容忽视。此外，针对养殖环境中重金属对水产品质量安全的影响，重点探索了 Cd、Cr、Hg 等重金属对贝类等底栖动物的质量安全影响和毒性效应（郑伟 等，2011；田野 等，2012；谢文平 等，2014；秦华伟 等，2015）。在针对养殖过程中危害物的评估方面，"十二五"期间重点开展了大菱鲆、海参、鳜、乌鳢中孔雀石绿和硝基呋喃残留调研工作和代谢规律研究（刘书贵 等，2015；尹怡 等，2015；邢丽红 等，2015），基本确定上市鳜、乌鳢和大菱鲆中的孔雀石绿和硝基呋喃残留问题的主要来源首先是养殖环节而非流通环节，其次主要来源于养殖环节的养成过程而非苗种培育过程。此外，研究提出了孔雀石绿和硝基呋喃等危害因子风险的关键限值（王群 等，2012；李乐 等，2014）。国内有关工业化循环水养殖模式质量安全风险评估的研究也已初步开展，发现了超标的 Fe、Mn 会影响养殖鱼体的健康和生长周期（Cheng et al，2014）。

在收贮运危害物的评估方面，"十二五"期间重点对收贮运过程是否违规使用孔雀石绿和硝基呋喃类等禁用药物进行筛查，对鱼用麻醉剂的使用风险进行了评估。结果表明，运输消毒剂中存在非法添加孔雀石绿的现象。另外，现场调查发现丁香酚作为鱼用麻醉剂已在活鱼运输中普遍使用，初步评估表明水产品中丁香酚残留对人体健康危害风险较低，但存在一定的不确定性。

此外还针对"蓬莱 19-3 溢油""长江毒鱼""日本核泄漏""北京麻醉鱼""蟹黄中重金属超标"和"黄鳝中避孕药"等事件，开展了应急性评估和风险交流，起到了增强产业信心，科学引导消费的作用。"十二五"期间，在利用风险评估的结果进行限量标准研究方面取得了突破，先后提出取消藻类制品中无机砷限量、取消鲜海蜇中铝限量，并建议即食海蜇中铝限量≤500 毫克/千克这一限量标准，被国家标准采用。

三、国际研究进展

（一）水产品质量安全检测技术领域

近年来，国际上检测技术领域的发展重点在快速、多参数以及精确定量和结构解析等方面。

在样品前处理技术方面，针对传统萃取方法操作繁琐、耗时较长，试剂消耗量大，并且回收率不稳定等诸多短板，开发出快速溶剂萃取（ASE）、固相微萃取（SPME）、液相微萃取（LPME）等多种前处理技术。如 ASE 技术，主要通过提高温度和增加压力，显著提高目标物的溶解能力，同时缩短了萃取时间并明显降低萃取溶剂的使用量，在很短的时间内就被美国国家环保局批准为 EPA3545 号标准方法。此外，研究人员还在微固相萃取理论的基础上，开发了顶空—固相微萃取技术和固相微萃取涂层技术，并广泛应用于环境、药物、食品、农业等领域（Xia，2011）。在污染物高通量检测和筛查技术方面，主要结合污染物共性萃取等样品前处理技术，进行多组分、多参数的同时精确定量检测，极大地提高了检测效率（Silva et al，2013）；同时，高分辨质谱的应用也为高通量筛查和精确分析提供了可靠的技术手段，如采用静电场轨道阱高分辨液相色谱质谱（LC-HR-Orbitrap MS）测定贝类中多种亲脂性毒素（Gabriel et al，2014），食品中未知污染物的多参数的筛查和盲查技术（Turnipseed et al，2015）也取得了很好效果。

在重金属检测与元素形态分析技术方面，固体直接进样免消解检测技术得到了很大发展。采用固体样品电热蒸发、激光激发技术与电感耦合等离子体质谱联用测定食品中的镉残留（Zhang et al，2016），极大减少了样品前处理时间，提高检测效率；食品中重金属与其他元素的形态检测，液相色谱（LC）与电感耦合等离子体质谱（ICP-MS）联用技术被认为是最佳的方法，检出限可达皮克/毫升（Catarina et al，2011），通过相关技术研究重金属在水生动物体内的结合形态和结构，使污染物的检测和研究更为科学（Romero et al，2011）；另有研究人员采用 ICP/MS/MS 法分析痕量镉、砷、硒元素，可以有效避免钼氧（MoO）等造成的干扰，使分析更加的精确（Eduardo et al，2015）。

在快检技术方面，国际上除胶体金免疫层析技术、酶联免疫分析技术外，另有研

究人员采用高灵敏度电化学免疫传感器在线检测贻贝样品中的大田软海绵酸
(Dominguez et al，2012)；并且随着代谢组学技术的不断发展，将其应用在食品中病
原菌的早期检测，开发了检测试剂盒（Beale et al，2014）。

综上所述，发达国家食品安全检测技术的发展重点在两大方向：一是实验室高通
量、高灵敏、多残留且特异性强的确证技术，二是生产现场可采用的简单、快捷的速
测技术。其已从单指标的一般定性、定量分析发展到能对多种物质的定性、定量分
析，乃至对未知物的鉴别；从一般成分分析到对复杂物质中微量杂质的分析；从单一
的元素总量检测发展到该元素在鱼体内的形态鉴别直至多赋存形态分析；从单纯的检
测方法建立到从标准物质研制、方法建立等系统化的技术体系。需要特别注意的是，
近年来，随着仪器设备和技术的发展，针对未知污染物的筛查和盲查已成为研究热
点，发达国家依托在仪器设备制造方面的技术优势，力求同时形成设备的商业化和技
术的标准化，从而确保对其他国家长期保持技术优势。

（二）水产品质量安全危害因子形成过程与影响机理研究领域

发达国家历来重视基础性科学研究，形成了众多原创性强、潜在应用价值大的科
研成果，并据此不断引领全球科研理念和发展。一方面，发达国家依靠先进的检测技
术与充足的经费支持，不断积累、跟踪本国、本地区、甚至全球范围内的重要污染物
的产生、迁移、变化规律，基础性数据丰富而系统，为从宏观上把握研究重点提供了
强大的数据信息；另一方面，发达国家利用强大的科研系统与人才队伍，不断拓展跨
学科、跨领域的深层次研究，尤其在涉及生命科学的食品安全领域，基于基因组、后
基因组、转录组等组学技术的海量数据，不断挖掘体外新型毒理学评价指标与分析技
术，以改变传统动物实验带来的如动物福利、试验周期长等不利因素。

国际上相关研究逐步深入，重点关注有害重金属、生物毒素、致病性有害微生
物、持久性有机污染物等危害因素，危害物质的毒理学、毒代动力学及风险评估共性
技术研究，质量安全形成过程的生物基础和调控机理以及环境生态、生物安全、食用
安全和产品品质等诸多方面。研究内容包括了关键的污染物甄别、污染物在水生生物
体内的富集分布及代谢规律、污染物对养殖生物的危害机制、水产品质量安全形成的
生物基础与调控途径、营养组成和关键功能性成分的生物效应以及风味品质的形成机
制、分子基础与调控途径等，利用模式生物充分研究目标药物的代谢途径、代谢产物
后再投入商业化运营，避免了后期因残留而引发的食品安全隐患。

以生物对重金属蓄积的生物学基础和调控机理研究为例，研究结果表明：低浓度
游离态镉进入贝类体内首先与金属硫蛋白结合达到富集目的，随之颗粒态重金属镉在
贝类体内富集主要是成为"包围隔离机制"，即在贝类细胞内（特别是在肝脏和肾脏
细胞）含有很高浓度的重金属镉颗粒，这些重金属颗粒均有膜包裹，使得重金属镉颗

粒与其他细胞组分相隔离，从而起到积累和解毒作用。重金属镉在贝类体内除了低浓度生物累积作用外，还具有高浓度生物转化解毒的功能（Pramanik and Roy，2014）。Javed 和 Usmani（2015）指出重金属能够在鱼的不同组织中蓄积，且其毒性作用最早表现在血液参数的变化，并指出血液参数和糖原可以作为鱼体健康和养殖环境水质的标志物。另外，开展了有关重金属通过食物链在水体、沉积物及海洋生物体间传递的研究，发现藻类对沉积物中不同重金属的富集率为 Cu＞Pb＞Ni＞Cr＞Cd，而对水体中重金属的富集率不同，顺序为 Cr＞Ni＞Pb＞Cd＞Cu。贝类对沉积物中 Cu 和 Cd 及水体中 Cu 和 Ni 的生物富集系数更高，红鲻组织中的 Pb、Cu 和 Ni 含量最高（Jitar，et al，2015）。

　　水产品中药物等化合物的代谢与残留研究是最高残留限量制定的必备和基础工作，大多是在产品注册前由申报方完成，发达国家在此方面做了大量的研究工作，制定了多种水产药物的最高残留限量标准。药物代谢由于个体差异、种属差异、性别差异、年龄差异、养殖环境差异等因素影响，通过建立药物代谢 PBPK 模型实验来对代谢残留规律进行外推，是国际上一个新的解决方案和技术手段。

（三）水产品质量安全控制与预警技术领域

　　在水产品质量安全控制方面，经过多年的探索，国外发达国家取得了一定的成绩。自 1985 年美国首先将 HACCP 应用于水产品质量安全控制以来，在发达国家普遍实现了从"池塘到餐桌"的全过程管理。目前，发达国家则更关注新型危害因子的探索及其危害程度的排序。在养殖或捕捞环节，通过高通量筛选技术，对潜在的高风险危害因子，如过敏原、生物毒素、持久性有机污染物等，进行了表征、排序和风险评估，提出了该阶段的 HACCP 风险节点。在销、贮、运环节，重点关注致病性病原微生物的控制技术研究，已研发出利用特异性噬菌体无安全隐患的微生物控制技术（Brovko et al，2012）；同时，基于预测微生物学的最新成果，国际上已经针对不同食品的贮运流通过程，研究建立了许多分析预测模型，如美国农业部食品安全研究部门研发的病原菌模型程序（pathogen modeling programme）、英国农业、渔业和食品部开发的食品微生物预测模型（food micro model）、丹麦渔业研究所开发的海洋食品腐败预测程序（SSP）软件、法国研究所和农业部开发的 SymPrevius 软件、澳大利亚塔斯马尼亚大学开发的能进行多环境因子分析系统 FSP 等，广泛用于货架期的产品质量安全控制（Tenenhaus et al，2015）。

　　预警技术体系是保障食品安全的主要手段，大多数发达国家及地区都建立了以预防为主的农产品质量安全预警体系，如欧盟建立的食品和饲料快速预警系统（RASFF）等。主要是基于逻辑预警理论、系统预警理论、风险分析理论、信号预警原理等基础预警理论，从产品产地安全、农业企业和加工安全、产品市场和整个产品产业链等不同环节对农产品质量安全进行预警。同时，利用 AHP 法、时间序列预测法、GIS 技术、数据仓库和数据挖掘技术、传感器网络、RFID 技术、物联网、网络舆情预警等方法对农产品质量安全预警进行了研究。对于关键风险因子，国外也进行了有益的尝试，Mackenzie 等建立了贝类毒素的固相吸附毒素跟踪（SPATT）技术，可提前 1～2 周对贝类毒素进行预警。随着信息技术的进步，预警技术结合计算机科学、神经网络模型、超灵敏传感器等跨学科、跨领域技术，利用物联网和大数据构建完善的农产品质量安全预警系统以及实施在线实时监测与预警将是未来发展的重要趋势（Yasunobu et al，2005）。

（四）水产品质量安全追溯技术领域

原产地品质特征及其保护和追溯技术在国际上也受到了空前的关注。欧盟在水产品溯源技术及法规方面一直走在世界的前列，3 部有关食品卫生的新法规：EC852/2004、853/2004、854/2004 重点突出了食品生产过程的追溯性，《养殖鱼生产流通链信息记录细则》从全程角度出发，建立了养殖水产品可追溯体系的标准细则。日本率先颁布了"农林产品的标准化和正确标签法（JAS 法）"，新的《食品表示法》也重点突出了质量安全追溯。美国 FDA 颁布了《食品安全跟踪条例》，要求所有涉及食品运输、配送和进口的企业必须建立和保全有关食品流通的全过程记录。在产地溯源技术方面，日本水产研究有关机构利用多元素及稳定同位素指纹分析技术已成功鉴别了日本鳗鲡、蛤蜊、大麻哈鱼等的不同产地（福田裕 等，2006，Yamashita et al，2008）。其他国家的科研人员也利用一些先进的质谱、光谱分析技术、分子生物学技术对水产品的产地进行了成功地追溯，包括利用稳定同位素比质谱技术追溯淡水鲇、大麻哈鱼，利用电杆耦合等离子质谱技术追溯鳕、鳟，红外光谱技术追溯海鲈，利用原子光谱追溯海鲈、金头鲷，利用核磁共振技术追溯大西洋鲑，利用 PCR-DGGE 技术追溯罗非鱼，利用气相色谱技术追溯鲆鲽类、贻贝等（郭小溪 等，2015）。

（五）水产品品种真伪鉴别技术领域

2003 年欧盟已经建立了标签法，强制生产商提供水产品物种证明、产地和生产方法等信息；美国按照食品药品化妆品联邦法案的规定，禁止水产品的假冒行为；加拿大食品检验局（CFIA）及进口商于 2011 年 12 月起尝试对部分进口海产品进行 DNA 检验，这种检测主要针对以低值鱼冒充高值鱼的经济欺诈行为。

在应用 DNA 提取技术的真伪鉴别方面，发达国家更注重自动化、高通量。除了传统的酚—氯仿等方法之外，美国研究人员开发了一种自动化的 DNA 提取方法——硅柱法，可以完成每年 100 000 个样本的工作量，该方法已经用于众多鱼类包括加工

品的鉴定。另一种可以自动化提取的方法是磁珠法，利用 DNA 结合蛋白或互补序列等方式可以促进磁珠表面更多地捕获 DNA。磁珠法可以增加从加工品中提取 DNA 的成功率，也成功用于金枪鱼罐头、鲣 DNA 的提取。将磁珠法与自动化仪器结合，可以完成每周 800 个样本的工作量，该方法对于大宗水产品的鉴定尤其重要。

在应用 DNA 条形码技术的真伪鉴别方面，发达国家建立的 BOL、FishTrace 联盟等参考序列数据库已基本进入实际利用阶段，如该技术应用在北美洲、中美洲多种鱼的鉴别上。另外，美国 FDA 正计划与 DNA 条形码计划合作，以便对贸易中的假冒行为进行鉴定。另外，发达国家还开发出"小型条形码"以弥补原有技术在深加工等 DNA 降解严重样本鉴别领域中存在的缺陷。

在应用 PCR-RFLP 技术的真伪鉴别方面，主要进展包括鱼酱、河鲀鱼肉、鲑与鳟鉴别方法的研发，但其主流是用芯片实验室代替凝胶电泳来分析 DNA 片段，已经成功用于多个水产生物品种的鉴定。与传统的凝胶方法比较，具有更高的灵敏度和效率。该方法也提高了自动化和高通量运用 RFLP 的可能性。Agilent 公司推出一款试剂盒，利用 RFLP 结合芯片实验室及 RFLP 图谱匹配软件，可以鉴定 50 多种物种，并且可以在 8 小时内完成新鲜或冷冻鱼类或某些加工产品的鉴定。

在应用物种特异性 PCR 技术的真伪鉴别方面，国外发达国家依然保持一定的领先优势，如根据 *ATPase6* 和 *ATPase8* 基因建立了多重实时定量（Real-time）PCR 方法，用来鉴定三种具有重要商业价值的鳕。此外开发与 MGB 或 LNA 结合的新技术，极大提高了 TaqMan 探针的特异性。TaqMan MGB 探针已经用于鳗鲡、金枪鱼、鲑和鳟的鉴定，TaqMan LNA 探针已经用于真鲷和美国红鱼的鉴定。

（六）水产品质量安全风险评估与安全限量研究领域

食品安全风险评估是目前国际通行的食品安全防范手段，在欧盟、美国等发达国家和地区广泛应用。德国的联邦风险评估研究所（BTR）近 10 年来先后对食品中塑化剂、双酚 A、多环芳烃、二噁英、激素类、农药等化学污染物进行了风险评估（Gies et al，2007；Struciński et al，2015）。美国对于多种化学物质危害有着成熟的评估技术和全面的法律规范（Zhou et al，2011）。

在投入品的风险评估方面，目前国际上对养殖过程中使用的水质调节剂、消毒剂和底质改良剂（以下简称"三剂"）视为药物，需进行安全性等多项试验和严格的认证评估后方可进行使用推广。如以 unigrow 微生物菌剂（水质调节及水产促长双效剂）为例，其需要进行一系列药物毒理学试验才可在水产养殖中使用。"十二五"期间，美国等国家研究了不同水处理工艺流程和系统运行参数对养殖鱼体质量安全的影响，并依据研究基础建立了严格的养殖用水标准和投入品质量安全标准（Catarina et al，2011）。

在环境中致病微生物风险评估方面，"十二五"的进展是从食源性致病微生物生长预测模型的建立发展到从"池塘到餐桌"的整个系统过程的风险评估模型运用。2011 年 WHO 和 FAO 完成的微生物风险评估系列报告中有关"水产品中副溶血性弧菌的风险评估"部分按照"采集→零售→烹饪→消费"的模式模拟现实生活场景，分别进行了生牡蛎、血蛤、长须鲸中副溶血性弧菌风险评估研究。另外，欧盟、美国、日本等发达国家和地区近年来纷纷加大投入开展动物源性病原菌和食源性细菌耐药性研究及其对人类健康和公共卫生的风险性评估（Tenhagen et al，2014；Lopatek et al，2015；Huang et al，2014）。

在养殖过程中的风险评估方面，"十二五"期间的重点是循环水养殖模式中的重金属污染问题。Chris et al 对循环水养殖系统（RAS）水体中重金属残留对大菱鲆的质量安全进行了风险分析，结果表明，RAS 水体中的重金属可以导致大菱鲆中重金属的残留，但不同形态金属元素的残留具有显著性差异（Chris et al，2014）。Catarina et al 研究了 RAS 系统养殖的罗非鱼中重金属的残留及风险，研究结果表明，在罗非鱼肝脏和肌肉中的积累不存在形态转化，其残留量远低于人类的食用允许量（Catarina et al，2011）。

在收储运环节的风险评估方面，发达国家的水产品供应链实行严格的标准化流程管理（FDA，2011）。麻醉剂的应用和安全评估是目前收贮运领域的热点（Matsche et al，2011；Silva et al，2013）。澳大利亚、智利、日本和新西兰将丁香酚类作为渔用麻醉剂管理，然而国际癌症研究机构（IARC）和美国国家毒理学计划评价项目（NTP）报告认为丁香酚是三类致癌物，因此美国和加拿大拒绝将其作为鱼用麻醉剂。目前，丁香酚的麻醉效应及安全性评估已经在塞内加尔鳎、虹鳟、河鲀、黄尾雀鲷和大鳞大麻哈鱼中开展（Lv et al，2013）。

四、国内外科技水平对比

随着国际社会对食品安全的日益关注，发达国家对水产品的安全性极为关注，在相关方面大量投入，取得了全球领先和主导地位，也不同程度地体现出国际贸易技术性措施的作用。但在该领域，国内外均存在着基础研究不足、覆盖范围不全、深度有待加强等问题。我国水产品质量安全研究起步较晚，近年来虽然重视有加，但特殊的国情和经济发展的现状，对水产品安全的科技投入与发达国家差距明显，加之基础积累以及研究人员的技术水平提升有一个过程，因此我国在研究方面与国外先进水平总体存在着较大的差距，在短时间内还不能满足国内社会、消费者和国际市场的质量安全要求。我国在水产品安全性研究领域还在以下几个方面需要加强。

（一）检测技术自主创新能力需不断加强

发达国家对水产品质量安全监测技术呈现两个明显的趋势，一是安全指标限量值逐步降低，并出现了诸如二噁英等污染物的超痕量指标；二是检测技术日益趋向于高技术化、高通量、速测化、便携化。从检测技术发展来看，发达国家的水产品质量安全检测技术已从单指标的一般定量、定性分析，发展到能对多类、多种的定性、定量分析，乃至对未知物的筛查和鉴别；从一般成分分析到对复杂物质中微量杂质的分析转变；从单一的形态鉴别到多赋存形态分析。我国前期在该领域研究受制于检测技术平台的发展，大多处于跟从的阶段，以满足现阶段工作开展的需求为主要目标，主要以优化和改进国外的检测技术和方法，独立自主创新研究较少。"十三五"时期和今后一段时期，需要从产业需求、监管需求、学科发展、研究需求出发，利用近年来不断增强的检测技术研究和开发平台，加快研发实验室高通量、高灵敏、多残留且特异性强的确证技术；加强有害污染物多类别、多参数盲查技术以及现场快速检测、筛查速测技术研究。

（二）基础研究领域尚需不断拓展深入

在水产品质量安全危害因子形成过程等基础研究方面，国际上相关研究逐步深入，重点关注影响水产品危害因子的长期影响因素，如有害重金属、生物毒素、致病性有害微生物和病毒、持久性有机污染物等，不仅关注影响质量安全的主要因素，还更加关注其形成过程以及分子基础和调控机理的研究，关注环境生态、生物安全、食用安全以及产品质量的诸多方面。而我国受制于研究基础和经费投入以及人员技术水平的限制，目前基础研究极为不足，难以支撑行业监管、风险预警、风险评估等工作，因此研究重点多集中在药物残留的影响和代谢、消除规律研究方面；虽然在如重金属、致病性微生物等的特异性蓄积等个别领域率先开展研究，但总体在研究范围和研究深度上与国外差距明显，在影响产品质量安全的危害物质的毒理学、毒代动力学及风险评估共性技术研究方面进展有限。同时目前国内在质量安全研究方面大多集中在安全领域，对水产品的质量、品质和营养等方面关注不多，缺乏对水产品质量形成的生物学基础与调控途径、营养组成和关键功能性成分的生物效应以及风味品质的形成机制、分子基础与调控途径等方面的研究，因此还需要不断地拓展和深入。

（三）质量安全控制领域研究尚需贯穿整个产业链

经过多年的探索，国外发达国家通过推行 HACCP 计划，凭借质量安全的一条龙管理，在全链质量控制方面取得了显著的成绩，基本实现了从源头抓起、从"池塘到餐桌"的全过程管理，从需求出发重点针对病原性致病微生物进行了控制技术研究，

同时结合环境污染物的控制进行水产品中有害污染物的控制技术和消除、脱除技术的研究。我国在控制技术研发方面存在着基础积累不足、本底数据不明、风险隐患不清、监测数据不足的问题，研究工作还未能贯穿整个产业链，也未形成覆盖全产业链的质量保证体系，现阶段管理部门的分段管理、科研机构布局的分散现状也制约了全程、全链质量控制工作，对养殖生产链和加工生产链的质量安全控制技术研究尚不完善。在预警技术方面，我国水产品种类多、养殖生产千家万户、加工方式多样的特点造成了工作的被动局面，加之支撑预警预报技术的研究基础积累严重缺乏，预报预警机制尚未健全，动态信息系统跟踪不足、监测信息共享不足等也难以实现时效性强的预报预警。

（四）追溯技术领域尚需加强研究和进行政策推动

从国际上对食品安全管理体制的发展趋势看，各国对食品安全、生产过程实行强制性管理，要求企业必须建立产品追溯制度，如2002年，美国国会通过了《生物反恐法案》，将食品安全提高到国家安全战略高度，欧盟强制性要求入盟国家对家畜和肉制品开发和流通实施追溯制度。此外，在支撑技术方面，研究制定了统一兼容、科学高效、扩展性强的物品编码标识技术方案，解决食品从农场到餐桌过程中面临的统一协调编码标识的问题，为食品供应链的各个管理对象提供统一、兼容的编码和条码，从而实现生产、仓储、物流等各环节对多个管理对象的编码标识追溯统一问题，从而实现了供应链的全程可追溯。我国在水产品可追溯体系建设和追溯技术研究方面取得了一定的成绩，但生产企业的多元化、养殖品种的多元化以及鲜活消费的主要形式，给追溯系统的研发和推广带来了困难，标识技术由此受到制约。水产品可追溯体系建设方面也存在着不少困难，各方建立的追溯平台、追溯体系也面临着兼容和统一协调的问题，需要研究统一的标准规范。除此之外，追溯造成成本的提高，难以在产品销售端充分体现其价值，制约了企业自主实施的积极性，而目前国内尚未实行强制性的追溯制度，也亟须进行政策推动并加大研发投入。

（五）水产品品种真伪鉴别技术的研究需进一步集成与创新

我国在水产品真伪鉴别技术研究领域的技术方面与国外发达国家和地区差距比较小，这一方面，得益于我国科技投入的不断增加，另一方面，也与该领域发展整体尚处起步阶段，优势积累不明显有关。总体而言，国内外的研究主要区别在研究对象上，国外重点研究鲨、比目鱼、鲣、鲭、鲑、鳟、鱼子酱等品种和产品，我国前期主要研究鳕、海参、河鲀、鲍等品种和产品，这与各国的消费传统、养殖/捕捞产业等相关，技术差异体现不明显。但在个别领域，发达国家的技术仍保持一定领先，比如在自动化与高通量分析方面，推出了商品化的DNA自动提取与高通量检测法，不仅

节省劳动力，也为批量检测提供了技术支撑，这主要得益于发达国家在自动化研发领域多年的技术积累与完善的产业链。目前我国在这方面的研究尚处于实验室阶段，技术虽成熟，但实际应用的细节仍需不断完善，因此尚未形成规模化、商业化推广的趋势。另外，在技术研发的原创性方面，与国外发达国家尚存 3～5 年差距，需要加强科技投入，鼓励原始创新，获得具有自主知识产权的原创性技术，占领技术制高点。

（六）风险评估和限量标准研究领域尚需强化

风险评估是水产品质量安全标准制定和实施风险预警的基础，也是质量安全领域近年来最热的领域，国际上也已将其作为控制食用安全风险的首要技术手段，风险评估正被扩展到用于阐述更为广泛的环境问题、新型健康问题和不寻常的剂量反应关系，并受到越来越多的关注。我国水产品质量安全风险评估工作与发达国家相比总体处于起步阶段，在广度、深度等方面还存在着不足，评估模型的研究尚处于探索阶段。工作重点基本在隐患摸查、数据积累、机理研究以及方法研究等方面，受制于基础积累的不足，还难以针对众多的危害因子开展有效的评估工作，深度评估工作不多，难以支撑限量标准的制修订。制约工作开展的主要问题表现在尚未摸清危害因子的转化规律与影响机制；毒理学和生物有效性等基础研究缺乏；基础数据和膳食暴露数据仍然薄弱；风险监测空间取样方法、数据挖掘利用、风险评估概率模型和风险排序方法等共性关键评估技术的研发依然不足等方面。

五、"十三五"展望与建议

水产品质量安全是政府、社会公众共同关注的重点和热点问题，"十一五""十二五"期间，国家加大了这方面的投入，由此也带来了学科的发展，在水产品质量安全方面加快监测体系建设，启动风险评估体系建设，引导重视基础研究，加大监测监管力度，开展隐患摸查和风险评估工作，各项工作有序开展，学科也收获了有史以来最多的进展。展望"十三五"，在全球关注食品安全的背景下，在我国渔业"提质增效、减量增收"的指导方针下，基于水产品质量安全研究基础积累缺乏以及支撑行业发展能力不强的现状，投入必将加大，空间必将拓展，成效将更明显，质量安全相关工作也必将得到更快的发展。"十三五"期间，将在前期工作的基础上，围绕水产行业质量安全监管和学科发展的需求，努力解决学科发展中的难点和热点问题，探索和解决若干影响质量安全的科学问题，提高我国水产品质量安全领域的科研创新能力，支撑行业水产品质量安全监管和健康持续发展。研究和工作重点主要包括：开展水产品质量安全危害因子的形成机理和影响机制基础研究，进行质量安全精确、高效检测技术研发，建立危害因子的甄别、评价与控制技术，构建水产品质量安全追溯、预警技术体系，进行关键危害因子风险评估，进一步健全标准法规体系。本领域"十三五"展望与建议如下。

（一）研究高效检测技术，完善检验检测技术体系

针对水产品中典型污染物，利用新型功能材料和新型检测技术手段，研发适合水产品中污染物快速检测的产品，实现农兽药、重金属、生物毒素以及致病微生物的快速筛查和现场检测；结合各类化合物的特点，研究高效、高通量的样品前处理技术，利用色谱、质谱技术建立化学污染物多残留和精确定量检测技术；通过污染物的指纹图谱库等技术，构建污染物质谱库，对污染物及其代谢产物进行定性分析，实现污染物的高灵敏分析和未知违法添加物的快速筛查；研究有毒有害物质残留的高效、共性提取技术，基于色谱—质谱串联、红外光谱、核磁共振等技术，建立水产品中污染物结构解析及形态学分析技术；挖掘和筛选水产品品质标志性因子，建立品质快速检测、无损检测、品质鉴别与评价、真伪鉴别与原产地鉴别技术；研发水产品中生物毒素、有机砷、有机态镉及铅等不同形态的标准物质，支撑检测技术研发。

（二）研究危害因子的转化规律与影响机制，在基础研究方面取得突破

针对养殖环境中有害重金属、有机污染物、食源性致病微生物等关键危害因子，研究其在水生动物体内的富集、代谢规律与转归途径及其生物有效性、毒性效应；研究重金属在生物体内的特异性富集机理与分子基础，有害生物毒素的形成机制与影响机理；研究养殖环境、水产品及其制品中食源性致病微生物耐药性形成机理、耐药基因迁移转化分子机制及对人类健康影响机理；对重点养殖产地和养殖水产品开展耐药性本底调查，研究耐药性产生和扩散的机制，建立水产动物源细菌耐药性数据库，预估水产品中耐药性菌对人类的风险并进行排序；开展药物敏感性、药物代谢动力学和药效学研究，制定防耐药突变给药方案和使用规范；针对影响水产品的质量要素，研究影响水产品风味品质形成过程的关键因子，探明风味品质的形成机制与调控途径，阐明风味品质形成的分子学基础；研究水产品营养组成和关键功能性成分的生物效应、水产品品质变化规律，摸清水产品质量形成的影响机制。

（三）研发水产品质量安全控制与预警技术，保障上市产品食用安全

针对养殖过程中制约水产品质量安全的危害因子，甄别不同养殖模式的风险因子，研究其控制技术；研究养殖水源、水产品中化学性风险因子的传递阻隔及净化削减技术、生物性风险因子的新型控制技术以及养殖过程中影响水产品质量的异味源分析及控制技术；进行风险因子的风险排序与来源解析，并针对风险等级状况开展风险

预警技术研发；针对生物毒素、致病性微生物、环境污染物等在富集、代谢、传播规律与转归途径及其危害和毒性效应研究的基础上，建立针对关键危害因子的预警技术，有害因子脱除去毒控制技术；研究水产品中典型危害物暴露水平与毒理效应间的剂量—效应曲线，筛选高灵敏生物标志物和生物指示物种，重点关注标志性基因的筛查和表达，建立污染物分子预警新技术。针对水产品传统技术加工过程产生的危害物质，特别是油炸、冷冻、发酵、熏制等加工过程中产生的有害物质（疑似药残、疑似生物毒素、生物胺、苯并芘等），研究该类有害物质的产生机理与控制技术；研发安全高效的保鲜剂、包装材料、生物抑菌剂及保鲜技术；研究货架期、品质预测模型及加工贮藏过程中蛋白质、多不饱和脂肪酸等品质相关因素的控制、改善技术。

（四）以支撑监管与引导消费为目标，提升水产品风险评估研究水平

从水产品养殖流通产业链入手，以投入品被动带入、药物主动使用、养殖环境影响和"收、贮、运、添加"四个环节为切入点，从支撑监管与引导消费两方面开展水产品风险评估研究。在增强精准监管的支撑能力方面，在阐明危害因子的转化规律与影响机制、开发高效检测技术的基础上，开展风险监测空间取样方法和数据挖掘利用共性技术研究；重点完成抗生素、麻醉剂及驱杀虫剂的安全性评价及在不同烹饪方式下的残留消除规律研究；研究环境改良剂和水质调节剂对养殖环境的影响及对大宗水产品食用安全风险的评估；针对关键危害因子、生物特异性蓄积的危害因子进行风险评估，提出标准限量建议值。在提高引导消费者消费意识方面，在进一步完善毒理学和膳食暴露数据库的基础上，开展风险评估概率模型和风险排序关键方法的研发。

（五）完善水产品品种真伪鉴别技术体系，构建水产品鉴别数据库与标准规范

针对我国水产品养殖、捕捞、加工、进出口的品种多、地域分布广、加工方式多样等特点，确定真伪鉴别的主要品种，系统开展研究，重点评估 DNA 条形码、PCR-RFLP、PCR-RAPD、AFLP、SSR、SNP、芯片技术等在不同水产品及其加工品中的适用性，确定特定种类水产品的最佳鉴别方法，并据此制定鉴别技术规范或标准，搭建水产品真伪鉴别标准体系框架；对于目前鉴别精度不高但行业亟须鉴别的品种，重点通过 2b-RAD 等简化基因组测序技术低成本规模化挖掘鉴别靶标，建立新的鉴别方法，以提高鉴别精度与准确性；对于鉴别需求大，消费市场存在问题多的金枪鱼、鳕等远洋捕捞品种、珍稀名贵水产品种，重点开展分子鉴别用标准样品的制备研究，为研究人员提供来源稳定、可靠性高的研究材料；重点开展适用于现场的快速鉴别方法与适用于大宗产品批量分析的高通量检测方法。

（六）研究水产品溯源技术，构建追溯平台，实现全程追溯

以全程质量控制为目标，针对水产品的特性，研究鲜活水产品的标识技术，建立标识系统，实现标识上市、全程追溯；以养殖水产品为研究对象，基于元素矩阵图谱、聚类分析及 DNA 指纹图谱、稳定同位素等技术，研究产地识别及溯源用地理标识/标志物技术，研发原产地溯源与鉴别技术，构建产地溯源技术体系和信息共享平台；挖掘影响养殖水产品质量安全的关键因素，甄别关键危害因子，建立贯穿生产链的危害分析关键控制点，集成追溯标识和溯源技术，建立质量安全全程管理和追溯技术；通过挖掘养殖过程影响质量安全的关键控制点，利用互联网、计算机信息技术，基于 HACCP 原则和信息的获取、传输和管理技术，建立养殖水产品溯源和全程追溯信息平台；集成追溯技术、可视化准确指示水产品货架期的智能包装新技术、物联网在线监控技术与装备，建立冷链流通温度实时监测系统，保障水产品"无缝化"冷链流通，构建水产品全产业链追溯技术体系和监管追溯平台。

（翟毓秀　谭志军　姚　琳　执笔）

（致谢：本报告编写过程中，中国水产科学研究院水产品质量安全学科委员及科研骨干蔡友琼、李乐、邵旭文、杨健、江艳华、何力、李兆新、赵艳芳、艾晓辉、覃东立、郑光明、黄磊等给予了极大的支持和帮助，在此一并感谢!）

参　考　文　献

才让卓玛，赵云涛，章超桦，等，2015. 基于无机元素分析的香港牡蛎产地溯源技术初探 [J]. 广东海洋大学学报 （3）：94-99.

陈培基，李刘冬，杨金兰，等，2013. 孔雀石绿在凡纳滨对虾体内的残留与消除规律 [J]. 南方水产科学，9 （5）：80-85.

陈双雅，陈文炳，张津，等，2012. 应用 PCR－RFLP 和芯片生物分析系统鉴别河豚鱼品种 [J]. 食品科学，33 （22）：200-202.

福田裕，渡部终五，中村弘二，2006. 水产物の原料・产地判别 [M]. 东京：恒星社厚生阁.

郭萌萌，吴海燕，李兆新，等，2014. 基于聚硫堇/亚甲基蓝和纳米金放大的免疫传感器检测贝类毒素大田软海绵酸 [J]. 分析测试学报，33 （2）：161-166.

郭萌萌，吴海燕，卢立娜，等，2015. 杂质延迟－液相色谱－四极杆/离子阱复合质谱测定水产加工食品中 23 种全氟烷基化合物 [J]. 分析化学，8 （2）：1105-1112.

郭萌萌，谭志军，吴海燕，等，2012. 液相色谱－串联质谱法同时测定贝类中大田软海绵酸、鳍藻毒素、蛤毒素和虾夷扇贝毒素 [J]. 色谱，30 （3）：256-261.

郭小溪，刘源，许长华，等，2015. 水产品产地溯源技术研究进展 [J]. 食品科学，36（13）：294-298.

黄建清，王卫星，姜晟，等，2013. 基于无线传感器网络的水产养殖水质监测系统开发与试验 [J]. 农业工程学报（4）：183-190.

黄磊，宋怿，冯忠泽，等，2012. 水产品质量安全可追溯技术体系在市场准入制度建设中的应用研究 [J]. 中国渔业质量与标准（2）：26-33.

江艳华，姚琳，李风铃，等，2013. 副溶血性弧菌的耐药状况及耐药机制研究进展 [J]. 中国渔业质量与标准，3（4）：96-102.

姜薇，姚琳，江艳华，等，2014. 太平洋牡蛎类 *FUT2* 基因的克隆与组织表达 [J]. 渔业科学进展，32（5）：70-75.

冷桃花，陈贵宇，段文锋，等，2015. 高效液相色谱电感耦合等离子质谱法分析水产品中有机锡的形态 [J]. 分析化学，43（4）：558-563.

李翠，王海艳，刘春芳，等，2013. 广西北部湾沿海牡蛎的种类及其分布 [J]. 海洋与湖沼，44（5）：1318-1324.

李乐，何雅静，宋怿，2015. 养殖罗非鱼中抗生素残留风险排序研究 [J]. 中国渔业质量与标准，5（05）：44-48.

李乐，刘永涛，何雅静，等，2014. 食品安全风险排序研究进展 [J]. 食品安全质量检测学报，7（6）：11-15.

李献儒，柳淑芳，李达，等，2015. DNA 条形码在鲉形目鱼类物种鉴定和系统进化分析中的应用 [J]. 中国水产科学，22（6）：1133-1141.

李兆新，郭萌萌，杨守国，等，2011. 黄海胶州湾海水中蛤毒素特征及变化规律 [J]. 渔业科学进展，32（06）：69-75.

刘欢，李晋成，吴立冬，等，2014. 现场快速检测在水产品药物残留监管中的应用及发展建议 [J]. 食品安全质量检测学报，5（8）：2032-2040.

刘丽，杨新龙，刘楚吾，等，2012. 南海海域常见龙虾的遗传多样性分析 [J]. 水产科学，31（3）：160-166.

刘书贵，白野，尹怡，等，2015. 药浴条件下孔雀石绿及无色孔雀石绿在鳜体内的残留及消除规律 [J]. 中国渔业质量与标准（6）：27-34.

刘小芳，薛长湖，王玉明，等，2011. 刺参中无机元素的聚类分析和主成分分析 [J]. 光谱学与光谱分析，31（11）：3119-3122.

刘永涛，艾晓辉，索纹纹，等，2013. 浸泡条件下孔雀石绿及其代谢物隐色孔雀石绿在斑点叉尾组织中分布及消除规律研究 [J]. 水生生物学报，37（2）：269-280.

罗志萍，肖武汉，黄迎波，等，2015. 线粒体 DNA 分子技术在斑点叉尾鮰物种鉴定中的应用 [J]. 安徽农业科学，43（11）：20-23.

律迎春，左涛，唐庆娟，等，2011. 海参 DNA 条形码的构建及应用 [J]. 中国水产科学，18（4）：782-789.

马冬红，王锡昌，刘利平，等，2012. 稳定氢同位素在出口罗非鱼产地溯源中的应用 [J]. 食品与机械，28（1）：5-7.

农业部，2015. 中华人民共和国农业部公告第 2295 号［EB］．

彭婕，甘金华，陈建武，等，2015. 中华绒螯蟹中氨基脲的分布及产生机理分析［J］．淡水渔业，45（4）：108-112.

秦华伟，刘爱英，谷伟丽，等，2015. 6 种重金属对 3 种海水养殖生物的急性毒性效应［J］．生态毒理学报（12）：290-299.

沈永年，沃柏林，2011. 对冷冻水产品 HACCP 计划中关键点设置存在误区的分析和探讨［J］．中国渔业质量与标准，1（2）：78-79.

史永富，蔡友琼，于慧娟，等，2014. 气相色谱串联质谱法用于水产品中多氯联苯二代污染物鉴别［J］．分析化学，42（11）：1640-1645.

宋怿，黄磊，王群，2014. 水产品高端及可持续养殖模式与质量安全管理［J］．中国渔业质量与标准，6（6）：1-8.

隋颖，宁劲松，林洪，等，2011. 鲆鲽类产地溯源编码设计及标识技术建立［J］．渔业科学进展，32（4）：20-15.

孙伟红，翟毓秀，邢丽红，等，2015. 喹噁啉类药物及其代谢产物在刺参体内的分析和鉴定［J］．中国渔业质量与标准，5（2）：49-55.

孙晓杰，郭萌萌，孙伟红，等，2014. QuEChERS 在线凝胶色谱－气相色谱/质谱快速检测水产品中农药多残留［J］．分析科学学报，30（6）：110-116

孙言春，王瑛，杜宁宁，等，2012. 液相色谱串联质谱测定磺胺间甲氧嘧啶与鲤鱼血浆蛋白结合率［J］．中国渔业质量与标准，2（4）：81-85.

覃东立，牟振波，陈中祥，等，2011. 凝胶渗透色谱和气相色谱－质谱法测定水产品中 33 种拟除虫菊酯［J］．分析试验室，30（9）：30-34.

田野，左平，邹欣庆，等，2012. 江苏盐城原生盐沼湿地大型底栖动物重金属含量及生物质量评价［J］．第四纪研究（6）：1152-1160.

王鹤，林琳，柳淑芳，等，2011. 中国近海习见头足类 DNA 条形码及其分子系统进化［J］．中国水产科学，18（2）：245-255.

王虎，2015. 规模化水产养殖业推行清洁生产技术研究［J］．工业 C，（62）：38.

王群，宋怿，马兵，2012. 水产品中孔雀石绿的风险评估（二）［J］．中国渔业质量与标准，2（1）：22-26

王媛，钱蓓蕾，于慧娟，等，2013. 胶体金免疫层析产品快速测定水产品中的氯霉素残留［J］．中国渔业质量与标准，3（1）：82-86.

魏晋梅，周围，解迎双，等，2016. 快速高分辨率液相色谱－串联质谱法测定牛肉中 24 种镇静剂类兽药残留量［J］．食品发酵与工业，42（2）：191-196.

文菁，胡超群，张吕平，等，2011. 16 种商品海参 16S rRNA 的 PCR-RFLP 鉴定方法［J］．中国水产科学，18（2）：451-457.

吴海燕，郭萌萌，赵春霞，等，2016. 液相色谱－串联质谱法筛查原多甲藻酸毒素及其代谢产物［J］．色谱，34（4）：401-406.

吴立冬，李强，刘欢，等，2015. 贝类中重金属镉安全性评价研究现状［J］．中国渔业质量与标准，5（5）：56-60.

谢文平，朱新平，郑光明，等，2014. 广东罗非鱼养殖区水体和鱼体中重金属、HCHs、DDTs 含量及风险评价 [J]. 环境科学，(12)：4663-4670.

辛一，2011. 线粒体 *COI*、*COII* 和 *CYTB* 基因在鲍属物种鉴定中的适用性分析 [J]. 海洋科学，35 (11)：58-62.

闫平平，齐欣，黄大亮，等，2015. 中国北方沿海 14 种经济鱼类和 7 种鲽科鱼类的 PCR-RFLP 分析 [J]. 检验检疫学刊，25 (6)：13-16.

杨帆，翟毓秀，任丹丹，等，2013. 高效液相色谱－荧光/紫外串联测定海洋沉积物中 16 种多环芳烃 [J]. 渔业科学进展，34 (5)：104-111.

杨健，邱楚雯，苏彦平，等，2013. 不同水域中华绒螯蟹形态和元素分布的比较研究 [J]. 江苏农业科学，41 (3)：187-191.

杨健，2014. 渔业产地环境安全问题需要高度关注 [J]. 中国渔业质量与标准，4 (2)：1-4.

杨文斌，苏彦平，刘洪波，等，2012. 长江水系 3 个湖泊中华绒蟹形态及元素"指纹"特征 [J]. 中国水产科学，19 (1)：84-93.

尹怡，白野，刘书贵，等，2015. 阳性饵料鱼投喂模式下孔雀石绿及代谢物无色孔雀石绿在鳜体内的残留消除规律 [J]. 中国渔业质量与标准，(5)：56-60.

尹怡，郑光明，朱新平，等，2011. 分散固相萃取/气相色谱－质谱联用法快速测定鱼、虾中的 16 种多环芳烃 [J]. 分析测试学报，30 (10)：1107-1112.

于慧娟，李冰，蔡友琼，等，2012. 液相色谱－串联质谱法测定甲壳类水产品中氨基脲的含量 [J]. 分析化学，40 (10)：1530-1535.

张华威，刘慧慧，田秀慧，等，2015. 凝胶色谱－固相萃取－气相色谱－串联质谱法测定水产品中 9 种三嗪类除草剂 [J]. 质谱学报，36 (2)：177-184.

张志澄，吴皓，黄玉婷，等，2012. 三角帆蚌及其相似种的分子标记技术 (RAPD) 鉴别 [J]. 中国海洋药物杂质，31 (4)：45-48.

赵东豪，黎智广，李刘冬，等，2012. 虾苗使用呋喃西林和呋喃唑酮的残留评估 [J]. 南方水产科学，8 (3)：54-58.

郑礼娜，林洪，刘一璇，等，2011. 不同热加工方式对刀额新对虾过敏原活性的影响 [J]. 水产学报，35 (3)：466-471.

郑伟，董志国，李晓英，等，2011. 海州湾养殖四角蛤蜊体内组织中重金属分布差异及安全评价 [J]. 食品科学，32 (3)：199-203.

Beale D J，Morrison P D，Palombo E A，2014. Detection of Listeria in milk using non-targeted metabolic profiling of Listeria monocytogenes：A proof-of-concept application [J]. Food Control，42：343-346.

Brovko L Y，Anany H，Griffiths M W，2012. Chapter Six-Bacteriophages for Detection and Control of Bacterial Pathogens in Food and Food-Processing Environment [J]. Advances in Food & Nutrition Research，67：241-88.

Canadian Food Inspection Agency，2012. Animal Health Care Products and Production Aids，Botanical Compounds and Plant Oils，Catarina I M. Martins Ep H，Johan A J，et，al，2011. The effect of recirculating aquaculture systems on the concentrations of heavy metals in culture water and tissues of Nile tilapia *Oreochromis niloticus* [J]. Food Chemistry，126 (3)：1001-1005.

Cheng B，Liu Y，Yang H S，et al，2014. Effect of copper on the growth of shrimps Litopenaeus vannamei: water parameters and copper budget in arecirculating system［J］. Chinese Journal of Oceanology and Limnology，32（5）：1092-1104.

Chris G J van Bussela b，Jan P，2014. Schroederb，Lars Mahlmannb，c，Carsten Schulza，Aquatic accumulation of dietary metals（Fe，Zn，Cu，Co，Mn）inrecirculating aquaculture systems（RAS）changes body composition but not performance and health of juvenile turbot（*Psetta maxima*）［J］. Aquacultural Engineering：61：35-42.

Codex Alimentarius Commission（CAC），2003. Recommended international code of practice general principles of food hygiene，CAC/RCP 1-1969.

Dominguez R B，Hayat A A，Sassolas GA，et al，2012. Automated flow-through amperometric immunosensor for highly sensitive and on-line detection of okadaic acid in mussel sample［J］. Talanta，99：232-237.

Eduardo B F，Lieve B，Martin R，et al，2015. Interference-free determination of ultra-trace concentrations of arsenic and selenium using methyl fluoride as a reaction gas in ICP-MS/MS［J］. Analytical and Bioanalytical Chemistry，407（3）：919- 929.

Egina M，Peter C O，Matthias G，et al，2014. Organic chemicals jeopardize the health of freshwater ecosystems on the continental scale［J］. PNAS，111（26）：9549-9554.

Gabriel O，Julie V B，Lieven V M，et al，2014. Validation of a confirmatory method for lipophilic marine toxins in shellfish using UHPLC-HR-Orbitrap MS［J］. Analytical and Bioanalytical Chemistry，406（22）：5303-5312.

Gies A，Neumeier G，Rappolder M，et al，2007. Risk assessment of dioxins and dioxin-like PCBs in food-Comments by the German Federal Environmental Agency［J］. Chemosphere，67（9）：344-349.

Huang Y，Michael G B，Becker R，et al，2014. Pheno- and genotypic analysis of antimicrobial resistance properties of Yersinia ruckeri from fish［J］. Vet Microbiol，171（3-4）：406-412.

Javed M，Usmani N，2015. Impact of heavy metal toxicity on hematology and glycogen status of fish: a review［J］. Proceedings of the National Academy of Science，India Section B：Biological Sciences，85（4）：889-900.

Jitar O，Teodosiu C，Oros A，et al，2015. Bioaccumulation of heavy metals in marine organisms from the Romanian sector of the Black Sea［J］. New Biotechnology，32（3）：369-378.

Li Z H，Li Ping，Sulc M，et al，2012. Hepatic Proteome Sensitivity in Rainbow Trout after Chronically Exposed to a Human Pharmaceutical Verapamil［J］. Molecular &. Cellular Proteomics，11（1）：M111.008409

Lopatek M，Wieczorek K，Osek J，2015. Prevalence and antimicrobial resistance of Vibrio*parahaemoly ticusisolated* from raw shellfish in Poland［J］. J Food Prot，78（5）：1029-1033.

Lv HY，Wang Q，Liu H，et al，2013. The research progress of anesthetics safety in fish［J］. Chin Fish Qual Standard，3（2）：24-28.

Matsche M，2011. Evaluation of tricainemethanesulfonate（MS-222）as a surgical anesthetic for Atlantic Sturgeon Acipenseroxyrinchusoxyrinchus［J］. Journal of Applied Ichthyology，27（2）：600-610.

New Zealand Food Safety Authority，2005. Proposed amendment to the New Zealand（maximum residue limits of agricultural compounds）food standards［S］.

Pramanik S，Roy K，2014. Modeling bioconcentration factor（BCF）using mechanistically interpretable descriptors computed from open source tool "PaDEL-Descriptor"［J］. Environmental Science Pollution Research，21（4）：2955-2965.

Romero-Gonzalez R，Aguilera-Luiz M M，Plaza-Bolanos P，et al，2011. Food contaminant analysis at high resolution mass spectrometry：Application for the determination of veterinary drugs in milk［J］. Journal of Chromatography A，1218（52）：9353-9365.

Shang D R，Zhao Y F，Zhai Y X，et al，2013. Development of a new method for analyzing free aluminum ions（Al^{3+}）in seafood using HPLC-ICP-MS［J］. Chinese Science Bulletin，58（35）：4437-4442.

Silva L L，Garlet Q I，Benovit S C，et al，2013. Sedative and anesthetic activities of the essential oils of Hyptismutabilis（Rich.）Briq. and their isolated components in silver catfish（*Rhamdiaquelen*）［J］. Brazilian Journal of Medical and Biological Research，46（9）：771-779.

Struciński P，Morzycka B，Góralczyk K，et a，2015. Consumer Risk Assessment Associated with Intake of Pesticide Residues in Food of Plant Origin from the Retail Market in Poland［J］. Human&Ecological Risk Assissment，21（8）：2036-2061.

Sun X J，Xu J K，Zhao X J，et al，2013. Study of Chiral Ionic Liquid as Stationary Phases for GC［J］. Chromatographia，76：1013-1019.

Tenenhaus-Aziza F，Ellouze M，2015. Software for predictive microbiology and risk assessment：A description and comparison of tools presented at the ICPMF8 Software Fair［J］. Food Microbiology，45（Pt B）：290-299.

Tenhagen B A，Schroeter A，Szabo I，et al，2014. Increase in antimicrobial resistance of Salmonella from food to fluoroquinolones and cephalosporin-a review of data from ten years［J］. Berl Munch TierarztWochenschr，127（11-12）：428-434.

Turnipseed S B，Lohne J J，Boison J O，2015. Application of High Resolution Mass Spectrometry to Monitor Veterinary Drug Residues in Aquacultured Products［J］. Journal of AOAC International，98（6）：735-744.

Wu H Y，Guo M M，Tan Z J，et al，2014. Liquid chromatography quadrupole linear ion trap mass spectrometry for multiclass screening and identification of lipophilic marine biotoxins in bivalve mollusks［J］. Journal of Chromatography A，1358（5）：172-180.

Xia X，Li X W，Ding S Y，et al，2011. Advances on Application of Liquid Chromatography-High Resolution Mass Spectrometry in Veterinary Drug Residues Analysis［J］. Journal of Chinese Mass Spectrometry Society，32（6）：333-340

Xiao X，Fu Z，Lin Q，et al，2014. Development and evaluation of an intelligent traceability system for frozen tilapia fillet processing［J］. Journal of the Science of Food & Agriculture，95（13）：2693-2703.

Yamashita M，Namikoshi A，Iguchi J，et al，2008. Molecular identification of species and the geographic origin of seafood［C］. Fisheries for Global Welfare and Environment，5th World Fisheries Congress：

297-306.

Yasunobu M，Norio K，Saburo I，2005. An Early Warning Support System for Food Safety Risks [C]. International Workshop on Risk Management Systems with Intelligent Data Analysis：446-457.

Ye S，Yang J，Liu H，et al，2011. Use of elemental fingerprint analysis to identify localities of collection for the large icefish *Protosalanx chinensis* in Taihu Lake，China [J]. Journal of the Faculty of Agriculture Kyushu University，56 （1）：41-45.

Zhang Y，Mao X F，Liu J X，et al，2016. Direct determination of cadmium in foods by solid sampling electrothermal vaporization inductively coupled plasma mass spectrometry using a tungsten coil trap [J]. Spectrochimica Acta Part B：Atomic Spectroscopy，118：119-126.

Zhao Y F，Wu J F，Shang D R，et al，2014. Arsenic Species in Edible Seaweeds Using In Vitro Biomimetic Digestion Determined by High-Performance Liquid Chromatography Inductively Coupled Plasma Mass Spectrometry [J]. International Journal of Food Science. Article ID 436347.

Zhao Y F，Wu J F，Shang D R，et al，2015. Subcellular distribution and chemical forms of cadmium in the edibel seaweed，*Porphyra yezoensis* [J]. Food Chemistry，168：48-54.

Zhou J M，Liu J J，Xu S H，et al，2011. Foods' risk assessment of developed countries and the revelations for China [J] Chin Agric Mechanization （1）：95-98.

渔业装备与工程领域研究进展

一、前　　言

"十二五"期间，围绕着现代渔业设施建设及生产方式转变需求，我国渔业装备与工程科技得到了长足的发展，与国际先进水平的差距正在缩小，一些领域的技术水平已经达到国际先进或领先水平，支撑了渔业产业的发展。渔业装备与工程技术的地位不断得到明确和加强，成为我国现代渔业发展的重要标志。随着国家对于渔业装备及设施工程投入力度逐年加大，渔业装备科技已经渗透到水产行业的各个环节，科技贡献率和成果转化率显著提高，为加快我国渔业现代化发展提供了强有力的技术保障。

二、国内研究进展

渔业装备与工程学科领域主要包括养殖、捕捞和加工等渔业装备以及池塘养殖、工厂化养殖、围栏养殖、渔港和人工鱼礁等设施工程。

(一) 渔业装备

1. 养殖装备

我国"十二五"期间养殖领域的装备研究，按照陆基、滩涂、近岸、离岸和远海的布局，包括池塘养殖、工厂化养殖、筏式与滩涂养殖、网箱养殖和深远海养殖等多种养殖模式。

（1）以高效生产设备和信息装备为主的池塘养殖装备研发

高效生产设备研发以养殖环境高效调控与生产过程机械化为重点。围绕水质有效控制，研发了根据光照强度启动池塘底泥营养释放、上下水层交换的太阳能底质改良机，有效提升了池塘初级生产力，减少了底泥淤积（田昌凤 等，2013）；太阳能移动式增氧机的应用，实现了池塘水体低耗能均衡增氧（吴宗凡 等，2014）；涌浪机兼具水面造波增氧、上下水层交换、旋流集污等功能，在池塘综合增氧、高位池增氧集污等方面有明显作用，与其他形式的增氧机配合使用，节能效果更好（管崇武 等，2012）。围绕机械化装备，研发了基于拖拉机液压动力平台的池塘拉网机械，提高了

劳动效率，降低了劳动强度（江涛 等，2011）；另外，研发了饲料集中投饲系统，实现了由定点料仓向多个池塘的远程投喂（王志勇 等，2011）。

池塘信息装备研发主要围绕环境监控与精准养殖，构建水质理化指标、环境气象因子等高效监测系统，构建水质预判模型，建立精准调控模式，建立了溶解氧、饲喂精准控制方式。开展了基于神经网络的水质分析系统、测量误差影响因子等关键技术研究；研发了基于 CAN 总线和 MCGS 组态软件的分布式监控系统，以无线传感网络技术实现通信与控制（Tai et al，2012；刘世晶 等，2013；曹晶 等，2010），对盐度、pH、溶解氧、温度等进行实时监测，实现了对增氧、调控设备自动控制；初步建立了水质预判模型，构建了池塘养殖系统智能化控制系统；建立了池塘养殖物联网系统（李慧 等，2013），构建了基于监管的分布式水产品可追溯系统（孙传恒 等，2012）；研发了基于无线传感网络的投饲机远程控制系统，同时建立了基于养殖环境信息与饲喂策略的投喂模型。

然而，我国工厂化养殖科技在水处理设备抗腐蚀能力、使用寿命和处理精度以及自动化、数字化、信息化等高新技术应用等方面与国外产品还存在较大的差距。

（2）以高效和自动化为主的工厂化养殖装备研发

工厂化养殖具有高效利用水、地资源，可有效控制养殖废水及固形物排放等优点，融合了现代工业科技与管理方式的养殖工厂，是未来水产养殖工业化发展的方向。进入"十二五"以来，在水质净化装备、自动化生产作业设备与养殖系统模式等方面取得了显著进展。水质净化装备以生物滤器研发为重点，针对传统生物固定床效率低、易堵塞的问题，研发了以活性炭纤维、石英砂、竹制生物球等作为滤料的多种新型生物滤器。其中，以聚乙烯球芯为滤料的移动床生物滤器，由于其较高的经济性和实用性，已经在全国范围内进行了推广应用。围绕生物过滤机制和氨氮转化效率问题，开展了填料形式、盐度、温度、碳氮比、水力负荷等条件下挂膜效应、最佳水力停留时间、氮化物去除与转化效率等实验研究；阐明了生物移动床硝化反应机制；构建了海水条件下竹环填料硝化动力学模型及其污染物沿程转化规律（张延青 等，2011）；研发了填料移动床、流化沙床、活性炭纤维填料、气提式沙滤罐、往复式微珠等新型生物滤器，其中填料移动床和流化沙床生物滤器，具有更高的反应效率及净化功能（宋奔奔 等，2012；张海耿 等，2012，2014）。在物理过滤装备方面的研究以性能提升和结构优化为主，研发了履带式微滤机、弧形筛、多向流沉淀等新装备。

高效净化装置的研发以水体颗粒物有效分离、气水混合装置为重点。水体颗粒物有效分离技术的关键，是减少固形物在水中停留时间以防止粪便破碎、溶解，减缓生物滤器的负荷。研发的多向流沉淀装置，融合了斜管填料技术，具有水力停留时间短，分离效率高等特点（张成林 等，2015）；研发了结构更为简单的旋流颗粒过滤

器，具有实用性（顾川川 等，2010）。研发的多层式臭氧混合装置，以高效节能为目标，运用等高径开孔填料（鲍尔环）提高溶解效率，在气液比1：60的条件下臭氧溶解效率可以达到78%，有效减小了装置的气水比，简化了结构（刘鹏 等，2014）。

自动化生产作业设备以自动投饲机械研发为重点，研发了适用于单池固定点位的螺杆式自动投饲机和适用于多池的导轨式自动投饲系统。其中，导轨式自动投饲系统运用轨道传动、滑轨供电、超声波定位、无线通讯和计算机软件等技术，使得喂料仓能够根据设定程序在多个养殖池间完成自动投喂动作，在料仓储料量为20千克、行走速度为19米/分钟时，其定位误差小于118毫米，投饲能力为3千克/分钟，投饲量误差小于2.2%。

（3）以设施安全性构建为主的网箱养殖装备研发

网箱养殖是我国海水鱼类养殖的主要生产方式。2014年我国海水网箱养殖产量52.6万吨，占全国海水鱼类养殖产量的44.2%。其中，深水网箱因安全性高、设置水域深、养殖效益好的巨大优势，被业界认为是网箱养殖未来的发展方向。

"十二五"期间，在深水网箱设施安全性构建与高效装备研制方面取得了重要进展。采用数值模拟、模型试验和现场实测技术，研究分析了网箱框架、网衣及锚泊结构受力与变形的特性，为网箱整体结构的设计优化提供了重要的数据支撑，有效支撑了深水网箱大型化、深水化、产业规模化发展（董国海 等，2014）。目前，我国最大的深水网箱周长达120米，单箱产量超过60吨，经历了2011年"纳沙"、2013年"尤特"、2014年"威马逊"、2015年"彩虹"等强台风，深水网箱安全率从50%到提升到90%以上，技术进步明显。深水网箱高效装备以海上投喂、自动检测及相关配套设备为研制重点，开发了基于PLC控制的网箱集中投喂系统，最大投送距离可达320米，最大投喂量达1 100千克/时（王志勇 等，2011）；设计了高压射流式水下网衣清洗装置（张小明 等，2010）；研制了利用水声多波束探测技术的远程监测系统，可对网箱鱼群的总体存在进行监测（张小康 等，2012）。深水网箱养殖产业已完全实现了装备技术的国产化，网箱装备产品价格优势明显，在设施抗风浪性能方面已处于国际领先水平。

然而，我国海水网箱总数量虽已超过100万个，但因安全性低等因素，绝大多数仍设置在沿海内湾水域，导致养殖密度过大、近岸生态环境逐渐恶化。我国广东、海南等多个沿海省份已开始实施内湾网箱清理行动，严格控制小型网箱养殖规模（黄小华 等，2011a）。然而，目前我国在深水网箱养殖的配套装备，如自动投饵机、养殖工船、机动快艇、水质环境监测装备、养殖监视装备、吸鱼泵、起网机等应用方面的技术成熟度和应用率不高。在鱼类生长数学模型、专家决策系统、养殖管理软件以及养殖产品可溯源系统等研发和应用方面与先进国家相比仍存在较大差距（黄小华 等，2011b，2013）。

（4）以机械化为主的筏式与滩涂养殖设备研发

海上筏式养殖、滩涂贝类养殖以及海水池塘养殖是海水养殖业的三大主要养殖方式（赵广苗，2006）。其中筏式养殖以贝类、藻类为主要养殖对象，在我国发展迅猛，在海上养殖产量中占有较大的比重。

近年来，以机械化作业、采收技术及配套装备的船舶平台为重点，不断提高养殖装备的机械化水平。如改造了虾夷扇贝浮筏作业船，安装了电动拔梗装置、拔笼装置、抖笼装置、筛苗装置及齿形滑轮滑梗装置，改变了单纯依靠人工作业的操作模式，使日均单船拔笼数量提高了 105％（李明智 等，2014）；研究了贻贝机械化采收装备平台，该平台可由一艘中、小功率的渔船在养殖海域拖动航行，运行时仅需 4～6 个人即可完成贻贝收获与加工的各道工序，每小时可收获贻贝 4 吨，通过清洗、脱粒可使 80％以上的贻贝从养殖绳梯上脱落（徐静 等，2006）。

开展了波浪作用下筏式养殖筏设施与结构的分析模拟并建立数学模型（邓推 等，2010；崔勇 等，2014，2012；刘庄 等，2015），为设施结构性能的优化提供了理论依据；通过筏式养殖器材的革新，突破了栉孔扇贝养殖周期长、生产成本高的技术难关；选择适宜的塑料盘圆柱形多层网笼作为栉孔扇贝养殖器材，可将其养殖周期从 2 年缩短到 14 个月；进一步改进了筏式养殖器材，增加了网笼层数，可充分利用水体和养殖物资，降低成本提高单产（李鲁晶 等，2011）；研究了夹苗位置对海带个体生产力的影响，为优化海带的筏式养殖装备的优化设计提供了参考（任伟 等，2012）。

然而，我国传统筏式养殖过程中存在的养殖工艺陈旧、机械化程度低、劳动强度大等问题仍显突出（丁刚 等，2013），尤其在贝类、藻类筏式养殖采收机械化技术、装备开发与应用方面差距较大。

（5）以高自动化和智能化为方向的深远海养殖装备研发

随着人们对水产品的需求持续增长，对水产品的质和量提出了更高的要求。利用尚未开发利用的外海海域，借助于外海优越的水质条件发展深远海养殖已成为发展海洋经济、拓展海洋农业空间、保障水产品安全及有效供给的重要举措。由于深远海水域生产条件特殊，需要以规模化、工业化生产为前提，因此急需发展安全实用的大型设施、高自动化的控制装备、智能化的养殖管理技术以及产业链衔接相关环节的产业技术，以构建全面的生产体系，支撑和引领我国离岸和深远海养殖产业发展（郭根喜 等，2010）。

以深远海大型网箱、养殖工船、养殖平台为核心的设施装备是当前及今后一段时期开展深远海养殖的主要设施装备。"十二五"期间，我国尝试性地开展了深远海网箱安全及高效生产技术研发，网箱单点系泊技术、养殖远程控制技术、人工浮岛构建等一批关键技术与装备获得了重大突破，制备出了多用途养殖平台和 160 米周长的超大型养殖设施测试样机，建立了离岸 15 千米的深远海网箱养殖基地、远海岛礁网箱

养殖基地，为深远海养殖工程技术体系的建立及产业形成奠定了基础。启动了我国首个深远海大型养殖平台的构建工作，拟在 10 万吨级阿芙拉型油船船体平台上，设计养殖水体 7.5 万米^3，可以形成年产 4 000 吨以上石斑鱼的养殖能力以及 50～100 艘南海渔船渔获物初加工与物资补给能力。大型养殖工船及其产业化，可能是对传统产业形成颠覆性变革的技术方向，其技术基础基本具备。

2. 捕捞装备

围绕"控制近海、拓展外海、发展远洋"的海洋渔业持续健康发展方针，研究了渔业船舶、助渔辅渔装备、渔具与渔具材料等捕捞装备。

（1）以船型优化与标准化为主的渔业船舶研发

我国近海渔船装备水平落后，船型杂乱、能耗高、安全性能差。远洋渔船分为在他国专属经济区作业的过洋性渔船和在公海作业的大洋性渔船，前者主要来自装备较好的近海渔船，后者主要来自进口的二手船舶。"十二五"以来，围绕近海渔船的船型优化与标准化和大洋性渔船研发，初步形成了渔船数字化研发平台，在一些领域有了一定的自主设计能力。渔船装备的科研成果，在沿海各省份以"安全、节能、适居、高效"为重点的近海渔船更新改造过程中发挥了积极的支撑作用。

渔船标准化船型研究以船型降阻、船机桨优化匹配及节能技术集成应用为重点，开展了基础研究以及技术集成。目前开展了拖网渔船模型阻力试验，获取了船模阻力曲线和实船有效功率曲线，取得了实船静水有效功率，可为主机的选配提供理论依据（郭观明和郭欣，2013）；建立了基于广义回归神经网络的"船型要素-船体阻力"数学模型（李纳 等，2012）；应用非线性动力学方法，通过不同波浪条件下船舶非线性横摇运动的模拟计算，可预测渔船横摇状态（欧珊和毛筱菲，2011）。综合运用船型优化与船机桨匹配技术，研究设计了 10 余种近海钢质、玻璃钢标准化渔船；研发了我国首艘电力推进拖网渔船并示范应用。在清洁能源利用方面开展了 LNG 燃料动力系统的应用研究，研制的双甲板拖网渔船标准化节能船型应用于过洋性渔船建造。

大洋性渔船研发的重点是变水层拖网渔船、南极磷虾捕捞加工船和大型远洋拖网加工船的自主研发以及金枪鱼围网等作业渔船的优化设计。在南极磷虾拖网加工船总体设计关键技术研究方面，完成了船舶建模与设计计算，开展了桁架作业性能研究；变水层大型拖网渔船研发，完成了与西班牙公司的联合船图设计。开展远洋渔船螺旋桨优化设计，在船位流场研究的基础上，设计适伴流螺旋桨，其性能优于图谱（罗晓园 等，2013）；建立了基于交互式偏好权重遗传计算的渔船技术经济论证方法，有效地用于玻璃钢渔船经济技术评价（张光发 等，2014）；建立了拖网渔船能效设计指数（EEDI）计算方法，为拖网渔船节能设计提供了评价手段（刘飞 等，2012）。在整船研发方面，设计了 60 米和 66 米电力推进灯光围网渔船，研发了国内最大的 78 米秋刀鱼与鱿鱼兼作渔船，在设计与建造水平上得到持续提升。围绕远洋渔船实现了"专

业化、标准化、现代化"的目标要求，首次研究制定了《远洋渔船推荐性标准化船型主要参数类别评选办法》，依托本办法开展了远洋渔船船型参数标准研究工作，建立了远洋渔船标准化船型参数系列。以安全与经济性评价为重点，建立了渔船综合性能评价体系。

然而，对照《国际渔船安全公约》，我国 24 米以上钢质渔船的合格率不到 10%，反映出我国渔船装备整体落后、安全隐患大的突出问题；与一些渔业发达国家相比，在大型、高效和专业化渔船设计和与建造技术等方面还有很大的差距。

（2）以效能为方向的助渔辅渔装备的自主研发

针对我国捕捞装备整体水平落后的状况，"十二五"以来，我国主要着力解决我国远洋捕捞装备自主研发与建造能力不足以及近海捕捞装备安全节能水平提升的问题。

捕捞机械的研发以大洋性作业为重点，构建了自主建造能力。通过与渔业发达国家合作，开展了金枪鱼围网起网设备研究，构建了包括 19 种、共 43 台起网设备与电液控制的系统方案，研发了大拉力动力滑车（陈秀珍，2012）；依托国家科技支撑计划项目开展了秋刀鱼舷提网设备研发，形成了设备产业化制造能力；依托"863 计划"开展了大型拖网曳纲绞车及张力平衡控制系统研究，设计了液压控制系统（谢安桓 等，2014），构建了重物与船体之间位移数学模型（徐志强 等，2013），进行了仿真分析，并利用组态软件与 PCL 构建了集中控制交互平台（徐志强 等，2012）；开展了新型鱿鱼钓机的研制，构建了状态模拟集中控制系统。"十二五"以来，我国在捕捞装备技术进步方面取得了明显的进展，主要研究成果有：大型远洋深水拖网、围网和舷提网作业等捕捞成套装备样机创制，并开始应用于生产实际；以电液控制为核心的捕捞装备技术，应用于海洋工程装备领域以及载人航天工程第二代高海况打捞装备"平战结合型高拦截臂打捞装置"的研究，已达到国际先进水平。

渔用仪器以渔用声呐技术研究为重点，进行样机开发。开展以南海鸢乌贼、南极磷虾为对象的水声探测与评估技术研究，形成了商用探鱼仪南极磷虾声学图像数值化处理技术（张吉昌 等，2012）；集成渔用声呐与电子浮标技术，研发了基于 Skywave 模块的数据通讯链路构架和压缩算法，实现了客户端通过互联网访问与控制电子浮标；成功研发了嵌入式防盗设备，以区别渔船挂机螺旋桨转动与海洋噪声频率，可在 50～100 米距离内产生防盗响应（倪汉华 等，2014）。360 度电子扫描声呐研制，形成了整体技术路线与设计方案，该系统含有 128 个基阵单元，发射接收均为 128 通道，探测对象从鱼到海底，量程为 500～3 000 米。目前已完成 16 通道发射、接收机模块化制作等工作，单模块性能测试均达到设计指标。目前各模块均已开始量产，即将完成整套系统的测试。

然而，目前我国近海渔船捕捞机械配置不合理，自动化水平低，劳动强度大，安

全性问题仍较为突出，以大型化远洋渔船为平台的捕捞装备自动化、信息化、数字化和专业化水平不高，结合助渔仪器探测信号实现作业变水层拖网自动调整、金枪鱼围网起放网集中协调控制模式、围网起网实现边起网边理网的全过程自动化操作、鱿鱼钓捕捞电力传动与微电子控制等方面的技术与集成尚显不足。

（3）以环境友好和负责任捕捞技术为方向的渔具装备的研发

"十二五"期间，针对资源养护和合理利用的近海负责任捕捞以及节能高效远洋捕捞发展的需求，我国开展了环境友好型渔具渔法和负责任捕捞技术研究，以不断增强对我国海洋渔业持续健康发展的支撑能力。

捕捞渔具以降阻、高效为研究重点，需研发大型、节能网具。利用数值模拟技术，建立张网在波流场中的动力学方程，与水槽试验对比，符合性良好（刘莉莉 等，2013）；开展了金枪鱼围网、灯光罩网等渔具沉降性能模拟试验。开展了单拖渔船 V 型网板水动力特性、力学配合计算研究，优化了网板升阻力系数、临界冲角、最大升阻比等流体动力特性曲线，构建了力学模型（李崇聪 等，2013）。开展了张网网口优化、大网目底拖网身长度对网具性能的影响以及过滤性渔具网囊网目扩张性能研究；开展了不同网目尺寸以及单层、双重和三重刺网选择性研究，为渔具科学、规范管理提供了技术支撑。

开展了适用于南极磷虾生物学特征的新型水平扩张装置设计、风洞试验、研制及海上应用研究（饶欣 等，2015）；完成了高性能南极磷虾拖网渔具的创新设计、水槽模型与海上中尺度试验、网材料选配与创制、哺乳动物释放装置研制、网具制造与船载装配、海上拖曳试验与调整以及南极磷虾捕捞生产试验，新型南极磷虾拖网（BAD13B00-TN01 型）采用四片式形状和六片式结构，全覆盖绕缝、多重和交叉加强网筋等工艺，网具在 2.5～3.0 海里/时作业拖速的平均能耗系数为 0.81（千瓦时/10^4 米^3），其海上捕捞生产应用的日、夜间平均捕捞效率分别达 45 吨/时和 21 吨/时，居于同渔区渔船领先水平。开展了过洋性渔业疏目拖网、臂架式双联虾拖网，秋刀鱼舷提网、中东大西洋小型中上层鱼类大型中层拖网以及新型中层拖网网板、深水拖网网板等装备研究，自主设计的新型过洋性拖网网具能耗系数降低 15%。

然而，我国近海捕捞渔具在实际应用中仍存在选择性能差、资源和环境养护功能不突出等问题；远洋捕捞渔具的成套化以及基于捕捞对象生物学特性或渔场特征的精准性、精细化不强等问题。

（4）以节能降耗和功能性为目标的渔用材料的研发

高性能、低消耗以及绿色环保作为渔用材料的研发方向，采用新材料领域先进的成果和技术方法，结合渔用需求与适配特性，超高分子量聚乙烯绳网、铜合金网等新型渔用材料的研发和应用，为高效节能渔具以及新型养殖装备提供了重要支撑（闵明华 等，2014a）。

"十二五"期间，围绕捕捞与养殖设施装备所需渔用纤维材料、网线、网片、绳索和其他属具，采用纳米粒子改性聚乙烯纤维、纳米粒子/弹性体协同增强增韧聚乙烯纤维、超高分子量聚乙烯纤维渔用技术与性能等研究工作取得了一定的进展（闵明华 等，2015）；中高分子量聚乙烯（MHMWPE）及其共混改性单丝、网线及绳索，聚烯烃耐磨节能网材料，超高强聚乙烯纤维及其绳索、网片以及超高分子量 PE 裂膜纤维绳索在捕捞渔具的成功应用，明显地提高了渔具的节能效率；以聚乳酸为原料，开发了可生物降解的渔用聚乳酸单丝熔融纺丝制备工艺，对渔用聚乳酸单丝进行综合渔用性能表征研究，结果表明：渔用聚乳酸单丝的断裂强度可达 4 厘牛/分特（cN/dtex），在海水环境中自然降解 18 个月后，断裂强度下降至原来的 50% 以下，并以二氧化碳和水为目标降解产物，有望解决因网具丢弃而产生的"幽灵捕捞"和海洋环境污损问题（闵明华 等，2014b）。

网箱养殖是我国海水鱼类养殖的主要生产方式。针对网箱设施在海上持续波浪条件下的应用需求，开展的纳米改性高密度聚乙烯工程材料，使网箱框架结构材料的抗冲击性能提高了 15%，增强了网箱框架的耐挠曲性能和设施结构安全性（陈晓蕾 等，2012）；针对网箱箱体所使用传统合成纤维网衣容易附着海洋污损生物而使网箱水体交换能力下降、乃至失去水交换能力的难题，基于铜合金材料表面抗菌、抗海洋污损生物附着的特性开发应用了铜合金网衣材料，成功地解决了网箱箱体网衣的无公害和长效防污损问题，并有效地提升了网箱在较大流速条件下的容积保持性能，为网箱养殖鱼类提供了良好的生长环境（聂政伟 等，2016）。

然而，我国渔用材料高性能化应用尚显不足，基于捕捞渔具作业特征和养殖设施特定需求的适配性、功能性渔用新材料开发还未形成系统化和精准化，新材料开发相关应用基础研究较弱，新材料与绳网结构、渔具构件之间的优化匹配技术尚有待不断深入研究；旨在解决"幽灵捕捞"的生物降解渔具新材料，在物理性能和降解性能调控方法、实施技术以及渔具应用研究等方面仍存在较多问题（闵明华 等，2015）。

3. 加工装备

水产品加工以产业需求为导向，其装备研究包括保活流通、船载加工设备、原料初加工和加工副产物综合利用设备等。目前我国在保鲜保活及物流装备、替代劳力的机械化加工设备等方面，取得了较好的科研成果，水产品加工装备的创新水平明显提高。

（1）以节能、保活为目标的物流装备的研发

保鲜保活及物流装备方面，以节能提效、高效保活与信息化为重点，开展了活鱼运输关键技术研究，研发了活鱼运输箱水质自动控制系统；开展了鲍、扇贝喷淋保活技术与装备研究，研制了鲍喷淋保活运输车；原料处理与初加工方面，研制了大宗淡水鱼去头机、海水小杂鱼去脏机、卧式多滚筒去鳞机、大黄鱼开背机等专用设备，显

著地提高了加工效率（王玖玖 等，2012）；贝类加工方面，研制了蛤类清洗分级设备和牡蛎组合式高效清洗设备，提高清洗效率达 30 倍以上（徐静 等，2006）；海参前处理方面，开发了预检筛分、连续蒸煮及整形等关键装备，集成了国内第一条海参机械化前处理生产线，改善了海参前处理环境，提高了处理效率和品质（徐文其 等，2011；沈建 等，2011）；虾蟹加工方面，研制挤压式对虾去头机（王泽河 等，2015），效率和得率明显提高，建立了滚轴挤压、皮带挤压、真空吸滤等实验平台，成功研制了蟹壳肉分离专用设备并应用于实际生产（欧阳杰 等，2012）；海藻前处理加工方面，研制了基于 PLC 控制夹持力的海带自动上料机以及基于悬链线理论的海带打结机，显著提高了工效（李哲 等，2012）。

（2）以综合利用为目标的副产物加工装备的研发

副产物综合利用方面，以加工副产物固态发酵装备研究为重点。研究了水产加工副产物与植物蛋白复合发酵技术，并研制了车阵式和履带式连续发酵装置，提高了发酵过程的均衡性；研发了黏性物料流化干燥设备，集成了成套生产线。

（3）以品质优先和效能相结合的船载加工装备的研发

船载加工方面，开展了南极磷虾船上加工与快速分离技术及装备研究，研究了磷虾壳肉分离技术（郑晓伟 等，2013），优化了滚筒挤压工艺参数，研制了多层往复式滚筒挤压壳肉分离设备；根据南极磷虾加工特性及捕捞船的空间布局，设计并制成了南极磷虾虾糜船上加工生产线。

"十二五"期间，我国水产加工装备科技进步取得了明显的进步，但与国外发达国家相比，还存在较大差距，主要表现在：冷链流通不完善、精深加工装备缺乏、综合利用率低、装备精准化水平不高等问题，还需进一步完善（王卫国 等，2012）。

（二）渔业设施工程

1. 池塘养殖设施工程

"十二五"以来，我国在池塘养殖设施工程领域的研究与技术创新，主要集中在生态工程调控、信息化与养殖小区构建等方面。

生态工程调控技术研发主要围绕池塘水质理化指标与环境生物调控，研究了池塘藻相、菌相及理化指标关联机制及关键影响因子，探索了调控模型，构建了工程化调控设施及系统调控模式（姚延丹 等，2011；刘兴国 等，2010）。人工湿地基质微生物多样性及其对铵态氮、总磷净化效果研究方面，针对不同类型人工湿地确定了水力参数及基质、植物构建工艺以及湿地与池塘面积配比；研究了筏架式植物浮床、基质微生物—植物复合浮床，利用微生物转化与植物吸收进行原位净化；形成了生态沟、生态塘等池塘设施工程技术。

池塘设施工程主要围绕全国性养殖池塘标准化改造工程以及节水、减排要求，研究设施构筑技术规范，构建节水减排系统模式，建立健康养殖小区示范点。开展池塘池型、护坡、塘埂、沟渠等技术规范研究，建立工程化参数，制订行业标准；开展了区位规划以及养殖小区生产功能、水系构建、设备配置、设施配套等构建研究，提出配置原则；开展养殖场改造工程土方计算与平衡技术研究，提出工程概算编制方法。

然而，池塘作为最基本的养殖设施，老化问题依然严重。另外，还存在工程设备简单、调控手段有限、高效增氧设备和水质调控设施缺乏创新等问题。尤其是产品质量安全、优质高效生产、生态节水减排等方面的问题仍很突出。

2. 工厂化养殖设施工程

目前我国工厂化养殖以"车间设施＋循环水养殖"为代表形式，应用于海水、淡水成鱼养殖和水产苗种繁育等领域。"十二五"期间，我国在养殖系统模式方面的研究主要围绕鲟、罗非鱼、鲆鲽类和大西洋鲑等几个经济品种。针对淡水品种，重点开展了受精卵孵化、繁育设施、养殖池高效集排污以及水处理工艺集成等方面的技术研究；建立了覆盖淡水鱼养殖全过程的工厂化循环水养殖成套装备系统，实现繁育孵化率93％，出苗率92％，日换水不超过20％；成鱼养殖密度可达104.2千克/米³，存活率92.2％，日换水小于5％（张宇雷 等，2012）。针对鲆鲽类，重点开展了半封闭和全封闭循环水养殖系统技术的研究，实现了养殖密度30千克/米³条件下，日换水率不超过50％，解决了传统养殖模式高耗水、低产出的问题。

冷水性鱼类循环养殖技术以低温养殖水体的循环利用与营养积累平衡为基础。研究养殖过程中的低温下水处理技术、生物处理技术以及疾病防控技术，结合应用自动监测和控制技术，建立起冷水性鱼类循环养殖的技术模式，并通过生产试验，制定出系统生产管理的技术规范。目前已建立了养殖密度为30～40千克/米³的冷水性鲑鳟成鱼养殖模式以及苗种的工厂化繁育模式。

我国常规的换水式工厂化养殖场目前正在推进循环水系统升级。北方沿海"车间＋深井水"的鲆鲽类养殖模式，内陆一些地区"设施大棚＋深井水"的鲟养殖模式以及传统苗种繁育设施等，正在政策的引导和扶持下实施转变。在此过程中，工厂化循环水养殖科技，围绕高效与节能，发挥了积极的支撑作用。"十二五"以来，通过技术进步，我国在工厂化循环水养殖装备、装备系统构建等方面已接近国际先进水平。

然而，工厂化养殖对能源的依赖性越来越强，矿物燃料和地下热水的过度开采与利用，带来了资源枯竭、环境污染等一系列问题；另外，还需进一步深化研究营养、饲喂与主要环境因子及养殖生物生长发育、抗病力之间的内在联系，探索碳、氮、磷等主要营养素在系统内的迁移转化规律和控制方法，实现工厂化养殖过程的精准控制与精准管理。

3. 围栏养殖设施工程

围栏设施养殖采用围栏手段，具有养殖水体大，养殖密度低，养殖环境接近自然等优点，是一种接近海域生态的养殖方式。围栏设施养殖主要有滩涂低坝高网养殖、港湾网围养殖和浅海工程设施围栏养殖等类型。目前我国在浅海大型围栏养殖设施建设方面取得了突破性进展，整体上已处于领先水平。

"十二五"以来，针对我国浅海水域资源利用，以大黄鱼仿生态养殖为目标的浅海围栏或岛礁连栏养殖迅速发展，围栏养殖设施技术与装备也不断升级，由竹竿插桩、化纤网衣围栏发展到钢筋混凝土工程柱桩或钢管复合聚烯烃柱桩、铜合金网衣或高性能化纤网衣围栏的大型工程设施，设施水深由4～5米推进至10～15米，围栏水体已达10万米³乃至100万米³。在浅海大面积围栏养殖中，养殖对象水平活动空间大，垂直活动空间可直达水底，并且可自由在水底栖息、觅食，具有自由选择适宜生存空间、生长环境更近自然、生态，可满足人们对高品质水产品日益增加的需求。

然而，围栏养殖设施在海况适应性能、设施标准化等相关基础研究和实施技术以及生态养殖相关海上自动投喂、水质实时监控、养殖鱼类水下视频或声呐监控、养殖专家系统建设等方面尚需不断研究与完善。

4. 渔港设施工程

我国渔港基础设施比较薄弱、建设标准不高，这些因素严重影响着渔区渔民的生产、生活安全，并且随着海洋自然灾害的增多、增强以及渔船数量和渔船结构的变化，对渔港功能和渔港标准的要求越来越高。"十二五"期间，随着我国渔港工程建设的高速发展，在渔港基础研究、渔港规划和渔港建设工程技术等方面取得了长足的进步。

目前我国基础研究方面以渔港波浪场、泥沙运动等环境因素研究为重点。通过对风浪流单独和联合作用下202千瓦拖网渔船单船艏艉双锚锚泊时、锚泊力和运动量的物理模型研究，提出渔港港内锚泊允许波高不大于0.6米（孙龙 等，2011）。提出了淤泥质海岸防波堤的合理布置要求、较优的平面布置方案，统计出渔港有效避风面积、确定相应的避风区域（王全旭，2014；王震 等，2013；林法玲，2012）。建立了地区中心渔港的波流场、泥沙场数值计算模型；建立了潮流和悬沙增量输移扩散数学模型等多种模型；再现了疏浚过程中悬沙的输移扩散规律和特征，为港区内治淤、防淤提供科学依据（蔡学石和王永学，2011；王珊珊 等，2011；冯春明和董胜，2011）。

在渔港规划研究方面以多功能现代化渔港建设、渔港布局优化及评价为重点。在分析国内外渔港发展的趋势和调查研究的基础上，提出了我国沿海多功能现代化渔港的功能定位、建设内容、建设标准和建管机制（王震 等，2013）。采用层次分析法（AHP）建立渔港防波堤布置综合评价量化模型（李放 等，2013）。根据渔船作业渔场和避风渔港的地理位置，对避风型渔港的布局进行了优化计算（陈昌平 等，2014）。建立了中国东南沿海避风型渔港规划问题的数学模型，提出了一种优先考虑最短回港时间的启发式算法（于红等，2012）。

工程建设方面以解决松软地基处理和避风锚地建设为重点，在大水深条件下采用了预应力板桩结构（岳建文 等，2012），研究透空堤透浪系数与合适的建设长度，以达到透空堤整体防浪效果（闫少华 等，2013）。针对使用要求较低的地区，设计了软基处理新工艺浅层真空预压法（张冠群 等，2014），提出消浪工程方案（徐鹏程 等，2014）。从安全辅助设施、监控指挥设施和后勤保障设施三个方面提出了渔船避风锚地的基础设施建设要求。渔港避风减灾技术还处于初步发展阶段。

5. 人工鱼礁设施工程

人工鱼礁是改善海域生态环境、养护渔业资源的重要渔业设施，是海洋牧场建设的工程基础。近年来，随着各级政府对海洋生态环境和渔业资源保护工作的日益重视，我国的人工鱼礁和海洋牧场建设发展迅速。据不完全统计，截至 2015 年年底，全国沿海通过人工鱼礁建设、底播增殖和增殖放流等途径共建设海洋牧场 223 处，累计投放人工鱼礁 5 700 万米^3，海洋牧场建设面积达到 763 千米^2。我国的人工鱼礁建设也由小型礁、石块礁，逐步向着礁体大型化、材料综合化、结构复杂化、类型多样化方向发展，鱼礁工程建设也由单一的资源增殖型向着资源保护、环境修复和发展休闲渔业等多功能化发展。"十二五"期间，伴随着国内沿海各地的大规模人工鱼礁建设，我国人工鱼礁工程技术研究也在不断深入，并在礁体结构设计、新材料开发、鱼群控制、鱼礁水动力学研究和智能化监测装备研发等方面取得了重要进展。

围绕鱼礁生态修复功能，发明了潮汐动力自动投饵人工鱼礁和自动定点分配饵料的人工鱼礁，可加强人工鱼礁区域的食物供给，提高人工鱼礁区域生态系统的生态承载力和维持力。在新型礁体研发及其功能多样化方面，引进了日本的金字塔形及圆形组合式等新型鱼礁，并实现了国产化；研发了浮沉式人工鱼礁，不仅能为鱼群提供栖息、繁殖、庇敌场所，还能培养海藻、进行网箱养殖；在新材料开发方面，开发了冶金渣（李颖 等，2012）、高炉水淬矿渣（于淼 等，2011）、齐大山铁尾矿（于淼 等，2012）为主要原料制备的人工鱼礁混凝土，可满足人工鱼礁强度要求，海洋相容性良好。

在鱼礁水动力特性方面，在礁体设计稳定性校核时，应根据礁体开口比和实际海域底质泥沙的粒径组成，选取最大静摩擦系数（黄远东 等，2012）；混凝土等边三角形人工鱼礁在水深 15 米，波高小于 6 米时，能较好的保持稳定，流速达到 1 米/秒时，可保持稳定（黄远东 等，2012）；研究表明，相同工况下，方形鱼礁比梯形台鱼礁能够更好地发挥鱼礁的环境资源修复功能（郑延璇 等，2012）。

在海洋牧场监测与信息化装备方面（沈蔚 等，2013），利用数据集成和处理技术，将海上数据采集系统、水下摄像系统、GPS 系统、雷达系统的所有数据储存汇总到信息化管理平台系统，实现了对海洋牧场温度、盐度、溶解氧、pH、流速、浮游生物等环境因素的实时监测、海区船只的 GPS 实时定位、外来船只雷达预警以及海洋牧场水下画面的实时在线反馈；在鱼群控制技术方面，采用音响投饵驯化、气泡幕鱼类行为控制等相关研究也取得了一定的进展。

三、国际研究进展

（一）渔业装备

1. 养殖装备

增氧机作为池塘养殖主要水质调控装备，国外研究多集中在设计、运行参数、增氧效果及影响因素等方面，并取得了很多成果。射流式增氧机、喷水式增氧机、底部曝气增氧设备陆续出现并得到应用。养殖池塘在分塘或收获时一般是来采用人力拉网、起鱼，近年来国外也有一些机械化拉网装备的报道，James W 报道了移动式池塘围网滚筒起网机和真空式吸鱼泵，极大地减轻了生产者劳动强度。

国外渔业发达国家网箱养殖已朝智能化管理方向迈进。建立了以养殖对象为主体的数学模型和专家决策系统，为养殖智能化管理提供了重要依据和参数，主要养殖品种实现了精准养殖。物联网技术在智能化养殖管理过程中得到充分体现，建立了实时养殖管理系统，利用多种类型的海上传感器、摄像设备获得的养殖生物、养殖环境、养殖设施等数据信息，通过有线或无线接入方式，与养殖管理软件对接，通过数据分析、统计、优化后进行下一步养殖操作，养殖的科学性和精准度得到大幅度提高，减少了人为工作的失误。投饵装备突破了远程自动控制精准投饵技术，投喂时间和投饵量都采用电脑控制。渔网清洗装备采用水下高压射流技术，大型渔网清洗装备可自动操控，其中最小的渔网清洗装备只需一个人在网箱边轻松地操控，渔网清洗率高达 90％以上。

围绕养殖区域规划、养殖设施（网笼、固定锚固设施）优化，在抗风浪、网箱养殖生物的水下计算机监测、波浪和水流对网箱养殖结构影响的计算机模拟、筏式养殖结构设计标准等方面开展了诸多研究。当前世界范围内的筏式养殖技术主要集中在近岸 20 米等深线以内水域。养殖模式有上浮式养殖模式及半潜式养殖模式等。美国 Puget Sound 港南部区域的贻贝养殖商业平台，易于拼接和拆开、管理方便、适应地域环境的能力强，适用于风浪较小的半封闭式内海湾养殖。冰岛的 BREID 公司和挪威的 MAQSY 公司创造了新一代用于北欧寒冷海域的半潜管式吊养贻贝养殖设备，下潜的养殖的方式可避免流冰对设施的毁坏。挪威的筏式养殖采用 HDPE 管作为浮架，将水中垂直的网片与浮架链接，养殖贻贝附着在垂网上养成；平时有专业化网片清洁船，养成后有专业化贻贝采收、分选船进行收获处理，自动化程度极高。总之，国外筏式养殖理念、模式先进，配套装备专业化程度高，采收、管理已实现自动化。

发展离岸深远海养殖已成为世界水产养殖科技创新发展前沿。基于人工浮岛、养殖工船、养殖平台等支撑可到离岸 3 千米以远、水深 50 米以深作业，在海洋季候性恶劣海况的开放性水域进行智能化养殖管理，具备工业化养殖生产模式。安全高效环保生态离岸养殖是科技创新的最大特点，高技术与装备协同是支撑海陆产业融通时空的关键，养殖设施与装备部件化模块化标准化已成为海洋持续利用获益的重要手段。美国研发出圆柱形大型养殖管理平台。瑞典研发出在 80 米水深区域养殖的管理平台和网箱一体化的 Farmocean 养殖系统。挪威研发出集自动化养殖为主体自行式养殖工船管控平台。这些平台的投入使用及配备的投饵、洗网、监控、吸鱼等装备，实现了深远海集群养殖管理。

2. 捕捞装备

海洋渔业发达国家都特别注重发展大型或特大型渔船，并依托船舶工业的发展技术，形成了技术方案、详细设计以及施工设计三位一体的研发设计平台。大型化、自动化、绿色节能已成为大型远洋拖网加工渔船的发展趋势。国外大型拖网船，其总长达到 140 余米，绞纲机拖力达到 100 余吨，速度快，效率高；针对南极磷虾生产，研发了连续式捕捞加工一体化专业船，综合效益大幅度提升。国外一艘近万吨的渔船所需船员数量仅为我国的 1/3，大型金枪鱼围网船，其船长达 100 余米，航速达到 17 海里/时。目前国外渔船中玻璃钢、铝合金等轻质材料应用普遍，发达国家中小型渔船已基本实现了玻璃钢化，后者的应用也日益见多，在美国木质渔船已全部淘汰。在绿色船舶研发方面，挪威开展了 LNG 清洁能源动力推进的渔船的研究和示范，冰岛开展了全电力驱动延绳钓渔船的研究和设计，对大型渔船研究采用尾气排放处理系统。目前欧美发达国家和地区引领着世界渔船绿色发展。

数字化装备和信息化系统在渔业发达国家的远洋渔业中得到普遍运用。先进的拖网渔船一般都采用网形控制综合拖网系统，该系统综合了鱼群探测系统和拖网渔具定位系统的数据，以满足选择性精准捕捞作业的要求。大型变水层拖网，除起放网实现了电液自动化控制外，在拖网过程中也实现了曳纲张力平衡网形自动化控制以及结合助渔仪器探测信号实现了作业变水层的自动调整，捕捞效率同比提高了 30%。金枪鱼和深海鱼类延绳钓作业装备也实现了起放钓和装饵操作全过程的自动化。金枪鱼围网采用起放网集中协调控制模式，围网起网实现了边起网边理网的全过程自动化操作。

目前国际上先进的声呐技术有挪威的 Simrad 公司的 SP90（频率 20～30 千赫，距离 8 000 米）和日本古野公司的 Fsv30s（频率 21～27 千赫，距离 10 000 米）。目前挪威、日本、美国、西班牙、法国等发达国家助渔系统方面，如远距离声呐探测、网位监测、卫星遥感信息、电子浮标、海鸟雷达助渔等助渔信息获取方面实现了数字化助渔，鱼群探测具有多种高效手段和先进方法。声呐探测实现 360 度电子扫描技术，并集成了捕捞超声探测鱼类识别技术和高精度生物量评估技术,探测水平距离达到10千米以上,探测水深 1 000 米以上,另外集成多媒体技术实现了 3D 声呐数字化成像。

欧美发达国家和地区在研究鱼群行为控制技术的基础上,已先后开发出各种选择性渔具装置,这些装置对防止虾拖网兼捕幼、杂鱼,释放幼鱼和海龟等都起到了积极的作用。许多国家和地区为了使自身专属经济区内的渔业资源得到可持续利用,逐步加强了对生态捕捞生产技术的研究,包括对现有渔具和捕鱼方法进行调查,并采取措施逐步取消不符合负责任渔业的渔具和渔法;研究和使用有选择性、环境友好和效益高的渔具渔法,尽量丢弃、减少对非目标品种的捕获以及对与之相联系的或依赖的物种的影响等。

国外非常重视网具的基础研究和新材料的开发技术。如荷兰的 DSM 公司研制的超高分子量聚乙烯纤维应用于渔网制造。由于超高分子量聚乙烯纤维的断裂强度是普通渔用聚乙烯纤维的 5 倍左右,因此同样规格的渔网可以使用较细直径的超高分子量聚乙烯网线,从而可以大幅度减小渔网在捕捞作业时的水阻力,大幅度节约了渔业生产能耗,提高了渔业捕捞效率,促进渔具材料向高效、节能方向的发展;应用超强纤维材料可以大幅度减小围网网具纲索(包括上纲、下纲、浮子纲等)和网线的直径,减少浮子的用量,延长网具的使用寿命,并减少网具的甲板占用空间;超强聚合物纤维材料在延绳钓渔业中同样具有明显的优势,由于其强度高、直径小,用作延绳钓干绳,相同的绞车可配置更长的钓绳,使钓钩数量增加 40%;另外,在浮延绳钓和拟饵曳绳钓中,小直径的钓绳可减少水流对捕捞作业的影响,提高捕捞效率。

3. 水产品加工装备

欧美等发达国家和地区在水产品加工与流通方面装备技术水平较高,主要体现在鱼类、虾类、贝类自动化处理机械和小包装制成品加工设备方面。德国与挪威合作创建了大西洋鳕和白肉鱼类加工生产线,鱼片产品质量和得率显著提高;瑞典开发的船用全自动鱼类处理系统能精确地去除鱼头和鱼尾,并采用真空系统抽除鱼的内脏,开片、去皮操作实现了全自动操作且可调节;瑞典公司开发出可为每一品种和尺寸的小鱼量身定制去头去内脏机,从而让每一种加工鱼品达到最高的产出率;日本研制的基于三维激光成像的冷冻鱼切身定量分割装置,通过对鱼片的立体监测,准确分割出所需切身的大小和重量;荷兰推出了全新蒸煮技术及产品,为每一只虾提供最佳蒸煮参数,并可提高加工产品的产出率。

(二)渔业设施工程

池塘养殖设施构建具有相当的科学性,Claude E. Boyd 通过开展池塘底泥形成与影响机制研究，提出了养殖场在选址建设过程中对土壤有机质、黏土的考量，在生产过程中的有效管理措施等；James W. 等在《水产养殖基本准则》中提出了塘埂构筑坡比及排水管设置方式。为了提高池塘养殖的运行效率，进一步设施化构建的探索与应用一直在开展。

国外已进入现代工厂化养鱼阶段，采用了现代工程技术、水处理技术、生物技术、微生物技术、自动化技术、计算机技术、纳米技术、信息技术等前沿高新技术成果，自动化、精准化程度很高，养殖用水循环利用率高达 90% 以上，产品优质健康，达到了污染物"零排放"。目前工厂化养殖已普及到虾、贝、藻、软体动物的养殖，育苗企业普遍采用封闭循环水技术，工厂化养殖已成为一些国家和地区的国策和水产发展的重点。

世界渔业较发达国家和地区多依据渔业法规，科学制定渔港中长期规划和建设计划，注重生态环保建设，重视渔场、渔港、渔村一体化建设，逐渐发展成为集渔业、环保、旅游、度假娱乐为一体的多功能的海洋生产和消费场所。除生产发展和避风减灾的基本功能外，休闲渔业、滨海旅游、蓝色生物技术等多重产业正成为未来渔港小镇转型升级的重要领域。

人工鱼礁建设已经成为世界发达国家发展渔业、保护资源的主攻方向之一。目前，全球已有 50 多个国家和地区开展了人工鱼礁工程建设。日本、韩国、挪威、美国、英国、加拿大、俄罗斯、瑞典等国均把人工鱼礁工程作为振兴海洋渔业经济的战略对策，投入了大量的资金，开展了人工育苗放流，可促进恢复渔场基础生产力，取得了显著成效。日本进行了大量的人工鱼礁数值模拟和水槽模型试验，构建了较为完善的人工鱼礁工程技术研发平台，可以系统地阐明基础礁体结构的流场特征、环境造成功能与生态调控功能；将位置情报系统与数字人工鱼礁数据库进行结合，开发了"鱼礁效果诊断系统"，实现了鱼礁效果的数据化和可视化。

四、国内外科技水平对比

（一）渔业装备

1. 养殖装备

我国池塘养殖装备的机械化水平不高，养殖装备的研发主要以增氧机和投饲机为主，前者起着池塘高效增氧和维持生态系统稳定的重要作用，后者解决了定时、定点、定量机械化投喂的问题，但对于池塘养殖过程其他环节替代劳力的机械化技术研发还未有成效。国外的技术研发，以替代劳力、提高工效的机械化设备为主，包括疫苗注射机械、拉网机械、起鱼机械、分级机械等，装备的机械化、自动化水平更高。我国池塘养殖装备的研发已经不能满足因劳动力成本不断上升对生产过程机械化需求的增长。在模式构建方面，与国外先进水平相比，其系统性、功能性乃至健康、高效养殖效果方面还有一些的差距。如美国克莱姆森大学（Clemson University）的分区循环水养殖池塘，通过设施与设备构建，强化了养殖池塘的光合作用及生态效应，达到了高效生产的目的。

我国对工厂化养殖装备的研发以跟踪世界先进科技发展情况为主，创新性成果少。与国际先进水平相比，我国工厂化养殖装备的研发一直处于消化吸收与借鉴状态，主要的装备形式大都起源于国外，如各种形式的过滤筛、生物滤器、气水混合装置等，对养殖循环水处理新技术、新材料、新方法的创新性应用研发较少。发达国家在养殖系统的自动化控制、机械化操作以及排放物再利用等方面的研究具有超前优势。

我国深水网箱装备的研发源自于挪威高密度聚乙烯（HDPE）圆形重力式网箱，对应我国沿海特殊的台风影响及其风浪流进行了技术改进优化，可以应用于20米以深的养殖水域。在基础研究方面，我国在网箱设施领域的基础研究，主要围绕HDPE网箱设施水动力特性开展，研究范围较为单一。为解决HDPE网箱设施安全性问题、保持网箱箱形，开展了一系列与之有关的水动力学研究，包括水槽模型试验、数值模拟和海上测试，为提升网箱性能、开发系列化产品打下基础，但研究对象主要是一种网箱。国外针对网箱设施的水动力学研究，结构形式更为多样，研究基础较为扎实，研究出多种形式的设施结构，其技术优势主要是建立在应用基础研究包括网箱系统水动力学研究、网箱结构设计与分析的数字化设计技术；在养殖配套装备研发发面，我国在深水网箱养殖配套装备的研发主要集中在投饲系统、网衣清洗机和提网装置等方面，装备的使用效率不高，实际投入使用的设备很少。在国外网箱养殖发达国家如挪威，有持续的装备研发体系，包括吸鱼泵、智能化投喂系统、水下监控系统、养殖工作平台（或船）以及信息化、自动化控制系统等，我国还需不断提升网箱养殖产业的装备化水平，促进网箱养殖产业健康持续发展。

国内贝藻养殖的工程化与设施化水平较低，目前我国筏式养殖大部分集中在近岸10米等深线以内的近海水域，且大多集中在避风条件较好的浅海内湾和沿岸近海海域，主要通过架设浮筏、布设长绳、悬挂吊笼等方式进行养殖，污染严重。因缺乏高新技术支撑，近海筏式养殖抵御自然灾后能力较弱。开放水域养殖模式、设施与装备未开展基础性、系统性研究，缺乏远岸深水抗风浪筏式养殖设施，养殖发展空间受限，因此15～40米等深线之间的水域尚未充分利用。贝藻养殖配套设施的研发还比较落后，播苗、采收或起捕缺少生产专用装备，养殖生产仍主要依靠人力完成，机械化与自动化程度亟待提高。

以海洋生存工况比船舶更具安全性的大型养殖管理平台为依托，以大型养鱼设施为生产载体，进行精准养殖是当前国际上最先进的深远海养殖生产模式。当前，国际上养殖管理平台朝小型化、标准化、集成化、数字化和实用化方向发展，养殖管理平台也从单一功能向多功能转变，使深海养殖产业技术水平得到全面提升，推进了养鱼设施大型化，单箱养鱼产量最大可达 1 000 吨。我国现阶段的深远海网箱养殖装备技术水平与国外发达国家相比仍存在明显差距，主要表现在：养殖设施规格小、装备自动化水平低、大型养殖管理平台缺失、配套技术集成度不高，阻碍了我国海水设施养殖进一步向深远海发展。

2. 捕捞装备

近年来，我国渔业船舶的研究水平取得了长足的发展，初步构建了渔船数字化研发平台，在近海标准渔船船型和大洋性作业渔船研发方面取得了明显的进展，为渔船装备的现代化发挥了重要的支撑作用。在学科发展上，形成了作业船型优化、船机桨匹配、节能技术应用等研究领域以及"经验数据回归分析＋水槽模型试验＋CFD 数值模拟"的标准化、系列化船型研究方法，形成了专业化的研究团队。在世界渔业发达国家，渔船研发能力和水平与船舶工业实现同步发展，已建立 MDO 的船型研发平台。在基础研究方面，由于实验支撑条件缺乏，我国对基本船型的研究积累非常薄弱，渔船船型综合性能分析方法和技术与发达国家相比存在较大差距。如日本的水产工学研究所，拥有拖弋水槽、循环水槽、船舶仿真系统等完备的渔船研究实验系统，承担着大量的渔船船型基础研究任务，为渔船设计与安全管理提供了科学依据。我国在南极磷虾捕捞加工船、大型拖网加工船、变水层拖网渔船等领域，还不具有全面的自主设计能力，与世界先进技术相比差距明显。

我国捕捞装备技术经过数十年的发展，形成了完备的学科体系。近年来的研究重点，以远洋渔业装备技术为重点，正在取得重要的研究进展。构建了以捕捞机械液压加载为核心的实验系统，形成了专业的捕捞机械研究团队。在技术研发方面，远洋捕捞装备自主研发能力亟待提升。我国捕捞装备的技术研发还处于跟踪研制阶段，自主创新与研发能力不足，尤其在南极磷虾连续捕捞泵吸系统、大型拖网起网设备、变水层拖网控制系统、数字化声呐探测仪器和三维探测技术、选择性捕捞控制技术等方面，明显落后于国际先进的研发水平。新西兰科学家研发的具备极高捕捞选择性的拖网系统，可允许渔船对特定鱼种和大小的鱼类进行目标定向捕捞。

渔船助渔仪器研发，国内外都有数十年的研究历史。发达国家助渔仪器朝多功能、三维、数字化方向发展。目前国际上技术先进的声呐技术有挪威 Simrad 公司的 SP90（频率 20～30 千赫，距离 8 000 米）和日本古野公司的 Fsv30s（频率 21～27 千赫，距离 10 000 米）。我国探鱼仪研究发展主要在 20 世纪 70—80 年代，近 20 年由于近海渔业资源衰退，探鱼仪器研制处于停滞状态，产品单一。

国外对于资源兼捕（浪费）问题非常重视，渔具设计由捕捞对象普遍性逐步转向特定针对性捕捞，并提出了精准捕捞的概念，对于选择性渔具以及减轻环境影响的渔

具的研究与开发已进入应用阶段。而我国的渔具设计方面只注重单纯提高产量，注重于扩大网具的扫海面积，以期获得更多的渔获物，并不特别考虑渔具对于非目标种类的兼捕问题；其次，我国对于渔具对于资源、环境等影响研究较少，对于渔具对环境的影响方面几乎没有开展过相关研究，对于目前我国各类渔具的性能也没有一个评价标准。因此，我国对于渔具的精准捕捞、渔具对生态环境破坏等方面的研究仍任重道远。

近年来，国内在渔用材料研发方面创新较多，包括高强度渔用聚乙烯材料、超高分子量聚乙烯材料以及不同材料的混溶、混纺以及不同线结构的网线、网片等，强度性能从普遍应用的聚乙烯 4 厘牛/分特提升至高强度渔用聚乙烯材料 9 厘牛/分特以及超高分子量聚乙烯材料 25 厘牛/分特。然而，由于受捕捞渔业组织化程度较低、渔民意识不强等方面的影响，我国在高性能材料的系列化研发、渔具适配应用研究、效能评价以及应用范围包括所用渔具种类、应用量、应用区域等方面仍与国外渔业发达国家存在一定差距。

3. 加工装备

我国水产品加工装备研发，围绕原料初加工、高值化加工和副产物综合利用领域，形成了研究体系。近年来的研发，主要集中在替代劳力的机械化加工设备和远洋船载加工装备等方面。

在装备研发方面，我国水产品加工装备机械化、自动化水平落后，装备研制主要以跟踪国外先进技术为主，创新能力不足。与国际先进水平相比，在机械化鱼体分割、开片设备等方面的研发水平明显落后。

在系统构建方面，我国远洋捕捞船载加工装备集成能力落后，南极磷虾船载虾粉加工主要应用陆基的湿法鱼粉生产技术及设备，针对磷虾特性的虾粉加工工艺研究与装备开发能力不足，国外专业化捕捞加工船上配备的加工装备，针对性强，自动化程度高，可以精准地实现去头、去皮、去脏、开片、冷冻包装及品质控制，系统性集成研究水平很高。

（二）渔业设施工程

我国池塘生态机制的研究开始于 20 世纪 80 年代，由于生产方式、气候环境、地域条件的不同，池塘生态机制具有明显的地域性差别，而以池塘生态影响机制与调控模型构建为核心的研究体系，研究数据积累还处于局部状态，整体而言，对技术创新的推动作用尚未显现。相比较而言，养殖池塘生态系统的构成与变化机制的研究，是国外农业工程学研究者所关注的重点，如美国的奥本大学（Auburn University），围绕池塘水质、底质生态机制及其影响因子，形成了研究体系。

目前我国工厂化循环水养殖技术体系已基本建立，建立了以鱼池排污、物理过

滤、生物过滤、消毒杀菌、给排水系统为主的技术体系，形成了针对主养品种的海水、淡水养殖与名优水产苗种繁育系统模式，建立了一批生产示范基地。在技术应用层面，跟上了国际发展水平，但设备的稳定性和自动化程度方面落后于欧美等发达国家和地区；在基础研究方面，我国对工厂化高密度养殖对象生理、生长机制研究不多，对水净化系统生物膜形成与干预机制缺乏研究积累。围绕鱼池流场条件、温度、盐度变化机制、养殖密度、应激条件等因素以及营养操纵等干预手段，对养殖生物生理、生长机制的影响及其品质的研究，还处于起步阶段，限制了工厂化养殖技术的提升。对生物滤器生物膜形成机制以及特定条件下快速培养方法的研究不够，因而在高盐、低温、高碱等特殊水质条件下生物滤器尚不能做到快速、稳定运行。国外的研究，针对为数不多的以大西洋鲑、大菱鲆、虹鳟等主养品种养殖环境及生长机制的研究很系统，建立了生长预测模型及专家系统，推进着循环水养殖系统的技术水平不断提高；在模式构建方面，我国工厂化养殖系统技术集成性差，工业化水平不高。工厂化循环水养殖系统的构建仍然以设施装备为主，养殖技术主要依靠工作人员的经验，高投入的装备系统并未产生其应有的产能与效率。基础研究不足，技术研究粗放，致使系统模式构建时，养殖技术与设施、装备的关联度不够，特定的模式及其对应的养殖工艺、操作规范尚未有效建立，系统工程学研究水平较低。国际先进的循环水养殖系统，可以根据市场订单的要求，设定养殖规程，控制生长规格，进行自动控制，建立工业意义上的养殖工厂。

"十二五"以来，基于浅海水域资源开发，我国以大黄鱼仿生态养殖为目标的浅海围栏或岛礁连栏养殖，通过钢筋混凝土工程柱桩或钢管复合聚烯烃柱桩、铜合金网衣或高性能化纤网衣等新技术和新材料的集成应用，在浅海大型围栏养殖设施建设方面已取得突破性进展，整体上处于领先水平。

我国渔港工程技术研究存在队伍分散、科研条件缺乏、国家资助力度较低等问题，特别在防灾减灾、现代渔港建设、水域生态环境保护修复等研究方面落后于发达国家，严重地影响了渔港在我国海洋渔业转型升级和加快渔区小城镇建设中重要功能的发挥。虽然近年来，中央和地方政府逐步加大了渔港建设投入，但与国外相比还有很大的差距，同时由于历来渔港建设基础薄弱，历史欠账多，渔港建设数量和规模仍然不足，建设水平和标准依然偏低，多功能渔港规划技术、新结构新材料技术、渔港环境与水域生态保护技术、渔船避风减灾对策及渔港现代装备等研究方面，滞后于我国渔业经济的发展，并落后发达国家15年以上，严重影响了渔港在我国渔业经济中重要功能的发挥。在工程结构方面，我国目前常用的渔港结构物单一，特别是防波堤方面仍多是采用实体堤，在透水式防波堤研究以及应用方面突破有限，而我国沿海水域泥沙含量大，渔港淤积导致许多渔港功能难以充分发挥，国外在采用多种建筑物结构形式方面走在我国前面；在渔港规划方面，我国渔港规划随着经济发展有了一定突

破，但仍限于生产和防灾方面，渔港规划过程中，思维定势明显，加上许多地方政府对渔业的重视程度不高，与国外建设功能齐全、环境优美的现代渔港尚有一定差距；在渔港环境治理方面，我国渔港设施、渔港管理水平及渔民素质尚需提高，部分渔港水域脏、乱、差，许多学者在渔港环境治理方面投入了大量精力，但是仍没有根本改变我国渔港环境面貌，究其原因：一是研究手段有限，二是重视程度不够，与国外投入大量人力和资金开展渔港环境治理研究及应用差距明显。

我国的人工鱼礁建设规模虽然位于世界前列，但在基础研究、建设规范和管理上尚有较大差距，人工鱼礁的技术研究滞后于产业发展。在鱼礁水动力学研究方面，对结构简单的鱼礁开展了一定的流场效应、摩擦力、冲击力和稳定性理论计算的研究，但在阻力与摩擦力系数等鱼礁设计基本参数上欠缺自主研究技术，在鱼礁集鱼机理、礁体动力和稳定性等研究，仍然落后于其他国家，不能准确系统地指导我国鱼礁设计与研发。在鱼礁结构设计、新材料研发及鱼群控制与礁区监测技术与装备等方面滞后于日本、韩国等鱼礁技术发达国家。

五、"十三五"展望与建议

面对渔业发展的新形势、新任务和新要求，以推进渔业供给侧结构性改革，加快渔业转方式、调结构，促进渔业转型升级为目标，渔业装备与工程领域的重点方向和任务包括以下方面。

（一）池塘养殖装备与工程将向物联网和生态工程方向发展

构建养殖小区数字化管理系统与养殖产品物联网技术平台，逐步掌握主产区主要生产方式的生态系统物质与能量转换机制及关键影响因子、边界条件，建立工程学模型，使养殖系统及养殖环境水质与环境生物得到有效构建；把握系统生态位关联要素，工程化构建设施装备，强化微生物、植物、植食性生物等群落功能，集成精准饲喂、良好管理等技术，形成集约化池塘养殖新模式，推进生产方式向"高效、低耗"转变。

（二）工厂化养殖装备向高效精准化方向发展

逐步掌握可控水体主养品种生长与品质、水质、营养、环境操纵机制，建立生长与工程化调控模型，使品质可控，养殖高效。研发精准化养殖生境调控系统，智能化投喂控制系统，低能耗水净化装备，机械化操作设备，功能化鱼池设施，信息化管理系统，生态化排污精化设施等；建立序批式养殖生产工艺及操作与质量控制规程，构建工业生产水平的现代化养鱼工厂，形成工业化"养殖工厂"新模式。

（三）安全、高效、生态的网箱养殖业健康持续发展

开发高耐波、高弹性、高抗流深水网箱养殖系统成套装备，综合解决抗 17 级台风网箱结构安全问题；研发机械化自动化生产装备、信息化远程控制系统、专业化配套工船，提升网箱养殖效率及管理水平；集成网箱单点系泊技术、装备智能化控制技术、集约工程化养殖技术、互联网技术，构建安全高效深水网箱工业化生产模式，打造"互联网＋养殖"这一新的发展模式，推动中国深水网箱产业高效健康发展。

（四）机械化和清洁化为重点的筏式养殖与滩涂养殖

围绕筏架养殖的机械化播种与采收，融合机械化、信息化及自动化技术构建筏架养殖模式，通过对筏架新模式的结构形式、防害减灾能力、养殖生理技术、生态技术、采播方式等基础性研究，探索养殖全程机械化生产模式。加强浅海、滩涂养殖全产业链成套机械化装备的研发，重点提高牡蛎、扇贝、蛤、海带、龙须菜、紫菜等主要养殖品种的机械化作业程度，加快浅海、滩涂养殖基础设施的标准化改造升级；注重养殖装备与养殖技术的融合，推广与设施装备相配套的品种、模式和技术，促进养殖装备的结构升级。

（五）生态型、高品质为目标的浅海围栏养殖

以浅海水域资源为基础，结合海洋牧场规划、建设，促进浅海围栏设施养殖向离岸、深水、大型化、现代化和生态型方向发展。在围栏设施相关应用基础研究和技术研发工作的支撑下，围栏设施工程与装备机械化、信息化和智能化水平逐步提升，有望成为"十三五"期间渔业装备与工程领域的科技创新亮点、设施养殖新模式以及近海养殖业发展新的增长点。

（六）深远海养殖是我国未来海水养殖发展的战略方向

研发小型半潜式具备深远海养殖管理、综合保障功能的人工浮岛平台，可在1 000 米以浅任意海域设置，建立集渔业生产救助保障功能、海事功能、海洋监测功能和深远海养殖系统，可带动和支撑深远海 50～1 000 米水深海域渔业综合用途。以"养、捕、加"一体化"深蓝"渔业模式构建为目标，开展大型养殖工船研发，构建温水性鱼类"养、捕、加"一体化"深蓝"渔业。

（七）发展"安全、节能、适居、高效"为方向的专业化渔船装备

完善渔船数字化研发平台，逐步构建渔船船用柴油（MDO）研发平台，以渔船船型标准化研究、大洋型渔船装备以及磷虾专业化渔船的自主研发为重点，推进渔船

向绿色节能专业化发展。要以近海、过洋性作业中型钢质渔船、中小型玻璃钢渔船为对象，开展船体水动力学特性研究，优化基础船型参数，构建数值模型，建立船型优化设计方法；开展船机桨网优化匹配研究，构建系统优化配置方法，推进标准化渔船建造。以南极磷虾捕捞加工一体化专业渔船为重点，开展大洋性作业渔船研发，把握大型渔船构建功能、结构与配置，研发优秀船型，推进形成我国大型渔船自主研发与建造能力。

（八）助渔辅渔装备向高效、精准、信息化和数字化方向发展

近海渔船捕捞装备以安全和合理配置为重点，开展轻简化捕捞节能装备，与近海标准化渔船形成系统配套。远洋渔船捕捞装备以高效自动化为重点，以电液控制装备为核心技术，加强与数字信息化的融合，努力推进远洋捕捞装备机械化、自动化发展，研发与南极磷虾等专业化渔船配套的高效捕捞成套装备，推进远洋捕捞效率和竞争力的提升；通过开展具有自主知识产权的网位仪、各种用途探鱼仪以及通过目标强度分析识别鱼群类型等技术研发，提升我国精准化捕捞水平，促进"拓展外海、发展远洋"的渔业发展战略。

（九）捕捞渔具装备向选择性、生态友好型、资源合理利用方向发展

改进目前我国海洋主要渔具作业性能，提升渔具对主要资源的捕捞效率，改进拖网渔具的下纲结构，提高渔具的选择性能，减轻渔具对环境的破坏程度以及对资源的捕捞压力。研究开发渔具容纳量、渔具性能评价方法与技术等，提出渔具管理的条例与措施，推动提高我国渔具管理水平同样重要。

（十）渔用材料向高性能、节能降耗和功能化方向发展

开发渔用新型高性能纤维材料，优化渔用纤维材料与渔网渔具适配性能；开发海洋环境中可降解纤维材料，减少海洋中"幽灵捕捞"现象；防生物附着网片开发，减少网箱网衣海洋生物附着；高强度网箱框架材料开发，推进网箱养殖走向深海；新型高分子网板材料设计开发，推进远洋拖网节能降耗；拖网底纲行走装置设计开发，改善底拖网作业对海底生态环境破坏。此外，加强渔用材料研究领域科研人员的培养与引进，充实我国在渔用材料研究领域的科研和技术力量。

（十一）水产品加工装备向机械化自动化方向发展

鱼、虾、贝、藻等机械化处理设备和小包装制成品加工设备水平需不断提高；南极磷虾船载虾粉加工快速蒸煮、高效干燥等关键装备，虾壳分离产业化成套装备有待突破；开展物流环境感知与控制技术、物流装置嵌入式计算与分析系统、物流系统网

络通讯与控制系统研究，建立基于信息物理融合系统的物流装备技术，提升水产品远洋船载物流、内陆车载物流系统品质控制与高效配送水平。

（十二）渔港建设向生态环保功能多样化方向发展

渔港建设模式和渔港规划技术水平不断提升，运用现代渔港理念，科学合理布局并建设一批功能完善、生态环保特征明显、水产品交易等物流信息化程度高、经济辐射力强的现代化综合性渔港，建立和完善国家多功能现代化渔港体系。渔港避风减灾技术水平逐步提高，在渔港安全工程技术、开放性海域养殖设施安全保障技术、防灾减灾技术、渔港（锚地）避风能力评价等方面有新的突破，为提高我国渔业防灾减灾能力提供有力支撑。

（十三）人工鱼礁建设向多功能、生态型和规范化方向发展

"十三五"期间，我国已将海洋牧场建设作为渔业"转方式、调结构"的重要战略，因此，我国的人工鱼礁建设将有更大的发展。人工鱼礁在生态材料开发、结构优化设计和水动力学研究的水平上不断提高，以人工鱼礁为基础修复和改善海洋生态环境、增殖和优化渔业资源取得了一定成果。加强鱼礁建设规模、布局、选址、礁体设计、施工投放、开发利用和管理环节的科学研究，扩大鱼礁建设范围和规模，促进鱼礁单体大型化和材料现代化，研发适用不同目的的人工鱼礁，加强物联网和人工智能技术、牧场管理信息化、生物驯化、自动化采收等技术和装备的研发和应用，为构建现代海洋农牧场系统工程提供技术保障。

（王鲁民　徐　皓　王新鸣　倪　琦　执笔）

（致谢：本报告编写过程中，中国水产科学研究院渔业装备与工程学科委员关长涛、郭根喜、曹广斌、李天、李谷、谌志新、江涛、石建高、沈健等提供了重要的素材，学科秘书车轩、闵明华、王刚对报告进行了整理，黄一心、黄小华、崔勇、王占行、欧阳杰、陈超、张野等老师收集了部分资料，在此一并表示感谢。）

参 考 文 献

蔡学石，王永学，2011. 波流共同作用下威海中心渔港泥沙冲淤变化数值模型研究［J］. 中国水运，11（12）：70-72.

曹晶，谢骏，王海英，等，2010. 基于 BP 神经网络的水产健康养殖专家系统设计与实现［J］. 湘潭大学自然科学学报，32（1）：117-121.

陈昌平，危学良，张立峰，等，2014. 基于 0—1 整数规划模型的避风型渔港布局优化研究 [J]. 大连海洋大学学报，29（3）：295-298.

陈晓蕾，石建高，刘永利，等，2012. 纳米硫酸钡改性高密度聚乙烯网箱框架材料的耐老化性能和热性能 [J]. 海洋渔业，34（1）：96-101.

陈秀珍，2012. 金枪鱼围网船围网设备及系统的研究与应用 [J]. 机电设备，29（5）：58-62.

崔勇，关长涛，黄滨，等，2014. 波浪作用下筏式养殖结构的动力分析 [J]. 渔业科学进展，35（4）：125-130.

崔勇，蒋增杰，关长涛，等，2012. 水流作用下筏式养殖设施动力响应的数值模拟 [J]. 渔业科学进展，33（3）：102-107.

邓推，董国海，赵云鹏，等，2010. 波浪作用下筏式养殖设施的数值模拟 [J]. 渔业现代化，37（2）：26-30.

丁刚，吴海一，赵萍萍，等，2013. 我国海上筏式养殖模式的演变与发展趋势 [J]. 中国渔业经济，31（1）：164-169.

董国海，孟范兵，赵云鹏，等，2014. 波流逆向和同向作用下重力式网箱水动力特性研究 [J]. 渔业现代化，41（2）：49-56.

冯春明，董胜，2011. 长岛中心渔港港内波高数值计算 [C] //中国海洋工程学会. 第十五届中国海洋（岸）工程学术讨论会论文集. 北京：海洋出版社：793-796.

顾川川，刘晃，倪琦，2010. 循环水养殖系统中旋流颗粒过滤器设计研究 [J]. 渔业现代化，37（5）：9-12.

管崇武，刘晃，宋红桥，等，2012. 涌浪机在对虾养殖中的增氧作用 [J]. 农业工程学报，28（9）：208-212.

郭根喜，黄小华，胡昱，等，2010. 高密度聚乙烯圆形网箱锚绳受力实测研究 [J]. 中国水产科学，17（4）：847-852.

郭观明，郭欣，2013. 拖网渔船模型阻力试验研究 [J]. 中国水运，13（1）：10-11.

黄小华，郭根喜，胡昱，等，2011a. HDPE 圆柱形网箱与圆台形网箱受力变形特性的比较 [J]. 水产学报，35（1）：124-130.

黄小华，郭根喜，胡昱，等，2011b. 波流作用下深水网箱受力及运动变形的数值模拟 [J]. 中国水产科学，18（2）：443-450.

黄小华，郭根喜，陶启友，等，2013. HDPE 圆形重力式网箱受力变形特性的数值模拟 [J]. 南方水产科学，9（5）：126-131.

黄远东，姜剑伟，赵树夫，2012. 方型人工鱼礁周围水流运动的数值模拟研究 [J]. 水资源与水工程学报，23（3）：1-3.

黄远东，赵树夫，姜剑伟，等，2012. 多孔方型人工鱼礁绕流的数值模拟研究 [J]. 水资源与水工程学报（5）：15-18.

江涛，徐皓，谭文先，等，2011. 养鱼池塘机械拖网捕鱼系统的设计与试验 [J]. 农业工程学报，27（10）：68-72.

李崇聪，梁振林，黄六一，等，2013. 小型单拖网渔船 V 型网板水动力性能研究 [J]. 海洋科学，37（11）：69-73.

李放，冯艳红，栾曙光，等，2013. 中国东南沿海中心渔港和一级渔港合理布局方法的研究 ［J］. 大连海洋大学学报，28 (5)：511-514.

李慧，刘星桥，李景，等，2013. 基于物联网 Android 平台的水产养殖远程监控系统 ［J］. 农业工程学报，29 (13)：175-181.

李鲁晶，2011. 扇贝浅海筏式养殖技术 ［J］. 科技致富向导，(5)：35.

李明智，张光发，邓长辉，等，2014. 虾夷扇贝浮筏养殖作业改造与试验 ［J］. 农业工程学报，30 (11)：195-204.

李纳，陈明，刘飞，等，2012. 基于广义回归神经网络与遗传算法的玻璃钢渔船船型要素优化研究 ［J］. 船舶工程，34 (4)：18-20.

李颖，倪文，陈德平，等，2012. 大掺量冶金渣制备高强度人工鱼礁混凝土的试验研究 ［J］. 北京科技大学学报，34 (11)：1308-1313.

李哲，王小强，李华龙，等，2012. 海带条自动上料机的设计及应用 ［J］. 工程设计学报，19 (5)：408-411.

林法玲，2012. 渔港有效避风面积计算探讨——以霞关渔港为例 ［J］. 海洋预报，29 (6)：92-97.

刘飞，林焰，李纳，等，2012. 拖网渔船能效设计指数（EEDI）研究 ［J］. 渔业现代化，39 (1)：64-67.

刘莉莉，万荣，黄六一，等，2013. 波流场中张网渔具水动力学特性的数值模拟 ［J］. 中国海洋大学学报，43 (5)：24-29.

刘鹏，倪琦，管崇武，等，2014. 水产养殖中多层式臭氧混合装置效率研究 ［J］. 广东农业科学，41 (10)：115-119.

刘世晶，陈军，刘兴国，等，2013. 集中式养殖水质在线监测系统测量误差影响因子分析 ［J］. 渔业现代化，40 (5)：38-42.

刘兴国，刘兆普，徐皓，等，2010. 生态工程化循环水池塘养殖系统 ［J］. 农业工程学报，26 (11)：237-244.

刘彦，赵云鹏，崔勇，等，2012. 正方体人工鱼礁流场效应试验研究 ［J］. 海洋工程，30 (4)：103-108.

刘庄，赵云鹏，王欣欣，等，2015. 波浪作用下可升降式筏式养殖设施水动力特性数值模拟研究 ［J］. 渔业现代化，42 (3)：56-60.

罗晓园，刘占伟，李新，等，2013. 基于现代远洋渔船的适伴流螺旋桨实用性研究 ［J］. 江苏船舶，30 (5)：1-3.

闵明华，陈晓蕾，余雯雯，等，2014b. 渔用纳米蒙脱土改性聚乳酸纤维制备及性能 ［J］. 海洋渔业，36 (6)：557-564.

闵明华，黄洪亮，刘永利，等，2015. 拉伸工艺对渔用聚乙烯纤维结构与性能的影响 ［J］. 水产学报，39 (10)：1587-1592.

闵明华，黄洪亮，石建高，等，2014a. 渔用聚乙烯纤维研究现状及趋势 ［J］. 海洋渔业，36 (1)：90-96.

倪汉华，杨海马，谌志新，等，2014. 渔用声呐电子示位标防盗技术研究 ［J］. 上海海洋大学学报，23 (2)：284-289.

聂小宝，张玉晗，孙小迪，等，2014. 活鱼运输的关键技术及其工艺方法 ［J］. 渔业现代化，41（4）：34-39.

聂政伟，王磊，刘永利，等，2016. 铜合金网衣在海水养殖中的应用研究进展 ［J］. 海洋渔业，38（3）：329-336.

欧珊，毛筱菲，2011. 渔船非线性横摇理论研究分析 ［J］. 船海工程，40（3）：5-9.

欧阳杰，虞宗敢，周荣，等，2012. 机械式壳肉分离加工河蟹的研究 ［J］. 现代食品科技，28（12）：1730-1733.

饶欣，黄洪亮，刘健，等，2015. 立式曲面 V 型网板在拖网系统中的力学配合计算研究 ［J］. 水产学报，39（2）：284-293.

任伟，袁著涛，刘升平，2012. 扇浮筏式养殖中海带个体生产力与夹苗位置之间的相关性分析 ［J］. 海洋科学，36（9）：122-127.

沈建，徐文其，刘世晶，2011. 基于机器视觉的淡干海参复水监控方法 ［J］. 食品工业科技，32（1）：106-107.

沈蔚，章守宇，李勇攀，等，2013. C3D测深侧扫声呐系统在人工鱼礁建设中的应用 ［J］. 上海海洋大学学报，22（3）：404-409.

宋奔奔，宿墨，单建军，等，2012. 水力负荷对移动床生物滤器硝化功能的影响 ［J］. 渔业现代化，39（5）：1-6.

孙传恒，杨信廷，李文勇，等，2012. 基于监管的分布式水产品追溯系统设计与实现 ［J］. 农业工程学报，28（8）：146-153.

孙龙，陈国强，李醒，等，2011. 渔港港内锚地泊稳允许波高比较分析 ［J］. 水运工程，（12）：54-56.

田昌凤，刘兴国，张拥军，等，2013. 池塘底质改良机的研制 ［J］. 上海海洋大学学报，22（4）：616-622.

王健，吴凡，程果锋，2011. 基于 Excel 的标准化水产养殖场工程概算编制方法 ［J］. 渔业现代化，38（2）：32-36.

王玖玖，宗力，熊善柏，等，2012. 淡水鱼鱼鳞生物结合力与去鳞特性的试验研究 ［J］. 农业工程学报，28（3）：288-292.

王全旭，2014. 波浪数值模拟的工程应用—某渔港港区波浪场整体数学模型研究 ［J］. 中国水运，14（5）：91-94.

王珊珊，谢亚力，史英标，2011. 港池疏浚过程中悬浮泥沙扩散输移的数值模拟 ［C］//中国海洋工程学会. 第十五届中国海洋（岸）工程学术讨论会论文集. 北京：海洋出版社：999-1002.

王卫国，刘凡，周小泉，等. 2012. 双轴桨叶式饲料调质器国内外概论 ［J］. 饲料工业，33（3）：5-7.

王泽河，张泽明，张秀花，等，2015. 对虾去头方法试验与研究 ［J］. 现代食品科技，31（2）：151-156.

王震，张春凤，赵明志，等，2013. 淤泥质海岸防波堤布置潮流泥沙数值分析 ［J］. 水道港口，34（1）：1-6.

王志勇，谌志新，江涛，2011. 集中式自动投饵系统的研制 ［J］. 渔业现代化，38（1）：46-49.

吴宗凡，程果峰，王贤瑞，等，2014. 移动式太阳能增氧机的增氧性能评价 ［J］. 农业工程学报，30（23）：246-252.

谢安桓，宋金威，喻峰，等，2014. 曳纲绞车液压系统的设计及控制研究 [J]. 液压与气动（10）：11-16.

徐静，董雁，张益明，等，2006. 贻贝机械化收获与加工平台装备技术的研究 [J]. 船海工程，2：98-100.

徐鹏程，陈德春，冯阳，2014. 渔港港内水域的消浪工程 [J]. 江南大学学报（自然科学版），13（3）：337-342.

徐文其，蔡淑君，沈建，2011. 一种鲜活海参连续式蒸煮生产工艺及其设备的研究 [J]. 食品科技，36（1）：108-111.

徐志强，倪汉华，羊衍贵，等，2012. 渔船捕捞装备集中控制管理平台的研制 [J]. 中国工程机械学报，10（3）：333-338.

徐志强，羊衍贵，王志勇，等，2013. 大型远洋拖网渔船拖网被动补偿系统的研究 [J]. 船舶工程（4）：51-54.

闫少华，陈德春，马林，等，2013. 透空式防波堤在渔船避风港中的综合研究 [J]. 江南大学学报（自然科学版），12（4）：452-457.

姚延丹，李谷，陶玲，等，2011. 复合人工湿地-池塘养殖生态系统细菌多样性研究 [J]. 环境科学与技术，34（7）：50-55.

于红，冯艳红，李放，等，2012. 避风型渔港规划问题的启发式算法研究 [J]. 大连海洋大学学报，27（4）：373-376.

于森，倪文，陈勇，等，2012. 齐大山铁尾矿制作人工鱼礁材料的研究 [J]. 金属矿山，11：163-167.

于森，倪文，刘佳，等，2011. 低碱度生态型人工鱼礁胶凝材料的初步研究 [J]. 混凝土与水泥制品（11）：63-67.

岳建文，池海，冯会芳，等，2012. 预应力混凝土板桩在天津中心渔港的应用 [J]. 中国港湾建设（2）：35-39.

张成林，杨菁，张宇雷，等，2015. 去除养殖水体悬浮颗粒的多向流重力沉淀装置设计及性能 [J]. 农业工程学报，31（1）：53-60.

张冠群，王静，袁洪涛，2014. 天津中心渔港休闲区地基处理工程新工艺应用情况总结 [J]. 中国水运，14（2）：340-342.

张光发，张亚，赵学伟，等，2014. 变水层大型拖网渔船的船型技术经济论证 [J]. 大连海洋大学学报（3）：299-302.

张海耿，吴凡，张宇雷，等，2012. 涡旋式流化床生物滤器水力特性试验 [J]. 农业工程学报，28（18）：69-74.

张海耿，张宇雷，张业韡，等，2014. 循环水养殖系统中流化床水处理性能及硝化动力学分析 [J]. 环境工程学报，34（11）：4743-4751.

张吉昌，赵宪勇，王新良，等，2012. 商用探鱼仪南极磷虾声学图像的数值化处理 [J]. 海洋科学进展，33（4）：64-71.

张小康，许肖梅，彭阳明，等，2012. 集中式深水网箱群鱼群活动状态远程监测系统 [J]. 农业机械学报，43（6）：178-182.

张小明，郭根喜，陶启友，等，2010. 歧管式高压射流水下洗网机的设计 [J]. 南方水产科学，6（3）：

文摘数据库；全球生物多样性信息工厂可以查询各国生物多样性共享信息。爱尔兰国家生物多样性数据库由爱尔兰国家生物多样性数据中心和内陆渔业部共同建设，可以查询各种生物多样性保护相关的数据库和数据集；查询湖泊信息及湖泊内物种分布信息和淡水鱼种在爱尔兰分布信息。

另一方面，基于云计算与大数据等开发的新技术也已经有成功的研究应用。如美国利用渔业大数据已经形成了成熟的水产养殖商业控制系统，Campbell 科技公司使用大数据进行了分析和挖掘，Koutroumanidis 等学者进行了水质监测数据时间序列的时域和频域分析，可以实现为不同规模的水产养殖公司定制自动化的水质监测与控制系统。Stergiou 等学者利用差分自回归移动平均模型、遗传模型最优预测系统、基于模糊逻辑的决策支持系统三种方法建立的预测模型，实现了对希腊海域 16 个品种的每月渔获量的预测。加拿大的 Lee 等学者采用 BP 神经网络方法构建了沿海水域的赤潮预测模型，西班牙的 VeloSuarez 等学者采用神经网络方法实现了对西班牙韦尔瓦海域进行渐尖鳍藻赤潮有害藻类的周预测。

四、国内外科技水平对比

与国外渔业信息化发达国家相比，除个别研究方向差距较小外，总体上我国有明显差距。主要表现在：信息收集与应用效率较低，成熟的专题示范性或业务化应用系统不多，推广应用少，对产业的支持力度不足；大型的专业数据库建设不足、种类少、覆盖面小、数据量不多，渔业信息标准化研究严重滞后；渔业设施设备的自动化、数字化与智能化水平低，综合集成应用能力弱。

（一）我国渔业信息基础设施与信息化应用明显滞后

在渔业数据信息资源开发与信息化利用方面，我国信息基础设施相对落后，信息化制度不完善，渔业信息化建设应用开发分散，总体建设缺乏顶层设计，信息共享、业务协同和服务应用程度需进一步提高。国外渔业科学数据库建设起步早，技术更为规范、成熟。国内渔业科学数据库数量日益增多，但资源深度和广度不够，应用服务少。信息的全面性方面，国外已建设了较为完善的渔业领域数据库，其数据库结构框架全面，涵盖了各种文本及非文本信息，并且建立了专业的数据录入核查团队和内容更新志愿团队。国内渔业数据库的信息在丰富度、完整度方面有待完善。在信息的准确性与可信度方面，国外渔业数据建立了参考文献数据库并聘请知名水产专家担任顾问，保证信息准确性与可信性。国内渔业数据资源在信息准确性方面还有待提高，只有极少数数据库对数据内容采取了文献溯源机制。数据库的共享共建方面，国外建立了有较为完善的共享制度，建设了全面开放共享的渔业信息的空间分布范围以及如何用于养殖管理；养殖区环境等各要素间的空间联系与相互作用；养殖区的空间动态变化情况等。从渔业遥感与 GIS 技术发展趋势看，进行长期连续的环境监测、高分辨率遥感影像的应用、交互与移动 GIS 应用研发、空间模型构建与统计分析等将是主要的发展方向。

（五）GIS/RS 在基于生态系统的渔业管理中得到成功应用

基于生态系统的渔业管理是目前被全球普遍认可的用来加快恢复过度利用的渔业资源，阻止生态恶化，实现渔业资源可持续利用的有效管理方式（Klemas，2013；Knudby，2010）。部分渔业发达国家已经明确采用了以生态系统为基础的渔业管理方式并付诸实施。在基于生态系统的渔业管理的大背景下，海洋遥感环境数据成为研究鱼类物种及其与环境交互作用的重要信息来源。目前，国际上通过应用遥感渔场环境数据和 GIS 技术，已经构建了许多鱼类生境与生态位模型，用以描述和预测关键物种的时空分布及其变动。卫星遥感技术通过提供全球范围的近实时环境因子（如温度等），为生态位—栖息地模型构建提供了重要的数据源。叶绿素浓度是目前可全球范围监测获取唯一的生物因子，因而，诸多研究也试图将其包括在环境—生态位模型之内（Cheung，2010；Niu，2014；Pan，2013；Planque，2010）。这些方法有助于人们调整渔业管理计划，以响应鱼类数量的空间分布和产量的变化。同时，GIS 作为一个空间分析建模的有力工具，也在此领域得到重视和应用。如美国国家海洋大气管理局（NOAA）学者就将 GIS 在基于生态系统的渔业管理中的应用作为生态 GIS 的重要内容，认为 GIS 在生态系统的定量研究、专题制图和空间分析中具有关键作用。

（六）渔业科学数据资源与共享更加开放、高效

国际上，渔业科学数据作为科学数据资源的重要组成部分，科学的管理、应用与共享已成为衡量国家科技水平和综合国力的重要标志，世界各国均投入了大量的人力、物力积极推进渔业科学数据的共享。近年来，国际组织和沿海发达国家都先后通过国家的政策引导和投入，加强对渔业科学数据的收集、管理和服务工作并建立了渔业基础数据库。如世界渔业研究中心（World Fish Center）建立了世界上最大的鱼类种质资源数据库 FISHBASE，该库是最具规模、推动最广的渔业专业性数据库；美国、加拿大、日本和澳大利亚等国也建立了海洋渔业生物资源数据库、环境数据库、灾病害数据库和文献专利技术数据库等数据库；FAO 建立了世界范围的渔业资源、渔业环境、市场及人力资源等方面的数据库，如全球渔获量数据库、全球渔业信息系统（GFIS）等；美国国家海洋大气管理局建立了水产科学与渔业文摘（ASFA）数据库，该数据库涵盖了淡水资源、海水资源、渔业环境科学、养殖技术等方面的综合性

在 132 个国家获得了海上与港口内运营许可。③海洋渔业特别是远洋渔业的移动通信必须依靠全球性的卫星移动通信系统来实现。已知当前国际上发展比较快的全球性卫星移动通信系统主要有 Inmarsat-P21 计划、奥德赛（Odyssey）、铱星（Iridium）和全球星（Globalstar）等系统。④新一代卫星通信系统，自 1982 年国际海事卫星组织开始提供全球海事卫星通信服务以来，通信卫星系统的发展已经经历了四代。海事卫星第四代通信系统具备了在陆地、海上和空中提供便捷的高速移动宽带卫星业务的服务能力，新一代卫星通信系统与网络技术相结合将是现代海洋通信系统发展的趋势。目前 INMARSAT 公司开发的 Inmarsat 全球分区网络（GAN）、Inmarsat 区域性宽带网络（R-BGAN）、Inmarsat 宽带全球区域网（BGAN）以及 Inmarsat 手持机（ISTPHONE）等新一代卫星通信系统，已经具备了进行全球通信的水平。

（三）渔船监测及管理技术向集成应用发展

由于世界性主要传统经济渔业资源的衰退，渔业活动监测和管制已成为保护海洋渔业资源的必要组成部分，渔船的监测及管理便成为近年来国际渔业管理的重点工作之一。渔船的监测技术也从最初单纯的 GPS 实时监控发展到目前的 AIS 技术、卫星遥感影像监测、微光遥感监测等，已经形成了多种监测技术组合的渔船监测技术体系。目前，加拿大、美国和欧盟等渔业发达国家和地区，均构建了包括星载 SAR、VMS 系统以及海洋巡逻船组成的一套完整的渔船监测体系和工作流程，并且投入业务化运行。从技术和管理要求上分析，渔船的实时监控仍将是主要的发展方向，但将与电子渔捞信息采集相结合，逐步实现一体化的渔船监测管理。此外，用遥感影像对渔船进行分布监测，也是对实时监控的有效补充，其中 SAR 为主的雷达遥感监测将是主要的技术手段。随着渔船监控系统的不断完善，渔船的船位数据挖掘可用于渔场判别、分析渔船捕捞行为、高时空精度的 CPUE 和捕捞强度计算等，也将成为渔船监控管理的另一重要应用。

（四）空间信息技术在水产养殖监测与区划中的应用日益深化

过去数十年来，渔业和水产养殖受到了过度捕捞、环境污染等人类活动的剧烈影响。随着国际上对水产品需求的增加，水产养殖变得更加重要，但也造成了许多环境问题、社会问题和经济问题。早在 20 世纪 80 年代，国际上已应用遥感技术和 GIS 技术开展水产养殖监测与选址区划研究，"十二五"期间更是取得显著进步，已经成为发达国家开展水产养殖所必须进行的一项工作。2013 年，FAO 出版了 GIS 和遥感技术在渔业和水产养殖中的应用进展技术报告（Geoffery，2013），对 GIS 等空间技术在水产养殖中的应用进行了评述。认为空间技术在水产养殖监测和规划中所起的作用主要有：如何确定养殖的具体位置和范围，即养殖的空间布局；监测和识别养殖区域等进行了研讨。从空间信息技术在渔业上的应用看，应用"3S"技术进行渔业制图、鱼类栖息地监测与评估、渔业信息系统开发与集成、渔业管理决策等仍是主要的研究方向。随着移动应用和大数据时代的到来，渔业信息技术也将更加与渔业应用需求紧密结合，尤其在渔业管理和渔业生态系统监测等方面发挥巨大应用潜力。美国渔业协会所属的渔业信息技术部，近年来针对信息技术的飞速发展和美国渔业生产管理的需求，相继提出了制订渔业数据交换与共享标准、鱼类数据库应用等多项建议或开展了相关研究。

（一）渔业遥感技术应用向立体化监测发展

基于卫星遥感技术的海洋渔场环境监测、渔情预报等应用至今仍然是渔业遥感技术应用的最主要领域之一。随着卫星遥感技术和信息技术的飞速发展，遥感数据源的获取更为便捷，日本、美国、法国等渔业发达国家的渔场渔情分析预报工作均进入到业务化应用阶段，代表着国际最高技术水平与发展方向。其主要特点是提供的渔场渔情要素信息更加多元化，业务化应用更加自动化，信息服务的渔业种类和区域更加多样化（Chassot，2011）。近年来，欧洲和美国陆续发射的盐度计卫星，已经投入业务运行，将对海洋渔场海表盐度信息获取和分析起到推动作用。

渔业生态环境监测和研究是开展渔业资源保护和管理的必要基础。随着海洋遥感卫星对海洋环境要素的监测能力增强，海洋遥感反演环境因子在海洋生态研究中也逐步得到应用，如卫星遥感计算获取的诸如春季藻类的爆发、浮游植物的组成、海洋结构的持续时间等均影响到鱼类索饵场和产卵场的时空分布，这些有助于更好的描述海洋生物的生态过程。总体上，海洋遥感渔场环境监测已从最初的渔场海况监测速报拓展到渔业生境监测评估、渔业资源与环境关系分析、渔业生态系统建模、渔业生物功能区划和海洋生态系统承载力研究等诸多方面（Longhurst，2007；Kumari，2010），并日益成为海洋渔业领域的研究热点。

（二）渔港渔船数字化通信技术更加多样化

国际上渔港渔船数字化通信应用主要集中在以下几个方面：①全球海上遇险和安全系统（GMDSS）能够有效地实施全球、全天候可靠的安全通信。国际海事组织（IMO）已将国际海员与从事渔业船舶的船员区分开来，并颁发了2012年开始生效的《1995国际渔船船员培训、发证和值班标准公约》。②基于VSAT的渔船通信系统是美国采用时分多址（TDMA）技术开发出的较完备的通信系统，在具备定时与同步功能下，主站可以接收各小站的信号而相互独立。截至2013年年底，美国投入运营的VSAT近20万个，全球拥有1 500多个卫星终端的海事VSAT网络，每年可提供100千兆的网上传输数据量，超过150万次海上通话，平均网络可用度大于99.5%，供一个集资源共享、管理、监控、服务为一体的综合性网络多功能渔政处理平台。

"十二五"期间，"中国渔政管理指挥系统"完成建设并全面上线运行，开始为渔业渔政管理提供信息化服务（王立华，2015）。该系统以渔船管理为核心，其中包括"渔船管理""养殖管理""渔政执法管理"等20余项行业管理的业务内容。该系统的建设完成为渔业渔政的管理提供了宝贵的经验，并为进一步推广渔业信息化建设开创了有效的途径。具体进展包括：①开展了"渔船数据交换标准接口"行业标准的研究和制定，为解决系统数据共享与业务协同提供技术标准规范。②通过开展"基于SOA的渔业信息化服务模式研究""基于企业架构（EA）的渔业信息化架构设计"等，实现了中国渔政管理指挥系统的总体架构设计。③通过构建系统评价模型和多层次、多维度的评价指标体系，开展了中国渔政管理指挥系统绩效评估。④开展了基于数据和业务软件管理性研究，为渔业主管部门实施渔船"双控"管理、进行"油补"改革等提供了基本依据。⑤通过系统建设与运行维护、业务推广，在基于B/S模式应用的基础上，进一步提出了基于"渔业行业应用"系统平台优化开发技术路线。⑥通过优化完善系统的运行，制定形成了一套中国渔政管理指挥系统运行维护规范。

除了已建成的中国渔政指挥系统、中国渔业政务网外，我国各级地方政府也开展了诸多渔业电子政务系统的开发与应用工作。如山东省提出了构建海洋与渔业信息化体系的总体思路、基本原则及发展目标，规划建设"一个中心"（海洋与渔业数据中心）、"两大平台"（电子政务平台、电子商务平台）、"三级网络"（省、市、县三级专网）、"四套体系"（标准规范体系、公众服务体系、信息安全体系、运行体系）。福建省已形成政务信息服务、行政业务管理、海洋防灾减灾、公众海洋信息服务等多种信息化应用的"数字海洋"大融合雏形。湖南省"数字渔业"GIS系统通过整合"湖南渔业在线管理"和"水产养殖技术信息在线服务"两大系统进行开发，形成了湖南省数字渔业信息系统，有力地推进了湖南渔业管理的数字化及信息化水平。

三、国际研究进展

"十二五"期间，渔业信息技术的发展十分迅速，应用领域更加广泛，信息技术新概念不断涌现，空间信息技术的渔业应用持续深入。国际海洋开发理事会（ICES）2011年发表特刊，针对2010年在印度科钦（Kochi）举办的"遥感技术在渔业和水产养殖中的研究应用论坛（SAFARI）"进行了专刊论述，对遥感技术在渔业捕捞生产、基于生态系统的渔业管理、大海洋生态系及渔业资源评估等研究热点进行了深入分析和展望。第5届和第6届国际渔业GIS（空间分析）应用论坛分别于2011年和2014年举行。重点就渔业应用软件与系统开发、空间分析、渔业管理决策、空间信息技术在基于生态系统的渔业管理方法、栖息地生境、将来的渔业GIS应用和挑战高产出群体特征、学科集中度、领先研究领域及潜在科研竞争机构等进行了综合分析。②水产遗传育种学科评价，基于论文、专利、成果、新品种等信息，分析对比了国内主要的水产科研机构和高校在水产遗传育种学科方面的科研生产力、科研影响力、科研卓越性等方面的表现。③渔业专利技术布局分析，研究了渔业领域发明专利的相关特征，分析了其技术布局演变及优劣势，专利的转移转化率等。开展了渔业领域学科情报研究，可以为了解学科发展动态，开展学科发展规划，优化产业布局、引导产业创新方面提供定量的数据支撑。

3. 渔业科技共享平台建设与推广应用

国内的渔业信息资源共建共享相关的工作主要包括：中国科技基础条件平台、国家水产种质资源平台和国家农业科学数据共享中心渔业科学数据分中心等平台，为全社会提供了信息服务和信息共享（岳昊，2013；王立华，2010；王娜，2014；宋转玲，2013；曾首英，2010，2013）。渔业科学数据共享平台是"国家科技基础条件平台建设项目"支持下建设的平台系统，平台整合了渔业科技活动过程中产生的原始性、公益性和基础性具有科学研究价值的渔业科学数据。平台内容包括渔业水域资源与生物基础特征、渔业物种资源与生物基础、渔业生物资源野外调查、渔业生态环境野外调查、水产养殖、捕捞渔业及管理、渔业装备与设施技术、渔业基础设施状况、渔业科技、经济与管理等9个专业数据库集。"十二五"期间，继续丰富和拓展了该平台的数据资源种类，优化了数据集。该平台优化整合了渔业水域资源与生态特征数据、渔业物种资源与生物基础数据、渔业生物资源野外调查数据、渔业生态环境野外调查数据、渔业生产与经济管理数据5大类科学数据。国家水产种质资源平台是由中国水产科学研究院牵头，共33家水产科研院所、大学等单位共同建设，平台门户网站包含129个数据库，标准化表达了3.5万条资源记录，可进行资源搜索和数据分类（活体、细胞、精子、标本、DNA和病原菌）数据查询，该平台提供的信息是实物保存的真实反映，并通过网络提供信息共享。该平台每年还在高校系统开展大学生竞赛，提供相关的渔业竞赛题目和内容，为我国高效地开展信息资源共享服务奠定了坚实的基础。目前，这两个平台的用户年均访问量达到了百万次以上，在渔业科研、生产及管理中发挥着积极作用。

（六）渔业电子政务与信息化应用

电子政务是政府部门（机构）利用现代信息科技和网络技术，实现高效、透明，规范的电子化内部办公，协同办公和对外服务的程序、系统、过程和界面。与传统政府的公共服务相比，电子政务具有直接性、便捷性、低成本性以及更好的平等性等特征。渔业电子政务是渔业信息化应用的一个重要领域。渔业电子政务信息化解决方案要是用于转变传统渔业执法管理等日常办公模式的"一揽子"电子政务解决方案，提养殖渔情信息采集系统向养殖生产调度中心、渔业经济分析中心、推广服务模式创新中心的方向发展。

（四）水产养殖监测与管理应用

1. 水产养殖统计遥感监测

养殖水域卫星遥感监测目的旨在通过卫星遥感监测手段，相对准确把握我国水产养殖面积、特别是池塘养殖面积的现状，为科学制定相关水产养殖业发展战略和渔业管理措施提供依据。自 2009 年起，农业部渔业局连续开展了我国水产养殖遥感监测工作，已取得如下主要成果：①建立了覆盖全国范围的水产养殖遥感影像数据库，其中：全国 31 省份入库备筛选卫片影像约 6 000 景，校正影像 1 600 景，拼接影像成果约 600 景，裁剪影像与基础地理数据约 2 400 份，入库数据量总计约 3T。②制定了《水产养殖水体资源遥感普查技术规程》《水产养殖水体资源数据库建设技术规程》《水产养殖水体资源遥感分类标准》和《水产养殖水体资源遥感监测普查成果图制作标准》等全国水产养殖面积遥感监测普查技术规范。③将全国养殖水体分为内陆池塘、海水养殖、山塘水库和大水面 4 大类，并对大于 3 335 米^2 的养殖水体进行了提取，完成了全国 31 个省份 2 404 个市（区、县）的养殖水体资源监测，初步形成了全国各省份的养殖遥感监测普查结果。④以县为单位，编制了具有 1∶25 万基础地理信息的遥感影像图、水产养殖水体资源分布图、养殖水体资源与遥感影像合成图和水产养殖水体资源信息图共 4 类全国水产养殖水体资源专业图表。⑤编制出版了《中国水产养殖区域分布与水体资源分布图集》辽宁卷。⑥为解决中分辨率遥感影像对于 3 335 米^2 以下水体难以判读和水体属性辨认困难的问题，从 2012 年下半年起，开展了我国水产养殖主产区的高分辨率遥感动态监测，目前已完成了江苏省、上海市和浙江省三个省份的提取和出图工作。⑦为进一步提升我国水产养殖管理与生产信息化水平，充分利用高分辨遥感监测结果，开发了集管理、生产、经营为一体的全国水产养殖信息综合应用服务系统。

2. 水产养殖物联网

我国水产养殖信息化、智能化的研究开始于 20 世纪初国家"863 计划"项目"智能化水产养殖信息技术应用系统及产品"的研发与示范应用（李道亮，2000；李道亮，2012），标志着我国水产养殖信息化研究的开始。此后，随着集约化养鱼技术的不断发展与完善，特别是大型深水网箱养殖、高密度工厂化养殖、水库大面积网箱养殖和大面积池塘养殖等技术的推广应用，水质监测、自动投饵、病害诊断和防治、生产管理等自动化装备和技术应运而生，形成了一大批科研成果，如中国水产科学研究院渔业机械仪器研究所研制的"网箱气力投饵系统"、中国海洋大学研制的适用于深水网箱养殖的投饵机（李舜江，2013）、大连海洋大学研制的"海洋牧场远程监控投饵系统"（武立波，2010）等。

水产养殖物联网是基于智能传感技术、处理技术及控制技术等物联网技术开发的，集数据、图像实时采集、无线传输、智能处理和预测预警信息发布、辅助决策等功能于一体的现代化水产养殖支撑系统（李道亮，2012）。可对养殖塘的水温、溶解氧、pH、盐度、浊度等参数进行在线监测及控制，及时调节养殖塘水质，使养殖水产品可以在最适宜的环境下生长，以达到省工、节本、增产、增效的目的。我国首个物联网水产养殖示范基地于2011年在江苏出现。基地内的66.67公顷河蟹养殖池内安装了13个水质参数采集点、5个无线控制点、5个GPRS设备，配备了一座小型气象站、设立了一个监控中心，共同组成了水产养殖环境智能监控系统，可以对蟹塘内的溶解氧、pH、水温等进行在线监测，及时调节水质，预测各种病情的发生。目前水产养殖物联网系统已经在江苏、天津、北京、山东、浙江、福建、广东等地得到推广和应用（邢克智，2013；叶炼炼，2014；袁晓庆，2015）。如山东省自2012年开始，将物联网技术应用于现代渔业生产、管理和服务中，开发建设了"山东省渔业技术远程服务与管理系统"PC和手机客户端，通过试点应用，实现了养殖水质实时在线监控技术、远程视频监控技术等功能。2013年福州市引进了200套农业物联网智能感应器产品，实现了手机移动端实时获取鱼塘的溶氧量、温度等信息。

3. 水产品质量安全追溯系统

水产品质量安全追溯系统是因为顺应了食品安全问题而日益受到重视，继而发展起来的新兴研究领域。我国有关水产品可追溯制度最早是国家质量监督检验检疫总局于2004年颁布的《出境水产品追溯规程（试行）》。2006年，《中华人民共和国农产品质量安全法》和《中华人民共和国食品安全法》相继颁布，标志着我国包括水产品在内的食品质量安全监管进入了法制化轨道。水产品质量安全可追溯体系的建立和运行涉及对信息的识别、采集与存储以及读取和数据的互联互通等，需要以产品质量信息的标识标签及其识别技术（如条形码、电子射频标签、IC卡识别等）、编码技术（如全球统一系统EAN/UCC编码）、追溯相关的GPS技术，可追溯信息采集存储数据库等技术设备为基础。我国水产品质量安全追溯已取得了一定的进展，如杨信廷对农产品质量追溯标签进行了设计，为农产品追溯信息的采集和传递提供了一种有效的方法。中国水产科学研究院提出的"水产品质量安全可追溯体系构建"项目，针对我国水产品质量安全状况和生产消费需求，提出了我国水产品质量安全追溯的关键环节、关键控制要素和追溯模式，编制出了包括水产品质量安全可追溯体系的信息采集、标识标签与编码等相关技术规范，集成形成了政府（省级）水产品质量安全追溯与监管平台，为我国水产品质量安全可追溯体系的建立和运行提供了较好的示范经验。山东省标准化研究院近年来也致力于对食品安全可追溯标准体系的研究，包括对在HACCP、ISO2200等质量管理体系框架下的食品安全体系研究以及基于低成本的

RFID 或条码标识的食品可追溯系统研发等。总体上，我国在水产品质量安全可追溯体系的建设方面还处于初期发展阶段，从国家到各地方政府都已开始重视这方面的研究，并进行了部分地区的推广试点，尤其是在沿海省份和地区较多，如广东、福建等地区建设较早，发展较快，已初具规模。但在推广应用中仍存在很多问题，如法律法规的不健全或缺失、相关标准体系的缺失或不完备、各地标准不统一与信息互通薄弱、技术设备不配套或不完备、消费者认识不够等。

4. 水产养殖管理信息系统

水产养殖管理信息系统已经广泛应用于水产养殖生产活动当中。"十二五"期间，水产养殖信息系统研制方面主要集中在数据集成、信息分析、物联网应用、精准化、智能化等方面。中国农业大学刘双印以水产养殖中河蟹养殖水质关键参数溶解氧和 pH 为研究对象，采用信号处理技术、群集智能计算和机器学习技术，研究了基于计算智能的水产养殖水质预测预警方法，设计实现了水产养殖水质预测预警系统，主要包括水质传感器、水质数据采集器、无线传输设备、现场监控中心、远程监控中心，实现了数据获取、水质预测预警管理、数据检索、信息发布与水质调控管理、系统维护。中国农业大学李道亮研究团队提出了水产养殖全过程物联网监管系统构建方案，该方案共包含 4 个子系统：水产养殖环境监控系统、水产品健康养殖智能化管理系统、水产养殖对象个体行为视频监测系统、"气象预报式"信息服务系统，该方案可实现对水产品的养殖全过程监控，使得水产品在标准化的养殖环境下生长，最终达到提高水产品质量、降低养殖风险的目的。中国水产科学研究院淡水渔业研究中心围绕南美白对虾、罗非鱼养殖生产进行了构建智能化养殖生产应用系统的实践，对南美白对虾、罗非鱼养殖生产的水质环境和大气环境进行了在线监测，并利用在线监测数据完成了病害防控、投饲管理、水质控制等养殖生产管理，在水产养殖外源信息的采集、检核、处理和传输等事务处理，产业生产实体（苗种、成鱼养殖、饲料、渔药、加工等企业与养殖户跟踪点）的实际生产数据采集，出口贸易各种警情、警兆指标采集等研究上形成了一套实用的方法论。中国水产科学研究院信息技术研究中心以典型养殖品种和市场区域为示范对象，先后形成了面向养殖生产全过程、疫病防控和市场价格采集分析为一体的综合性水产养殖管理体系，并以我国广泛养殖的草鱼为示范对象，结合江西省草鱼出血病无疫区建设，面向水产养殖全过程信息化，建设了综合性的水产养殖管理信息系统，以信息化的手段辅助开展养殖现代化管理，集成区域内养殖生产、流行病学、病原监测、疾病免疫等数据，按用户角色提供不同管理功能，将系统内各类数据分类存储和共享。此外，中国水产科学研究院探索将水产养殖管理系统与水产品市场信息进行整合研究，有针对性地开展了北京市主要水产品及相关农副产品价格数据的网络自动采集，以网络抓取的方式实现了北京市主要水产品及粮食、肉禽蛋、蔬菜等主要农产品价格数据的自动采集和归一化存储，构建了水产品价格数据库，通过水产品价格波动规律分析，实现了为生产经营者提供价格动态及渔情预警信息，为相关管理人员提供管理决策支持的目标。

（五）水产信息资源开发与共享

"十二五"期间，各地、各级水产科研部门和渔业行政管理机构在渔业信息积累和数据库建设方面取得一定进展，建成了一些实用数据库和信息系统。如渔业科技文献、科研成果管理、全国渔业区划、渔业统计、海洋渔业生物资源、海洋捕捞许可证与船籍证管理、远洋信息管理系统等，其中有的已经推广应用，极大地提高了渔业科研和渔业管理的现代化水平。

1. 文献资源数据库建设与共享

中国水产科学研究院从服务科研工作、服务科研人员的角度出发，把加强科技信息服务条件和信息素养能力建设作为提升全院科技创新能力的一项重要战略举措，全面开展了科技信息共建共享工作。

中国水产科学研究院近年来已完成文献信息资源共享平台建设。该平台依托中国水产科学研究院系统各研究所图书馆资源，通过近 10 年的建设，形成了中国水产科学研究院数字图书馆，根据水产科技发展需要，按照"统一采购、规范加工、协同参与、资源共享"的原则，采集、收藏和开发渔业水产领域的科技文献资源，利用现代信息技术、网络技术，面向各水产共建单位提供了科技文献信息服务。较完整地收录了渔业水产及相关领域的国内外科技文献信息资源，以文献资源数据库为主要内容，涵盖了中外文数据库及工具共 21 个，其中中文数据库 5 个，外文数据库 13 个，统计数据库、文献管理软件和多学科评价工具各 1 个，同时，采用先进的元数据仓储知识库技术，对包括图书、期刊论文、学位论文、会议论文、标准、专利等不同数据类型的多种文献信息进行深层次整合，实现了文献的统一检索，依托国内科研院所和图书馆网络平台，提供相关图书馆文献资源统一检索和文献传递服务。目前，以移动无线通信网络为支撑，通过智能手机、平板电脑等手持移动终端设备，实现了在移动终端搜索和阅读文献信息资源，基于 VPN 网络平台，实现了对院内网信息资源的自由访问。同时，开发了机构知识库系统平台，目前该平台正在试用阶段。该平台系统地储存和整合了全院的知识资产和学者圈、研究团队等内容，将为中国水产科学研究院的科研人员提供一个更为便捷和快速的服务。

2. 渔业领域学科情报研究

基于科学计量学方法开展学科情报研究，主要应用于科学评价和科学映射两个方面，其中科学评价是以科学产出和引用为基础，评价国家、大学、机构、个人等科研绩效水平；科学映射的目的则在于揭示科学研究的结构和变化趋势。当前渔业领域开展的情报研究主要包括：①中国水产科学研究院科技论文产出深度分析，对科技论文单拖、拖虾、灯光围网、灯光敷网、流刺网、帆式张网、定置张网、钓、笼捕等不同作业类型与不同捕捞对象渔船组成的全国海洋捕捞动态信息采集网络。目前，该网络在全国沿海 11 个省份 20 个市县共落实信息员单位 24 个、捕捞信息船 200 多艘（对）。该信息采集网络主要通过在信息船上安装北斗导航终端和渔捞日志采集仪来实现渔获数据采集。

制定全国海洋捕捞动态信息网络的总体技术方案，包括抽样调查样本设计规程（张寒野，2012；袁兴伟，2011）、信息网络操作规程和调查指标解释以及调查数据格式、常见渔获种类图鉴、渔捞记录统计表、海洋捕捞面上调查表、网上填报软件等技术性文件。该信息网络可实现的功能主要有：实时跟踪各海区的海洋渔业生产基础信息，逐月分析我国近海海洋捕捞的主要作业方式、作业规模、渔业特点、生产成本、渔获交易价格变动、海洋捕捞从业人员结构和分品种渔获产量的基本现状，定期发布简报，编制我国海洋捕捞动态信息调查月报和年报。编制发布的各类月报或专题报告等，为国家渔业行政管理部门宏观分析掌握海洋渔业形势、核准各省渔业产量年报、科学决策判断相关渔业问题提供了最直接、最原始的基础信息支撑；为伏季休渔制度调整、相关地区的水产种质资源保护区申报、涉海工程环境评价等生态保护工作提供了技术支持；为相关地区的渔民渔场转移、东海中上层鱼类资源的有效利用提供了信息咨询服务，产生了良好的社会效益、生态效益和经济效益。

2. 水产养殖渔情信息网络

针对我国渔业统计、水产养殖生产形势分析等需求，农业部渔业局先后于 2009 年和 2011 年分别启动了淡水池塘渔情采集系统和海水养殖渔情采集系统的建设，并于 2013 年将海水和淡水养殖渔情采集系统合并为全国养殖渔情信息采集系统。目前，养殖渔情信息采集网络已在 16 个渔业主产省份建立了 200 个信息采集定点县、800 多个采集点、6 000 多个采集终端，形成了一支由基层台账员、县级采集员、省级审核员和分析专家为主体的近 1 300 人的采集分析队伍，采集范围涵盖企业、合作经济组织、渔场或基地、个体养殖户等经营主体，能对 76 个养殖品种、9 种主养模式进行全年信息动态采集（朱泽闻，2015）。

经过建设，目前已经初步建设形成养殖信息数据库，为全国渔业统计提出了数据支持，为渔业产值核算提供了重要依据。养殖渔情数据每月编入农业部《渔业经济重要数据月报》，编写的不同时段养殖渔情分析报告等，为各级主管部门提供了决策依据。各采集单位和采集人员以养殖渔情数据为基础，在养殖结构调整、产品销售、节能减排、防灾减灾等方面为养殖生产提供了有效的信息服务。养殖渔情信息数据库，为养殖效益分析、生产成本核定、渔民就业情况分析等提供了数据支撑，有效地促进了相关渔业经济的专题分析研究。所开发的养殖渔情信息采集系统，实现了数据采集的及时性与准确性，并通过数据挖掘，充分发挥了养殖渔情信息服务的作用，推动了问题，完善了超短波通信网络，并对岸台联网的技术方案进行了探索。

"十二五"期间，我国渔港信息化管理工作取得了长足的进展，特别是将 GIS 技术应用于渔港信息化管理工作中，建设了沿海海港基础信息数据库实现了港口空间实体的定位与相关属性之间的结合，为渔港科研管理部门提供了更为直观、准确、科学的渔港建设数据，同时也为渔港的日常管理与今后的建设规划提供了可靠的参考依据。

3. 渔船监测及数据挖掘

"十二五"期间，我国近海渔船监测，一是具有自主知识产权的北斗卫星用于渔船监测得到大规模的推广；二是基于 AIS 技术进行渔船监测的技术得到较为成熟的研发应用；三是集成北斗、AIS 等多技术手段的综合渔船监测系统在部分省份得到应用推广；四是利用微波遥感、微光遥感影像进行渔船分布识别技术研究，如采用 RADARSAT-2 高分辨率雷达数据，探索了海上渔船目标的检测和识别方法；利用 DMSP/OLS 数据进行了远洋鱿鱼钓船分布监测。同时，随着不同渔船监控系统（VMS）的建设和运行，近年来已经获取和积累了大量的高精度渔船船位数据。应用大数据分析方法，可以从船位数据提取出大量有用的信息。如中国水产科学研究院东海水产研究所在渔船船位监测大数据分析与平台开发方面取得了显著进展。通过对约 5 万艘渔船近 20 亿条数据的挖掘分析，实现了基于高时空精度渔船航速、航向等数据的拖网、刺网等不同捕捞方式的渔船状态自动识别和渔场判别，为掌握近海渔船捕捞动态提供了便捷的手段。构建了以累计捕捞千瓦时为依据的高时空精度捕捞努力量计算新方法（张胜茂，2014），可作为评估我国近海渔船捕捞强度、制定渔船与海域管理政策的重要依据。基于 GIS 技术，通过对大量渔船数据的时空状态分析，获取了东海渔船不同季节的主要捕捞渔场偏好，实现了渔船全年作业航次信息的提取，初步掌握了东海的渔船捕捞行为与习惯，可为完善近海渔业管理措施提供依据。

（三）渔情信息网络的建设与应用

为提高新时期渔业统计工作水平，近年来，农业部渔业渔政管理局以"建设现代服务型统计"为指导，积极利用信息技术等拓展各项数据采集手段，推动建立"大渔情"工作体系。以渔业统计工作为主干，统筹渔情信息、价格采集和遥感监测等渔业经济基础信息采集工作，为各级渔业部门和全社会提供了更为丰富有效的渔业数据产品。

1. 海洋捕捞动态渔情信息网络

为了及时掌握海洋捕捞生产的基础信息，校验现有海洋捕捞统计数据的准确性，及时把握海洋渔业资源及其利用状况的动态，自 2009 年起，农业部渔业局（现农业部渔业渔政管理局）以中国水产科学研究院东海水产研究所牵头组织构建了由双拖、渔船长期作业动态变化，有助于渔业资源评估及渔场分析。对于远洋捕捞企业，不仅可以通过网络访问远洋渔船船位监测系统，掌握本公司渔船动态，而且可以为搜救部门提供船位资料，协助寻找遇难渔船。

（二）近海渔业监控与管理应用

1. 渔船安全救助系统与应用

渔船安全救助系统主要利用导航定位与多种通信手段相结合，实现对监控船舶进行位置报告、求助及与位置相关的增值信息服务；实现对监控目标位置和状态的及时获取，实现对渔船海上生产活动的有效控制和遇险营救指挥等。渔船安全救助系统一般由船载终端、通信链路和岸上指挥管理中心或搜救中心构成（赵树平，2010；张胜茂，2014）。船载终端一般包括海洋渔业 CDMA 定位通信终端、船舶自动识别（AIS）终端、北斗卫星定位通信终端、船舶射频识别（RFID）标签和短波（单边带）、超短波（对讲机）等，目前我国近海渔船以北斗终端和 AIS 终端应用为主。通信链路主要指海事卫星、AIS 通信网络、GPRS 通信网络、北斗短报文通信等。全国近海约 6.5 万艘渔船配备了北斗船载终端设备，各地区依托北斗船位数据相继建设了渔船安全管理救助平台。"十二五"期间，北斗卫星导航系统在渔业领域的广泛应用以及救助平台的不断建设完善，有效地预防和减少了碰撞事故的发生，并有助于在船舶遇险时进行快速、有效的救助。实现了应急指挥数据综合查询，搜救行动辅助决策，搜救力量联动指挥，改善、提升了渔业部门的应急组织、指挥、协调能力，提高了海上搜救的效率和成功率。

2. 船港数字化通信技术应用

"海洋渔业安全通信网"是我国海洋渔业通信网络中信息量最大、用途最广、成本最低、利用率最高的重要网络。"十二五"期间，船舶导航系统国家工程研究中心进行了海洋渔业超短波安全通信网暨数字化升级改造研究，通过利用渔业专用频段（27.5～39.5 兆赫兹）提供的多功能、多用途的开发空间，对超短波进行数字化升级改造，使数据容量成倍的增加，为海洋渔业的大数据管理提供了一个自主的海陆链路和数字化平台。福建省海洋与渔业厅委托研发了"海上渔业安全生产监控系统"，并入福建省"近海渔业安全通信网"。该系统也采用现有超短波通信技术，通过增加 DSP 数字编程解码信令技术，实现了语音及数字信令同时进行传输及通信，并通过控制中心实现了对渔船的统一监控、调度管理指挥。除具备船舶间自由通信能力外，也可兼容现有设备进行使用，达到帮助主管部门进行调度管理、应急通信，遇险救助等应用需求，可为海岸线 50 海里以内的渔船提供安全通信保险、气象与海况预报及紧急警报服务。此外，中国水产科学研究院渔业工程研究所渔业信息工程研究中心开展了海洋渔船超短波自组织网络通信技术研究，解决了渔业超短波通信中的信道拥塞总体上，渔业信息技术为其他水产学科的发展提供了技术支撑和必要的研究手段。

（一）远洋渔业信息服务及管理应用

1. 远洋渔场信息服务系统的研发

远洋渔场信息服务主要是利用海洋遥感技术开展渔场环境监测与信息提取，并结合渔获信息、渔船捕捞动态信息等，构建渔场渔情预报模型，从而实现渔场渔情预报与信息服务，辅助捕捞生产和渔业管理。针对我国远洋渔业资源开发需求，国内远洋渔场信息服务技术的研发，主要有中国水产科学研究院东海水产研究所、上海海洋大学等通过产学研结合的方式开展技术研发。主要的技术进展包括：①继续建设和完善了最全面的远洋渔业综合数据库，并开始以上海海洋大学为依托筹建国家远洋渔业数据中心；②远洋渔场信息服务产品进一步丰富，已由海表信息逐步拓展到 0～300 米次表层环境信息、温度距平动态变化信息服务等（陈雪忠，2012；樊伟，2013）；③渔场渔情服务海域不断得到拓展，从北太鱿鱼和大洋金枪鱼渔场，进一步拓展到东南太平洋智利竹筴鱼渔场、南极磷虾渔场和西非近岸渔场等；④建设了远洋渔场捕捞动态信息网络，技术上实现了对远洋渔场和捕捞动态的实时监测（樊伟，2013）；⑤信息服务平台功能更完善，应用更为灵活多样，如进一步开发了远洋渔捞日志录入系统，在前期 C/S 架构的预报系统基础上，新开发了基于 Web Service 架构的渔业信息服务网站、基于移动通信的渔业信息微信推送服务等，信息获取途径更为便捷高效。

2. 远洋渔船监测与管理

我国在全球三大洋拥有 2 000 余艘远洋渔船，随着国际渔业管理的加强和远洋渔业竞争的加剧，国际入渔纠纷时有发生，因此，加强对远洋渔船的管理，既是确保远洋捕捞生产安全，提高我国远洋渔业管理水平，也是实施负责任捕捞的要求。早在 2008 年，农业部就要求对所有远洋渔船分期、分批实施船位监测。2009 年以来，我国相关机构和远洋渔业企业积极推进部署远洋渔船安装船位监控终端工作。迄今为止，已实现了全部远洋渔船安装船位监控终端，远洋渔船船位监测系统共收录了 130 余家远洋渔业企业的 2 000 余艘远洋渔船，平均每日返回船位的渔船在 1 300 艘以上。

远洋渔船船位监测系统由四部分组成：船载卫星终端、卫星链路和卫星地面站、监测指挥中心和远洋渔船船位监测系统网站（胡刚，2010）。船载卫星终端采集船舶航行状态数据，通过卫星空间链路和卫星地面站传给监测指挥中心；监测指挥中心存储、处理卫星传来的数据，同时远洋渔船船位监测系统网站提供了丰富的图形操作界面，各级行政部门和远洋渔业企业可以方便、快捷地获取自己渔船的动态信息。

远洋渔船船位监测系统在渔业管理、科学研究和渔业企业管理中发挥了重要的作用。在渔业管理中可以检视渔船作业动态、判断渔船是否违规、统计渔船长期资料、提升渔获回报准确度等。在科研中可以比对渔船监测系统船位与渔船填报船位，掌握

渔业信息技术应用领域研究进展

一、前　　言

　　党的十八大报告提出"坚持走中国特色新型工业化、信息化、城镇化、农业现代化道路"的"新四代"发展目标，明确了在我国新的发展时期，信息化所具有的引领地位和在农业现代化建设中不可替代的战略地位。渔业信息化是指利用现代信息技术和信息系统为渔业产、供、销及相关的管理和服务提供有效的信息支持，并提高渔业的综合生产力和经营管理效率的信息技术手段和发展过程。从信息技术的发展趋势看，渔业信息化将是渔业现代化的重要内容，是实现渔业现代化的一个重要支撑条件，必将在渔业的现代化发展过程中起到关键作用，体现出信息技术对渔业产业整体发展的技术支撑和信息支撑作用。

　　"十二五"期间，我国渔业信息化与信息技术得到了快速发展，重点在渔情信息服务、渔船渔港监测管理、水产养殖监测与物联网应用、数据库平台等诸多方面开展了相关技术的研发与应用，取得了应用实效，渔业信息技术与信息化取得了明显进步。总体上，我国渔业信息技术的主要应用领域和研究方向已经跨越了初期的起步阶段，逐步进入迅速发展时期。尽管如此，渔业作为传统产业，对新技术的吸收和引进过程仍较慢。信息技术的发展日新月异，物联网、云计算、大数据、智慧地球等新概念、新思路不断涌现，新的信息技术更为渔业现代化发展提供了广阔的发展空间和前景。与世界发达国家或渔业强国相比，我国渔业信息化应用或渔业信息技术的业务化运行很少，多处于技术研发或示范应用阶段。因此，本报告主要针对渔业信息技术的主要研究应用领域，对本领域国内外研究动态和学术进展进行了较为系统的梳理总结，可为今后更好地开展渔业信息化提供借鉴，不仅有利于促进渔业信息技术学科的发展，更有利于我国实现渔业现代化和"新四化"的发展目标。

二、国内研究进展

　　"十二五"期间，我国渔业信息技术得到较快发展，空间信息技术在渔业中的应用进一步深入和拓展，水产养殖遥感监测、地理信息系统（GIS）等得到实际应用。数据平台建设与共享也有显著推进，为相关渔业生产与管理等提供了基础数据支撑。

46-51.

张延青，陈江萍，沈加正，等，2011. 海水曝气生物滤器污染物沿程转化规律的研究［J］. 环境工程学报，31（11）：1808-1814.

张宇雷，吴凡，王振华，等，2012. 超高密度全封闭循环水养殖系统设计及运行效果分析［J］. 农业工程学报，28（15）：151-156.

赵广苗，2006. 当前我国的海水池塘养殖模式及其发展趋势［J］. 水产科技情报，33（5）：206-207.

郑晓伟，沈建，蔡淑君，等，2013. 南极磷虾等径滚轴挤压剥壳工艺优化［J］. 农业工程学报，29（S1）：286-293.

郑延璇，关长涛，宋协法，等，2012. 星体型人工鱼礁流场效应的数值模拟［J］. 农业工程学报，28（19）：185-193.

Liu X G，Xu H，Wang X D，et al，2014. An Ecological Engineering Pond Aquaculture Recirculating System for Effluent Purification and Water Quality Contro［J］. Clean-Soil，Air，Water，42（3）：221-228.

Tai H J，Liu S Y，Li D L，et al，2012. A Multi-Environmental Factor Monitoring System for Aquiculture Based on Wireless Sensor Networks［J］. Sensor Letters，10（1-2）：265-270.

库，提供信息浏览获取，用户能够联系到资源建设负责人并对信息更新。国内渔业数据信息共享共建制度尚未完全建立，共享程度不够，如数据收费、下载受限，数据共建只限于项目人员，缺乏明确的科学数据产出归属方面的政策依据，影响科学数据长期稳定运行。数据库后期管理机制方面，国际上许多渔业数据库依托项目建立，后期成立了专门的机构来运行维护，保证了数据库持续发展。国内绝大多数数据库仅依托于项目建立，随着项目结束，数据库后续工作停滞，降低了数据的利用价值。

在渔船数字化通信技术方面，紧密结合我国渔船自身发展与建设现状，依托我国渔业无线电专有超短波频段（27.5～39.5兆赫兹）开展了部分研究，致力于利用超短波数字通信技术和组网技术，满足了我国近海渔民的日常通信和应急报警需求。由于27.5～39.5兆赫兹频段为我国自主划分的渔业无线电频段，国外尚没有开展相关研究工作。在卫星语音通信方面，国外相关系统建设时间较早，使用范围较广。随着我国远洋渔业作业量的增加，渔船卫星语音通信的需求量日益上升，现有渔船卫星语音通信主要依托VSAT系统、Inmarsat系统等外国卫星通信系统，国内尚没有相关卫星系统提供语音通信服务。随着我国自主研制的卫星通信系统的规划与建设，目前国内已有相关研究计划。

（二）海洋渔业遥感技术应用基础好，但仍有明显不足

在海洋环境遥感技术研究领域，除了海表温度（SST）、叶绿素等少数几个成熟的海洋环境变化参数遥感应用较为成熟外，尚有很多重要的海洋环境变化遥感应用技术需要深入研究。例如，海表盐度遥感技术的渔业应用国内几乎处于空白状态。在海草遥感技术应用方面，我国仅在海南开展了少数实例研究。在海洋渔业应用方面，海洋遥感生态环境参数的业务化产品较少，使得大洋渔业生态环境监测与评估仅有零星研究。在海岸带、河口、湖泊与湿地等鱼类栖息地监测等方面，一方面我国质量可靠的高时空分辨率的遥感数据较少；另一方面，在遥感技术和GIS技术的鱼类栖息地监测研究中，不仅由于研究较少，没有形成较完整的技术应用规范，而且在政策法规层面，也缺少对采用空间信息技术开展相关工作的全面支持。

（三）水产品安全追溯与水产物联网应用研究处于起步阶段，示范推广少

在水产品质量安全追溯方面，欧盟作为先驱者，最早通过强制性的法律法规对进出口产品质量安全进行可追溯规定，并逐渐拓展到水产品安全领域，带动世界上其他国家也根据自己的具体国情进行探索与实践，如美国、日本等发达国家和水产品生产消费大国也通过政府、企业、第三方社会团体等各方面、各部门的共同努力建立起了较为全面的水产品质量安全可追溯体系。目前国际上发达国家水产品质量安全可追溯

体系大致有 2 种方式：一种是以欧盟为代表，要求强制实施水产品可追溯；另一种是以美国为代表，支持水产品可追溯的实施，但不要求强制执行。

在新兴的水产养殖物联网领域，发达国家现代水产养殖技术和装备的自动化、信息化、智能化发展很快，尤其在水质监控和科学投喂方面取得了很大的进展。挪威、德国、美国、法国、日本等发达国家对于水质监测已完全实现了自动化，所建立的养殖池塘水体环境智能监控管理系统，在线检测水体中的各项理化指标，并根据这些数据了解养殖水体的状况，从而有效地调节养殖环境，使养殖水体控制在养殖对象最适宜的状态，从而提高养殖产量和效益。国外在水产养殖饲料及饲料投喂方面的研究也已经相当成熟，并且也已结合了信息技术的应用。目前随着 GPRS、WiFi、ZigBee 等无线技术的发展，国外已经开始考虑水产养殖装备的远程控制，使装备变成网络中的一个控制终端，可以在任何时候、任何地方对设备的运行状态进行了解并根据当前情况进行控制。

五、"十三五"展望与建议

当前我国科技创新正处于伟大的变革时期，科研发展呈现出了新气象、新局面。以互联网＋、大数据、物联网和移动通信技术等应用为代表的信息技术仍在以前所未有的速度加快发展，不仅将直接改变着人们的生活方式，还会进一步加强与各产业的深度融合，改变着产业的发展方式，促进产业的创新。渔业信息技术的研究应用领域从最初的遥感渔场预报、数据库建设等发展到渔业制图、渔业栖息地（湿地）监测评估、水产养殖物联网应用、渔船监测管理、渔业信息共享平台等多个方面。针对我国渔业产业现状和渔业信息技术和信息化的发展，"十三五"期间，将按照"需求驱动、集成创新、示范应用、信息服务"的研究与创新发展新格局，促进信息技术在渔业中的深度应用和渔业信息学科的发展。

（一）进一步完善渔业科学数据汇交与共享制度，推动数据平台研发与信息服务

一是积极推动制定我国渔业科学数据资源整合模式与共享机制，开展国家渔业数据共享平台的顶层设计，包括数据资源的数字化整合程度、管理机制、共享模式、技术规范以及管理办法等；二是加快数据平台研发与信息服务，如进一步开展渔业科学数据的个性化服务技术、基于大数据的数据挖掘技术、数据搜索引擎技术研究等，不断扩充丰富平台功能。三是确立平台的公益性，加强公共财政支持，建设一批国家级渔业科学数据共建共享平台，边建设边服务，实现全国渔业信息资源的共建共享。四是进一步开展图书馆信息资源泛在化管理工作，包括人性化、智能化、简便化建设，提高文献信息资源利用效率。

（二）加强动态实时监测技术研究，助推海洋渔业现代化

一是利用卫星遥感、航空遥感、视频监控与 GIS 等技术，开展多技术融合的渔港动态管理关键技术研究，实现对我国沿海重点渔港的立体、全覆盖、高精度的动态实时监测。二是利用北斗卫星船舶船位监测技术，结合 AIS 船舶自动识别系统、射频识别技术，以全国渔港基础地形电子专题图为基础平台，实现对渔船的作业动态、进出港情况进行监测掌握。三是建设全国渔船与渔港数据中心，实现多类型的渔船、渔港数据集中存储管理。四是开展渔船通信网络中继放大技术、渔船通信网络多点接入技术、渔船通信网络路由选择算法以及自组织通信网络关键技术研究，初步形成海洋渔船通信岸台联网技术方案。

（三）深化空间信息技术的渔业生态环境应用，为生态文明建设提供支撑

一是围绕我国远洋渔业生产及渔业资源评估与开发利用的需求，研究我国主要远洋渔场捕捞对象的渔场环境特征及时空变动规律，开发可业务化应用的全球主要远洋渔业捕捞海域的渔情信息服务系统。二是围绕近海渔业生态恢复和生态文明建设的需求，构建近海及内陆渔业生态环境空间观测数据中心，开展水生生物生境的时空异质性、生物多样性研究，深入理解气候变化、极端自然事件、污染、生物入侵以及土地和资源利用等因素对渔业生态系统的影响机理。

（四）加快推动物联网、大数据等新技术的渔业应用，推动水产养殖现代化

一是针对我国水产养殖区域面积广、养殖种类与类型多样、产业规模大的特点，继续推动水产养殖遥感监测与统计应用，掌握水产养殖的区域分布特点，提高水产养殖统计信息的准确性和养殖规划的针对性；二是以物联网技术为信息获取基础，开展水产养殖感知技术、智能控制及预警预报技术研究，建设水产养殖专题数据库，开展水产养殖大数据应用；三是以水产养殖生态环境研究为理论基础，构建水产养殖生态环境模型及生长模型等，建立完整的智能化水产养殖技术体系，开发不同养殖种类或不同养殖区域的水产养殖信息管理系统或决策支持系统。

（五）进一步拓展前沿信息技术在渔业领域中的应用，促进生产及管理决策信息化

一是围绕我国渔业发展存在的生产与管理效率低、信息化水平落后、决策不科学等突出问题，以提高渔业生产及管理决策的信息化、科学化为目标，重点利用互联网、移动通信、数字通信、多媒体、数据库等信息技术，优化和完善水产养殖渔情信息网络、海洋捕捞渔情信息网络建设等，提高信息采集与服务的效率；二是开展水产

养殖管理信息系统、海洋渔业生产信息系统、渔政管理信息系统、渔业科研管理信息系统、渔业灾害风险评估信息系统、水产品价格信息系统等通用的渔业信息服务平台或市场导向类的渔业专题信息服务系统研发，为渔业生产管理提供技术支撑。

（樊　伟　杨宁生　王立华　执笔）

（致谢：在本报告编写过程中，中国水产科学研究院信息学科委员及科研骨干袁永明、欧阳海鹰、孙英泽、王琳等提供了重要的素材，李继龙研究员提供了有关材料和建议，在此一并致谢！）

参　考　文　献

陈雪忠，樊伟，2012. 空间信息技术与深远海渔业资源开发［J］. 生命科学（9）：980-985.

陈新军，高峰，官文江，等，2013. 渔情预报技术及模型研究进展［J］. 水产学报（8）：1270-1280.

程田飞，周为峰，樊伟，2012. 水产养殖区域的遥感识别方法进展［J］. 国土资源遥感，23（2）：1-7.

樊伟，周甦芳，沈建华，2005. 卫星遥感海洋环境要素的渔场渔情分析应用［J］. 海洋科学（11）：67-72.

樊伟，崔雪森，伍玉梅，等，2013. 渔场渔情分析预报业务化应用中的关键技术探讨［J］. 中国水产科学（1）：235-242.

樊伟，伍玉梅，陈雪忠，2010. 南极磷虾的时空分布及遥感环境监测研究进展［J］. 海洋渔业，32（1）：95-101.

巩沐歌，2011. 国内外渔业信息化发展现状对比分析［J］. 现代渔业信息，12：20-24.

胡刚，马昕，范秋燕，2010. 北斗卫星导航系统在海洋渔业上的应用［J］. 渔业现代化，37（1）：60-62.

黄巧珠，吕俊霖，麦丽芳，2009. 我国渔业科学数据库的现状与发展趋势［J］. 安徽农业科学，37（32）：15977-15978.

蒋强，何都益，2013. 基于物联网技术的水产养殖系统集成思路［J］. 科技信息（10）：14.

李道亮，傅泽田，马莉，等，2000. 智能化水产养殖信息系统的设计与初步实现［J］. 农业工程学报（4）：135-138.

李道亮，2012. 农业物联网导论［M］. 北京：科学出版社.

李阳东，陈新军，朱国平，等，2013. 基于 Pocket PC 的海洋渔业调查数据采集［J］. 海洋科学（4）：65-69.

李舜江，章平，2013. 物联网在水产养殖环境监测系统中的应用［J］. 青岛大学学报（2）：82-84.

潘兴蕾，于文明，吕俊霖，2013. 新型渔业信息服务模式的探索与构建［J］. 农业图书情报学刊（9）：182-184.

宋转玲，刘海行，李新放，等，2013. 国内外海洋科学数据共享平台建设现状［J］. 科技资讯，36：20-23.

宋协法，路士森，2006. 深水网箱投饵机设计与试验研究 [J]. 中国海洋大学学报（自然科学版）（3）：405-409.

孙瑞杰，李双建，2014. 世界海洋渔业发展趋势研究及对我国的启示 [J]. 海洋开发与管理（5）：85-89.

王秋梅，高天一，刘俊荣，2008. 可追溯水产品信息管理系统的实现 [J]. 渔业现代化（5）：56-58.

王娜，2014. 泛在网络中信息资源管理的国内外研究综述 [J]，图书馆研究，14：13-18.

王立华，黄其泉，徐硕，等 2015. 中国渔政管理指挥系统总体架构设计 [J]. 中国农学通报，31（10）：261-268.

王立华，孙璐，孙英泽，2010. 渔业科学数据共享平台建设研究 [J]. 中国海洋大学学报，40（95）：201-206.

王玉堂，2012. 我国设施水产养殖业的发展现状与趋势 [J]. 中国水产（10）：7-10.

吴维宁，卢卫平，2005. 美国国家渔业信息网络建设及其启示 [J]. 中国水产（6）：33-34.

武立波，刘运胜，刘学哲，等，2010. 海洋牧场远程监控投饵系统设计 [J]. 渔业现代化（2）：23-25.

邢克智，郭永军，陈成勋，等，2013. 水产养殖先进传感与智能处理关键技术及产品 [J]. 天津科技（2）：45-46.

杨宁生，2005. 现阶段我国渔业信息化存在的问题及今后的发展重点 [J]. 中国渔业经济（2）：15-17.

叶炼炼，2014. 海洋水产养殖物联网系统研究 [J]. 中国新通信（15）：30.

岳昊，欧阳海鹰，曾首英，等，2013. 浅谈中国鱼类多样性数据库建设现状—以 FishBase 为例 [J]. 中国农学通报（8）：59-63.

岳冬冬，王鲁民，张勋，等，2013. 我国海洋捕捞装备与技术发展趋势研究 [J]. 中国农业科技导报（6）：20-26.

袁兴伟，刘勇，程家骅，2011. 分层抽样误差分析及其在渔业统计中的应用 [J]. 海洋渔业，33（1）：17-21.

袁晓庆．孔箐锌．李奇峰，等，2015. 水产养殖物联网的应用评价方法 [J]. 农业工程学报（4）：258-265.

虞宗敢，高翔，虞宗勇，2006. 气力投饲系统的研制 [J]. 渔业现代化（2）：45-46.

张胜茂，杨胜龙，戴阳，等，2014. 北斗船位数据提取拖网捕捞努力量算法研究 [J]. 水产学报，38（8）：1190-1199.

张寒野，刘勇，程家骅，2012，应用改进的 Leslie 法估算东海区小黄鱼资源量 [J] 海洋渔业，34（3）：357-360.

赵树平，姜凤娇，孙庚，等，2010. 渔船安全救助信息系统的研究 [J]. 大连海洋大学学报，25（6）：565-568.

曾首英，静莹，张晓琴，等，2010. 世界鱼类数据库（FishBase）的建设与应用研究 [J]. 中国农学通报（16）：382-387.

曾首英，闫雪，静莹，2013. 我国渔业信息化发展现状与对策思考 [J]. 渔业信息与战略（1）：20-26.

周琼，2012. 基于 GIS 的太湖鱼业资源管理信息系统的开发与研究 [D]. 南京：南京农业大学.

朱泽闻，王浩，周楠，等，2015. 2014 年养殖渔情分析报告 [J]. 中国水产，42：28-32.

Cheung W W L，Lam V W Y，Sarmiento J L，et al，2010．Large-scale redistribution of maximum

fisheries catch potential in the global ocean under climate change [J]. Global Change Biology, 16: 24-35.

Chassot E, Bonhommeau S, Reygondeau G, et al, 2011. Satellite remote sensing for an ecosystem approach to fisheries management [J]. Ices Journal of Marine Science, 68: 651-666.

Geoffery J Meaden, Aguilar-Manjarrez J, 2013. Advances in geographic information systems and remote sensing for fisheries and aquaculture [M]. FAO Fisheries & Aquaculture Technical Paper.

Klemas V, 2013. Fisheries applications of remote sensing: an overview [J]. Fisheries Research, 148: 124-136.

Knudby A, LeDrew E, Brenning A, 2010. Predictive mapping of reef fish species richness, diversity and biomass in Zanzibar using IKONOS imagery and machine-learning techniques [J]. Remote Sensing of Environment, 114: 1230-1241.

Kumari B, Raman M, 2010. Whale shark habitat assessments in the northeastern Arabian Sea using satellite remote sensing [J]. International Journal of Remote Sensing, 31: 379-389.

Longhurst A R, 2007. Ecological Geography of the Sea [M]. London: Academic Press: 552.

Niu M X, Jin X S, Li X S, et al, 2014. Effects of spatio-temporal and environmental factors on distribution and abundance of wintering anchovy Engraulis japonicus in central and southern Yellow Sea [J]. Chinese Journal of Oceanology and Limnology, 32 (3), 565-575.

Pan J, Sun Y, 2013. Estimate of ocean mixed layer deepening after a typhoon passage over the south China sea by using satellite data [J]. Journal of Physical Oceanography, 43: 498-506.

Planque B, Fromentin J-M, Cury P et al, 2010. How does fishing alter marine populations and ecosystems sensitivity to climate? [J]. Journal of Marine Systems, 79: 403-417.

Shang S L, Lee Z P, Wei G M, 2011. Characterization of MODIS-derived euphotic zone depth: results for the China Sea [J]. Remote Sensing of Environment, 115: 180-186.

Santos A M P, 2000. Fisheries oceanography using satellite and airborne remote sensing methods: a review [J]. Fisheries Research, 49: 1-20.

Turner W, Spector S, Gardiner N, et al, 2003. Remote sensing for biodiversity. science and conservation [J]. Trends in Ecology and Evolution, 18 (6): 306-314.

Valavanis V D, Pierce G J, Zuur A F, et al, 2008. Modelling of essential fish habitat based on remote sensing, spatial analysis and GIS [J]. Hydrobiologia, 612 (1): 5-20.

主要渔业科学家

"十二五"期间，渔业科技界涌现出了一批杰出渔业科技人才，为我国渔业快速发展做出了突出贡献。本书汇总了"十二五"期间渔业领域新增中国工程院院士、中国科学院院士，承担"973 计划""863 计划"、国家杰出青年基金、国家科技支撑计划、农业产业技术体系、农业公益性行业科研专项等国家级计划项目负责人代表以及国家科学技术奖励第一完成人，对其学术成就和取得的突出科研成绩进行介绍。

主要渔业科学家列表

序号	姓名	单位	备注
1	桂建芳	中国科学院水生生物研究所	2013 年当选中国科学院院士
2	吴立新	中国海洋大学	2013 年当选中国科学院院士
3	张 偲	中国科学院南海海洋研究所	2013 年当选中国工程院院士
4	朱蓓薇	大连工业大学	2013 年当选中国工程院院士
		(以下按姓名拼音排序)	
5	艾庆辉	中国海洋大学	国家杰出青年科学基金获得者
6	包振民 *	中国海洋大学	"863 计划"项目首席科学家
7	常剑波	水利部中国科学院水工程生态研究所	"973 计划"项目首席科学家
8	陈松林 *	中国水产科学研究院黄海水产研究所	国家技术发明奖二等奖第一完成人
9	陈新华	国家海洋局第三海洋研究所	国家杰出青年科学基金获得者
10	程家骅	中国水产科学研究院东海水产研究所	农业行业科研专项负责人
11	杜 军	四川省农业科学院水产研究所所长	农业行业科研专项负责人
12	董双林 *	中国海洋大学	国家科学技术进步奖二等奖第一完成人
13	傅泽田	中国农业大学	农业行业科研专项负责人
14	戈贤平 *	中国水产科学研究院淡水渔业研究中心	国家大宗淡水鱼类产业技术研发中心首席科学家
15	龚金泉	龚老汉控股集团有限公司董事长	国家科学技术进步奖二等奖第一完成人
16	何 艮	中国海洋大学	农业行业科研专项负责人
17	何建国 *	中山大学	国家虾产业技术研发中心首席科学家
18	胡 炜	中国科学院水生生物研究所	国家杰出青年科学基金获得者
19	黄 健 *	中国水产科学研究院黄海水产研究所	农业行业科研专项负责人
20	黄小平	中国科学院南海海洋研究所	"973 计划"项目首席科学家
21	金显仕 *	中国水产科学研究院黄海水产研究所	"973 计划"项目首席科学家 国家科技支撑计划项目首席科学家
22	雷霁霖 *	中国水产科学研究院黄海水产研究所	国家鲆鲽类产业技术研发中心首席科学家
23	李纯厚	中国水产科学研究院南海水产研究所	农业行业科研专项负责人
24	李桂峰	中山大学	农业行业科研专项负责人
25	李钟杰	中国科学院水生生物研究所	农业行业科研专项负责人
26	刘少军	湖南师范大学	国家科学技术进步奖二等奖第一完成人
27	吕利群	上海海洋大学	农业行业科研专项负责人
28	麦康森 *	中国海洋大学	"973 计划"项目首席科学家

（续）

序号	姓名	单位	备注
29	宋林生*	大连海洋大学	"973 计划"项目首席科学家
30	孙 松*	中国科学院海洋研究所	"973 计划"项目首席科学家
31	隋锡林	辽宁省海洋水产科学研究院	国家科学技术进步奖二等奖第一完成人
32	孙效文*	中国水产科学研究院黑龙江水产研究所	国家科学技术进步奖二等奖第一完成人
33	王 俊	中国水产科学研究院黄海水产研究所	农业行业科研专项负责人
34	王炳谦	中国水产科学研究院黑龙江水产研究所	农业行业科研专项负责人
35	王鲁民	中国水产科学研究院东海水产研究所	国家科技支撑计划项目首席科学家
36	吴常文*	浙江海洋大学	国家技术发明奖二等奖第一完成人
37	徐 皓	中国水产科学研究院渔业机械仪器研究所	国家科技支撑计划项目首席科学家 农业行业科研专项负责人
38	徐 跑	中国水产科学研究院淡水渔业研究中心	国家科技支撑计划项目首席科学家
39	严兴洪	上海海洋大学	国家科学技术进步奖二等奖第一完成人
40	杨 弘*	中国水产科学研究院淡水渔业研究中心	国家罗非鱼产业技术研发中心首席科学家
41	杨红生*	中国科学院海洋研究所	国家科技支撑计划项目首席科学家
42	杨兆光	中南大学	农业行业科研专项负责人
43	战文斌	中国海洋大学	国家科技支撑计划项目首席科学家
44	张国范*	中国科学院海洋研究所	国家贝类产业技术研发中心首席科学家
45	周小秋	四川农业大学	国家科学技术进步奖二等奖第一完成人

注：带 * 的专家已在《中国水产科学发展报告（2006—2010）》中进行了介绍，本书不再重复介绍。

桂建芳

1956 年出生，博士，中国科学院水生生物研究所研究员、博士生导师，中国科学院院士。中国动物学会副理事长，中国海洋湖沼学会副理事长，中国动物学会鱼类学分会理事长，《水生生物学报》主编，*Gene*、*Science China Life Sciences*、《中国科学：生命科学》《科学通报》等学术期刊编委，国家水产原种和良种审定委员会副主任。

长期从事鱼类遗传育种生物学基础研究和相关生物技术研究。系统研究了多倍体银鲫的遗传基础和生殖机制，首次揭示了银鲫独特的单性和有性双重生殖方式；原创银鲫育种技术路线，培育出了有重大应用价值的银鲫养殖新品种；开拓出一条 X 染色体和 Y 染色体连锁标记辅助的全雄鱼培育技术路线。先后主持国家"973 计划"项目"重要养殖鱼类品种改良的遗传和发育基础研究"和"重要养殖鱼类功能基因组和分子设计育种的基础研究"及"863 计划"、国家杰出青年基金、国家自然科学基金重点项目、国家科技支撑计划等多项课题。已在 *Nature*、*Proceedings of the National Academy of Sciences of the United States of America*、*Molecular Biology and Evolution*、*Immunity*、*Journal of Immunology*、*Journal of Virology* 等国内外核心刊物上发表研究论文 360 多篇，其中 SCI 刊源论文 200 多篇；发表的论著被国内外广为引用。获得湖北省自然科学奖一等奖（2003 年）、湖北省科技进步奖一等奖（2011 年）、国家自然科学奖二等奖（2011 年）、中国产学研合作创新成果奖（2012 年）、中国科学院科技促进发展奖一等奖（2014 年）等科技成果奖，获授权发明专利 10 项，培育水产新品种 2 个。

先后获得中国青年科技奖（1988 年）、国家杰出青年科学基金资助（1994 年）、中国科学院青年科学家奖一等奖（1995 年）、香港求是科技基金会杰出青年学者奖（1996 年）、湖北省劳动模范（2004 年）、科技部"十一五"国家科技计划执行突出贡献奖（2011 年）、全国先进工作者（2015 年）等奖励和荣誉称号。

吴立新

1966 年出生，博士，中国海洋大学教授，中国科学院院士，青岛海洋科学与技术国家实验室主任，中国海洋大学副校长，物理海洋教育部重点实验室主任。国家杰出青年基金获得者，国家自然科学基金委员会创新群体学术带头人，山东省"泰山学者"特聘教授，教育部"长江学者"。兼任国际 CLIVAR 太平洋科学指导委员会委员，国际 PICES 太平洋气候变化与变率科学委员会委员，国际 CLIVAR NPOCE 计划科学指导委员会委员。长期从事大洋环流与气候研究。发现了 20 世纪全球大洋副热带西边界流区"热斑"现象，系统阐述了副热带环流变异在太平洋气候年代际及长期变化中的作用机理并建立了相关理论，发展了能确定中—低纬海洋—大气通道在气候年代际及长期变化中作用的模式动力实验体系；开拓了利用 Argo 国际大计划来研究全球深海大洋混合低频变异的新路径，将深海混合研究推向了全球尺度和季节以上的时变尺度；阐明了大洋热盐环流变异影响热带海—气耦合系统的动力学路径，揭示了北大西洋年代际变化模态是海—气耦合模态。在 *Nature*，*Nature Geoscience*、*Nature Climate Change* 等海洋与气候研究的国际权威杂志上发表论文 80 余篇。作为首席科学家主持承担了国家深海大洋"973 计划"项目、科技部全球变化重大研究计划等项目。

张 偲

1963 年出生，中国科学院南海海洋研究所研究员、所长，中国工程院院士。主要从事海洋生物学、海洋生物技术、海洋生态工程的研究与开发。围绕"热带海洋微生物多样性及其资源的时空分布特征及其功能"关键工程科技问题，开展微生物多样性及其资源的观测、认知和利用研究，为发展我国海洋微生物产业与和海洋生态保护与修复做出了贡献。有效鉴定海洋微生物新科 1 个、新属 6 个、新种 23 个、新化合物 119 个，获"国药准字"新药生产批文 1 个，研发海洋生物新产品 16 个。曾获 2014 年度国家技术发明奖二等奖（第一完成人）、2007 年度国家科技进步二等奖（第一完成人）、2013 年度中国专利优秀奖（第

一完成人）、2011 年度何梁何利基金科技创新奖。发表论文 189 篇（含 SCI 收录论文 159 篇），出版专著 2 部，获授权发明专利 53 项。

朱蓓薇

1957 年出生，女，大连工业大学教授，博士生导师，中国工程院院士。现任大连工业大学食品学院院长，国家海洋食品工程技术研究中心主任。国家高技术研究发展计划（"863 计划"）海洋技术领域主题专家，中国食品科学技术学会常务理事，教育部高等学校食品科学与工程类专业教学指导委员会委员，国家标准化管理委员会水产品加工分技术委员会委员，辽宁省食品科学技术学会理事长。

长期致力于农产品、水产品精深加工的基础理论和应用研究，在海洋食品的深加工技术方面取得了一系列创新性成果。作为第一完成人，获 2005 年国家技术发明奖二等奖、2010 年国家科技进步奖二等奖、2008 年何梁何利基金科学与技术创新奖、2009 年大连市科学技术功勋奖。出版《海珍品加工理论与技术的研究》等学术著作 8 部。发表学术论文 160 余篇。获国际、国内授权发明专利 40 余项。

主持完成了国家"973 计划"前期研究专项"海参深加工中生物学关键科学问题的基础研究"、国家"863 计划"主题项目"贝类及其副产物高值化加工及诺瓦克病毒快速检测技术的研究"、"十一五"国家科技支撑计划"海洋食品生物活性物质高效制备关键技术研究与产业化示范"、国际合作重大项目"海珍品精深加工关键技术研究"、国家农转资金计划项目"海参自溶酶技术在提升即食海参品质的应用"、国家自然科学基金项目"海参自溶酶酶学性质及其过程机理的研究"等纵向课题 30 余项。

艾庆辉

1972 年出生，博士，中国海洋大学教授、博士生导师。美国康奈尔大学访问学者。中国粮油学会粮油营养分会理事，山东省优秀创新团队核心成员。为国际刊物 *Aquaculture* 编委，国际刊物 *PLoS One*、*Lipids*、*Fish and Shellfish Immunology* 等 10 余种国际知名刊物特邀审稿人。

长期从事海水鱼类脂肪及脂肪酸代谢和海水仔稚鱼营养的研究。发现植物油替代引发肝脂异常沉积的部分机制，并对缓解脂肪沉积的营养学策略进行了探究，指出脂肪酸可以通过病原识别受体和炎症因子调控免疫力；转录因子通过调控 PUFA 合成路径关键酶的表达来影响海水鱼类 PUFA 的合成能力。打破了采用生物饵料进行仔稚鱼营养研究的传统，系统探讨了其脂肪和蛋白质代谢途径。其研究成果已实现产业化，取得显著经济效益。先后主持国家自然科学基金 5 项、国家高技术研究发展计划（"863 计划"）1 项、科技部国际合作课题 1 项。近五年已在 *British Journal of Nutrition*、*PLoS One*、*Fish and Shellfish Immunology*、*Aquaculture*、*Aquaculture Research*、《水生生物学报》《水产学报》《动物营养学报》等发表学术论文 90 余篇，其中 SCI 收录 60 篇；获授权国家发明专利 9 项；获国家级奖励 1 项（第五完成人）、部级奖 2 项（分别为第三完成人和第五完成人）。2007 年获教育部新世纪优秀人才计划资助；2010 年获第九届山东省青年科技奖。

常剑波

1962 年出生，水利部中国科学院水工程生态研究所所长、研究员、博士生导师，"973 计划"项目"可控水体中华鲟养殖关键生物学问题研究"首席科学家。中国水利学会水生态专业委员会主任委员，中国水产学会常务理事，中国野生动物保护协会水生野生动物保护分会常务理事，国际河流科学学会理事，《水生态学杂志》主编，*Journal of Applied Ichthyology* 等期刊编委。

长期从事鱼类生态学和水生态保护研究，在中华鲟等濒危鱼类保护和水工程生态环境影响评价与对策研究等领域取得了一定成绩。作为技术负责人与三峡集团公司合作，于 2009 年突破了中华鲟全人工繁殖技术，首次在淡水养殖条件下实现了中华鲟性腺发育成熟并成功繁殖；研制出流水性鱼类循环水养殖系统并大规模应用于长江流域重要水电站鱼类增殖放流站；基本阐明了重要生物类群对水域环境胁迫的生态学响应机制。先后主持"973 计划"项目、国家自然科学基金重大项目等 20 多项。发表论文 110 多篇（其中 SCI 收录 44 篇，EI 收录 7 篇），出版专著 2 部；获得省部级奖励 6 项。先后获得全国优秀科技工作者、全国水利科技工作先进个人、水利部长江水利委员会重大成就奖、斯巴鲁生态保护贡献奖等荣誉称号，享受国务院政府特殊津贴。

陈新华

1968 年出生，博士，博士生导师，国家海洋局第三海洋研究所研究员。现任国家海洋局海洋生物遗传资源重点实验室支部书记、副主任。

主要从事海水鱼类免疫学、海洋生物资源利用等方面研究。近年来主持国家杰出青年科学基金、国家自然科学基金重点项目、"973 计划"项目及海洋公益性行业科研专项等 15 项课题。在我国重要海水经济鱼种大黄鱼免疫的分子基础及机制、海洋生物资源利用等方面取得了多项创新性研究成果。完成了大黄鱼全基因组精细图谱的绘制，并揭示了神经-内分泌-免疫/代谢新的调控网络在大黄鱼应答低氧胁迫中发挥重要作用的机理，该成果入选了 2015 年度中国海洋十大科技进展；系统阐释了大黄鱼应答细菌感染和 PolyI：C 诱导的免疫反应过程与规律；首次证实了鱼类半胱氨酸蛋白酶抑制剂在免疫反应中的作用，发现了大黄鱼铁调素（*hepcidin*）基因及功能的多样性，揭示了一种鱼类抗细菌感染的新机制等。相关研究结果在 *PLoS Genetics*、*J Proteome Res*、*Virology* 等刊物发表论文 110 余篇，其中 SCI 收录论文 80 余篇；获省部级科技成果奖励 5 项，获厦门市科技创新杰出人才奖和曾呈奎海洋科技奖青年科技奖；获得国家授权发明专利 16 项。受聘为 *The Scientific World Journal*、*World Journal of Immunology* 等刊物编委。

为 2011 年国家杰出青年基金获得者、2013 年科技部中青年科技创新领军人才、国家百千万人才工程人选、国家"有突出贡献中青年专家"及福建省科技创新领军人才。

程家骅

1965 年出生，博士，研究员，现任中国水产科学研究院东海水产研究所副所长。

主要从事海洋渔业资源、渔业生态、渔业资源增养殖和渔业信息技术等方面的研究工作。近 5 年，主持科研项目 8 项，其中，国家级项目 1 项、省部级项目 6 项、国际合作项目 1 项；公开发表论文 29 篇（第一作者或通讯作者 25 篇），其中核心期刊 29 篇（第一作者或通讯作者 25 篇）；主编著作 2 部；获国家授权实用新型专利 9 项、软件著作权 3 项；培养博士 1 名，硕士 12 名。共获奖 15 项次，其中国家科技进步奖二等奖 3 项，上海市科技进步奖一等奖 2 项、二等奖 1 项，国土资源科学技术奖一等奖 1 项，国家海洋局海洋创新成果奖二等奖 2 项，中华农业科技奖三等奖 1 项、二等奖 1 项，中华农业科技奖优秀创新团队奖，中国水产科学研究院科技进步奖一等奖 1 项、二等奖 2 项。2009 年入选新世纪百千万人才工程国家级人选，2011 年获 "上海市领军人才" 称号，2013 年享受国务院政府特殊津贴，2015 年入选农业部农业科研杰出人才及其创新团队。

杜 军

1964 年出生，研究员，现任四川省农业科学院水产研究所所长，四川省水产学会副理事长、常务理事。公益性行业（农业）科研专项 "稻—渔耦合养殖技术研究与示范" 首席科学家。

长期从事淡水养殖技术及水生生态学研究，掌握本专业领域国内外研究动态和发展趋势，熟悉西部主要江河流域的生态及资源保护现状，首创了大口鲇秋季繁殖技术，目前该品种已在全国 20 多个省份养殖，对渔业品种结构的调整和农民增收发挥了积极的作用，该成果推广 13 年来，累计新增产值 213 亿元。主持完成了省部级重大科技攻关课题多项。先后获得获四川省科技进步奖一等奖 1 项，国家发明专利 2 项，四川省科技进步奖二等奖 1 项、成都市科技进步奖一等奖 1 项。作为第一起草人，主持制订了国家水产方面的多项行业标准和多项省级标准。发表论文数 10 篇，其中 SCI 收录 3 篇，主编学术专著 3 部。

先后获得科技部授予的科技扶贫奖励基金，被四川省委组织部、四川省人事（现人力资源和社会保障厅）厅、四川省科学技术厅等 7 个部门共同评为优秀科技副县长，享受国务院政府特殊津贴，获农业部 "全国农业科技推广标兵" 称号，四川省第八批学术和技术带头人，获中国科学技术协会 "全国优秀科技工作者" 称号。

傅泽田

1956 年出生，博士，中国农业大学教授，博士生导师。曾任中国农业大学副校长。英国贝德福德大学的名誉科学博士，英国普利茅斯大学荣誉博士。教育部工程科技委员会委员、中国农业工程学会副理事长、北京市政府顾问、农业部信息中心研究员、联合国教科文组织亚太地区技术与社会发展网国家协调员。

长期从事农业宏观经济系统分析与政策、农业信息技术理论与应用，精细农业和农业专家系统等研究。在科研方面，先后主持或主持完成了国家级以及其他各类省部级、国际合作等重大科研项目 40 项，发表论文 170 余篇，出版专著 9 部。先后获得农业部科技进步奖一等奖、二等奖、三等奖各 1 项，北京市科技进步奖二等奖 1 项，北京市教育教学成果奖一等奖 1 项，教育部科学技术进步奖二等奖 2 项，天津市科技进步奖二等奖 1 项，全国农牧渔业丰收奖二等奖 1 项，国务院农村发展研究中心科技进步奖二等奖 1 项，山西省科技进步奖一等奖、二等奖各 1 项。

入选国家百千万人才工程，先后被国家教育委员会、国务院学位委员会授予"有突出贡献的博士学位获得者""北京市青年学科带头人""农业部有突出贡献的中青年专家"等称号，享受国务院政府特殊津贴。

龚金泉

1952 年出生，龚老汉控股集团有限公司董事长。

长期在一线从事中华鳖良种选育、繁育及生态养殖技术研发及应用工作。1997 年，从日本福冈、长崎引进了中华鳖原种，进行了杂交育种；2006 年，培育出了性状表现优良的新一代中华鳖良种，同时，成功探索、研发并应用了甲鱼的多项生态养殖技术模式；2010 年，与我国台湾加捷生物科技有限公司合资开展进行了中华鳖精深加工项目，引进先进专利技术，成功开发生产甲鱼烘干粉及其他相关产品。目前，其公司已建成标准化生态养殖池塘 92.8 公顷，年繁育生产中华鳖苗种 500 万只，年产商品鳖 650 吨以上，出口日本、韩国商品鳖达 150 吨左右，年综合总产值超亿元，取得了显著的经济效益。主持完成的"中华鳖良种选育及推广"项目获得国家科学技术奖二等奖。其公司先后被认定为全国现代渔业种业示范场、中华鳖国家级水产良种场、农业部水产健康养殖示范场、浙江省省级中华鳖良种场、浙江省优质高效水产养殖示范基地、中华鳖良种繁育推广基地、杭州市都市农业示范园区，获得浙江省骨干农业龙头企业、杭州市现代科技型农业龙头企业等荣誉称号。

"龚老汉"牌中华鳖连续多年获得浙江省农博会金奖，历获浙江名牌产品、浙江省水产品双十大品牌、杭州市十大名牌甲鱼、杭州七宝、杭州市民心目中的品牌甲鱼、2014 年度农产品生产 A 级信用单位、中国国际农博会名牌产品、首届中国国际海产品博览会金奖和全国百佳农产品品牌等荣誉。

何 艮

　　1975 年出生，博士学位，洛克菲勒大学博士后，中国海洋大学水产学院教授，博士生导师。中国海洋大学"筑峰人才工程"特聘教授，山东省"泰山学者"海外特聘专家。农业部公益性行业科研专项首席科学家。中华全国青年联合会、山东省青年联合会委员、青岛市青年联合会委员，青岛市归国华侨联合会常委、特聘专家委员会副秘书长，中国青年科技工作者协会会员。

　　长期从事水产动物蛋白质代谢机理及鱼用新蛋白源开发技术研究。在国际上率先开展了鲍生物矿化的营养学研究，首次解析了骨骼与牙本质矿化过程中的分子识别机理，并广泛应用于分子材料的合成与骨替代材料的构建。从细胞生物学及分子生物学的角度阐释营养状态与动物氨基酸营养感知信号通路、基因表达及代谢调节的关系；围绕替代水产饲料中鱼粉这一重大课题，综合利用复合、发酵等技术，开发可高比率替代鱼粉的新蛋白源。在渔用饲料中可替代鱼粉的新蛋白源开发、水产动物蛋白质代谢等方面做出了重大贡献。以第一作者在国际顶级期刊 *Nature*、*Nature Materials* 等杂志发表文章。先后主持国家公益性行业（农业）科研专项、国家自然科学基金优秀青年基金、国家自然科学基金面上项目、山东省自然科学杰出青年基金等项目。

　　先后获得科技部中青年科技创新领军人才、国家自然科学基金优秀青年、教育部新世纪优秀人才、霍英东基金青年教师基金、山东省"泰山学者"海外特聘专家、山东省杰出青年、山东青年五四奖章和中国海洋大学"筑峰人才工程"特聘教授等荣誉称号。

胡 炜

　　1968 年出生，博士，中国科学院水生生物研究所研究员，博士生导师，所长助理，鱼类基因工程学科组组长；国家杰出青年科学基金和湖北省自然科学基金杰出青年人才项目获得者，湖北省自然科学基金创新群体学术带头人，《农业生物技术学报》和《遗传》杂志编委。

　　主要从事鱼类遗传育种和生殖发育调控研究。培育出具有优良养殖性状的鲤和生殖发育可控的鲤；首次报道了低溶氧耐受鱼的成功研制。提出了鱼类生殖操作育种新思路，创建了鱼类育性可控的生殖开关新策略；建立了鱼类高效特异的靶向基因编辑技术平台，并有效运用于鱼类遗传育种和基因功能研究。揭示了鱼类生殖轴中重要信号分子调控性腺发育的机理；发现了鱼类生长轴的信号分子在生殖发育中的作用及生殖轴和生长轴间新的调控通路，并揭示了作用机制；发现影响鱼类配子减数分裂的信号分子在精子发育和成熟中的功能。发表 SCI 收录论文 70 余篇，获 3 项美国发明专利和 5 项中国发明专利。参编了国内外著作 4 部。

黄小平

1965 年出生，博士，研究员，博士生导师，中国科学院南海海洋研究所海洋生态研究室主任，"973 计划"项目首席科学家，主要从事近岸海域生态环境研究，享受国务院政府特殊津贴。现任中国科学院珠江三角洲环境污染与控制研究中心副主任，中国海洋与湖沼学会海洋化学分会副理事长，中国海洋学会海洋环境学分会常务理事。

在近岸海域环境研究方面取得了较显著的成果，阐释了近岸海域营养物质的迁移转化规律，揭示了近海沉积物中营养物质的累积过程与效应，提出了珠江口海域的环境容量及污染物策略性控制建议，阐述了近海养殖区环境退化的特征与演变趋势，探究了海湾网箱养殖区环境容量问题。在海洋生态保护研究方面，也取得一系列研究成果，如在华南地区海湾及河口发现了 9 个主要海草床，填补了我国大陆在该方面的研究空白；阐释了热带海草床的关键生态过程与变化机制，负责完成的《中国（南海）海草保护行动计划》得到国家有关部门的批准，在广西合浦建立了我国首个海草保护与管理国际示范区。负责承担国家、省部级及重点国际合作项目 30 多项；在国内外核心刊物发表学术论文 180 余篇（其中 SCI 收录 50 余篇）；完成《珠江口海域污染防治与生态保护》和《中国南海海草研究》专著（第一作者）2 部；获得省部级科技成果 6 项。

李纯厚

1963 年出生，研究员，中国水产科学研究院南海水产研究所副所长。兼任农业部南海渔业资源开发利用重点实验室主任，浙江海洋大学客座教授，中国水产学会理事，中国水产学会渔业资源与环境分会副主任委员兼秘书长，全国水产标准化技术委员会渔业资源分技术委员会主任委员，全国渔业水域污染事故技术审定委员会委员，农业部水生野生动物自然保护区评审委员会委员，广东水产学会、广东海洋学会、广东海洋湖沼学会理事，广东省自然保护区评审委员会委员，广东省濒危水生野生动植物种科学委员会委员。

主要研究方向包括渔业资源增殖养护、渔业生态环境及湿地生态保护。渔业增殖养护方向：主要研究渔业水域资源增殖区划、渔业资源增殖模式与养护关键技术、增殖放流群体与自然群体的分子判别技术、标志放流及回捕检测技术以及增殖效果评价等，以建立增殖海域渔业资源可持续利用管理技术与模式；渔业生态环境保护方向：主要研究高强度人类活动影响下渔业生态环境的演变过程与机理及对生态系统结构与服务功能的影响，研究养殖活动对渔业生态系统的影响及养殖生态系统调控与优化技术，开发了基于环境保护的健康养殖新模式；湿地生态系统和生物多样性保护方向：主要研究典型渔业湿地生态系统结构与功能、自然保护区的建立与选划技术、渔业湿地生态系统服务价值等。

已公开发表学术论文 145 篇；以第一作者出版专著 1 部，合作出版专著 12 部，出版专业图集 13 卷；获国家授权专利 19 项，其中发明专利 3 项、实用新型专利 16 项。获国家科技进步奖二等奖 1 项，广东省科技进步奖二等奖 3 项，中国水产科学研究院科技进步特等奖 1 项、二等奖 3 项、三等奖 1 项，中国科学院科技进步奖一等奖 1 项，国家海洋局科技创新成果奖二等奖 2 项，其他科技成果奖励 3 项。

李桂峰

1963 年出生，博士，中山大学生命科学学院教授、博士生导师。国家公益性行业（农业）科研专项"珠江及其河口渔业资源评价和增殖养护技术研究与示范"项目首席专家。

长期从事鱼类资源保护与利用相关应用与应用基础研究。在利用江河鱼类资源方面，成功完成了赤眼鳟的驯化与人工繁殖，并建立了种苗规模化生产技术体系；开展了鳜种质改良与育种工作，在鳜杂交育种方面取得了应用性成果，在鳜三倍体和性别诱导方面的研究正在深入进行。在鱼类资源与保护方面，摸清了广东淡水鱼类资源的种类和主要经济鱼类的生物学及资源状况，为广东省淡水鱼类资源的保护与利用发挥了积极作用。开展的国家公益性行业（农业）科研专项"珠江及其河口渔业资源评价和增殖养护技术研究与示范"项目的成果将为珠江流域及其河口渔业资源的保护和利用提供重要的科学依据。

先后主持国家和省级科技项目 20 多项，发表科研论文 40 多篇，其中 SCI 刊源论文 20 余篇，出版专著 1 部，获国家发明专利 2 项，省级科技进步奖三等奖 2 项。

李钟杰

1957 年出生，现任中国科学院水生生物研究所淡水生态学研究中心研究员、国家淡水渔业工程技术研究中心（武汉）主任、中国科学院大学教授、水生生物学博士生导师。国家水生生物资源养护专家委员会委员、中国水产学会渔业资源与环境分会委员。2013 年起任公益性行业（农业）科研专项"湖泊水库养殖容量及生态增养殖技术研究与示范"首席科学家。

自 1974 年起从事渔业生态学、水产增养殖学研究。致力于研究内陆淡水渔业生态系统的结构、功能特征及渔业生态技术调控机理，建立无公害淡水渔业增养殖模式，保护渔业水体生态环境。先后主持国家科技支撑计划项目、国家自然科学基金重点项目等 10 余项。先后发表学术论文 110 余篇，出版专著 1 部。"长江中、下游湖群渔业资源调控及高效优质模式"（第一完成人）获得国家科技进步奖二等奖，"小型草型湖泊渔业综合高产技术研究"（第三完成人）获得国家科技进步奖二等奖，"淡水名优水产健康高效养殖技术及产业化示范"（第一完成人）获得湖北省科技进步奖一等奖。

先后获得全国优秀科技特派员、湖北省劳动模范、湖北省有突出贡献中青年专家等荣誉称号，享受国务院政府特殊津贴。

刘少军

1962 年出生，博士，教授，博士生导师，国家杰出青年科学基金获得者，湖南省"芙蓉学者"特聘教授，湖南省科技领军人才，全国优秀科技工作者，全国优秀教师，教育部跨世纪优秀人才，湖南省优秀中青年专家，享受国务院政府特殊津贴，湖南省五一劳动奖章获得者。现任湖南鱼类遗传育种中心主任，蛋白质组学与发育生物学省部共建国家重点实验室培育基地主任，蛋白质化学及鱼类发育生物学教育部重点实验室主任，教育部"多倍体鱼繁殖及育种"工程研究中心主任，湖南省"生物发育工程及新产品研发协同创新中心"主任，湖南省生物研究所所长兼湖南师范大学生命科学学院副院长。

长期以来对远缘杂交鱼和多倍体鱼进行了系统研究，在远缘杂交的基础理论和应用方面做出了系统的工作。刘少军以第一完成人及第四完成人两次获国家科技进步奖二等奖；领衔的"淡水鱼类发育生物学团队"获"全国专业技术人才先进集体"称号；以第一完成人获得国家发明专利 19 项；主持研究的湘云鲫 2 号、鳊鲌杂交鱼和杂交翘嘴鲂 3 个新品种获得农业部水产新品种证书；先后培养了 19 名博士生和 43 名硕士生，2 名出站博士后以及一大批本科生；主持了国家杰出青年科学基金、国家"973 计划"课题、国家"863 计划"子课题、国家自然科学基金重点项目（3 项）、国家自然科学基金重大国际合作研究项目等国家及省部级课题共计 30 余项；撰写的专著《鱼类远缘杂交》获得国家科学技术学术著作出版基金资助；以第一作者或通讯作者，发表学术论文 120 余篇，多篇论文发表于 *Scientific Reports*、*Genetics*、*Molecular and Cellular Endocrinology*、*Biology of Reproduction*、*Heredity* 等刊物上，其中 SCI 收录论文 82 篇。

吕利群

1971年出生，上海海洋大学水产养殖系教授、博士生导师，农业部国家水生动物病原库主任。农业部水产养殖病害防治委员会委员、中国水产学会渔药分会副主任委员、农业部"十二五"大宗淡水鱼产业技术体系岗位科学家和《上海海洋大学学报》编委会委员。先后获得上海市"东方学者"特聘教授、上海市"浦江人才"、上海海洋大学"海洋学者"等称号。

长期从事水生动物传染病学研究，目前研究内容包括病毒性草鱼出血病、鲫鱼疱疹病毒病的分子病理学及其控制技术、渔用抗生素减量使用技术和鱼病快速诊断技术。先后主持农业部公益性行业科研专项、国家自然科学基金面上项目、教育部博士点专项基金、上海市科委重点项目等课题。主要工作业绩包括：①阐明了草鱼呼肠孤病毒是通过外衣壳蛋白VP5与宿主细胞的Laminin受体相互作用而侵入宿主细胞的；②建立了Ⅱ型鲤疱疹病毒CyHV-2急性感染和持续性感染的鱼体模型，初步阐明病毒在鱼体内扩增与繁殖的基本规律；③把渔药药物代谢动力学和药效动力学联合起来，在水产养殖病害防控中提出了预防产生耐药菌的新安全用药评价标准。迄今为止，在国内外杂志共发表研究论文50余篇，其中在主流国际期刊上发表SCI收录论文30余篇。获国际发明专利1项，国内发明专利5项。作为负责人在国内率先创办水生动物医学本科专业。

隋锡林

1939年出生，硕士，辽宁省海洋水产科学研究院研究员，全国标准化委员会海水养殖分会委员，大连市劳动模范，享受国务院政府特殊津贴。

近40年来，一直致力于刺参增养殖技术的研究和产业化应用，被称作辽宁刺参增养殖技术的开创者及奠基人。20世纪70年代初开始带领辽宁省海洋水产研究所（辽宁省海洋水产科学研究院前身）的刺参课题组在国内外率先解决了种参人工促熟、折叠式多层附苗器、稚幼参高密度培养、高效饵料筛选等刺参人工育苗重大技术关键，还与相关企业共同研发了刺参系列配合饲料以及针对敌害和病害的药物，取得了很好的饲育

效果。在开展科研工作的同时，十分注重刺参养殖技术的应用推广工作，多年来在各级培训班培训基层技术骨干1 000余人，并且长期在基层指导生产和进行技术咨询服务。在刺参养殖产业建立的初期，培养了大批技术人员，对产业的发展起到了关键作用。

主持的项目获辽宁省科技进步奖一等奖1项、二等奖1项、三等奖3项，获国家科技进步奖二等奖1项；撰写科学论文及报告50余篇，编著和参编著作10部。其中独立完成的《海参增养殖》是我国第一部全面介绍刺参生物学、生态学、生理学及育苗、增养殖技术的学术专著。

王　俊

1964年出生，中国水产科学研究院黄海水产研究所研究员，海洋可捕资源评估和生态系统实验室主任、农业部黄渤海渔业资源环境野外重点科学观测实验站站长。兼任青岛市生态学会理事、国家海洋标准委员会分技术委员会委员和国家水产标准委员会分技术委员会委员等。

长期从事渔业海洋生物资源养护与生态等研究工作。近五年来，先后主持了主持国家自然科学基金课题"黄海球石藻物种多样性及其动态研究（40976102）"、国家科技支撑计划课题"近海典型渔业水域增殖潜力与环境修复评价技术研究与应用（2012BAD18B01）"、农业公益性行业科研专项"黄河及河口渔业资源评价和增殖养护技术研究与示范（201303050）"、中海油海洋生态保护基金"渤海中国对虾增殖容量研究"以及农业部财政项目"黄海重点水域渔业资源与环境调查"等课题10余项。在国内首次开展了黄海、东海陆架海域球石藻物种多样性的研究，研究记录了黄海、东海陆架海域球石藻4目9科23种，发现的6个黄海、东海新记录种有4个为中国近海球石藻的新记录种，丰富和完善了我国浮游植物分类系统；系统研究了典型渔业水域的基础生产力水平与生物群落结构及其动态，为科学合理开展近海渔业资源增殖养护提供了科学依据。以第一作者和通讯作者发表研究论文30余篇；以第一发明人身份获得授权发明专利3项；主持起草制订国家行业标准1项；主编专著1部，参编专著2部；2011年获山东省科技进步奖一等奖1项。

王炳谦

1963 年出生，研究员，中国水产科学研究院黑龙江水产研究所遗传育种与生物技术研究室主任，育种学科冷水性鱼类遗传与新品种培育方向带头人。国家冷水性鱼类产业联盟副理事长，中国水产学会鲑鱼类专业委员会秘书长。公益性行业（农业）科研专项"雅鲁藏布江中游渔业资源保护与利用"首席科学家，上海海洋大学、浙江海洋大学、哈尔滨师范大学硕士研究生生导师。

长期从事冷水性鱼类增养殖、遗传育种以及优质养殖对象的开发与推广工作，"十五"以前成功地对虹鳟、白斑红点鲑、山女鳟、金鳟、哲罗鲑、细鳞鲑及施氏鲟开展了移植、驯化及人工繁殖的工作；"十五"以来，在国内率先开展了数量遗传学理论指导的鲑鳟遗传选育工作。针对我国主要养殖冷水性鱼类——虹鳟展开了系统选育，建立并维持了国内目前唯一的基于 BLUP 技术的虹鳟育种核心群体，"渤海虹鳟"系列优质虹鳟发眼卵或苗种辐射国内全部冷水鱼养殖区。

主持和参与研发的科研成果获得省部级一等奖 1 项（第五完成人），省部级二等奖 4 项（第一完成人 2 项，第二完成人 2 项），省部级三等奖 2 项（第二完成人）；在 *Aquaculture*、*Journal of Fish Biology*、《水产学报》《中国水产科学》等国内外水产领域著名期刊发表学术论文 30 余篇；编写出版学术专著《中国鲑鳟鱼养殖》《虹鳟育种技术研究》《虹鳟无公害养殖技术》3 部。

王鲁民

1963 年出生，研究员，现任中国水产科学研究院东海水产研究所副所长。

主要从事渔用新材料、捕捞技术与养殖工程研究。近 5 年期间，主持项目 10 项，其中，国家级 1 项、省部级 7 项、国际合作项目 1 项；公开发表论文 19 篇（通讯作者 10 篇），其中核心期刊 14 篇（通讯作者 6 篇），SCI 收录 5（通讯作者 4 篇）；出版著作 4 部（主编 1 部，副主编 1 部，参编 2 部）；以第一完成人获授权发明专利 8 项、申请国际 PCT 专利 4 项；培养博士 1 名，硕士 5 名。共获奖励 10 项次，其中上海市技术发明奖二等奖 1 项，中华农业科技奖二等奖 3 项，国家海洋局海洋创新成果奖二等奖 1 项，浙江

省科学技术奖一等奖 1 项，湖南省科学技术进步奖二等奖 1 项，中国水产科学研究院科技进步奖一等奖 3 项。1999 年获"农业部有突出贡献中青年专家"称号，2012 年获评农业部农业科研杰出人才及其创新团队（渔用新材料创新团队），享受国务院政府特殊津贴。

徐　皓

　　1962 年出生，研究员。现任中国水产科学研究院渔业机械仪器研究所所长、中国水产科学研究院水产学科首席科学家、农业部渔业装备与工程重点实验室主任、中国水产学会渔业装备专业委员会主任、国家渔业机械仪器质量监督检验中心主任，被评为全国农业科技创新杰出人才、上海市领军人才。

　　长期从事渔业装备与工程学科建设、水产养殖工程技术等方面的研究工作，主持完成了渔业装备与工程学科规划和多项国家级战略研究课题，提出了循环水养殖、渔业节能减排、池塘标准化改造、渔船标准化、深远海养殖平台研发、南极磷虾整船装备研发等战略建议；在水产健康养殖、池塘生态工程、工厂化养殖、渔船标准化等领域主持国家科技支撑计划项目、农业公益性行业科研专项、国家农业产业技术体系专家岗位、工信部船舶高技术项目等多项研究，获中华农业科技奖一等奖，全国农牧渔业丰收奖——农业技术推广合作奖，上海市科技进步奖三等奖，中国水产科学研究院科技进步奖一等奖等奖励多项；2005 年以来，共发表论文等 40 余篇，获国家授权发明专利 40 余项。

徐　跑

　　1963 年出生，研究员，博士生导师，现任中国水产科学研究院淡水渔业研究中心主任、党委副书记，兼任南京农业大学无锡渔业学院院长，"淡水渔业与种质资源利用"学科群综合性实验室主任，中国水产学会、中国渔业协会等学术团体常务理事。中国水产科学研究院首席科学家。

　　长期从事水产繁育、选育及健康养殖技术研究，培育的"中威 1 号"吉富罗非鱼具有生长速度快、出池规格整齐、抗病力强等特点，2015 年通过全国水产原种和良种审

定委员会审定并获得新品种证书。近 10 年先后主持或参与了国家级、省部级等各类科研项目 20 余项，获各级别科技奖励 15 项次（其中第一完成人 3 项）；发表学术论文 113 篇（通讯作者 81 篇），其中 SCI 收录 44 篇；获国家授权发明专利 30 项（第一完成人 5 项，第二完成人 5 项）、实用新型专利 21 项（第一完成人 6 项，第二完成人 11 项）、软件著作权 8 项（均为主要完成人）；主持起草制订行业标准 3 项、主编专著 2 部。2010 年被江苏省人民政府授予"江苏省有突出贡献的中青年专家"，2012 年被评为农业部农业科研杰出人才，2014 年被聘为联合国开发计划署南南合作特设局中国南南合作项目专家。

严兴洪

1958 年出生，博士，教授，博士生导师。上海海洋大学水产种质资源学科带头人，上海海洋大学应用藻类研究所所长，全国水产原种和良种审定委员会委员，上海市高校水产养殖学 E-研究院特聘研究员。

长期从事海藻遗传育种，海藻生理生态与分子生物学，经济海藻的栽培与病害研究。在国际上首次发现了坛紫菜存在单性生殖繁殖后代的现象，在细胞生物学和分子生物学层面阐明了坛紫菜减数分裂的发生位置，完善了其生活史；首次揭示了坛紫菜叶状体的体细胞向性细胞分化存在 7 个阶段，为选育成熟晚、优质高产品种提供了重要理论依据；在国际上创建了紫菜单性育种技术，培育出我国第一个国家级紫菜新品种——坛紫菜"申福 1 号"。先后主持 3 期国家"863 计划"重大研究项目，3 个国家自然科学基金项目。先后获得国家科技进步奖二等奖（第一完成人），上海市科技进步奖一等奖（第一完成人）等奖励；曾获国际海藻学会青年优秀论文一等奖，日本藻类学会最优秀论文奖，中国水产学会优秀论文一等奖等奖励。

先后获得上海市领军人才、上海市优秀学科带头人等荣誉称号。

杨兆光

1948 年出生，教授，博士生导师，中南大学环境与水资源研究中心主任、首席科学家；中组部"千人计划"国家特聘专家，国际欧亚科学院院士。在海外工作 30 余年，曾任新加坡环境科学院首席科学家、新加坡先进水研究中心副总裁及首席科学家、新加坡环境水源部公用事业局总科技师、新加坡环境化学认证技术委员会理事、新加坡国立大学和南洋理工大学兼职教授，武汉理工大学客座教授。

长期从事重金属污染治理、环境化学、分析化学、食品及饮用水安全等领域的科研。近 10 年在水产品污染和质量方面积极开展前沿性的研究工作。主持了国家及省市多项科研项目，包括国家重大科技专项——"典型重金属污染防治技术评估研究及示范"、农业部公益性行业（农业）科研专项——"典型化学物污染淡水水产品质量安全综合防治技术方案"。在全国范围内对我国淡水水产品质量进行了详细的调研，从重金属污染、持久性有机污染物、新兴污染物以及渔药等多方面进行了研究，总结和新开发了一系列水产品化学污染检测新技术。

目前担任国家水专项"城市水污染控制"和"饮用水安全保障"主题咨询专家委员会专家、海外华裔学者环境保护促进会会长（OCSEPA）、美国化学学会会员（ACS）和美国水环境学会会员（WEF）。

战文斌

1960 年出生，博士，中国海洋大学教授，博士生导师，教育部海水养殖重点实验室副主任。亚太水产养殖中心（NACA）中国地区水生动物健康专家，担任全国动物防疫专家委员会、中国兽药典委员会、全国动物卫生风险评估专家委员会、中国水产学会鱼病专业委员会委员等。

长期从事水产养殖动物病害的教学和科研工作。在海水养殖鱼类和对虾疾病的流行病学、病原学、感染机理、传播途径、检测诊断、预防控制等关键技术方面做出了突出成绩，先后主持完成"863 计划""973 计划"、国家科技支撑计划、国家自然科学基金等课题 20 余项，是"十二五"

渔业领域国家级科学技术奖励

国家科技支撑计划项目"海洋水产病害防治关键技术研究"的首席科学家。在国内外主流期刊上发表论文 100 余篇，国家授权发明专利 16 项。主编普通高等教育"十一五"国家级规划教材《水产动物病害学》（第二版），出版专著 2 部，2010 年以第一完成人获国家技术发明奖二等奖、2000 年以第一完成人获中国高校科学技术自然科学奖一等奖及省部级二等奖 3 项，以主要完成人获得国家科技进步奖三等奖 1 项及省部级二等奖 4 项。

享受国务院政府特殊津贴，被评为山东省有突出贡献的中青年专家、山东省先进工作者、山东省优秀科技工作者、青岛市专业技术拔尖人才、青岛市劳动模范。

周小秋

1966 年出生，博士，教授，博士生导师。四川农业大学学术委员会副主任，四川省学术和技术带头人，世界华人鱼虾营养学术委员会委员，中国畜牧兽医学会动物营养分会副秘书长，中国水产学会水产营养专委会委员，四川省畜牧兽医学会动物营养与饲料分会名誉理事长，《动物营养学报》编委，《动物营养学报》水产动物营养栏目主审，《四川农业大学学报》编委。

长期从事鱼类消化力和抗病力的营养调控研究。揭示了主要营养物质有增强鱼肠道健康、机体健康和降低养殖水体氮、磷污染的营养作用及机理；创建和构建了保证淡水鱼"肠道健康、机体健康和养殖水体质量"的营养技术和关键饲料技术体系；研制了保证淡水鱼"肠道健康、机体健康和养殖水体质量"的系列饲料产品及其配套技术。先后主持国家和省级项目 10 余项。以第一作者和通讯作者发表了 SCI 收录论文近 100 篇，CSCD 收录论文 38 篇，ESCI 收录论文 3 篇，出版专著 7 部。以第一完成人先后获得国家科技进步奖二等奖 1 项，四川省科技进步奖一等奖 1 项、二等奖 1 项。

先后入选"新世纪百千万人才工程"国家级人选、教育部新世纪优秀人才支持计划人选，享受国务院政府特殊津贴。

渔业领域国家科学技术奖励列表

序号	获奖名称	第一完成人	第一完成单位	奖励类别	年度
1	多倍体银鲫独特的单性和有性双重生殖方式的遗传基础研究	桂建芳	中国科学院水生生物研究所	国家自然科学奖二等奖	2011
2	海水鲆鲽鱼类基因资源发掘及种质创制技术建立与应用	陈松林	中国水产科学研究院黄海水产研究所	国家技术发明奖二等奖	2014
3	热带海洋微生物新型生物酶高效转化软体动物功能肽的关键技术	张偲	中国科学院南海海洋研究所	国家技术发明奖二等奖	2014
4	新型和改良多倍体鱼研究及应用	刘少军	湖南师范大学	国家科技进步奖二等奖	2011
5	坛紫菜新品种选育、推广及深加工技术	严兴洪	上海海洋大学	国家科技进步奖二等奖	2011
6	海水池塘高效清洁养殖技术研究与应用	董双林	中国海洋大学	国家科技进步奖二等奖	2012
7	中华鳖良种选育及推广	龚金泉	杭州金达龚老汉特种水产有限公司	国家科技进步奖二等奖	2012
8	建鲤健康养殖的系统营养技术及其在淡水鱼上的应用	周小秋	四川农业大学	国家科技进步奖二等奖	2013
9	东海区重要渔业资源可持续利用关键技术研究与示范	吴常文	浙江海洋学院（现浙江海洋大学）	国家科技进步奖二等奖	2014
10	刺参健康养殖综合技术研究及产业化应用	隋锡林	辽宁省海洋水产科学研究院	国家科技进步奖二等奖	2015
11	鲤优良品种选育技术与产业化	孙效文	中国水产科学研究院黑龙江水产研究所	国家科技进步奖二等奖	2015

注：按照国家自然科学奖、国家技术发明奖、国家科技进步奖排序（同一年度按拼音排序）。

一、"十二五"期间渔业领域国家自然科学奖

1. 多倍体银鲫独特的单性和有性双重生殖方式的遗传基础研究

获奖情况： 2011 年度国家自然科学奖二等奖

完成单位： 中国科学院水生生物研究所

完 成 人： 桂建芳、周莉、杨林、刘静霞、朱华平

成果简介： 近 80 年来，单性动物如何突破有害突变积累的齿轮效应和如何获得遗传多样性以适应多变的环境一直是进化生物学的两大难题。该成果系统开展了多倍体银鲫生殖发育机制研究，选育获得了银鲫的不同克隆系，通过遗传标记首次证实银鲫同时存在单性雌核生殖和有性生殖两种不同生殖方式；揭示出银鲫品系间染色体转移和品系内染色体片段整合的证据，阐明了雄鱼在建立克隆系多样性中的作用，解答了单性物种遗传多样性和长期存在的生殖机制；创建了筛选银鲫生殖相关基因的研究体系。该成果共发表论文 65 篇，其中 SCI 刊源论文 37 篇，论著 1 部。其中的代表性论文被 30 多个国家的学者跟踪引用，被 20 余篇综述和 11 部专著引证，得到国际知名专家的高度评价。依据这一发现提出的银鲫和异育银鲫苗种生产方案，增产幅度在 10% 以上，取得了重大的社会效益和经济效益。

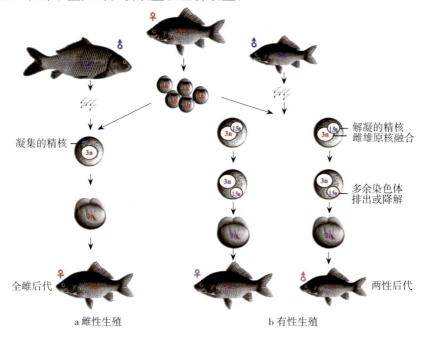

银鲫独特的单性生殖和有性生殖双重生殖方式示意图

二、"十二五"期间渔业领域国家技术发明奖

2. 海水鲆鲽鱼类基因资源发掘及种质创制技术建立与应用

获奖情况： 2014 年度国家技术发明奖二等奖

完成单位： 中国水产科学研究院黄海水产研究所、中国水产科学研究院北戴河中心实验站、中国科学院海洋研究所、深圳华大基因研究院

完成人： 陈松林、刘海金、尤锋、王俊、田永胜、刘寿堂

成果简介： 对我国主要鲆鲽类基因资源发掘和种质创制技术进行了系统深入研究，建立了基因资源发掘和高产抗病种质创制的技术体系，在全基因组精细图构建、重要性状分子标记和基因筛选、高产、抗病和全雌种质创制方面取得多项原创性成果：完成了世界上第一例鲽形目鱼类（半滑舌鳎）全基因组精细图谱绘制；发明了半滑舌鳎性别特异微卫星标记及 ZZ 雄、ZW 雌和 WW 超雌鉴定技术；克隆与表征了大菱鲆、牙鲆和半滑舌鳎免疫抗病相关基因 31 个，生长相关基因 5 个；发明了抗病相关 MHC 基因标记及其辅助育种方法，创制了高产抗病牙鲆新品种"鲆优 1 号"；创建了牙鲆克隆系构建方法及全雌牙鲆选育技术，创制了出全雌高产牙鲆新品种"北鲆 1 号"，生长速度提高 25% 左右。

"鲆优 1 号"牙鲆新品种

该项目共发表论文 145 篇，其中 SCI 收录论文 76 篇；获国家授权发明专利 18 项，获国家认定水产新品种 2 个。创制的牙鲆"鲆优 1 号"和"北鲆 1 号"新品种以及高雌半滑舌鳎苗种在全国沿海省份推广后产生了 69 亿元产值。发掘的基因组序列资源已在许多科研院所推广应用，产生了良好的社会效益，推动了海水鲆鲽鱼类养殖业科技进步和产业发展，具有重大的应用价值和广阔的推广前景。

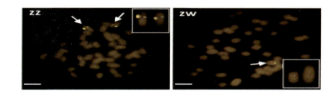

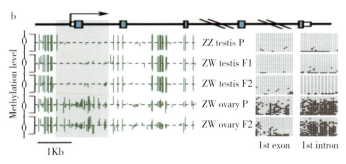

半滑舌鳎性别决定基因筛选与鉴定图谱

3. 热带海洋微生物新型生物酶高效转化软体动物功能肽的关键技术

获奖情况：2014 年度国家技术发明奖二等奖

完成单位：中国科学院南海海洋研究所、广东海大集团股份有限公司

完成人：张偲、龙丽娟、齐振雄、尹浩、田新朋、钱雪桥

成果简介：发明了新方法，采集、分离、鉴定了海洋微生物菌株；结合活性筛选，发现产酶微生物 900 多株，包括一批酶高产新种，构建了海洋微生物产酶菌种资源库。以海洋软体动物蛋白的功能为导向，从菌种库、环境功能基因库中发掘了新型蛋白酶和糖苷酶，如新型胞外适冷金属蛋白酶 HSPA、重组糖苷酶 MgCel44、BglNH 等，具有特异的作用机制和酶解位点，可有效解除蛋白质糖基侧链的屏蔽，提高蛋白水解效率。构建新型复合酶系统，利用多种酶的协同作用优先断裂糖基侧链以消除抗水解因子，促成肽主链在温和条件下的可控水解，大幅提升了功能肽转化效率。发明了新型双水相萃取法，定向制备了珍珠贝和日本鱿鱼功能肽。创建了软体动物功能肽的贝类评价模型，确证了功能肽的水产营养免疫和诱食等新功能，创制了新型功能渔用饲料系列产品。成果解决了相关领域内的关键难题，获国内外同行高度评价，技术达到国际领先水平，推进了行业技术升级换代。

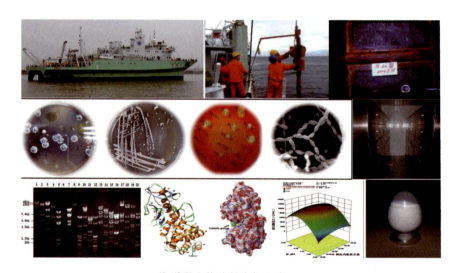

海洋微生物酶的发掘和应用

三、"十二五"期间渔业领域国家科技进步奖

4. 新型和改良多倍体鱼研究及应用

获奖情况： 2011 年度国家科技进步奖二等奖

完成单位： 湖南师范大学、湖南湘云生物科技有限公司

完 成 人： 刘少军、周工健、罗凯坤、覃钦博、段巍、陶敏、张纯、姚占州、冯浩、刘筠

成果简介： 项目实现了多项创新，一是进行了改良和新型四倍体鱼研制。利用四倍体鲫鲤产生的二倍体卵子通过无染色体加倍处理建立了雌核发育二倍体鲫鲤克隆体系，发现该体系的鱼具有产生不减数配子的重要繁殖特性，并对其生物学机制进行了系统研究；利用该体系研制出改良四倍体鲫鲤群体，解决了大规模生产三倍体鱼需要大量四倍体鱼的瓶颈问题。首次以不同亚科间且染色体数目不同的鱼类为亲本进行远缘杂交，选育出两个两性可育的新型四倍体鲫鲂群体，为制备四倍体鱼群体提供了新的途径和方法。二是进行了改良二倍体红鲫的研制。通过远缘杂交、雌核发育及遗传选育综合技术，首次在改良四倍体鲫鲤群体中选育出了改良二倍体红鲫群体。三是进行了改良和新型三倍体鱼制备。通过改良四倍体鱼分别与改良红鲫等二倍体鲫倍间交配，大规模制备了具有不育、生长速度快、抗逆性强、体型美观、肉质好等多种优势的改良三倍体鱼，已在全国 28 个省份推广养殖，产生了显著的经济效益和社会效益；通过四倍体鲫鲂与改良二倍体红鲫交配，制备了新型三倍体鲫鲂。项目先后获得了 6 项国家授权发明专利，在 *Genetics* 等期刊上发表论文 60 多篇，其中 SCI 收录论文 30 余篇。相关研究成果得到了国内外专家的好评。

同源四倍体鲫鱼

湘云鲫 2 号

5. 坛紫菜新品种选育、推广及深加工技术

获奖情况： 2011 年度国家科技进步奖二等奖

完成单位： 上海海洋大学、集美大学、厦门大学、中国海洋大学、福建省水产技术推广总站、福建申石蓝食品有限公司、厦门新阳洲水产品工贸有限公司

完 成 人： 严兴洪、陈昌生、左正宏、茅云翔、黄健、谢潮添、李琳、宋武林、詹照雅、张福赐

成果简介： 在坛紫菜的基础遗传学、良种选育与推广等方面取得了多项理论和技术突破：首次阐明了坛紫菜的单性生殖、减数分裂发生位置以及性细胞分化规律等遗传学问题，为建立育种技术奠定了理论基础；创建了高效的紫菜单性育种技术，培育出我国首个紫菜新品种——坛紫菜"申福 1 号"，该品种不仅产量比传统栽培种提高 25％以上、品质好、耐高温，而且是单性不育，攻克了因良种成熟与其他品种发生杂交造成性状退化、使用周期短的紫菜育种难题；创建了良种大规模无性制种技术，"申福 1 号"等 3 个新品种（系）被推广应用，经济增效十分显著；坛紫菜深加工技术取得了突破，产品附加值大幅度提高，极大提升了该产业的核心竞争力，为该产业的可持续发展提供了可靠的技术支撑。该项目共获国家授权发明专利 6 项，实用新型专利 6 项，发表论文 121 篇，出版专著 5 部。

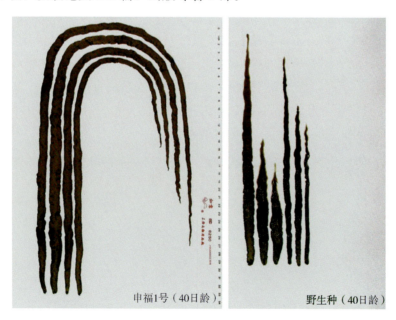

坛紫菜"申福 1 号"与传统养殖品种 40 日龄的养殖对比

6. 海水池塘高效清洁养殖技术研究与应用

获奖情况： 2012 年度国家科技进步奖二等奖

完成单位： 中国海洋大学、淮海工学院、大连海洋大学、好当家集团有限公司

完成人： 董双林、田相利、王芳、阎斌伦、姜志强、马甡、高勤峰、唐聚德、赵文、吴雄飞

成果简介： 该项目系统地创建、优化了海水池塘中对虾、刺参、牙鲆和梭子蟹的综合养殖结构，创建了无公害的水质调控技术和生态防病技术，实现了经济效益和环境效益双赢，为促进海水池塘养殖增长方式的转变和可持续发展提供了养殖模式和关键技术支持。这个项目开创性地构建、优化出我国海水池塘主养动物的 17 个综合养殖模式，系统地创建和优化出 9 个对虾高效清洁养殖模式。项目创建出的刺参-海蜇-对虾-扇贝综合养殖模式，仅刺参与扇贝、对虾混养就可使刺参生长速度提高 49.3%，还额外获得了可观的对虾产量，充分体现了既增产又环保的功能；创建、优化出 3 个梭子蟹综合养殖模式，其中虾蟹混养使总产量提高 2.4 倍，对投入氮的利用率提高 2.8 倍；创建出牙鲆快速养成和清洁养殖模式，牙鲆－缢蛏－海蜇－对虾综合养殖模式的产出投入比达到 2.33，并显著减少了氮磷排放。本项目技术成果已在山东、江苏、辽宁、浙江部分地区规模化应用，2009—2011 年 3 年间技术应用面积累计达 5.77 万公顷，新增产值 24 亿元。

海水池塘对虾、青蛤、江蓠综合养殖

7. 中华鳖良种选育及推广

获奖情况： 2012 年度国家科学技术进步二等奖

完成单位： 杭州金达龚老汉特种水产有限公司

完成人： 龚金泉

成果简介： 选育出了新一代"龚老汉"牌中华鳖良种，起草制定了《龚老汉中华鳖繁殖技术规程》（DB330181/T29—2008）和《龚老汉中华鳖苗种培育及成鳖养殖技术规程》（DB330181/T30—2008）等地方标准。"龚老汉"牌中华鳖良种具有成活率高、生长速度快、饵料系数低、抗病力强，体型体色优良、特别适合于外塘生态养殖等特点。目前，该公司年产"龚老汉"牌中华鳖良种种苗 500 余万只，成鳖 50 万余只，保存中华鳖亲本和后备亲本 10 万余只，年产值超亿元，纯利润 800 万余元；通过提供中华鳖子代良种，辐射周边 10 多个省市 270 多个养殖场（户），年养殖面积达 1 333.33 公顷，年新增产量 3 000～4 000 吨，新增产值 4.8 亿余元，促进了广大养殖户增产增收。

"龚老汉"牌中华鳖良种场　　　　　　　　"龚老汉"牌中华鳖良种

8. 建鲤健康养殖的系统营养技术及其在淡水鱼上的应用

获奖情况： 2013 年度国家科技进步奖二等奖

完成单位： 四川农业大学、四川省畜牧科学研究院、通威股份有限公司、四川省畜科饲料有限公司、中国水产科学研究院淡水渔业研究中心、四川省德施普生物科技有限公司

完成人： 周小秋、邝声耀、戈贤平、王尚文、冯琳、刘扬、唐凌、高启平、姜维丹、唐旭

成果简介： 该项目针对淡水鱼生产中鱼产品质量安全、产业安全和环境安全问题，紧紧围绕营养与鱼"肠道健康、机体健康和水环境健康"之间的关系，以我国淡水养殖大宗鱼类建鲤为研究模型，系统研究并发现了 27 种营养物质有提高鱼消化吸收能力、改善肠道菌群、增强免疫力和抗病力以及降低氮、磷排出的作用及机制；研究确定了保证建鲤"肠道健康"的 27 种营养物质定量需要参数 17 套，"机体健康"的定量需要参数 16 套，"水环境健康"的定量需要参数 2 套；研究提出了保证淡水鱼"肠道健康、机体健康和水环境健康"的关键饲料技术 5 项、开发酶解植物蛋白和有机矿物元素产品 4 个、研制了专用预混料产品 6 个、全价饲料产品 10 个。

该成果在 15 个省份 200 余家饲料企业推广应用后，2010—2013 年累计新增效益53.79 亿元，取得了显著的社会经济效益，大幅度降低了用药量，提高了养鱼效益，对淡水鱼产品质量安全、产业安全和养鱼生态安全起到了重要保证作用，推动了饲料工业和淡水养鱼产业的健康可持续发展。

建鲤健康养殖的系统营养技术实验室

工厂化养鱼车间

9. 东海区重要渔业资源可持续利用关键技术研究与示范

获奖情况： 2014 年度国家科技进步奖二等奖

完成单位： 浙江海洋学院、中国水产科学研究院东海水产研究所、浙江省海洋水产研究所、福建省水产研究所、江苏省海洋水产研究所、农业部东海区渔政局（中华人民共和国东海区渔政局）

完成人： 吴常文、程家骅、徐汉祥、戴天元、汤建华、张秋华、俞存根、李圣法、周永东、王伟定

成果简介： 项目从国家战略需求出发，针对东海区渔业现状和特点，围绕重要渔业资源可持续利用，通过调查探测、评估分析、试验实践等相结合的综合手段，掌握突破了重要渔业资源变化规律、养护技术及渔业管理等关键科学技术问题，为重要渔业资源可持续利用提供了系统的理论、方法和技术支撑，促进了东海区重要渔业资源的可持续利用。

针对东海区重要渔业资源"家底"不清的状况，全方位开展了重要渔业资源调查评估，确定了我国在东海的鱼源国主体地位，认知了主要渔场生态系统结构功能，掌握了重要渔业资源变化规律，并研发了渔业资源利用能力和渔场环境数字化监测评估系统，为制定积极稳妥的利用政策、科学合理的养护政策以及涉外海域的渔业谈判等提供了重要科学依据。针对东海区重要渔业资源衰退与近岸海域生境"荒漠化"的现象，全方位开展了重要渔业资源养护工程技术研发，完成了适宜增殖放流种类的筛选，突破了增殖放流关键技术，研发了人工鱼礁、人工藻场以及天然岛礁保护区建设关键技术，建立了增殖放流效果评价指标体系，组织实施了规模化增殖放流与生境修复示范区建设，增加了渔业资源补充量，改善了近岸海域生境"荒漠化"现象，为东海区重要渔业资源养护与渔业可持续发展提供了重要技术支撑。针对东海区重要渔业资源特点及渔业管理现状，全方位开展了重要渔业资源可持续利用管理策略研究，提出了建立东海区重要渔业种类种质保护区的建议，提出了"东海区伏季休渔方案"并系统解析了伏季休渔制度的科学性和局限性，研制了《重要渔业资源可捕规格及幼鱼比例》（DB33/T 949—2014）浙江省地方标准，建立了海洋捕捞渔具准入制度，被国家渔业行政主管部门采纳并颁布实施，多层面创新了渔业资源管理策略，为东海区重要渔业资源可持续利用提供了重要政策保障。

本项目共掌握或突破了 12 项关键科学技术，筛选出增殖放流水生生物种类 18 个，共研发新工艺、新技术或新装置 32 项，获国家授权发明专利 22 项、实用新型专利 28 项、软件著作权 2 项，制订了技术标准或规范 12 项，出版著作 12 部，发表论文 232 篇（其中 SCI 收录论文 32 篇、一级期刊论文 88 篇）。本成果现已广泛应用于渔业管理、渔业生产、生态保护、涉外谈判、国防安全、科研教育等领域。

人工鱼礁关键技术

10. 刺参健康养殖综合技术研究及产业化应用

获奖情况： 2015 年度国家科技进步奖二等奖

完成单位： 辽宁省海洋水产科学研究院、中国水产科学研究院黄海水产研究所、大连海洋大学、中国海洋大学、山东省海洋生物研究院、大连壹桥海洋苗业股份有限公司、山东安源水产股份有限公司

完成人： 隋锡林、王印庚、常亚青、周遵春、包振民、李成林、孙慧玲、丁君、韩家波、宋坚

成果简介： 针对我国渔业发展的需求，"刺参健康养殖综合技术研究及产业化应用"项目历时 30 余年，深入系统地开展了刺参的繁殖和发育生物学、生理学及生态学理论研究，以此为基础首创了刺参苗种产业化技术工艺，保障了刺参规模化养殖的苗种需求；创建了刺参良种培育技术体系，推动了刺参养殖产业的技术进步；构建了刺参高效和规范化健康养殖模式及病害预警及防控技术体系，保证了刺参养殖产业的健康可持续发展。

项目共获国家授权发明专利 32 项，实用新型专利 10 项；发表论文 195 篇，其中 SCI 收录 31 篇；出版专著 9 部和科普读物 2 部；项目成果创新性强，通过技术服务、培训和建立示范基地等方式进行了广泛的推广，覆盖了山东、辽宁等刺参养殖主产区，应用规模巨大，经济效益和社会效益显著。项目成果的应用，促进了我国刺参产业从无到有，发展成为年产值近 300 亿元的新兴海水养殖业，引领了我国第五次海水养殖浪潮，为海水养殖科技进步和产业结构调整做出了巨大贡献。

池塘养殖刺参

刺参育苗车间

11. 鲤优良品种选育技术与产业化

获奖情况： 2015 年度国家科技进步奖二等奖

完成单位： 中国水产科学研究院黑龙江水产研究所、中国水产科学研究院淡水渔业研究中心、河南省水产科学研究院、中国水产科学研究院

完成人： 孙效文、石连玉、董在杰、冯建新、徐鹏、梁利群、俞菊华、李池陶、鲁翠云、白庆利

成果简介： 该项目以挖掘主要经济性状基因和标记为突破口，建立了鲤的基因溯源的种质鉴定技术，获得了鉴定种质的 120 个基因和标记，构建了鲤基因组研究平台（www.carpbase.org），全基因组研究结果发表于 *Nature Genetics*，在鲤这个世界上培育品种最多的养殖种的研究中处于国际领先水平；建立了基于亲本遗传距离的分子育种技术及避免种质衰退的保种技术，开发出配套的选种软件，实现了鲤的选育技术由"表型"选择到"表型＋基因型"选择的技术更新；采用多性状复合选育、杂交选育、BLUP 选育及分子选育等技术，培育出适合于不同生境的生长快、品质优、抗逆强的松浦镜鲤、松荷鲤、豫选黄河鲤和福瑞鲤 4 个优良新品种，建立了覆盖全国的以育种中心、繁殖基地、示范片为核心的三级产业化推广体系。这 4 个新品种在全国 25 个省份推广 24.07 万公顷，结合其他品种使鲤的遗传改良率达到 100％。3 年间累计新增产值 26.9 亿元、实现利润 3.6 亿元。该项目历时 26 年，解决了立项初遇到的"种质混杂、品种退化、养殖成活率低、越冬死亡率高"等阻碍产业发展的技术瓶颈问题，促进了鲤育种技术的进步和品种的史新换代，推动了鲤产业的健康发展。

该项目获得国家授权发明专利 19 项、实用新型专利 21 项、软件著作权 4 项；编写专著 2 部，发表论文 401 篇（SCI 收录论文 47 篇）。

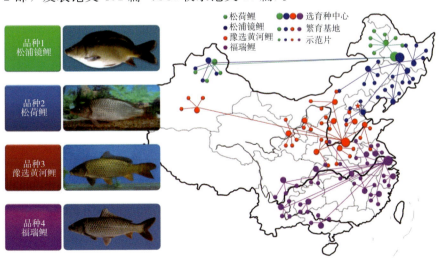

4 个新品种鲤覆盖全国的三级推广体系

第五部分

"十二五"通过审定的
水产新品种

"十二五"期间通过审定的水产新品种

"十二五"期间，全国水产原种和良种审定委员会共审定通过水产新品种 68 个。其中，2011 年 9 个、2012 年 7 个、2013 年 15 个、2014 年 25 个、2015 年 12 个。按品种分类，鱼类 25 个（海水鱼类 4 个；淡水鱼类 21 个）、虾蟹类 10 个（虾类 4 个；蟹类 6 个，其中，海水蟹类 2 个，淡水蟹类 4 个）、贝类 16 个（全部为海水贝类）、藻类 14 个（全部为海水藻类）、棘皮类 2 个（海参、海胆）、龟鳖类 1 个（中华鳖）。

品种命名登记规则如下：

1. "G"为"国"的第一个拼音字母；

2. "S"为"审"的第一个拼音字母，以示国家审定通过的品种；

3. "01"、"02"、"03"、"04"分别表示选育、杂交、引进和其他类品种；

4. "001"、"002"、……为品种顺序号；

5. "20 * *"为审定通过的年份。

举例："GS-01-001-2011"为松浦红镜鲤的品种登记号，表示该品种为 2011 年国家审定通过的排序 1 号的选育品种。

各新品种的详细介绍见下文。

"十二五"期间通过审定的水产新品种简表一 （按年份排序）

序号	审定年份	品种名称	品种登记号	亲本来源	选育单位	养殖环境	品种分类	单位类别
1	2011	松浦红镜鲤	GS-01-001-2011	荷包红鲤抗寒品系和散鳞镜鲤	中国水产科学研究院黑龙江水产研究所	淡水	鱼类	科研院所
2	2011	瓯江彩鲤 "龙申1号"	GS-01-002-2011	浙江省瓯江流域养殖群体	上海洋大学、浙江龙泉省级瓯江彩鲤良种场	淡水	鱼类	高校
3	2011	中华绒螯蟹 "长江1号"	GS-01-003-2011	长江水系中华绒螯蟹	江苏省淡水水产研究所	淡水	虾蟹类	科研院所
4	2011	中华绒螯蟹 "光合1号"	GS-01-004-2011	辽河入海口野生中华绒螯蟹	盘锦光合蟹业有限公司	淡水	虾蟹类	企业
5	2011	海湾扇贝 "中科2号"	GS-01-005-2011	美国马萨诸塞州和弗吉尼亚州引进的野生海湾扇贝北方亚种	中国科学院海洋研究所	海水	贝类	科研院所
6	2011	海带 "黄官1号"	GS-01-006-2011	福建省连江县海带养殖群体	中国水产科学研究院黄海水产研究所、福建省连江县官坞海洋开发有限公司	海水	藻类	科研院所
7	2011	鳊鲴杂交鱼	GS-02-001-2011	团头鲂♀×黄尾密鲴♂	湖南师范大学	淡水	鱼类	高校
8	2011	马氏珠母贝 "海优1号"	GS-02-002-2011	印度养殖群体♀×三亚野生群体♂	海南大学	海水	贝类	高校
9	2011	牙鲆 "北鲆1号"	GS-04-001-2011	野生牙鲆	中国水产科学研究院北戴河中心实验站	海水	鱼类	科研院所

（续）

序号	审定年份	品种名称	品种登记号	亲本来源	选育单位	养殖环境	品种分类	单位类别
10	2012	凡纳滨对虾"桂海1号"	GS-01-001-2012	美国凡纳滨对虾选育群体	广西壮族自治区水产研究所	海水	虾蟹类	科研院所
11	2012	三疣梭子蟹"黄选1号"	GS-01-002-2012	野生三疣梭子蟹	中国水产科学研究院黄海水产研究所、昌邑市海丰水产养殖有限责任公司	海水	虾蟹类	科研院所
12	2012	"三海"海带	GS-01-003-2012	福建养殖海带群体♀×"荣福"海带♂	中国海洋大学、福建省霞浦三沙鑫晟海带良种有限公司、福建省三沙渔业有限公司、荣成海兴水产有限公司	海水	藻类	高校
13	2012	杂交鲌"先锋1号"	GS-02-001-2012	翘嘴红鲌♀×黑尾近红鲌♂	武汉市水产科学研究所、武汉先锋水产科技有限公司	淡水	鱼类	科研院所
14	2012	芦台鲂鲌	GS-02-002-2012	团头鲂♀×翘嘴红鲌♂	天津换新水产良种场	淡水	鱼类	企业
15	2012	尼罗罗非鱼"鹭雄1号"	GS-04-001-2012	尼罗罗非鱼选育群体（XX）♀×超雄性尼罗罗非鱼（YY）♂	厦门鹭业水产有限公司、广州鹭业水产有限公司、广州市鹭业水产种苗有限公司、海南鹭业水产有限公司	淡水	鱼类	企业
16	2012	坛紫菜"闽丰1号"	GS-04-002-2012	野生坛紫菜	集美大学	海水	藻类	高校
17	2013	大黄鱼"东海1号"	GS-01-001-2013	野生大黄鱼	宁波大学、象山港湾水产苗种有限公司	海水	鱼类	高校
18	2013	中国对虾"黄海3号"	GS-01-002-2013	中国对虾"黄海1号"及野生中国对虾	中国水产科学研究院黄海水产研究所、昌邑市海丰水产养殖有限责任公司、日照海辰水产有限公司	海水	虾蟹类	科研院所
19	2013	三疣梭子蟹"科甬1号"	GS-01-003-2013	野生三疣梭子蟹	中国科学院海洋研究所、宁波大学	海水	虾蟹类	科研院所
20	2013	中华绒螯蟹"长江2号"	GS-01-004-2013	中华绒螯蟹莱茵河群体	江苏省淡水水产研究所	淡水	虾蟹类	科研院所
21	2013	长牡蛎"海大1号"	GS-01-005-2013	野生长牡蛎	中国海洋大学	海水	贝类	高校

（续）

序号	审定年份	品种名称	品种登记号	亲本来源	选育单位	养殖环境	品种分类	单位类别
22	2013	栉孔扇贝"蓬莱红2号"	GS-01-006-2013	"蓬莱红"扇贝	中国海洋大学、威海长青海洋科技股份有限公司、青岛八仙墩海珍品养殖有限公司	海水	贝类	高校
23	2013	文蛤"科浙1号"	GS-01-007-2013	野生文蛤	中国科学院海洋研究所、浙江省海水产养殖研究所	海水	贝类	科研院所
24	2013	条斑紫菜"苏通1号"	GS-01-008-2013	野生条斑紫菜	江苏省海水产研究所、常熟理工学院	海水	藻类	科研院所
25	2013	坛紫菜"申福2号"	GS-01-009-2013	野生坛紫菜	上海海洋大学、福建省大成水产良种繁育中心	海水	藻类	高校
26	2013	裙带菜"海宝1号"	GS-01-010-2013	大连海域栽培群体	中国科学院海洋研究所、大连海宝渔业有限公司	海水	藻类	科研院所
27	2013	龙须菜"2007"	GS-01-011-2013	"981"龙须菜	中国海洋大学、汕头大学	海水	藻类	高校
28	2013	北鲆2号	GS-02-001-2013	野生雌性牙鲆	中国水产科学研究院北戴河中心实验站、中国水产科学研究院黄海水产研究所	海水	鱼类	科研院所
29	2013	津新乌鲫	GS-02-002-2013	红鲫♀×（白化红鲫♀×墨龙鲤♂）F2中筛选出可育的四倍体♂	天津市换新水产良种场	淡水	鱼类	企业
30	2013	斑点叉尾鮰"江丰1号"	GS-02-003-2013	斑点叉尾鮰密西西比2001选育系♀×斑点叉尾鮰阿肯色2003选育系♂	江苏省淡水水产研究所、全国水产技术推广总站、中国水产科学研究院黄海水产研究所	淡水	鱼类	科研院所
31	2013	海带"东方6号"	GS-02-004-2013	韩国野生海带♀×福建栽培海带♂	山东东方海洋科技股份有限公司	海水	藻类	企业
32	2014	翘嘴鳜"华康1号"	GS-01-001-2014	野生翘嘴鳜	华中农业大学、通威股份有限公司、广东清远宇顺农牧渔业科技服务有限公司	淡水	鱼类	高校

（续）

序号	审定年份	品种名称	品种登记号	亲本来源	选育单位	养殖环境	品种分类	单位类别
33	2014	易捕鲤	GS-01-002-2014	大头鲤、黑龙江鲤和散鳞镜鲤	中国水产科学研究院黑龙江水产研究所	淡水	鱼类	科研院所
34	2014	吉富罗非鱼"中威1号"	GS-01-003-2014	吉富品系尼罗罗非鱼	中国水产科学研究院淡水渔业研究中心、通威股份有限公司	淡水	鱼类	科研院所
35	2014	日本囊对虾"闽海1号"	GS-01-004-2014	野生日本囊对虾	厦门大学	海水	虾蟹类	高校
36	2014	菲律宾蛤仔"斑马蛤"	GS-01-005-2014	野生菲律宾蛤仔	大连海洋大学、中国科学院海洋研究所	海水	贝类	高校
37	2014	泥蚶"乐清湾1号"	GS-01-006-2014	野生泥蚶	浙江省海洋水产养殖研究所、中国科学院海洋研究所	海水	贝类	科研院所
38	2014	文蛤"万里红"	GS-01-007-2014	野生文蛤	浙江万里学院	海水	贝类	高校
39	2014	马氏珠母贝"海选1号"	GS-01-008-2014	野生马氏珠母贝	广东海洋大学,雷州市海威水产养殖有限公司,广东绍河珍珠有限公司	海水	贝类	高校
40	2014	华贵栉孔扇贝"南澳金贝"	GS-01-009-2014	华贵栉孔扇贝养殖群体	汕头大学	海水	贝类	高校
41	2014	海带"205"	GS-01-010-2014	荣成海带栽培群体和韩国海带自然种群	中国科学院海洋研究所、荣成市蜊江水产有限责任公司	海水	藻类	科研院所
42	2014	海带"东方7号"	GS-01-011-2014	宽薄型海带种群和韩国海带地理种群	山东东方海洋科技股份有限公司	海水	藻类	企业
43	2014	裙带菜"海宝2号"	GS-01-012-2014	大连裙带菜栽培群体	大连海宝渔业有限公司、中国科学院海洋研究所	海水	藻类	企业
44	2014	坛紫菜"浙东1号"	GS-01-013-2014	野生坛紫菜	宁波大学、浙江省海洋水产养殖研究所	海水	藻类	高校
45	2014	条斑紫菜"苏通2号"	GS-01-014-2014	野生条斑紫菜	常熟理工学院、江苏省海洋水产研究所	海水	藻类	高校
46	2014	刺参"崆峒岛1号"	GS-01-015-2014	野生刺参	山东省海洋资源与环境研究院、烟台市崆峒岛实业有限公司、烟台市芝罘区渔业技术推广站、好当家集团有限公司	海水	棘皮类	科研院所

（续）

序号	审定年份	品种名称	品种登记号	亲本来源	选育单位	养殖环境	品种分类	单位类别
47	2014	中间球海胆"大金"	GS-01-016-2014	中间球海胆养殖群体	大连海洋大学、大连海宝渔业有限公司	海水	棘皮类	高校
48	2014	大菱鲆"多宝1号"	GS-02-001-2014	大菱鲆引进种	中国水产科学研究院黄海水产研究所、烟台开发区天源天产有限公司	海水	鱼类	科研院所
49	2014	乌斑杂交鳢	GS-02-002-2014	乌鳢♀×斑鳢♂	中国水产科学研究院珠江水产研究所、广东省中山市三角镇惠农水产种苗繁殖场	淡水	鱼类	科研院所
50	2014	吉奥罗非鱼	GS-02-003-2014	新吉富罗非鱼♀×奥利亚罗非鱼♂	茂名市伟业罗非鱼良种场、上海海洋大学	淡水	鱼类	企业
51	2014	杂交翘嘴鲂	GS-02-004-2014	（团头鲂♀×翘嘴红鲌♂）♀×团头鲂♂	湖南师范大学	淡水	鱼类	高校
52	2014	秋浦杂交斑鳜	GS-02-005-2014	斑鳜♀×鳜♂	池州市秋浦特种水产开发有限公司、上海海洋大学	淡水	鱼类	企业
53	2014	津新鲤2号	GS-02-006-2014	乌克兰鳞鲤♀×津新鲤♂	天津市换新水产良种场	淡水	鱼类	企业
54	2014	凡纳滨对虾"壬海1号"	GS-02-007-2014	凡纳滨对虾美国迈阿密选育系♀×美国夏威夷瓦胡明岛选育系♂	中国水产科学研究院黄海水产研究所、青岛海王水产科技有限公司	海水	虾蟹类	科研院所
55	2014	西盘鲍	GS-02-008-2014	西氏鲍♀×皱纹盘鲍♂	厦门大学	海水	贝类	高校
56	2014	龙须菜"鲁龙1号"	GS-04-001-2014	野生龙须菜	中国海洋大学、福建省莆田市水产技术推广站	海水	藻类	高校
57	2015	白金丰产鲫	GS-01-001-2015	彭泽鲫、野生尖鳍鲤	华南师范大学、佛山市三水白金水产种苗有限公司、中国水产科学研究院珠江水产研究所	淡水	鱼类	高校

（续）

序号	审定年份	品种名称	品种登记号	亲本来源	选育单位	养殖环境	品种分类	单位类别
58	2015	香鱼"浙闽1号"	GS-01-002-2015	野生香鱼	宁波大学、宁德市众合农业发展有限公司	淡水	鱼类	高校
59	2015	扇贝"渤海红"	GS-01-003-2015	紫扇贝、海湾扇贝	青岛农业大学、青岛海弘达生物科技有限公司	海水	贝类	高校
60	2015	虾夷扇贝"獐子岛红"	GS-01-004-2015	虾夷扇贝	獐子岛集团股份有限公司、中国海洋大学	海水	贝类	企业
61	2015	马氏珠母贝"南珍1号"	GS-01-005-2015	马氏珠母贝养殖群体	中国水产科学研究院南海水产研究所	海水	贝类	科研院所
62	2015	马氏珠母贝"南科1号"	GS-01-006-2015	野生马氏珠母贝	中国科学院南海海洋研究所、广东华昌集团有限公司	海水	贝类	科研院所
63	2015	赣昌鲤鲫	GS-02-001-2015	日本白鲫♀×兴国红鲤♂	江西省水产技术推广站、南昌县莲塘鱼病防治所、江西生物科技职业学院	淡水	鱼类	推广部门
64	2015	莫荷罗非鱼"广福1号"	GS-02-002-2015	橙色莫桑比克罗非鱼♀×荷那龙罗非鱼♂	中国水产科学研究院珠江水产研究所	淡水	鱼类	科研院所
65	2015	中华绒螯蟹"江海21"	GS-02-003-2015	长江水系中华绒螯蟹	上海海洋大学、上海市水产研究所、明光市永言水产（集团）有限公司、上海市崇明县水产技术推广站、上海市松江区水产良种场、上海宝岛蟹业有限公司、上海福岛水产养殖专业合作社	淡水	虾蟹类	高校
66	2015	牡蛎"华南1号"	GS-02-004-2015	香港牡蛎、长牡蛎	中国科学院南海海洋研究所	海水	贝类	科研院所
67	2015	中华鳖"浙新花鳖"	GS-02-005-2015	中华鳖日本品系（♀）×清溪乌鳖（♂）	浙江省水产引种育种中心、浙江清溪鳖业有限公司	淡水	龟鳖类	引育种中心
68	2015	长丰鲫	GS-04-001-2015	异育银鲫D系、鲤鲫移核鱼	中国水产科学研究院长江水产研究所、中国科学院水生生物研究所	淡水	鱼类	科研院所

"十二五"期间通过审定的水产新品种简表二 （按品种排序）

序号	品种分类	养殖环境	品种名称	品种登记号	亲本来源	选育单位	审定年份	单位类别
1	鱼类	海水	牙鲆"北鲆1号"	GS-04-001-2011	野生牙鲆	中国水产科学研究院北戴河中心实验站	2011	科研院所
2		海水	北鲆2号	GS-02-001-2013	野生雌性牙鲆	中国水产科学研究院北戴河中心实验站、中国水产科学研究院资源与环境研究中心	2013	科研院所
3		海水	大黄鱼"东海1号"	GS-01-001-2013	野生大黄鱼	宁波大学、象山港湾水产苗种有限公司	2013	高校
4		海水	大菱鲆"多宝1号"	GS-02-001-2014	大菱鲆引进种	中国水产科学研究院黄海水产研究所、烟台开发区天源水产有限公司	2014	科研院所
5		淡水	松浦红镜鲤	GS-01-001-2011	荷包红鲤抗寒品系和散鳞镜鲤	中国水产科学研究院黑龙江水产研究所	2011	科研院所
6			瓯江彩鲫"龙申1号"	GS-01-002-2011	浙江省瓯江流域瓯鲫养殖群体	上海海洋大学、浙江龙泉省级瓯鲫良种场	2011	高校
7			易捕鲤	GS-01-002-2014	大头鲤、黑龙江鲤和散鳞镜鲤	中国水产科学研究院黑龙江水产研究所	2014	科研院所
8			津新鲤2号	GS-02-006-2014	乌克兰鳞鲤♀×津新鲤♂	天津市换新水产良种场	2014	企业
9			鳊鲴杂交鱼	GS-02-001-2011	团头鲂♀×黄尾密鲴♂	湖南师范大学	2011	高校
10			杂交鲌"先锋1号"	GS-02-001-2012	翘嘴红鲌♀×黑尾近红鲌♂	武汉市水产科技有限公司、武汉先锋水产科技有限公司	2012	企业
11			芦台鲂鲌	GS-02-002-2012	团头鲂♀×翘嘴红鲌♂	天津换新水产良种场	2012	企业
12			杂交翘嘴鲂	GS-02-004-2014	（团头鲂♂×翘嘴红鲌♀）♀×团头鲂♂	湖南师范大学	2014	高校

（续）

序号	品种分类	养殖环境	品种名称	品种登记号	亲本来源	选育单位	审定年份	单位类别
13			尼罗罗非鱼"鹭雄1号"	GS-04-001-2012	尼罗罗非鱼选育群体（♀×♂）♀×超雄性尼罗罗非鱼（YY）♂	厦门鹭业水产有限公司、广州鹭业水产有限公司、广州市鹭业水产种苗公司、海南鹭业水产有限公司	2012	企业
14			吉富罗非鱼"中威1号"	GS-01-003-2014	吉富品系尼罗罗非鱼	中国水产科学研究院淡水渔业研究中心、通威股份有限公司	2014	科研院所
15			吉奥罗非鱼	GS-02-003-2014	新吉富罗非鱼♀×奥利亚罗非鱼♂	茂名市伟业罗非鱼良种场、上海海洋大学	2014	企业
16			莫荷罗非鱼"广福1号"	GS-02-002-2015	橙色莫桑比克罗非鱼♀×荷那龙罗非鱼♂	中国水产科学研究院珠江水产研究所	2015	科研院所
17			津新乌鲫	GS-02-002-2013	红鲫♀×（白化红鲫♀×墨龙鲤♂）F₂中筛选出可育的四倍体♂	天津市换新水产良种场	2013	企业
18	鱼类	淡水	白金丰产鲫	GS-01-001-2015	彭泽鲫、野生尖鳍鲤	华南师范大学、佛山市三水白金水产种苗有限公司、中国水产科学研究院珠江水产研究所	2015	高校
19			赣昌鲤鲫	GS-02-001-2015	日本白鲫♀×兴国红鲤♂	江西省水产技术推广站、南昌县莲塘鱼病防治所、江西生物科技职业学院	2015	推广部门
20			长丰鲢	GS-04-001-2015	异育银鲫D系、鲤鲫移核鱼	中国水产科学研究院长江水产研究所、中国科学院水生生物研究所	2015	科研院所
21			斑点叉尾鮰"江丰1号"	GS-02-003-2013	斑点叉尾鮰密西西比2001选育系♀×斑点叉尾鮰阿肯色2003选育系♂	江苏省淡水水产研究所、全国水产技术推广总站、中国水产科学研究院黄海水产研究所	2013	科研院所
22			翘嘴鳜"华康1号"	GS-01-001-2014	野生翘嘴鳜	华中农业大学、通威股份有限公司、广东清远宇顺农牧渔业科技服务有限公司	2014	高校
23			秋浦杂交斑鳜	GS-02-005-2014	斑鳜♀×鳜♂	池州市秋浦特种水产开发有限公司、上海海洋大学	2014	企业

（续）

序号	品种分类	养殖环境	品种名称	品种登记号	亲本来源	选育单位	审定年份	单位类别
24	鱼类	淡水	乌斑杂交鳢	GS-02-002-2014	乌鳢♀×斑鳢♂	中国水产科学研究院珠江水产研究所、广东省中山市三角镇惠农水产种苗繁殖场	2014	科研院所
25			香鱼"浙闽1号"	GS-01-002-2015	野生香鱼	宁波大学、宁德市众合农业发展有限公司	2015	高校
26	虾类	海水	凡纳滨对虾"桂海1号"	GS-01-001-2012	美国凡纳滨对虾选育群体	广西壮族自治区水产研究所	2012	科研院所
27			凡纳滨对虾"壬海1号"	GS-02-007-2014	凡纳滨对虾美国迈阿密选育系♀×美国夏威夷瓦胡岛选育系♂	中国水产科学研究院黄海水产研究所、青岛海壬水产科技有限公司	2014	科研院所
28			中国对虾"黄海3号"	GS-01-002-2013	中国对虾"黄海1号"及野生中国对虾	中国水产科学研究院黄海水产研究所、昌邑市海丰水产养殖有限责任公司、日照海辰水产有限公司	2013	科研院所
29			日本囊对虾"闽海1号"	GS-01-004-2014	野生日本囊对虾	厦门大学	2014	高校
30	蟹类	海水	三疣梭子蟹"黄选1号"	GS-01-002-2012	野生三疣梭子蟹	中国水产科学研究院黄海水产研究所、昌邑市海丰水产养殖有限责任公司	2012	科研院所
31			三疣梭子蟹"科甬1号"	GS-01-003-2013	野生三疣梭子蟹	中国科学院海洋研究所、宁波大学	2013	科研院所
32		淡水	中华绒螯蟹"长江1号"	GS-01-003-2011	长江水系中华绒螯蟹	江苏省淡水水产研究所	2011	科研院所
33			中华绒螯蟹"光合1号"	GS-01-004-2011	辽河入海口野生中华绒螯蟹	盘锦光合蟹业有限公司	2011	企业
34			中华绒螯蟹"长江2号"	GS-01-004-2013	中华绒螯蟹莱茵河群体	江苏省淡水水产研究所	2013	科研院所

（续）

序号	品种分类	养殖环境	品种名称	品种登记号	亲本来源	选育单位	审定年份	单位类别
35	蟹类	淡水	中华绒螯蟹"江海21"	GS-02-003-2015	长江水系中华绒螯蟹	上海海洋大学、上海市水产研究所、明光市永言水产（集团）有限公司、上海市崇明县水产技术推广站、上海市松江区水产良种场、上海宝岛蟹业有限公司、上海福岛水产养殖专业合作社	2015	高校
36	贝类	海水	海湾扇贝"中科2号"	GS-01-005-2011	美国马萨诸塞州和弗吉尼亚州引进的野生海湾扇贝北方亚种	中国科学院海洋研究所	2011	科研院所
37			栉孔扇贝"蓬莱红2号"	GS-01-006-2013	"蓬莱红"扇贝	中国海洋大学、威海长青海洋科技股份有限公司、青岛八仙墩海珍品养殖有限公司	2013	高校
38			华贵栉孔扇贝"南澳金贝"	GS-01-009-2014	华贵栉孔扇贝养殖群体	汕头大学	2014	高校
39			扇贝"渤海红"	GS-01-003-2015	紫扇贝、海湾扇贝	青岛农业大学、青岛海弘达生物科技有限公司	2015	高校
40			虾夷扇贝"獐子岛红"	GS-01-004-2015	虾夷扇贝	獐子岛集团股份有限公司、中国海洋大学	2015	企业
41			马氏珠母贝"海优1号"	GS-02-002-2011	印度养殖群体♀×三亚野生群体♂	海南大学	2011	高校
42			马氏珠母贝"海选1号"	GS-01-008-2014	野生马氏珠母贝	广东海洋大学、雷州市海威水产养殖有限公司、广东绍河珍珠有限公司	2014	高校
43			马氏珠母贝"南珍1号"	GS-01-005-2015	马氏珠母贝养殖群体	中国水产科学研究院南海水产研究所	2015	科研院所
44			马氏珠母贝"南科1号"	GS-01-006-2015	野生马氏珠母贝	中国科学院南海海洋研究所、广东岸华集团有限公司	2015	科研院所
45			长牡蛎"海大1号"	GS-01-005-2013	野生长牡蛎	中国海洋大学	2013	高校

（续）

序号	品种分类	养殖环境	品种名称	品种登记号	亲本来源	选育单位	审定年份	单位类别
46	贝类	海水	牡蛎"华南1号"	GS-02-004-2015	香港牡蛎、长牡蛎	中国科学院南海海洋研究所	2015	科研院所
47			文蛤"科浙1号"	GS-01-007-2013	野生文蛤	中国科学院海洋研究所、浙江省海洋水产养殖研究所	2013	科研院所
48			菲律宾蛤仔"斑马蛤"	GS-01-005-2014	野生菲律宾蛤仔	大连海洋大学、中国科学院海洋研究所	2014	高校
49			文蛤"万里红"	GS-01-007-2014	野生文蛤	浙江万里学院	2014	高校
50			泥蚶"乐清湾1号"	GS-01-006-2014	野生泥蚶	浙江省海洋水产养殖研究所、中国科学院海洋研究所	2014	科研院所
51			西盘鲍	GS-02-008-2014	西氏鲍♀×皱纹盘鲍♂	厦门大学	2014	高校
52	藻类	海水	海带"黄官1号"	GS-01-006-2011	福建省连江县海带养殖群体	中国水产科学研究院黄海水产研究所、福建省连江县官坞海洋开发有限公司	2011	科研院所
53			"三海"海带	GS-01-003-2012	福建养殖海带群体♀×"荣福"海带♂	中国海洋大学、福建省霞浦三沙鑫晟海带良种有限公司、福建省三沙渔业有限公司、荣成海兴渔业有限公司	2012	高校
54			海带"东方6号"	GS-02-004-2013	韩国野生海带♀×福建栽培海带♂	山东东方海洋科技股份有限公司	2013	企业
55			海带"205"	GS-01-010-2014	荣成海带栽培群体和韩国海带自然种群	中国科学院海洋研究所、荣成市蜊江水产有限责任公司	2014	科研院所
56			海带"东方7号"	GS-01-011-2014	宽薄型海带种群和韩国海带地理种群	山东东方海洋科技股份有限公司	2014	企业
57			坛紫菜"闽丰1号"	GS-04-002-2012	野生坛紫菜	集美大学	2012	高校
58			坛紫菜"申福2号"	GS-01-009-2013	野生坛紫菜	上海海洋大学、福建省大成水产良种繁育试验中心	2013	高校
59			坛紫菜"浙东1号"	GS-01-013-2014	野生坛紫菜	宁波大学、浙江省海洋水产养殖研究所	2014	高校

（续）

序号	品种分类	养殖环境	品种名称	品种登记号	亲本来源	选育单位	审定年份	单位类别
60	藻类	海水	条斑紫菜"苏通1号"	GS-01-008-2013	野生条斑紫菜	江苏省海洋水产研究所、常熟理工学院	2013	科研院所
61			条斑紫菜"苏通2号"	GS-01-014-2014	野生条斑紫菜	常熟理工学院、江苏省海洋水产研究所	2014	高校
62			裙带菜"海宝1号"	GS-01-010-2013	大连海域栽培群体	中国科学院海洋研究所、大连海宝渔业有限公司	2013	科研院所
63			裙带菜"海宝2号"	GS-01-012-2014	大连裙带菜栽培群体	大连海宝渔业有限公司、中国科学院海洋研究所	2014	企业
64			龙须菜"2007"	GS-01-011-2013	"981"龙须菜	中国海洋大学、汕头大学	2013	高校
65			龙须菜"鲁龙1号"	GS-04-001-2014	野生龙须菜	中国海洋大学、福建省莆田市水产技术推广站	2014	高校
66	棘皮类	海水	刺参"崆峒岛1号"	GS-01-015-2014	野生刺参	山东省海洋资源与环境研究院、烟台市崆峒岛实业有限公司、烟台市芝罘区渔业技术推广站、好当家集团有限公司	2014	科研院所
67			中间球海胆"大金"	GS-01-016-2014	中间球海胆养殖群体	大连海洋大学、大连海宝渔业有限公司	2014	高校
68	龟鳖类	淡水	中华鳖"浙新花鳖"	GS-02-005-2015	中华鳖日本品系（♀）×清溪乌鳖（♂）	浙江省水产引育种中心、浙江清溪鳖业有限公司	2015	引育种中心

1. 品种名称：松浦红镜鲤

品种登记号： GS-01-001-2011

亲本来源： 荷包红鲤抗寒品系和散鳞镜鲤

育种单位： 中国水产科学研究院黑龙江水产研究所

品种简介： 该品种是以荷包红鲤抗寒品系（♀）和散鳞镜鲤（♂）杂交子一代自交后分离出来的橘红色个体为基础群，以体色橘红、体型纺锤形、身体两侧基本无鳞、生长速度快、成活率高、抗寒性能好等为选育指标，经连续6代群体选育而成。

与荷包红鲤抗寒品系相比，该品种生长速度快，1龄鱼、2龄鱼分别提高21.61％和35.59％；成活率高，1龄鱼、2龄鱼平均饲养成活率为96.17％和95.82％，分别提高12.93％和12.15％；抗寒性能好，1龄鱼、2龄鱼平均越冬成活率为95.24％和97.63％，分别提高9.27％和8.55％。

适宜在全国淡水水体中养殖。

2. 品种名称：瓯江彩鲤"龙申1号"

品种登记号： GS-01-002-2011

亲本来源： 浙江省瓯江流域鲤养殖群体

育种单位： 上海海洋大学、浙江龙泉省级瓯江彩鲤良种场

品种简介： 该品种具有全红、粉玉、大花、麻花和粉花5种基本体色类型。2000年，以5种基本体色为标准，建立了该品种的选育基础群体。之后以体色和生长性能为选育指标，经连续6代选育，5种基本体色纯合度达到91.55％～100％，生长速度提高13.68％～24.65％。

该品种具有生长快、肉质细嫩、抗逆性强、产量高、容易饲养等优点，尚具有一

定观赏性能。

适宜在全国稻田等淡水水体中养殖。

3. 品种名称：中华绒螯蟹"长江1号"

品种登记号： GS-01-003-2011

亲本来源： 长江水系中华绒螯蟹

育种单位： 江苏省淡水水产研究所

品种简介： 该品种是以1 000组体形特征标准、健康无病的长江水系原种中华绒螯蟹为基础群体，以生长速度为主要选育指标，经连续5代群体选育而成。

该品种生长速度快，2龄成蟹生长速度提高16.70％；形态特征显著，背甲宽大于背甲长呈椭圆形，体型好；规格整齐，雌、雄体重变异系数均小于10％。

适宜在长江中下游地区湖泊、池塘等淡水水体养殖。

4. 品种名称：中华绒螯蟹"光合1号"

品种登记号： GS-01-004-2011

亲本来源： 辽河入海口野生中华绒螯蟹

育种单位： 盘锦光合蟹业有限公司

品种简介： 该品种是从2000年开始以辽河入海口野生中华绒螯蟹3 000只为基础群体（雌雄比为2∶1），以体重、规格为主要选育指标，以外观形态为辅助选育指标，经连续6代群体选育而成。

该品种规格大，成活率高。选育群体的成蟹规格逐代提高，与辽河野生中华绒螯蟹相比，成蟹平均体重提高了25.98%，成活率提高了48.59%。

适宜在我国东北、华北、西北及内蒙古地区淡水水体中养殖。

5. 品种名称：海湾扇贝"中科2号"

品种登记号： GS-01-005-2011

亲本来源： 美国马萨诸塞州和弗吉尼亚州引进的野生海湾扇贝北方亚种

育种单位： 中国科学院海洋研究所

品种简介： 该品种是以壳色为紫色的海湾扇贝为亲本，构建自交和杂交家系，将紫色性状进行纯化和固定，然后利用连续2代家系选育和2代群体选育而成。

该品种壳色美观，96%以上个体为紫色。平均壳长、壳高、全湿重和闭壳肌重量分别比未经选育的海湾扇贝提高14.69%、13.66%、26.57%和49.23%。

适宜在黄海、渤海区域海水水体中养殖。

6. 品种名称：海带"黄官1号"

品种登记号：GS-01-006-2011

亲本来源：福建省连江县海带养殖群体

育种单位：中国水产科学研究院黄海水产研究所、福建省连江县官坞海洋开发有限公司

品种简介：该品种是从2001年开始，选择耐高温、成熟晚的个体作为亲本，以叶片肥厚、中带部宽、叶缘窄且厚、成熟晚、耐高温、出菜率高等特征为选育标准，经连续6代选育而成。

与辽宁大连、山东当地养殖海带相比，该品种叶片平整、宽度明显增大；耐高温、生长期长、抗烂性强；产量提高 27.00％以上；食用海带出菜率提高 20.10％以上。

适宜在福建、辽宁和山东等地海水水体中养殖。

7. 品种名称：鳊鲴杂交鱼

品种登记号： GS-02-001-2011

亲本来源： 团头鲂♀×黄尾密鲴♂

育种单位： 湖南师范大学

品种简介： 该品种是以湘江流域经 5 代人工繁殖和群体选育获得的体形标准、体色纯正、体质健康的团头鲂和性状优良的黄尾密鲴个体为亲本，通过雌性团头鲂与雄性黄尾密鲴进行亚科间远缘杂交而得到的具有多种杂交优势的后代。

该杂交品种 1～3 龄未见可育个体；生长速度快，平均比母本团头鲂提高 11.67％，比父本黄尾密鲴提高 37.50％。

适宜在长江中下游淡水水体中养殖。

8. 品种名称：马氏珠母贝"海优 1 号"

品种登记号： GS-02-002-2011

亲本来源： 印度养殖群体♀×三亚野生群体♂

育种单位： 海南大学

品种简介： 该品种的父本为 2000 年引进的马氏珠母贝印度养殖群体，母本为马氏珠母贝三亚野生群体，自 2000 年起，分别经连续 7 代闭锁群体选育后，杂交得到具有较强杂种优势的后代，即为该品种。

该品种外形略为方形，生长速度快，成珠率高，优质珍珠比例高。与海南省当地养殖的马氏珠母贝相比，1 龄贝的壳高、体重分别提高 15.31％和 24.90％，成珠率

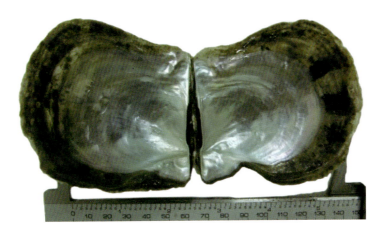

提高 15.90%，优珠率提高 17.68%。

适宜在海南、广西和广东等地海水水体中养殖。

9. 品种名称：牙鲆"北鲆1号"

品种登记号： GS-04-001-2011

亲本来源： 野生牙鲆

育种单位： 中国水产科学研究院北戴河中心实验站

品种简介： 该品种是以经选育的优良雌核发育家系为母本，以另外一个雌核发育家系经高温诱导成的伪雄鱼为父本交配而得。

该品种雌性率高，比例可超过 90%；生长速度快，13月龄和20月龄的个体比河北省当地养殖牙鲆生长速度分别提高 15.59% 和 23.37% 以上；规格整齐，互相残食少，成活率高。

适宜在全国海水水体中养殖。

10. 品种名称：凡纳滨对虾"桂海 1 号"

品种登记号： GS-01-001-2012

亲本来源： 美国凡纳滨对虾选育群体

育种单位： 广西壮族自治区水产研究所

品种简介： 该品种是以 2006 年从美国引进的凡纳滨对虾选育群体为基础群，采用家系选育技术，以生长速度和养殖成活率为选育指标，年建立家系 60 个，选留家系 12 个，每家系按 5％留种率选留 600 尾后代，经连续 5 代选育而成。

在每 667 米² 5 万尾的放养密度下，与从美国进口种虾生产的第一代虾苗相比，该品种生长速度快，单造每 667 米² 产量可提高 13.97％；成活率高，单造养殖成活率可达 80.88％，提高了 11.32％以上；85 日龄后展现出明显生长优势，130 日龄平均体重提高 15％以上。

适宜在我国各地人工可控的海水、咸淡水水体中养殖。

11. 品种名称：三疣梭子蟹"黄选 1 号"

品种登记号： GS-01-002-2012

亲本来源： 野生三疣梭子蟹

育种单位： 中国水产科学研究院黄海水产研究所、昌邑市海丰水产养殖有限责任公司

品种简介： 该品种是以 2005 年收集的莱州湾、鸭绿江口、海州湾和舟山 4 个野生三疣梭子蟹群体构建基础群，以生长速度为选育指标，经连续 5 代群体选育而成。

与未经选育的三疣梭子蟹相比，在相同条件下进行养殖，收获时该品种平均体重可提高 20.12％，成活率可提高 30.00％，且全甲宽变异系数小于 5％，规格整齐度高。

适宜在浙江及以北沿海人工可控的海水水体中养殖。

12. 品种名称："三海"海带

品种登记号： GS-01-003-2012

亲本来源： 福建养殖海带群体♀×"荣福"海带♂

育种单位： 中国海洋大学、福建省霞浦三沙鑫晟海带良种有限公司、福建省三沙

渔业有限公司、荣成海兴水产有限公司

品种简介：该品种是以福建养殖海带群体（母本）与"荣福"海带（父本）杂交产生的子代为基础群，以藻体宽度和鲜重为选育指标，经连续 6 代群体选育而成。

该品种兼具了父本的叶片长、干鲜比高，以及母本的叶片宽等特点；同时，具有可明显区别于双亲的纵沟性状。根据在福建莆田、广东汕头、浙江苍南、山东荣成等海带主产区的示范性栽培结果，与我国南方主要海带栽培品种相比，其平均单株鲜重增幅达 11.10％以上。

适宜在我国海带栽培海域养殖。

13. 品种名称：杂交鲌"先锋 1 号"

品种登记号：GS-02-001-2012

亲本来源：翘嘴红鲌♀×黑尾近红鲌♂

育种单位：武汉市水产科学研究所、武汉先锋水产科技有限公司

品种简介：该品种的母本为经选育的丹江口水库翘嘴红鲌，父本为经选育的长江上游黑尾近红鲌，采用分子辅助育种技术，杂交获得的 F_1，即为杂交鲌"先锋 1 号"。

与亲本相比，该品种生长速度快，在同等条件下养殖，比父本快 23.55％～29.59％，比母本快 100.26％～172.40％；饲料成本可比母本降低 50.00％～52.42％；性情温驯，易捕捞和运输。

适宜在全国各地人工可控的淡水水体中养殖。

14. 品种名称：芦台鲂鲌

品种登记号：GS-02-002-2012

亲本来源：团头鲂♀×翘嘴红鲌♂

育种单位：天津换新水产良种场

品种简介：该品种的母本是天津市换新水产良种场1958年由湖北省洪湖燕子窝、新堤等江段引进的团头鲂，经6代群体选育的后代；父本翘嘴红鲌是2003年从江苏省苏州市水产研究所引进的亲鱼及其繁育的后代，杂交获得的F_1，即为芦台鲂鲌。

与亲本相比，该品种生长速度快，1龄鱼的杂种平均优势率为64.52%，2龄鱼为16.20%；耐低氧，在水温22～29℃，临界窒息点含氧量为0.36～0.48毫克/升比父母本均低，易于运输；出肉率高，2龄成鱼平均可达84.38%。

适宜在我国华北、东北地区人工可控的淡水水体中养殖。

15. 品种名称：尼罗罗非鱼"鹭雄1号"

品种登记号：GS-04-001-2012

亲本来源：尼罗罗非鱼选育群体（XX）♀×超雄性尼罗罗非鱼（YY）♂

育种单位：厦门鹭业水产有限公司、广州鹭业水产有限公司、广州市鹭业水产种苗公司、海南鹭业水产有限公司

品种简介：该品种的母本为经选育的尼罗罗非鱼，父本为利用遗传性别控制技术获得的染色体为 YY 型的超雄尼罗罗非鱼，经交配后获得的 F_1，即为尼罗罗非鱼"鹭雄 1 号"。

与一般养殖的尼罗罗非鱼相比，该品种雄性率高，群体中雄鱼比例达 99.00％以上，生长速度和出肉率性状优良。

适宜在我国南方人工可控的淡水水体中养殖。

16. 品种名称：坛紫菜"闽丰 1 号"

品种登记号：GS-04-002-2012

亲本来源：野生坛紫菜

育种单位：集美大学

品种简介：该品种是 2001 年，从福建平潭采集的野生坛紫菜中筛选出的一个纯系和经 γ-射线诱变后筛选出的一个纯系，杂交并经酶解和单离体细胞培养后得到的纯合叶状体后代群体中筛选出一株性状优良后代，再经单克隆培养而成。

与未经选育的坛紫菜相比，该品种具有耐高温优势，可在 28℃水温下生存 10 天，叶状体不发生腐烂；生长期长，藻体成熟晚，不易老化和腐烂，一个生长周期可采收 6～7 次；生长快，相同海区相同潮位下，产量可提高 25％以上。

适宜在我国浙江至广东东部沿海海域养殖。

17. 品种名称：大黄鱼"东海 1 号"

品种登记号： GS-01-001-2013

亲本来源： 野生大黄鱼

育种单位： 宁波大学、象山港湾水产苗种有限公司

品种简介： 该品种是以 2000 年从浙江岱衢洋采捕的 138 尾野生大黄鱼为基础群体，采用群体选育技术，以生长速度和耐低温为选育指标，经连续 5 代选育而成。

在相同养殖条件下，19 月龄平均体重、体长比普通苗种养殖的分别提高 15.57％和 6.06％；较耐低温，10 月龄鱼在水温逐步降至 6℃条件下存活率为 49.5％，比普通苗种高 22.5 个百分点。

适宜在我国浙江及以南沿海人工可控的海水水体中养殖。

18. 品种名称：中国对虾"黄海 3 号"

品种登记号： GS-01-002-2013

亲本来源： 中国对虾"黄海 1 号"及野生中国对虾

育种单位： 中国水产科学研究院黄海水产研究所、昌邑市海丰水产养殖有限责任公司、日照海辰水产有限公司

品种简介： 该品种是以 2006 年中国对虾"黄海 1 号"保种群体和从海州湾、莱

州湾收集的两个野生中国对虾群体构建基础群体，采用群体选育技术，以耐氨氮胁迫能力和生长速度为选育指标，经连续 5 代选育而成。

在相同培育和养殖条件下，与未经选育的中国对虾商品苗种相比，仔虾Ⅰ期成活率提高 21.2%；6 月龄池塘养殖成活率提高 15.2%，平均体重提高 11.8%，规格整齐。

适宜在我国江苏及以北沿海人工可控的海水水体中养殖。

19. 品种名称：三疣梭子蟹"科甬 1 号"

品种登记号： GS-01-003-2013

亲本来源： 野生三疣梭子蟹

育种单位： 中国科学院海洋研究所、宁波大学

品种简介： 该品种是以 2005 年从渤海莱州湾、东海宁波、南海北部湾收集的野生三疣梭子蟹群体构建基础群体，采用群体选育技术，以生长速度和耐溶藻弧菌存活率为选育指标，经连续 5 代选育而成。

在相同养殖条件下，与未经选育的三疣梭子蟹苗种相比，6 月龄平均体重提高 11.3%；溶藻弧菌感染耐受性明显提高，养殖存活率提高 13.9%；全甲宽变异系数小于 5%，规格整齐度高。

适宜在我国浙江沿海人工可控的海水水体中养殖。

20. 品种名称：中华绒螯蟹"长江2号"

品种登记号： GS-01-004-2013

亲本来源： 中华绒螯蟹莱茵河群体

育种单位： 江苏省淡水水产研究所

品种简介： 该品种是以2003年从荷兰引回的莱茵河水系中华绒螯蟹雌蟹1 790只、雄蟹1 500只为基础群体，采用群体选育技术，以生长速度和个体规格为选育指标，经连续4代选育而成。

在相同养殖条件下，与未经选育的长江水系中华绒螯蟹相比，17月龄生长速度提高19.4%，平均个体规格增加18.5%；雌雄体重变异系数分别为8.57%和8.79%，雌雄体宽/体长的变化率分别为0.63%和2.65%，遗传性状稳定。

适宜在我国长江流域人工可控的淡水水体中养殖。

21. 品种名称：长牡蛎"海大1号"

品种登记号： GS-01-005-2013

亲本来源： 野生长牡蛎

育种单位： 中国海洋大学

品种简介： 该品种是以2007年从山东乳山海区自然采苗养殖的长牡蛎为基础群体，采用群体选育技术，以生长速度和壳形作为选育指标，经连续6代选育而成。

在相同养殖条件下，15月龄平均壳高较普通商品长牡蛎苗种提高16.2%，总湿重提高24.6%，出肉率提高18.7%，壳型整齐度明显优于普通商品长牡蛎。

适宜在我国江苏及以北沿海养殖海域中养殖。

22. 品种名称：栉孔扇贝"蓬莱红 2 号"

品种登记号： GS-01-006-2013

亲本来源： "蓬莱红"扇贝

育种单位： 中国海洋大学、威海长青海洋科技股份有限公司、青岛八仙墩海珍品养殖有限公司

品种简介： 该品种是以 2005 年审定的栉孔扇贝新品种"蓬莱红"扇贝为基础群

体，采用家系选育结合个体选择技术，开展 BLUP 和全基因组育种值评估，以生长速度为选育指标，经连续 6 代选育而成。

在相同养殖条件下，2 龄贝平均壳高（8.61±0.43）厘米，壳长（7.37±0.56）厘米，较普通栉孔扇贝生产用种增产 53.46%，较"蓬莱红"扇贝提高 25.43%，成活率较普通生产用种提高 27.11%。

适宜在我国浙江及以北沿海养殖海域中养殖。

23. 品种名称：文蛤"科浙 1 号"

品种登记号： GS-01-007-2013

亲本来源： 野生文蛤

育种单位： 中国科学院海洋研究所、浙江省海洋水产养殖研究所

品种简介： 该品种是以 2003 年从山东东营收集的野生文蛤为基础群体，采用群体选育辅以家系选择技术，以生长速度和壳纹特征为选育指标，经连续 5 代选育而成。

在相同养殖条件下，与未经选育的文蛤群体相比，26 月龄平均体重、壳长、壳高、壳宽分别提高 31.6%、21.7%、23.2%、20.3%，个体均匀，黑斑花纹特征明显。

适宜在我国浙江、江苏和山东等沿海滩涂和池塘中养殖。

24. 品种名称：条斑紫菜"苏通 1 号"

品种登记号： GS-01-008-2013

亲本来源： 野生条斑紫菜

育种单位： 江苏省海洋水产研究所、常熟理工学院

品种简介：该品种是以 2003 年从青岛采集的野生条斑紫菜经培养选择的丝状体为基础种质，经 γ-射线诱变及高光胁迫处理，采用群体选育技术，以生长速度为选育指标，经 4 代选育而成。

在相同栽培条件下，同一生产周期内，该品种比亲本野生种增产 37.8％，比当地传统栽培种增产 18.6％；对高光照的适应能力较强；藻体品质优良，蛋白质含量比当地传统栽培种高 15.4％，不饱和脂肪酸含量占总脂肪酸含量的 67.4％。

适宜在我国江苏沿海养殖海域中养殖。

25. 品种名称：坛紫菜"申福 2 号"

品种登记号：GS-01-009-2013

亲本来源：野生坛紫菜

育种单位：上海海洋大学、福建省大成水产良种繁育试验中心

品种简介：该品种是以 2001 年从福建平潭岛采集的野生坛紫菜的叶状体为基础种质，采用 γ-射线诱变、酶解处理，结合高温胁迫处理等技术，以壳孢子放散多、耐高温、生长速度和成熟晚为选育指标，获得的单倍体经单性生殖培养而成的二倍体

纯系。

在相同栽培条件下，30～50天生长期的绝对生长率是坛紫菜传统养殖种的1.5倍；日龄120天的叶状体才开始出现性细胞，比传统养殖种晚熟90天，菜质下降速度慢，生长期长；产量比传统养殖种提高28%～35%；主要色素和色素蛋白总含量比传统养殖种增加约55.8%；叶状体耐高温能力比坛紫菜"申福1号"强，贝壳丝状体的壳孢子放散量比坛紫菜"申福1号"增加40%～52%。

适合在我国浙江、福建和广东等沿海养殖海域中养殖。

26. 品种名称：裙带菜"海宝1号"

品种登记号：GS-01-010-2013
亲本来源：大连海域栽培群体
育种单位：中国科学院海洋研究所、大连海宝渔业有限公司
品种简介：该品种是以大连海域栽培的裙带菜为基础群体，筛选群体中性状优良的个体，经分离和培养获得单细胞来源的单倍体克隆，利用单倍体克隆交配与定向选育结合技术，以生长速度和产量为选育指标，经4代选育而成。

在辽东半岛主栽培区相同栽培条件下，一个生产周期内，平均吊重达160千克，比普通裙带菜提高48.1%，最高单吊记录达186千克；平均每吊孢子囊叶的产量为21千克；藻体羽状裂叶繁茂，叶片宽，柄宽，特级梗长，孢子囊叶发达。

适宜在我国辽宁和山东沿海养殖海域中养殖。

27. 品种名称：龙须菜 "2007"

品种登记号：GS-01-011-2013

亲本来源："981" 龙须菜

育种单位：中国海洋大学、汕头大学

品种简介：该品种是以 2006 年栽培的 "981" 龙须菜四分孢子体为基础种质，利用化学诱变处理，经高温培养筛选，以生长速度和耐高温为选育指标，于 2007 年获得的龙须菜新品系认定。

在相同栽培条件下，一个生产周期内，直径比野生龙须菜粗 45％，比 "981" 龙须菜粗 33％；平均亩产量比 "981" 龙须菜提高 17.7％；可耐受 27℃高温，比野生龙须菜提高 4℃，比 "981" 龙须菜提高 1～2℃；琼胶含量比野生龙须菜提高 20.6％，比 "981" 龙须菜提高 14.2％，凝胶强度比野生龙须菜提高 36.0％，比 "981" 龙须菜提高 11.5％。

适宜在我国沿海养殖海域中养殖。

28. 品种名称：北鲆 2 号

品种登记号：GS-02-001-2013

亲本来源：野生雌性牙鲆

育种单位：中国水产科学研究院北戴河中心实验站、中国水产科学研究院资源与环境研究中心

品种简介：该品种是以渤海秦皇岛海域采捕的野生雌性牙鲆为亲本。经诱导雌核

发育，以一个优良家系为母本，以另一个优良家系诱导成伪雄鱼为父本，经两个家系杂交获得的 F_1，即为北鲆 2 号。

F_1 雌性比例达 90％以上；在相同养殖条件下，6 月龄生长速度比普通牙鲆快 35％以上；经一周年养殖，比普通牙鲆快 50％左右。

适宜在我国沿海人工可控的海水水体中养殖。

29. 品种名称：津新乌鲫

品种登记号： GS-02-002-2013

亲本来源： 红鲫♀×（白化红鲫♀×墨龙鲤♂）F_2 中筛选出可育的四倍体♂

育种单位： 天津市换新水产良种场

品种简介： 该品种是以经 7 代群体选育的红鲫雌鱼为母本，以（白化红鲫♀×墨龙鲤♂）F_2 中采用红细胞测量和流式细胞仪检测技术筛选出可育的四倍体雄鱼为父本，杂交获得的 F_1，即为津新乌鲫。

津新乌鲫体形似鲫鱼，体色乌黑；为不育的三倍体；在相同养殖条件下，生长速度与彭泽鲫和红鲫相比，1 龄鱼分别快 10.09％、11.68％，2 龄鱼分别快 10.00％、

16.02%；易饲养，抗逆性强，不易发病。

适宜在我国各地人工可控的淡水水体中养殖。

30. 品种名称：斑点叉尾鮰 "江丰 1 号"

品种登记号： GS-02-003-2013

亲本来源： 斑点叉尾鮰密西西比 2001 选育系♀×斑点叉尾鮰阿肯色 2003 选育系♂

育种单位： 江苏省淡水水产研究所、全国水产技术推广总站、中国水产科学研究院黄海水产研究所

品种简介： 该品种是以 2001 年引进的美国密西西比州斑点叉尾鮰选育系中的 6 个高选择指数家系雌性个体为母本，以 2003 年引进的美国阿肯色州斑点叉尾鮰选育系中的 6 个高选择指数家系雄性个体为父本，杂交获得的 F_1，即为斑点叉尾鮰 "江丰 1 号"。

在相同养殖条件下，18 月龄体重比父母本自交子一代平均提高 22.1%，比普通斑点叉尾鮰提高 25.3%；个体间生长差异性小，生长同步性较好。

适宜在我国各地人工可控的淡水水体中养殖。

31. 品种名称：海带 "东方 6 号"

品种登记号： GS-02-004-2013

亲本来源： 韩国野生海带♀×福建栽培海带♂

育种单位： 山东东方海洋科技股份有限公司

品种简介： 该品种是以分布于韩国沿海的野生海带个体的雌配子体单克隆作为母本，以长期保存在山东烟台海带良种场种质资源库中的福建栽培海带个体的雄配子体单克隆为父本，杂交获得的 F_1，即为海带 "东方 6 号"。

在山东半岛主栽培区相同栽培条件下，一个生产周期内，藻体一般长 3.5～4.5 米、宽 35～50 厘米、厚 2.5 毫米；较耐高温和强光，生长可持续到水温 17.0℃，较

而成。

在相同养殖条件下，与未经选育的泥蚶相比，27月龄平均体重和壳长分别提高31.0%和11.4%。

适宜在我国浙江、江苏和福建等沿海滩涂和池塘中养殖。

38. 品种名称：文蛤 "万里红"

品种登记号：GS-01-007-2014

亲本来源：野生文蛤

育种单位：浙江万里学院

品种简介：该品种是以2005年从江苏南通文蛤野生群体中挑选的3 500粒2龄枣红壳色个体构建基础群体，以枣红壳色和生长速度为选育指标，采用群体选育辅以家系选育技术，经连续5代选育而成。

枣红壳色个体比例达到100%，呈鲜味氨基酸含量平均达到20.0%，DHA和

EPA 含量平均达到 25.1%；在相同养殖条件下，与未经选育的文蛤相比，2 龄平均体重提高了 24.1%。

适宜在我国浙江、江苏和福建等沿海滩涂和池塘中养殖。

39. 品种名称：马氏珠母贝 "海选 1 号"

品种登记号：GS-01-008-2014

亲本来源：野生马氏珠母贝

育种单位：广东海洋大学、雷州市海威水产养殖有限公司、广东绍河珍珠有限公司

品种简介：该品种是以 2001-2002 年从广西北海涠洲岛收集的马氏珠母贝野生子一代为基础群体，以壳宽和壳长为选育指标，采用群体选育辅以家系选育技术，经连续 5 代选育而成。

在相同养殖条件下，与未经选育的马氏珠母贝相比，2 龄壳宽和壳长分别提高 21.2% 和 20.8%，育珠期间母贝的留核率、珠层厚度和珍珠产量分别提高了 22.3%、22.2% 和 24.7%。

适合在我国广东、广西和海南沿海养殖。

40. 品种名称：华贵栉孔扇贝 "南澳金贝"

品种登记号：GS-01-009-2014

亲本来源：华贵栉孔扇贝养殖群体

育种单位：汕头大学

品种简介：该品种是以 2008 年从广东汕头南澳海区华贵栉孔扇贝养殖群体中挑选的黄金色个体构建基础群体，以闭壳肌和贝壳金黄色为选育指标，采用群体选育辅以家系选育技术，经连续 4 代选育而成。

贝壳、闭壳肌和外套膜均为金黄色，色泽纯度达 98.0% 以上；在相同养殖条件下，1 龄类胡萝卜素含量和 10℃ 时的低温耐受率分别是未经选育的华贵栉孔扇贝的 10.8 倍和 2.9 倍。

适宜在我国南海和东海部分海域养殖。

41. 品种名称：海带 "205"

品种登记号： GS-01-010-2014
亲本来源： 荣成海带栽培群体和韩国海带自然种群
育种单位： 中国科学院海洋研究所、荣成市蜊江水产有限责任公司
品种简介： 该品种是以荣成海带栽培群体后代个体的雌配子体和韩国海带自然种群后代个体的雄配子体杂交产生的后代群体为亲本群体，以藻体深褐色、叶片宽大和孢子囊发育良好为选育指标，采用群体选育技术，经连续 4 代选育而成。

在相同栽培条件下，与普通海带品种相比，在水温 6℃ 左右（4 月上旬）可开始收获，收获期可延续至水温达到 19℃ 左右（7 月中下旬），产量提高 15.0% 以上，抗高温、高光能力较强，淡干海带色泽墨绿。

适宜在我国辽宁和山东沿海栽培。

42. 品种名称：海带"东方7号"

品种登记号：GS-01-011-2014

亲本来源：宽薄型海带种群和韩国海带地理种群

育种单位：山东东方海洋科技股份有限公司

品种简介：该品种是以宽薄型海带种群♀和韩国海带地理种群♂的杂交子代为亲本群体，以藻体宽度等适宜加工性状为选育指标，采用群体选育技术，经连续 4 代选育而成。

在相同栽培条件下，与普通海带品种相比，在水温 13℃左右（约 5 月中旬）可开始收获，收获期可持续至水温 17℃左右（6 月底至 7 月初），叶片宽度提高 20.0％以上，淡干产量提高 25.0％以上。

适宜在我国辽宁和山东沿海栽培。

43. 品种名称：裙带菜"海宝 2 号"

品种登记号：GS-01-012-2014

亲本来源：大连裙带菜栽培群体

育种单位：大连海宝渔业有限公司、中国科学院海洋研究所

品种简介：该品种是以大连裙带菜栽培群体为亲本，以晚熟和高产为选育指标，采用群体选育技术，经连续 4 代选育而成。

在相同栽培条件下，与普通裙带菜品种相比，收割期延迟 15～20 天，最迟可到 5 月上旬，产量提高 30.0％以上，菜质较好。

适宜在我国辽宁和山东沿海栽培。

44. 品种名称：坛紫菜"浙东 1 号"

品种登记号：GS-01-013-2014

亲本来源：野生坛紫菜

育种单位：宁波大学、浙江省海洋水产养殖研究所

品种简介：该品种是以1998年采自浙江渔山岛的野生坛紫菜为亲本群体，采用体细胞工程育种技术获得纯系丝状体，2004年经海上栽培后，以叶状体褶皱多、宽厚、基部发达和生长速度为选育指标，采用群体选育技术，经连续4代选育而成。

在相同栽培条件下，与普通坛紫菜品种相比，叶片厚度提高8.8%，产量提高15.0%以上，壳孢子放散量提高25.0%以上。

适宜在我国浙江和福建北部沿海栽培。

45. 品种名称：条斑紫菜"苏通2号"

品种登记号：GS-01-014-2014

亲本来源：野生条斑紫菜

育种单位：常熟理工学院、江苏省海洋水产研究所

品种简介：该品种是以2003年采自青岛的野生条斑紫菜自由丝状体为育种基础种质，经γ-射线人工诱变和强光胁迫处理后获得第1代品系丝状体，随后通过无性生殖途径获取纯系种质，以生长速度和色泽为主要选育指标，采用群体选育技术，经

连续 4 代选育而成。

在相同栽培条件下，与普通条斑紫菜品种相比，产量提高 10.0％以上，藻体为紫褐色，色深具光泽，单孢子放散适量，叶状体厚度较薄，制品品质优良，每平方米贝壳丝状体可采 667 米² 以上的壳孢子网帘。

适宜在我国江苏沿海栽培。

46. 品种名称：刺参 "崆峒岛 1 号"

品种登记号： GS-01-015-2014

亲本来源： 野生刺参

育种单位： 山东省海洋资源与环境研究院、烟台市崆峒岛实业有限公司、烟台市芝罘区渔业技术推广站、好当家集团有限公司

品种简介： 该品种是以 2002 年崆峒岛国家级刺参种质保护区中自然生长刺参繁育的子代为基础群体，以生长速度为选育指标，采用群体选育技术，经连续 4 代选育而成。

在相同养殖条件下，与未经选育的刺参相比，26 月龄平均体重提高 190.0％以上，体重变异系数降低。

适宜在我国山东、辽宁和河北等地沿海养殖。

47. 品种名称：中间球海胆 "大金"

品种登记号： GS-01-016-2014

亲本来源： 中间球海胆养殖群体

育种单位： 大连海洋大学、大连海宝渔业有限公司

品种简介： 该品种是以 2004 年收集的大连旅顺、凌水和山东荣成三个中间球海胆养殖群体构建基础群体，以体重、壳径和生殖腺颜色为选育指标，采用群体选育辅以家系选育技术，经连续 4 代选育而成。

在相同养殖条件下，与未经选育的中间球海胆相比，26 月龄平均体重和壳径分

别提高 31.7％和 10.4％，生殖腺饱满，色泽金黄。

适宜在我国辽宁、山东和河北等地沿海养殖。

48. 品种名称：大菱鲆"多宝 1 号"

品种登记号： GS-02-001-2014

亲本来源： 大菱鲆引进种

育种单位： 中国水产科学研究院黄海水产研究所、烟台开发区天源水产有限公司

品种简介： 该品种是以 2002—2003 年从英国、法国、丹麦和挪威分别引进的 4 个地理群体的大菱鲆构建基础群体，以生长速度和成活率为选育指标，经过 1 代群体

选育、2代家系选育，培育出快速生长核心群体和高成活率核心群体，以快速生长核心群体为母本，以高成活率核心群体为父本，杂交获得的 F_1，即为大菱鲆"多宝1号"。

在相同养殖条件下，与普通大菱鲆相比，15月龄平均体重提高 36.0% 以上，养殖成活率提高 25.0% 以上，主要经济性状遗传稳定性达 90.0% 以上。

适宜在我国沿海人工可控的海水水体中养殖。

49. 品种名称：乌斑杂交鳢

品种登记号： GS-02-002-2014

亲本来源： 乌鳢♀×斑鳢♂

育种单位： 中国水产科学研究院珠江水产研究所、广东省中山市三角镇惠农水产苗种繁殖场

品种简介： 该品种是以经2代群体选育的乌鳢为母本，以经4代群体选育的斑鳢为父本，通过差异化亲鱼培育促进亲本性腺发育同步化和一对一配对，杂交获得的 F_1，即为乌斑杂交鳢。

在相同养殖条件下，与母本乌鳢、父本斑鳢相比，9月龄平均体重分别提高 37.6% 和 123.7%；可全程摄食人工饲料；抗寒能力明显提高，可在山东等地越冬养殖。

适宜在我国黄河以南人工可控的淡水水体中养殖。

50. 品种名称：吉奥罗非鱼

品种登记号： GS-02-003-2014

亲本来源： 新吉富罗非鱼♀×奥利亚罗非鱼♂

育种单位： 茂名市伟业罗非鱼良种场、上海海洋大学

品种简介： 该品种是以经5代群体选育的新吉富罗非鱼为母本，以经9代群体选

育的以色列品系奥利亚罗非鱼为父本，杂交获得的 F_1，即为吉奥罗非鱼。

自然雄性率可达 92.0％以上，出肉率高；在相同养殖条件下，6 月龄平均体重比奥尼罗非鱼提高 25.0％以上，抗逆性能明显优于吉富罗非鱼。

适宜在我国南方人工可控的淡水水体中养殖。

51. 品种名称：杂交翘嘴鲂

品种登记号：GS-02-004-2014

亲本来源：（团头鲂♀×翘嘴红鲌♂）♀×团头鲂♂

育种单位：湖南师范大学

品种简介：该品种是以湘江流域采捕后分别经 6 代群体选育的团头鲂选育品系♀和翘嘴红鲌选育品系♂杂交获得的子一代二倍体鲂鲌为母本，以团头鲂选育品系为父本，杂交获得的 F_1，即为杂交翘嘴鲂。

遗传了团头鲂的草食性，肉质鲜嫩；在相同养殖条件下，1 龄鱼平均体重比团头鲂和翘嘴红鲌均提高 20.0％以上，肌间刺比翘嘴红鲌减少 7.7％。

适宜在我国长江中下游人工可控的淡水水体中养殖。

52. 品种名称：秋浦杂交斑鳜

品种登记号： GS-02-005-2014

亲本来源： 斑鳜♀×鳜♂

育种单位： 池州市秋浦特种水产开发有限公司、上海海洋大学

品种简介： 该品种是以长江支流秋浦河采捕后经 3 代群体选育的斑鳜为母本和经 5 代群体选育的鳜为父本，杂交获得的 F_1，即为秋浦杂交斑鳜。

本品种可摄食冰鲜饲料；在相同养殖条件下，6 月龄平均体重比斑鳜提高 160.0％以上，饲料系数较斑鳜低，营养成分组成比例与斑鳜相近。

适宜在全国各地人工可控的淡水水体中养殖。

53. 品种名称：津新鲤 2 号

品种登记号： GS-02-006-2014

亲本来源： 乌克兰鳞鲤♀×津新鲤♂

育种单位： 天津市换新水产良种场

品种简介： 该品种是以 1998 年从俄罗斯引进后经 4 代群体选育的乌克兰鳞鲤为母本，以津新鲤为父本，杂交获得的 F_1，即为津新鲤 2 号。

在相同养殖条件下，1 龄鱼平均体重比父母本分别提高 52.0％和 21.3％，2 龄鱼平均体重比父母本分别提高 53.3％和 24.8％，养殖成活率可达 98.0％，比其他鲤鱼性成熟晚 1～2 年。

适宜在我国各地人工可控的淡水水体中养殖。

54. 品种名称：凡纳滨对虾"壬海 1 号"

品种登记号：GS-02-007-2014

亲本来源：凡纳滨对虾美国迈阿密选育系♀×美国夏威夷瓦胡岛选育系♂

育种单位：中国水产科学研究院黄海水产研究所、青岛海壬水产种业科技有限公司

品种简介：该品种是以 2011 年引进的凡纳滨对虾美国迈阿密群体和夏威夷瓦胡岛群体为基础，经连续 4 代选育和杂交测试，从两个群体中分别筛选出母本选育系和父本选育系，两系杂交获得 F_1，即为凡纳滨对虾"壬海 1 号"。

生长适宜水温为 25～32℃，适宜盐度范围广，养殖周期短，成虾规格整齐度高；在相同养殖条件下，160 日龄平均体重比进口一代苗提高 21.0％，养殖成活率提高 13.0％以上。

适宜在我国沿海人工可控的海淡水水体中养殖。

55. 品种名称：西盘鲍

品种登记号：GS-02-008-2014

亲本来源：西氏鲍♀×皱纹盘鲍♂

育种单位： 厦门大学

品种简介： 该品种是以 2003 年引自日本长崎县的西氏鲍群体经 4 代群体选育获得的西氏鲍长崎选育系为母本，以经 4 代群体选育获得的皱纹盘鲍晋江选育系为父本，杂交获得的 F_1，即为西盘鲍。

在相同养殖条件下，2 龄平均体重比父母本分别提高 6.3％和 8.9％，养殖成活率比父母本分别提高 33.4％和 35.0％，高温适应性较强。

适宜在我国福建和广东粤东人工可控的海水水体中养殖。

56. 品种名称：龙须菜"鲁龙 1 号"

2厘米

品种登记号： GS-04-001-2014

亲本来源： 野生龙须菜

育种单位： 中国海洋大学、福建省莆田市水产技术推广站

品种简介： 该品种是以野生龙须菜为亲本，从 2009 年开始历经群体选育、单株杂交育种与紫外线诱变高温胁迫筛选、单株选育后获得优良品系，再经连续 4 代培养而成。

二倍体通过营养繁殖方式扩繁或栽培；在相同栽培条件下，与普通龙须菜品种相比，产量提高 15.0％以上，蛋白质含量提高约 12.0％。

适宜在我国山东、福建等沿海栽培。

57. 品种名称：白金丰产鲫

品种登记号： GS-01-001-2015

亲本来源： 彭泽鲫、野生尖鳍鲤

育种单位： 华南师范大学、佛山市三水白金水产种苗有限公司、中国水产科学研究院珠江水产研究所

品种简介： 该品种是以经 6 代群体选育的彭泽鲫（品种登记号：GS-01-003-1996）为母本，以从广西钦江采捕的经 6 代群体选育获得的野生尖鳍鲤为父本，经异源雌核发育而成。

雌性比例达 98.0％以上，个体均匀度高，体型好。在相同养殖条件下，与普通彭泽鲫相比，1 龄鱼生长速度提高 18.0％以上。

适宜在全国各地人工可控的淡水水体中养殖。

58. 品种名称：香鱼"浙闽1号"

品种登记号：GS-01-002-2015

亲本来源：野生香鱼

育种单位：宁波大学、宁德市众合农业发展有限公司

品种简介：该品种是以2002年从浙江宁海凫溪采捕的395尾野生香鱼自繁获得的 F_3 代为基础群体，以生长速度为选育指标，采用群体选育技术，经连续7代选育而成。

在相同养殖条件下，与未经选育的香鱼相比，9月龄鱼生长速度提高24.0%以上。

适宜在全国各地人工可控的淡水水体中养殖。

59. 品种名称：扇贝"渤海红"

品种登记号：GS-01-003-2015

亲本来源：紫扇贝、海湾扇贝

育种单位：青岛农业大学、青岛海弘达生物科技有限公司

品种简介：该品种是以2008年从秘鲁引进的紫扇贝与采自山东胶南养殖群体的海湾扇贝（品种登记号：GS-03-015-1996）为双亲杂交获得的 F_1 代为基础群体，以壳色和生长速度为选育指标，采用群体选育技术，经连续4代选育而成。

贝壳紫红色。在相同养殖条件下，与普通海湾扇贝相比，1 龄贝平均体重和闭壳肌重分别提高 37.0％以上和 49.0％以上。

适宜在我国黄海、渤海海域养殖。

60. 品种名称：虾夷扇贝 "獐子岛红"

品种登记号：GS-01-004-2015

亲本来源：虾夷扇贝

育种单位：獐子岛集团股份有限公司、中国海洋大学

品种简介：该品种是以 2004 年从大连獐子岛海域采捕的 1 万枚虾夷扇贝（品种登记号：GS-03-016-1996）为基础群体，以壳色和壳高为选育指标，采用群体选育辅以家系选育技术，经连续 5 代选育而成。

上壳（左壳）为橘红色。在相同养殖条件下，与未经选育的虾夷扇贝相比，18 月龄贝平均壳高、壳长和体重分别提高 11.3％、11.2％和 33.8％。

适宜在我国辽宁大连和山东北部沿海养殖。

61. 品种名称：马氏珠母贝 "南珍 1 号"

品种登记号：GS-01-005-2015

亲本来源：马氏珠母贝养殖群体

育种单位：中国水产科学研究院南海水产研究所

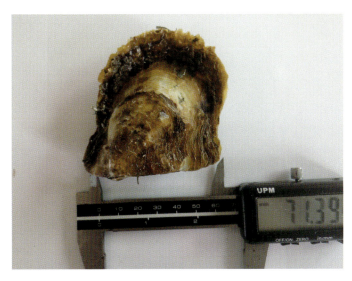

品种简介：该品种是以 2005 年从广东徐闻、广西北海和海南三亚 3 个马氏珠母贝养殖群体中分别挑选的 300 只个体构建基础群体，以生长速度为选育指标，采用家系选育技术，经连续 4 代选育而成。又名合浦珠母贝"南珍 1 号"。

在相同养殖条件下，与未经选育的马氏珠母贝相比，1 龄贝平均壳高和体重分别提高 10.0% 以上和 25.0% 以上，插核 8 个月的育珠贝留核率达 50.0% 以上，优珠率达 60.0% 以上。

适宜在我国广东、广西和海南沿海养殖。

62. 品种名称：马氏珠母贝"南科 1 号"

品种登记号：GS-01-006-2015

亲本来源：野生马氏珠母贝

育种单位：中国科学院南海海洋研究所、广东岸华集团有限公司

品种简介：该品种是以 2007 年从广东深圳大鹏湾采集的 2 000 只野生马氏珠母贝为基础群体，以壳宽为选育指标，采用群体选育技术，经连续 6 代选育而成。

在相同养殖条件下，与未经选育的马氏珠母贝相比，17 月龄贝平均壳宽和体重分别提高 14.2% 和 37.7%，插核 6 个月的育珠贝留核率达 49.0% 以上，优珠率达 49.0% 以上，优珠率比未经选育的养殖群体提高 10 个百分点以上。

适宜在我国广东沿海养殖。

63. 品种名称：赣昌鲤鲫

品种登记号：GS-02-001-2015

亲本来源：日本白鲫♀×兴国红鲤♂

育种单位：江西省水产技术推广站、南昌县莲塘鱼病防治所、江西生物科技职业学院

品种简介：该品种是以经 5 代群体选育的日本白鲫为母本，以经 2 代群体选育的兴国红鲤（品种登记号：GS-01-001-1996）为父本，杂交获得的 F_1 代，即为赣昌鲤鲫。

雌雄不育，易捕捞。在相同养殖条件下，1 龄鱼比母本生长速度提高 45.0% 以上。

适宜在我国各地人工可控的淡水水体中养殖。

64. 品种名称：莫荷罗非鱼"广福 1 号"

品种登记号：GS-02-002-2015

亲本来源：橙色莫桑比克罗非鱼♀×荷那龙罗非鱼♂

育种单位：中国水产科学研究院珠江水产研究所

品种简介：该品种是以 2001 年从美国引进的橙色莫桑比克罗非鱼和荷那龙罗非鱼分别经 8 代群体选育的后代为母本和父本，杂交获得的 F_1 代，即为莫荷罗非鱼"广福 1 号"。

可在盐度 0～30 度的水域中正常生长。在相同养殖条件下，与普通杂交罗非鱼（橙色莫桑比克罗非鱼♀×荷那龙罗非鱼♂）相比，6 月龄鱼生长速度提高 19.0%以上。

适宜在我国各地人工可控的海水和咸淡水水体中养殖。

65. 品种名称：中华绒螯蟹"江海 21"

品种登记号：GS-02-003-2015

亲本来源：长江水系中华绒螯蟹

育种单位：上海海洋大学、上海市水产研究所、明光市永言水产（集团）有限公司、上海市崇明县水产技术推广站、上海市松江区水产良种场、上海宝岛蟹业有限公司、上海福岛水产养殖专业合作社

品种简介：该品种是以 2004 年和 2005 年从长江干流南京江段采捕的野生中华绒螯蟹、从国家级江苏高淳长江水系中华绒螯蟹原种场和国家级安徽永言河蟹原种场收

集的中华绒螯蟹保种群体，在奇数年和偶数年分别构建基础群体，以生长速度、步足长和额齿尖为选育指标，采用群体选育技术，经连续 4 代选育出的 A 选育系（步足长）为母本、B 选育系（额齿尖）为父本，杂交获得的 F_1 代，即为中华绒螯蟹"江海 21"。

外额齿尖，内额齿间缺刻呈 V 形，90％以上个体第二步足长节末端达到或超过第一侧齿。在相同养殖条件下，与普通中华绒螯蟹相比，16 月龄蟹生长速度提高17.0％以上。

适宜在我国各地人工可控的淡水水体中养殖。

66. 品种名称：牡蛎"华南 1 号"

品种登记号：GS-02-004-2015
亲本来源：香港牡蛎、长牡蛎
育种单位：中国科学院南海海洋研究所
品种简介：该品种是以香港牡蛎（♀）和长牡蛎（♂）的杂交后代为父本（♂），与香港牡蛎（♀）回交获得的后代为基础群体，采用分子标记技术，筛选出的 H 型群体为亲本自交获得的后代，即为牡蛎"华南 1 号"。

可在盐度 12～30 的水域中正常生长。在相同养殖条件下，与香港牡蛎相比，18月龄贝平均体重提高 17.1％。

适宜在我国广东、广西和海南北部沿海养殖。

67. 品种名称：中华鳖"浙新花鳖"

品种登记号：GS-02-005-2015

亲本来源：中华鳖日本品系（♀）×清溪乌鳖（♂）

育种单位：浙江省水产引种育种中心、浙江清溪鳖业有限公司

品种简介：该品种以中华鳖日本品系（品种登记号：GS-03-001-2007）为母本，以清溪乌鳖（品种登记号：GS-01-003-2008）为父本，杂交获得的F₁代，即为中华鳖"浙新花鳖"。

腹部有大块黑色花斑。在相同养殖条件下，同等规格的幼鳖经过16个月养殖，生长速度比母本提高14.0%以上。

适宜在全国各地人工可控的淡水水体中养殖。

68. 品种名称：长丰鲫

品种登记号：GS-04-001-2015

亲本来源：异育银鲫D系、鲤鲫移核鱼

育种单位：中国水产科学研究院长江水产研究所、中国科学院水生生物研究所

品种简介：该品种是以异育银鲫（品种登记号：GS-02-009-1996）D系为母本，

以鲤鲫移核鱼（兴国红鲤系）为父本，进行雌核发育的后代中挑选的四倍体个体，经 6 代异源雌核发育获得。

四倍体在相同的养殖条件下，与普通银鲫相比，1 龄鱼和 2 龄鱼生长速度分别提高 25.0% 以上和 16.0% 以上。

适宜在全国各地人工可控的淡水水体中养殖。